新疆维吾尔自治区重大科技专项(编号:2021A03001-5)资助
"关键战略性金属矿成矿研究"丛书

东天山白鑫滩岩浆型铜镍硫化物矿床成矿特征研究

Research on the Metallogenic Characteristics of the Baixintan Magmatic Copper-Nickel Sulfide Deposit in Eastern Tianshan

马小平　高俊宝　孙海怀
廖阿托　李　璐　李长海　等著

中国地质大学出版社
CHINA UNIVERSITY OF GEOSCIENCES PRESS

图书在版编目(CIP)数据

东天山白鑫滩岩浆型铜镍硫化物矿床成矿特征研究/马小平等著.—武汉:中国地质大学出版社,
2024.12.—ISBN 978-7-5625-6080-7

Ⅰ.P618.410.1

中国国家版本馆 CIP 数据核字第 20255AF829 号

| 东天山白鑫滩岩浆型铜镍硫化物矿床成矿特征研究 | 马小平　高俊宝　孙海怀 | 等著 |
| | 廖阿托　李　璐　李长海 | |

| 责任编辑:胡　萌 | 策划编辑:唐然坤 | 责任校对:张咏梅 |

出版发行:中国地质大学出版社(武汉市洪山区鲁磨路388号)　　　　　　　　　　　邮编:430074
电　　话:(027)67883511　　　　传　　真:(027)67883580　　　　E-mail:cbb@cug.edu.cn
经　　销:全国新华书店　　　　　　　　　　　　　　　　　　　　　　　http://cugp.cug.edu.cn

开本:880 毫米×1230 毫米　1/16　　　　　　　　　　　　字数:539 千字　　　　印张:17
版次:2024 年 12 月第 1 版　　　　　　　　　　　　　　　印次:2024 年 12 月第 1 次印刷
印刷:武汉精一佳印刷有限公司

ISBN 978-7-5625-6080-7　　　　　　　　　　　　　　　　　　　　　　　　　　定价:198.00 元

如有印装质量问题请与印刷厂联系调换

"关键战略性金属矿成矿研究"丛书编委会名单

主　任
　　马小平　刘　斌

技术顾问
　　冯　京　王小兵

委　员
　　尚　德　钟　秋　韦　鑫　崔曙忠　张　明
　　高俊宝　孙海怀　聂俊杰　朱　岳　李　璐
　　李豫锋　李长海　曹清龙　韩宝成　余　亮
　　马　福　廖阿托　王　杰　时　浩　朱　伟
　　王　璐　朱伯鹏　宋文军　刘润泽　李增华
　　梁　锋　薛春纪　赵　云　石魏斌　石　洞

编　辑
　　李　璐　孙海怀　尹小英　刘　婷

《东天山白鑫滩岩浆型铜镍硫化物矿床成矿特征研究》编委会名单

主　任
　　马小平　高俊宝　孙海怀　廖阿托　李　璐
　　李长海

委　员
　　朱伯鹏　赵　云　石魏斌　李豫锋　聂俊杰
　　朱　岳　薛春纪　曹清龙　周　军　李延清
　　韩建华　王海涛　宋文军　尹小英　刘润泽
　　吴　飞

序 |PREFACE|

能源资源是我国经济社会发展不可动摇的物质基础。铜、镍等战略性关键矿产资源对新材料、新能源和信息等新兴产业十分关键,是现代工业、国防和尖端科技领域不可缺少的重要支撑原料。东天山地区是全国镍矿产出的主要成矿带之一。多年来,这一地区的镍矿勘查研究一直是地质工作者关注的热点。白鑫滩铜镍矿就是在这种背景下由新疆维吾尔自治区地质矿产勘查开发局第一区域地质调查大队2012年开展1:25万五堡幅区域化探铜镍铬钴综合异常检查时发现的。该矿的发现打破了黄山铜镍矿带西不过沙垄的传统找矿禁锢,推动了东天山铜镍找矿向沙垄以西发展的新进程。吐鲁番金源矿冶有限责任公司获得该矿探矿权后,高度重视矿床研究工作,进一步加强了白鑫滩铜镍矿床物质组成、成矿物质来源、成矿机理及其时空分布规律和岩浆通道的研究,提出了沿岩浆通道寻找深部富矿体的认识。东天山白鑫滩岩浆型铜镍硫化物矿床成矿特征研究是吐鲁番金源矿冶有限责任公司地矿科创研究院"十四五"重点研发计划,该研究由吐鲁番金源矿冶有限责任公司地矿科创研究院牵头实施,经牵头单位和新疆地矿投资(集团)有限责任公司、中国地质大学(北京)、中国地质调查局西安地质调查中心、新疆维吾尔自治区地质局等单位多年的共同努力,在白鑫滩铜镍矿区域成矿构造环境、岩体地球化学、成矿规律、成矿模式、综合找矿模型、深部探测技术和潜力评价等方面取得了新成果。本书是东天山黄山镁铁—超镁铁质岩带西延段多年找矿勘查和科研工作成果的最新集成。

多年来,研究人员秉承精诚合作、潜心研究、拼搏进取的团队精神,紧紧围绕东天山黄山基性—超基性岩带铜镍找矿突破这一主线,突出黄山铜镍矿带西延方向基性—超基性岩带的出露分布与镍矿之间的关系研究,深化区域成矿规律和矿区尺度成矿条件、成矿作用、成矿模式研究,阐释了区域断裂构造、基性—超基性岩体对矿床形成的关键制约;系统梳理和分析了矿床的必要控矿要素,构建了白鑫滩铜镍矿床成矿模式和找矿模型;开展了综合物探方法的试验研究,并投入钻探进行了深部验证;运用含矿地质体体积法对矿区及其外围资源潜力进行了预测,指出了矿区及外围找矿方向,有效支撑了新疆东天山地区铜镍矿找矿勘查工作部署。

本书的研究成果对天山乃至新疆铜镍矿的系统研究将起到重要的启示作用,为区域铜镍矿成矿规律与找矿预测等研究奠定了扎实基础,对实现新一轮找矿突破战略行动具有重要的借鉴和指导意义。

本书内容丰富,资料翔实,图文并茂,是一本兼具理论性、实践性的矿床研究专著。借此机会,衷心祝贺本专著的出版,并向长期奋战在新疆广袤大地上的地质同行表示敬意。

中国科学院院士

2024 年 7 月

前 言 PREFACE

东天山是中亚造山带西南缘的重要组成部分,是重塑中亚造山带西南缘聚合过程的关键地区。区域上分布的多条韧性剪切构造带对铜、镍等金属矿产的时空分布有着明显的控制作用。区内广泛发育与二叠纪岩浆活动相关的镁铁质岩体铜镍硫化物矿床,已成为我国重要的铜镍金属生产地区,目前查明的镍资源储量已超过100万t,占全国总量的12%。本书从东天山成矿地质构造环境演化入手,充分收集已有研究的地质、物探、化探和矿山开发等数据资料,以岩浆型铜镍硫化物矿床为重点研究对象,结合已有的地球物理方法,在精细解剖白鑫滩铜镍矿成矿特征的基础上,对中深部含矿地质体进行(岩体)解析判别,为钻探验证提供依据,以期发现岩浆通道及深部矿体,实现白鑫滩铜镍矿增储扩量。并以此为依托,开展东天山白鑫滩一带铜镍成矿带深部找矿技术方法应用示范和隐伏矿定位预测研究,以实现"高新技术-深部预测-工程验证-产业开发一体化"这一重大战略,为自治区绿色矿业产业集群发展提供有力的资源保障。

白鑫滩铜镍矿床是新疆东天山地区近年找矿勘查的重要突破。新疆维吾尔自治区地质矿产勘查开发局第一区域地质调查大队于2019—2020年对白鑫滩铜镍矿床开展详查工作,通过合理有效的探矿工程和系统取样工程,查明矿区成矿地质特征,估算矿区资源储量,并开展矿床工业品位的论证、矿床经济评价及可行性研究,进一步扩大生产、寻找深部潜在矿体等工作布局。然而,目前白鑫滩矿床的成矿机制尚未清楚,找矿靶区难以科学有效地确定。2021年,吐鲁番金源矿冶有限责任公司、新疆维吾尔自治区地质矿产勘查开发局第一地质大队与中国地质大学(北京)薛春纪老师团队合作,以探究新疆东天山白鑫滩岩浆型铜镍硫化物矿床的成矿机制和找矿预测为主要目的,围绕白鑫滩铜镍硫化物矿床的成矿机制与岩浆流动方向等问题,开展了一系列成矿地质特征与区域构造的观测、成矿系统时空的综合研究以及室内测试工作,通过将野外地质事实与室内化学分析结合的方法,构建成矿地质模型,指出找矿方向,提供可供钻探验证的找矿靶区。

成矿靶区预测一直是找矿勘探中的难点问题,其对于矿床来说具有深远性的影响。此次白鑫滩的找矿合作项目是产学研的深度融合,是一次科研指导勘查、降低勘查风险、提高找矿效率的重要实践,同时,也促进了科研成果的及时转化,实现理论与实践的紧密结合。

本书共7章。前言和第一章由马小平、李璐编写;第二章由孙海怀、赵云、吴飞编写;第三章由孙海怀、朱伯鹏、聂俊杰编写;第四章由廖阿托、石魏斌编写;第五章由李长海、赵云编写;第六章由高俊宝、廖阿托编写;结语由马小平、朱岳编写;最后全书由马小平、冯京统编定稿。李璐、尹小英、刘婷等人完成专著图件的编制清绘。

肖文交院士在百忙之中审阅书稿,对本书中涉及的专业知识及术语提出宝贵意见,对白鑫滩的系统研究做出的重要贡献表示肯定。在此笔者对院士的悉心指导深表谢意。

本书的研究工作得到了中国科学院新疆维吾尔自治区人民政府国家三〇五项目办公室马华东主任,中国地质调查局西安地质调查中心计文化、陈博研究员,新疆大学陈川副教授、夏芳老师的指导和帮助。新疆维吾尔自治区地质局陈刚院长、涂其军、杨万志、赵同阳等正高级工程师,新疆维吾尔自治区地质勘查基金项目管理中心王卫江、李卫东、陈维民、仇银江、尚海军、王乐民等正高级工程师参与了本项目的研究。另外，新疆维吾尔自治区地质矿产勘查开发局第一区域地质调查大队李鑫、薛炯、郭勇明、彭宇等高级工程师参与了野外地质考察及部分室内研究工作，在此笔者对他们一并致以衷心的感谢！

马小平

2024 年 6 月 30 日于乌鲁木齐

目 录 |CONTENTS|

第一章 概　　论 …………………………………………………………………………………（1）
　第一节　研究概述 ………………………………………………………………………………（1）
　第二节　矿区自然地理概况 ……………………………………………………………………（2）
　第三节　地质工作程度 …………………………………………………………………………（3）
　　一、区域地质调查 ……………………………………………………………………………（4）
　　二、区域化探 …………………………………………………………………………………（5）
　　三、区域物探 …………………………………………………………………………………（5）
　　四、科学技术研究 ……………………………………………………………………………（5）
　　五、矿区勘查 …………………………………………………………………………………（5）
第二章　区域成矿地质背景 ………………………………………………………………………（8）
　第一节　区域构造背景 …………………………………………………………………………（8）
　　一、前寒武纪超大陆演化阶段 ………………………………………………………………（9）
　　二、南华纪—中二叠世演化阶段 ……………………………………………………………（10）
　　三、晚二叠世以来的盆-山演化阶段 ………………………………………………………（11）
　第二节　区域地层 ………………………………………………………………………………（13）
　第三节　区域岩浆岩 ……………………………………………………………………………（14）
　　一、区域岩浆岩概述 …………………………………………………………………………（14）
　　二、天山地区火山岩 …………………………………………………………………………（17）
　第四节　区域变质变形特征 ……………………………………………………………………（18）
　　一、区域变质变形特征概述 …………………………………………………………………（18）
　　二、天山地区重要断裂带及变形特征 ………………………………………………………（20）
　　三、区域变质变形作用研究新进展 …………………………………………………………（20）
　第五节　区域地球物理特征 ……………………………………………………………………（29）
　　一、区域重力场特征 …………………………………………………………………………（29）
　　二、区域航磁特征 ……………………………………………………………………………（36）
　　三、区域深部构造特征 ………………………………………………………………………（42）
　第六节　区域地球化学特征 ……………………………………………………………………（46）
　　一、区域地球化学参数特征 …………………………………………………………………（46）
　　二、主要元素空间分布特征 …………………………………………………………………（49）
　第七节　区域矿产 ………………………………………………………………………………（57）
　　一、铁矿 ………………………………………………………………………………………（58）
　　二、铜矿 ………………………………………………………………………………………（61）
　　三、镍矿 ………………………………………………………………………………………（67）

四、铅锌矿……(77)
第八节 区域构造演化与成矿作用……(78)
一、天山造山带新元古代—古生代增生造山过程……(78)
二、天山构造演化与成矿作用……(79)
第九节 成矿区带划分……(80)
一、成矿带划分……(80)
二、重要矿带特征……(88)
三、区域成矿规律……(93)

第三章 矿床地质特征及成矿模式……(97)
第一节 矿区地质条件……(97)
一、矿床地质……(97)
二、侵入岩……(99)
三、构造……(106)
四、变质作用及变质岩……(108)
第二节 矿体地质……(109)
一、矿体特征……(109)
二、赋矿岩相……(118)
三、矿石质量……(119)
四、矿山开采现状……(136)
第三节 围岩蚀变与分带……(140)
第四节 矿床成因机理及成矿模式……(140)
一、岩石地球化学特征……(140)
二、矿床形成时代……(150)
三、白鑫滩岩体岩相划分……(150)
四、地幔源区及母岩浆性质……(151)
五、橄榄石结晶分异与硫化物熔离过程……(153)
六、白鑫滩矿床成矿过程……(154)
七、矿床成因及成矿模式……(155)

第四章 矿床地球物理特征及地质-地球物理模型……(158)
第一节 矿区岩石物性特征……(158)
一、矿区岩(矿)石物性特征……(158)
二、地球物理场特征描述……(159)
第二节 矿床地球物理特征……(162)
一、矿床岩(矿)石物性特征……(162)
二、地球物理场特征描述……(163)
第三节 矿床地质-地球物理模型……(185)

第五章 矿床地球化学特征……(188)
第一节 矿区岩石微量元素……(188)
一、地层岩石微量元素……(188)
二、基性—超基性岩体微量元素……(195)
第二节 矿床地球化学特征……(198)
一、区域元素背景分布特征……(198)

二、白鑫滩一带区域地球化学异常特征 …………………………………………………………（200）
　　三、1∶5万地球化学异常特征 …………………………………………………………………（201）
　第三节　矿床地质-地球化学模型 …………………………………………………………………（202）
　　一、地球化学成矿信息标志 ……………………………………………………………………（202）
　　二、地质-地球化学模型 …………………………………………………………………………（210）

第六章　隐伏矿体预测评价 ………………………………………………………………………（213）
　第一节　矿床多元信息成矿标志模式 ………………………………………………………………（213）
　　一、成矿地质条件及控矿因素标志 ……………………………………………………………（214）
　　二、成矿标志 ……………………………………………………………………………………（214）
　　三、地球物理条件 ………………………………………………………………………………（214）
　　四、地球化学标志 ………………………………………………………………………………（215）
　　五、控矿因素 ……………………………………………………………………………………（215）
　　六、找矿标志 ……………………………………………………………………………………（216）
　第二节　矿区成矿信息分析 ………………………………………………………………………（216）
　　一、岩浆流动方向与找矿预测 …………………………………………………………………（216）
　　二、物探规律与找矿预测 ………………………………………………………………………（216）
　　三、频率谐振规律 ………………………………………………………………………………（219）
　　四、花岗岩与成矿的关系 ………………………………………………………………………（219）
　第三节　找矿定位预测 ……………………………………………………………………………（222）
　　一、Cu/Ni比值 …………………………………………………………………………………（222）
　　二、谐振预测 ……………………………………………………………………………………（223）
　　三、预测结果 ……………………………………………………………………………………（227）
　第四节　找矿靶区评价 ……………………………………………………………………………（227）
　　一、矿区西段地质特征 …………………………………………………………………………（228）
　　二、矿区东段地质特征 …………………………………………………………………………（234）
　第五节　找矿预测评价指标 ………………………………………………………………………（234）
　　一、小岩体对成矿有利 …………………………………………………………………………（235）
　　二、岩体分异充分且富含斜方辉石，岩浆具有多期侵入特征对成矿有利 …………………（235）
　　三、矿物粒径之间的变化范围较大对成矿有利 ………………………………………………（236）
　　四、橄榄石Fo值太大，橄榄石中镍含量太高对成矿不利 …………………………………（236）
　　五、岩体中镁铁比值（m/f）介于2～6.5对成矿有利 ………………………………………（236）
　　六、稀土元素配分曲线图右倾对成矿有利 ……………………………………………………（237）
　　七、高Cu/Zr值对成矿有利 ……………………………………………………………………（237）
　　八、区域上的Cu、Ni、Co、Cr综合化探异常对找矿有利 …………………………………（237）
　　九、高磁、高重力、高极化、低阻组合地面物探异常有利于成矿 …………………………（237）
　　十、中低阻或梯度带、中高极化、高波阻抗叠加空间位置有利于找矿 ……………………（238）
　第六节　找矿预测体系 ……………………………………………………………………………（238）
　　一、地球物理预测体系 …………………………………………………………………………（238）
　　二、多元信息综合找矿预测模型 ………………………………………………………………（239）
　　三、矿区及外围铜镍矿预测资源量 ……………………………………………………………（241）

第七章　结　　论 …………………………………………………………………………………（244）
　　一、揭示天山增生造山过程对铜、镍等大宗矿产形成的制约机制 …………………………（244）

二、阐释了矿区基性—超基性岩体的岩石学和岩石地球化学特征 …………………………………（244）
三、全面系统地研究了矿床就位机理和定位规律 ……………………………………………………（245）
四、深化总结矿床成矿规律和综合找矿模型 …………………………………………………………（245）
五、岩浆通道的确定和深部找矿预测 …………………………………………………………………（246）
六、找矿建议 ……………………………………………………………………………………………（246）

主要参考文献 …………………………………………………………………………………………………（247）

第一章 概 论

第一节 研究概述

东天山成矿带是新疆重要矿产资源战略基地之一,孕育铁、铜、镍、铅、锌、金、银、钼等大型成矿系统,矿产资源丰富、矿种多、类型全,铁、铜、镍等资源优势明显,空间上呈现出"南铁北铜中镍金"的分布规律,时间上具有元古宙和中新生代成矿少、晚古生代矿床多——"两少一多"的分布特点。国家、地方科技计划及矿产勘查项目持续实施,较系统地揭示了东天山造山带演化的洋盆俯冲消减、块体聚合增生、多期次成矿作用等基本特征,提出了增生造山模式和增生成矿系统,在成矿背景、成矿规律和找矿勘查等方面取得了许多成果。然而,现有研究对白鑫滩铜镍矿床的定位制约机制、成矿规律和找矿预测研究等方面仍待加强。因此,开展白鑫滩铜镍矿床成矿规律研究,总结深化白鑫滩矿床铜、镍相互关系和赋存规律,阐明增生造山成矿系统的构造背景和物质时空框架,开展铜、镍找矿预测,对促进东天山基性—超基性岩带地质勘查和工作部署具有重要的研究意义。

中国是世界上岩浆型铜镍硫化物矿床的重要产地之一,全国已发现中大型岩浆型铜镍硫化物矿床(田)20余处。按大地构造位置可将我国铜镍硫化物矿床分为4个矿集区:一是塔里木克拉通北缘矿集区,以喀拉通克、黄山矿床为代表;二是华北克拉通西南缘矿集区,以金川、夏日哈木矿床为代表;三是扬子克拉通西缘矿集区,以杨柳坪矿床为代表;四是华北克拉通东北缘,以红旗岭矿床为代表。中国的铜镍硫化物矿床形成于大陆演化过程的陆壳拉张裂解环境中,总体上分布于大陆地块边缘或微地块中,部分产于造山带中(李文渊,2007)。依据成矿地质背景及成矿岩体规模等条件,汤中立等(2006)将中国铜镍硫化物矿床分为4类:①古大陆内的小侵入体矿床,此类矿床一般发育于元古宙古大陆边缘,形成于古大陆裂解时期,以金川、赤柏松、铜硐子、小南山等矿床为代表;②古大陆内与大陆溢流玄武岩有关的侵入体矿床,此类岩体的分布与溢流玄武岩有密切的空间联系,以白马寨、大坡岭、金宝山、杨柳坪等矿床为代表;③造山带内的小侵入体矿床,此类矿床发育在造山带内,形成于造山后的弛张时期,国内此类矿床主要形成于海西期,以喀拉通克、黄山等大型矿床为代表;④与蛇绿岩有关的矿床,此类矿床产于蛇绿岩套内,是洋壳在生成和迁移阶段由于构造侵位导致残片被保留于造山带中形成,以煎茶岭矿床为代表。从全国铜镍矿成矿时代来看,一般认为岩浆型铜镍硫化物矿床主要形成于"一老(元古宙)一新(晚古生代)"两个时期。金川、红旗岭、喀拉通克、黄山东、力马河等一系列大型以上岩浆型铜镍硫化物矿床均形成于这两个时期(王博林,2016)。

近年来,在青海东昆仑地区新发现的夏日哈木超大型岩浆型铜镍硫化物矿床含矿岩体LA-ICP-MS锆石U-Pb年龄为$(411.6±2.4)$ Ma(Li et al.,2015),说明早古生代也是我国岩浆型铜镍硫化物矿床形成的重要时期。从含矿岩体性质分析,除大坡岭、煎茶岭等少数几个矿床外,其余矿床的成矿赋矿岩体均为铁质基性—超基性岩侵入体。就成矿机制而言,Vogt(1894)正式提出岩浆型硫化物的不混熔机制(即岩浆熔离机制),得到了学术界广泛认可。现在学术界普遍接受的观点是:岩浆型铜镍硫化物矿床的形成是硅酸岩浆在演化过程中由于物理化学条件的改变，岩浆中的硫达到饱和状态，产生不混溶的硫化物液滴，以重力下沉方式富集的结果(Naldrett,1999,2010;Barnes and Picard,1993;李文渊,2007)。但具体的成矿过程还存在争议，主要有"小岩体成矿系统"(汤中立等,2006)和"岩浆通道成矿"两种认识(秦克章等,2014;宋谢炎等,2010)。主要争议在于：前者认为矿浆是在中间岩浆房中聚集，含矿岩体形成于封闭的终端岩浆房；而后者认为矿浆的聚集和含矿岩体的形成均是在开放式的岩浆通道中(汤中立等,2011;姜常义等,2011)。与此同时，在岩浆、矿浆的分凝和上侵的过程是连续的还是脉动式的，外来硫的加入是否为必要条件等问题上还存在争议。近年来，有学者在以上两种认识的基础上提出了"岩浆通道成矿系统"的认识，苏尚国等(2014)认为，"矿浆"实际上是流体体积和流体/熔体比值较大的"含矿熔体-流体流"，在岩浆演化晚期定位过程中，因失去挥发分而呈"矿浆"状就位于岩浆通道中。而对于硫饱和机制而言，影响硫饱和的条件主要有温度、压力、熔体中Fe+Ni含量、熔体的氧化状态、熔体中镁铁质与长英质的比例等。在成矿过程中岩浆的快速冷却、新鲜岩浆的混合作用、岩浆的分离结晶、外来硫的加入、岩浆同化混染富SiO_2等原因都可能导致硫达到饱和状态，但成矿过程中是哪一种或哪几种条件的改变导致硫达到饱和状态还需要具体问题具体分析。近年来，我国在岩浆型铜镍硫化物矿床勘探上取得了突破，陆续发现了夏日哈木、白鑫滩、路北等一系列矿床。其中位于东昆仑造山带的夏日哈木矿床是我国仅次于金川矿床的第二大岩浆型铜镍硫化物矿床，镍资源总量超过100万t，东天山镁铁—超镁铁质岩体成群成带分布，明显受区域内主干断裂控制。镁铁—超镁铁质岩体与Cu-Ni矿化密切相关，小岩体成大矿为普遍现象(冯京等,2012)。但是，白鑫滩含铜镍岩体位于康古尔-黄山镁铁—超镁铁质岩带以西之前从未发现含矿镁铁—超镁铁质岩体的区域(米宝昕等,2019)。因此，开展白鑫滩铜镍矿床成矿特征集成研究对中国岩浆型铜镍矿床的发展具有重要意义。

本书系统总结了东天山黄山基性—超基性岩带地、物、化和矿山开采最新成果数据，重点选择东天山黄山基性—超基性岩带西段近年新发现的白鑫滩铜镍矿床作为研究对象，在梳理研究区域构造演化-成矿作用耦合分析的基础上，通过典型解剖，分析成矿条件和控矿因素，探讨成矿机制，总结成矿规律，构建黄山基性—超基性岩带铜镍区域成矿模式及其矿床"三位一体"勘查找矿模型；以岩浆熔离型镍矿为主攻矿种，开展区域成矿地质条件对比和成矿规律总结，建立成矿带成矿模式；研究白鑫滩铜镍矿床的成矿物质来源、成矿流体运移的途径和沉淀条件，探讨成矿机制和成矿系统时空结构；综合区域地质特征、构造演化、成矿条件，查明黄山基性—超基性岩带不同矿化类型的时空分布规律和相互关系，建立区域尺度的成矿模型；结合已有的地质矿产、地球物理、地球化学等信息，开展找矿预测研究，圈定白鑫滩矿区深部找矿靶区，基本摸清矿区1000 m以浅资源潜力。

第二节　矿区自然地理概况

白鑫滩铜镍矿位于新疆哈密市西南105 km处，市区与矿区间有省道、铁路和简易砂石路面相通，交通十分便利(图1-1)。矿区属沙漠戈壁和丘陵低山地带，地形平坦，总体地势北高南低。地貌形态以坡度缓、比高小的孤立残山和垄岗状山脊为主，其次为树枝状、长条状冲沟及洼地。海拔最高774.42 m，最低651 m，一般在690~750 m之间，比高几米至数十米。矿区属典型的大陆性干旱气候，冬冷夏热，春秋多风，温差大，雨量稀少。5—8月为夏季，天气炎热，最高气温达44.9℃。11—12月及次年的1—3月为冬季，天气寒冷，最低气温达−26.5℃。降水量极少，冬季有少量积雪，积雪厚度很薄。4—6月多风，且多为西北风，风力4~6级不等。矿区及其附近无地表水体。本区自有记载以来矿区附近共发生地震873次，其中5级以上地震10次，4~4.9级地震17次，震中距矿区最近距离为63 km，最强烈的地震震中距矿区170 km。矿区无其他类型地质灾害发育。

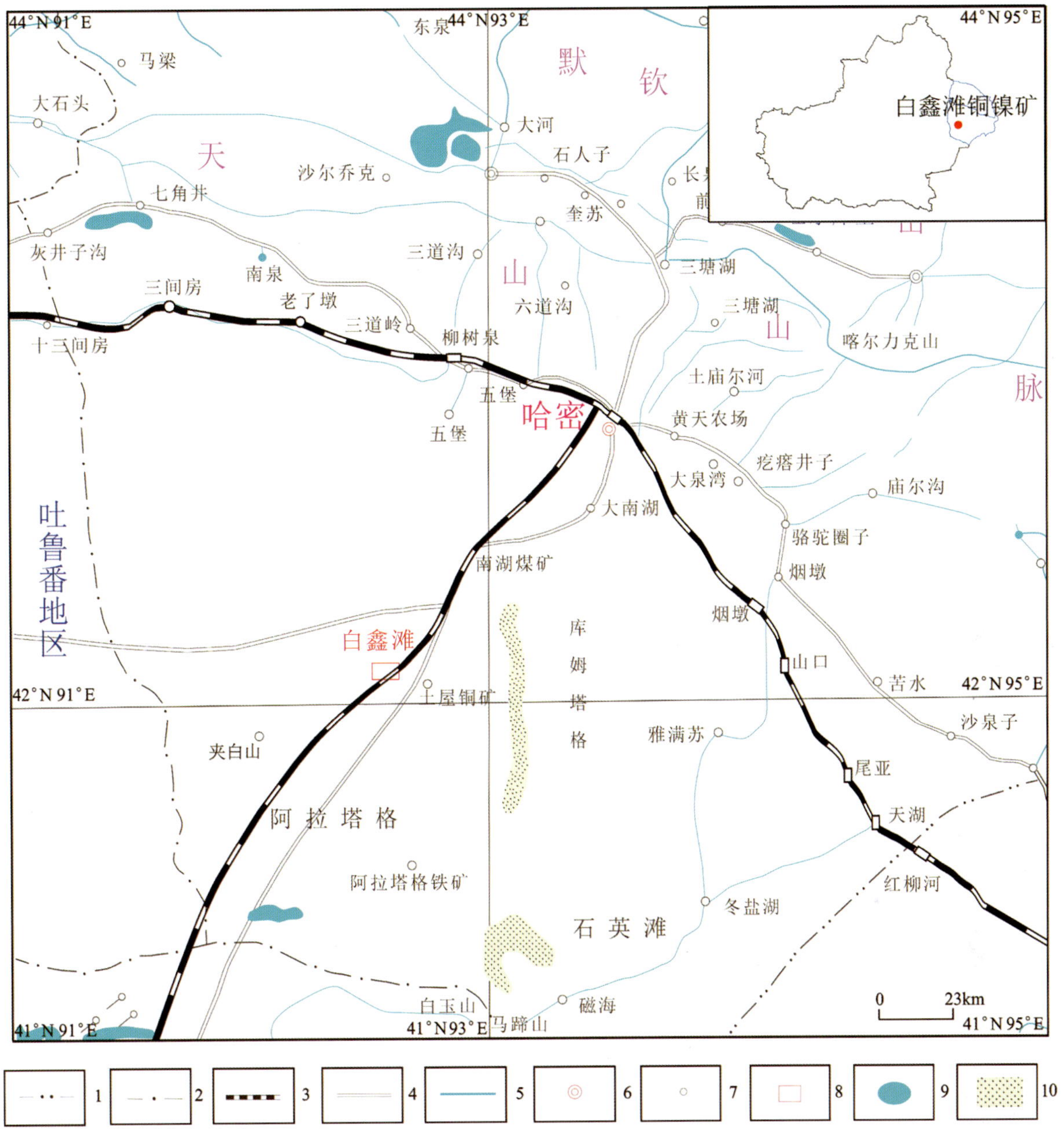

1.省界；2.地区、州界；3.铁路；4.高速公路与省道；5.简易公路；6.市；7.乡镇及居民点；8.矿权位置；9.水系；10.沙垄

图 1-1　矿区交通位置图

第三节　地质工作程度

东天山地区是新疆金属矿产资源的重要聚集区，区内地势平坦，交通便利，是地质工作者多年来关注的地区之一，研究程度较高。20世纪70年代之前，一些外国学者和国内地质工作者曾开展了一些区域地质调查。20世纪70年代中期至今，随着东疆铁矿大会战以及后期西部大开发战略的实施，相继有不少地质单位和科研院所在该区及邻区开展大量的区域地质调查、化探（图1-2）、物探以及矿产勘查与科研工作，东天山地区地质研究程度得到大幅度提高。

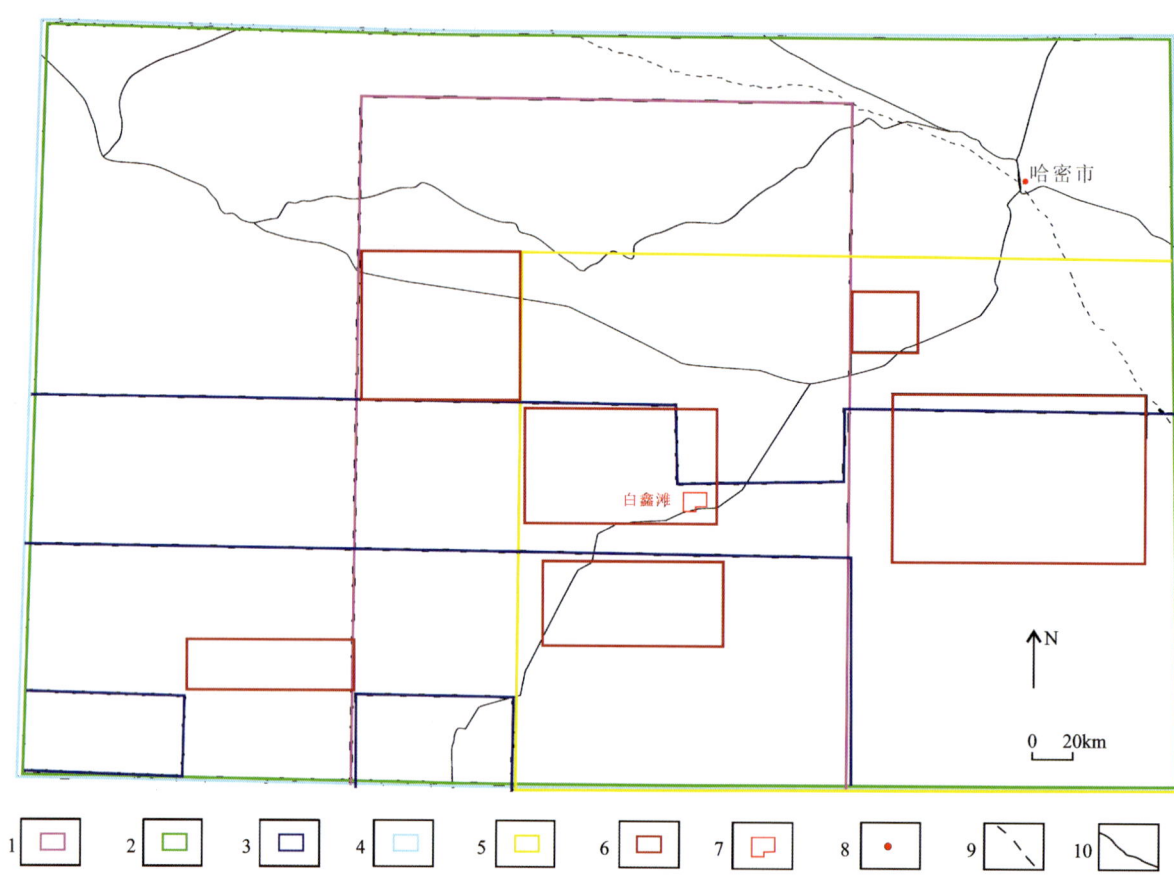

图 1-2　区域地质化探工作程度示意图

1.1∶25万区调；2.1∶20万区调；3.1∶5万区调；4.1∶25万化探；5.1∶20万化探；6.1∶5万化探；7.矿权区范围；8.城市；9.铁路；10.公路

一、区域地质调查

研究区区域地质调查主要分为3个时期：一是20世纪中后期（1959—1993年），主要由新疆地矿局第一区测大队在涉及白鑫滩铜镍矿的区域上开展1∶20万区域地质矿产调查，对图幅内地层、岩浆岩、构造、矿产等方面进行了较详细的评述，特别在中泥盆统、中石炭统中采集到相应时代的古生物化石，为本区地层时代的确定提供了资料依据。二是20世纪晚期至21世纪初，新疆地矿局第一区测大队在该区开展了1∶5万区域地质调查（八幅联测）工作，对区内岩石地层单位进行了重新厘定，对火山岩的喷发旋回、喷发韵律做了详细划分和研究；按照现代岩浆演化理论，对侵入岩进行了充分解体并对侵入岩的定位机制、岩浆动力学模式做了全面总结；运用板块构造理论，进一步厘定了矿区的构造格架并划分了构造单元，在此基础上提出了"塔里木板块与准噶尔板块的对接线是一个复杂的经过改造的带状地质实体"的新认识。三是2001—2003年由新疆地质调查院第一地质调查所对五堡幅（K46C002002）1∶25万区域地质调查进行修测，系统厘定了区内的岩石地层单位，并对区内的岩浆岩、构造格架进行了较为深入的研究。

二、区域化探

区内化探主要为1∶20万区域化探测量和1∶5万化探普查。20世纪80年代中后期,主要开展康古尔塔格幅、大草滩幅1∶20万区域化探测量,圈出了不同类别的组合异常94个,单元素异常1746个,全面系统地反映了区域化探特征。21世纪初,新疆地质调查院和新疆维吾尔自治区地质矿产勘查开发局第一区域调查大队分别开展了K-46-64-A、C幅,K-46-64-B、D幅,延东—企鹅山一带1∶5万化探普查,圈定91处找矿意义较好的综合异常,为下一步工作提供参考。2011—2012年新疆地质调查院开展了五堡幅(K46C002002)1∶25万区域化探测量,圈定236个单元素异常、24个综合异常,通过异常查证发现了白鑫滩铜镍矿。2014—2016年新疆地质调查院在实施东天山成矿带中段1∶5万区域地质综合调查时,开展了3900 km²空白区的1∶5万化探普查,在黄山-白鑫滩铜镍成矿带的西延区域发现了路北铜镍矿。

三、区域物探

区域物探在不同时期针对不同矿种分别开展了物探测量和物探普查工作。20世纪70年代后期至20世纪末,地质部航空物探大队907队以寻找铁矿为主要目的,进行1∶10万磁法测量,发现航磁异常28处。为进一步了解该区区域地质构造背景,探索深部地质构造特征与矿产分布关系,1977—1980年地质部第二综合物探大队在吐哈盆地以南开展1∶20万区域重力测量工作,认为康古尔塔格重力高值带推测属莫霍面隆起区,重力低值带可能属地壳坳陷区,据此推断,工作区中南部为板块缝合线位置,北侧属准噶尔板块,南侧为塔里木板块。21世纪初至今,新疆地质调查院和新疆维吾尔自治区地质矿产勘查开发局第一区域调查大队先后在本区域开展了航空和地面物探异常查证,圈出(激电)异常149处,发现了金滩铜矿、灵龙铜矿、翠岭铜矿,开展了白鑫滩深部低阻异常的钻探查证。

四、科学技术研究

研究区科学研究工作主要是区域成矿规律和典型矿床成矿作用方面的研究。1984—2018年由新疆维吾尔自治区地质矿产勘查开发局第六地质大队、新疆地质调查院与国内有关大学合作开展了东天山、天山-北山、全疆等地的构造演化、成矿规律、找矿预测研究工作,编制了《东天山构造演化与成矿规律研究报告》《东疆地区1∶10万遥感地质矿产图及说明书》《天山-北山成矿带成矿规律和找矿方向研究》《新疆矿产资源潜力评价》《新疆地质矿产志研编》《新疆区域地质志》等成果报告。白鑫滩矿床自发现以来,引起了疆内外地质学者的广泛关注,不同学者从矿物学、矿相学、流体地球化学、同位素、成矿模式、矿床成因、镁铁—超镁铁质岩体成因等各个角度进行专项研究,发表了一系列学术论文。

五、矿区勘查

(一)矿区地质勘查

(1)2012年由中国地质调查局出资,新疆维吾尔自治区地质矿产勘查开发局第一区域地质调查大队承担的"新疆1∶25万五堡幅区域化探"项目,在矿区及外围圈定了HT-15号铜镍铬钴综合异常,针对该异常开展了1∶5万土壤化探测量,将异常分解为THs-33号以铜镍为主的综合异常,并使用槽探揭露的方法对该异常进行了查证,发现了地表有厚大的铜镍氧化矿体存在的白鑫滩铜镍矿点。

(2) 2013—2015年,由新疆维吾尔自治区地质勘查基金出资的"新疆哈密市白鑫滩一带铜多金属矿预-普查"项目主要针对白鑫滩铜镍矿预-普查区、白鑫滩西铜镍矿预查区、海豹滩铜多金属矿预查区、金池金铜多金属矿预查区、盐池头铅锌矿预查区、沙尾铅锌矿预查区开展工作。该项目在矿权范围内开展了1∶1万地球化学测量(圈出以铜镍为主的综合异常2个)、1∶1万地质草测、1∶2000地质草测、1∶1万重力、磁法、激电测量工作,针对矿权内含矿岩体进行槽探、钻探施工,其中含矿岩体施工钻孔9个(ZK0001、ZK0003、ZK0703、ZK0704、ZK2401、ZK2402、ZK4402、ZK1501、ZK7401),含矿岩体东外围物探异常验证钻孔1个(ZK11001)。同一时期(2013—2015年)由中央专项资金出资的"新疆哈密市白鑫滩铜镍矿普查"项目主要针对白鑫滩铜镍矿勘查区、白鑫滩西勘查区与海豹滩勘查区开展工作。该项目在矿权范围区针对含矿岩体进行槽探、钻探施工,其中含矿岩体施工钻孔10个(ZK0803、ZK0702、ZK3602、ZK3601、ZK2301、ZK5803、ZK0802、ZK5801、ZK0701、ZK5802),针对矿权范围区内含矿岩体东外围物探异常验证钻孔1个(ZK12001)。结合两个项目的最终成果,估算矿区(333)+(334?)金属资源量:铜8.43万t,镍6.49万t。

(3) 2016年由新疆维吾尔自治区两权价款出资的"新疆哈密市白鑫滩一带铜多金属矿普查"项目主要针对白鑫滩铜镍矿普查区、白鑫滩北铜镍金矿预查区、小玛瑙滩铜金矿预查区开展工作。该项目在矿权范围区内主要完成1∶1万地质修测、CSAMT电磁测深剖面、TEM测深剖面以及钻探工作(ZK1502、ZK0804、ZK5201、ZK6603),最终估算(333)+(334?)铜镍金属资源量:镍6.8万t,铜8.6万t。

(4) 2017—2018年,由新疆维吾尔自治区地质勘查基金出资的"新疆哈密市白鑫滩一带铜多金属矿普查"项目主要针对白鑫滩铜镍矿普查区、小玛瑙滩铜金矿预查区开展工作。该项目在矿权范围区内主要针对含矿岩体进行钻探工作,完成施工钻孔6个(ZK5804、ZK2302、ZK1601、ZK5201、ZK1503、ZK0002),确定主矿体在深部存在突然变小变薄的趋势,并对矿区岩相进行了初步划分。

(二)矿区勘查投入的实物工作量

白鑫滩铜镍矿自发现以来,累计投入工作量见表1-1,工作程度见图1-3。

表1-1 白鑫滩铜镍矿区主要实物工作量统计表

序号	工作名称	单位	完成工作量
1	1∶1万地质草测(修测)	km²	23.13
2	1∶2000地质草测	km²	3.0
3	1∶1万岩屑测量	km²	10
4	CSAMT电磁测深点	个	400
5	TEM测深点	个	100
6	1∶1万物探磁法测量	km²	20
7	1∶1万物探激电测量	km²	20
8	1∶1万物探重力测量	km²	20
9	槽探	m³	5000
10	钻探	m	8 794.57
11	地震频率谐振	点	752

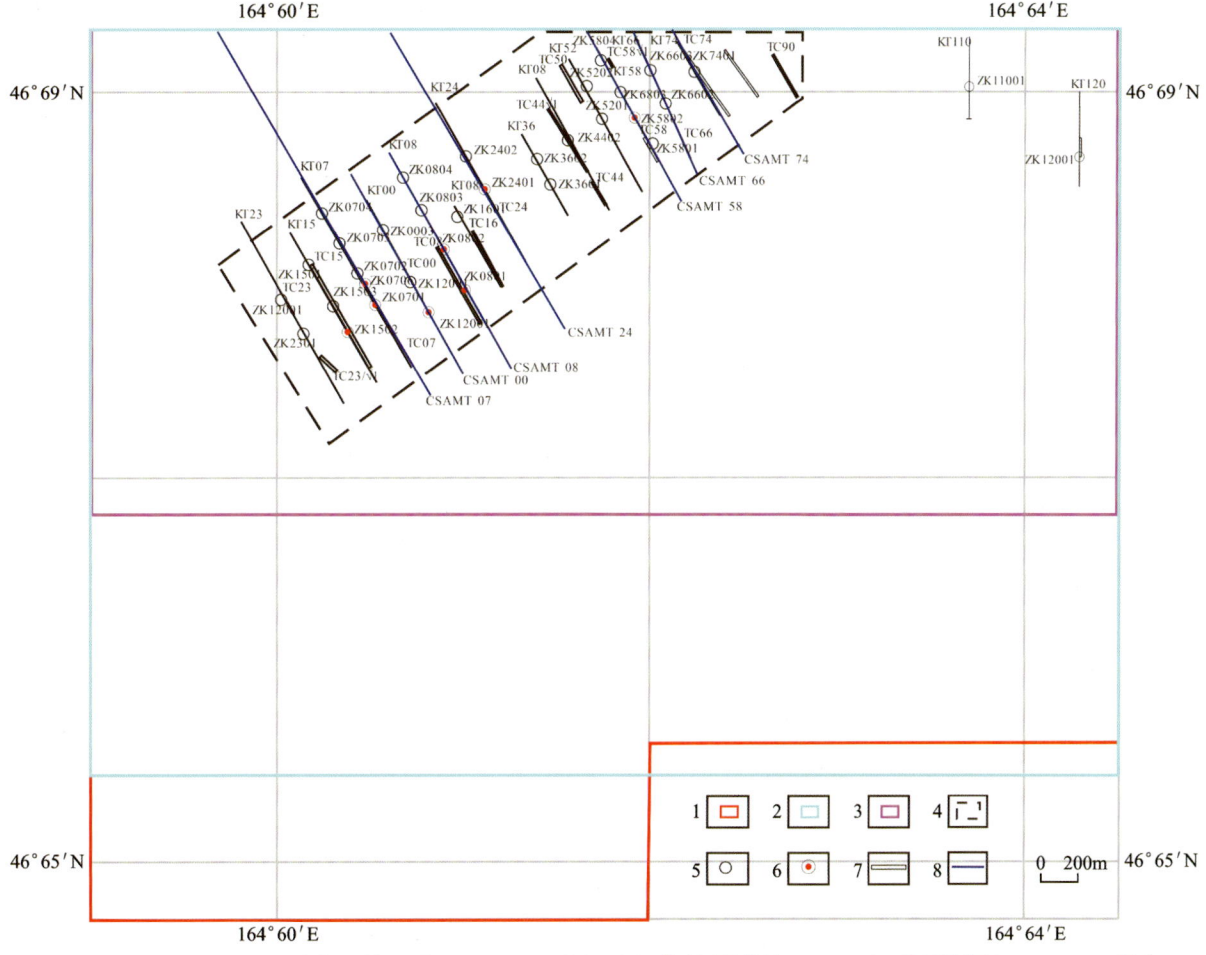

1.矿业权范围及1:1万地质草测(修测)范围;2.1:1万重力、磁法、激电测量范围;3.1:1万土壤测量范围;4.1:2000草测范围;5.未见矿钻孔;6.见矿钻孔;7.已施工探槽位置;8.CSAMT剖面位置

图1-3 白鑫滩铜镍矿区工作程度示意图

第二章 区域成矿地质背景

第一节 区域构造背景

中亚造山带位于西伯利亚克拉通的南部、塔里木-华北克拉通的西部,它是全球最大的古生代增生造山带,与古亚洲洋的消减、西伯利亚克拉通南部增生系统和塔里木板块之间的拼合作用有关(Yakubchuk,2004;Windley et al.,2007;Xiao et al.,2008)。Xiao等(2015)将中亚造山带划分为哈萨克斯坦、蒙古两个巨型的拼贴系统,天山位于哈萨克斯坦拼贴系统与蒙古、塔里木-华北两个拼贴系统的交会部位(图2-1),是探讨古亚洲洋演化以及中亚造山带增生过程的重要区域,受到学者长期关注。

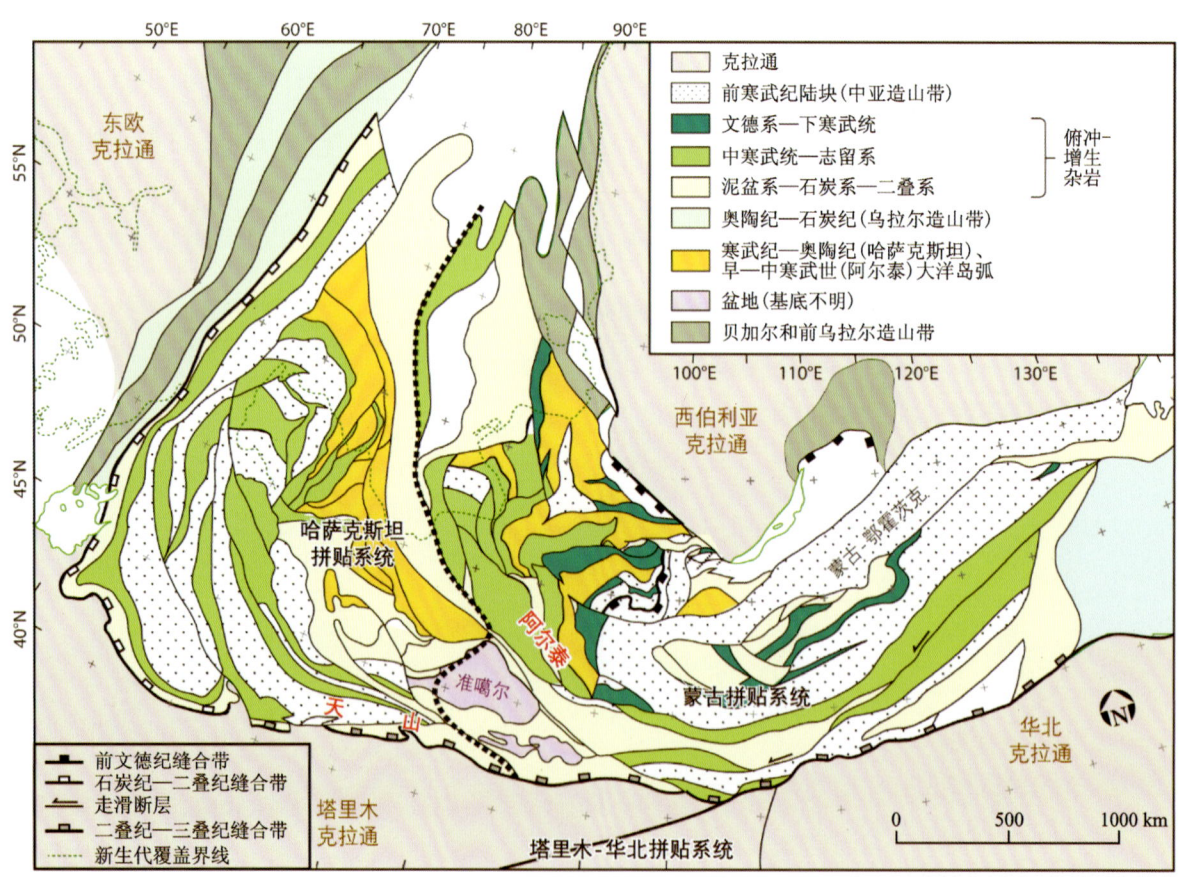

图2-1 中亚造山带及邻区构造格架(据Xiao et al.,2015,有修改)

天山位于中亚造山带南部边缘,自西向东延伸超过2500 km。作为中亚造山带的组成部分,它的演化记录了包括岛弧、增生杂岩、海山以及洋底高原的增生过程,也记录了岛弧与陆块之间碰撞与缝合的历史。天山西段(境外天山)依据尼古拉耶夫线(Nikolaev Line)和阿特巴什-伊内尔切克(Atbashi-Inylchek)断裂,被划分为北、中、南3段(图2-2)。部分学者将中国北天山表述为"北东天山"以区别于境外北天山(Seltmann et al.,2011)。Xiao等(2013)使用"哈萨克斯坦-北天山"代表境外北天山,与中国北天山区分。对境内外中天山的认识也有不同观点,一些学者认为中国中天山微陆块向西延伸到吉尔吉斯斯坦的纳伦(Gao et al.,2009;Qian et al.,2009);还有学者认为它们具有不同的演化历史,境外中天山(Middle Tianshan)被认为在中国与吉尔吉斯斯坦边界尖灭,而中国中天山(Central Tianshan)与境外北天山具有相似的地质结构,因此被认为对应于境外北天山南缘的延伸(Windley et al.,2007),但也有部分学者提出中国中天山与中国南天山一起对应于境外南天山(Charvet et al.,2011)。南天山是一个境内外连续的构造单元,主要的蛇绿岩带从中国天山西部一直延伸到吉尔吉斯斯坦的阿特巴什,再到乌兹别克斯坦境内(Han et al.,2011;Wilhem et al.,2012)。境外北天山和中天山、南哈萨克斯坦、中国中天山和伊犁地块组成了具有大陆基底的哈萨克斯坦地体。哈萨克斯坦地体是由捷尔斯凯伊洋(Terskey)在奥陶纪—志留纪闭合后形成。北天山弧与哈萨克斯坦微大陆之间在奥陶纪发生碰撞,之后境外中天山与北天山在志留纪发生碰撞(Lomize et al.,1997;Mikolaychuk et al.,1997;Konopelko et al.,2008;Biske et al.,2010)。在Filippova等(2001)的研究中,随着哈萨克斯坦地体的拼合,古亚洲洋在晚古生代被分割成4个相互连通的大洋:Ob-Zaisan(西伯利亚与哈萨克斯坦大陆之间)、Uralia(在波罗的与哈萨克斯坦大陆之间)、Turkestan(哈萨克斯坦与塔里木之间)、Junggar-Balkash(哈萨克斯坦马蹄状构造带的支翼之间)。由于南天山洋(Turkestan洋)在晚古生代闭合,塔里木克拉通与哈萨克斯坦-伊犁地体碰撞拼合形成南天山造山带。南天山缝合带从乌兹别克斯坦境内向东,沿着分割吉尔吉斯斯坦中天山和南天山的阿特巴什-伊内尔切克断裂一直延伸至中国境内的南那拉提断裂。

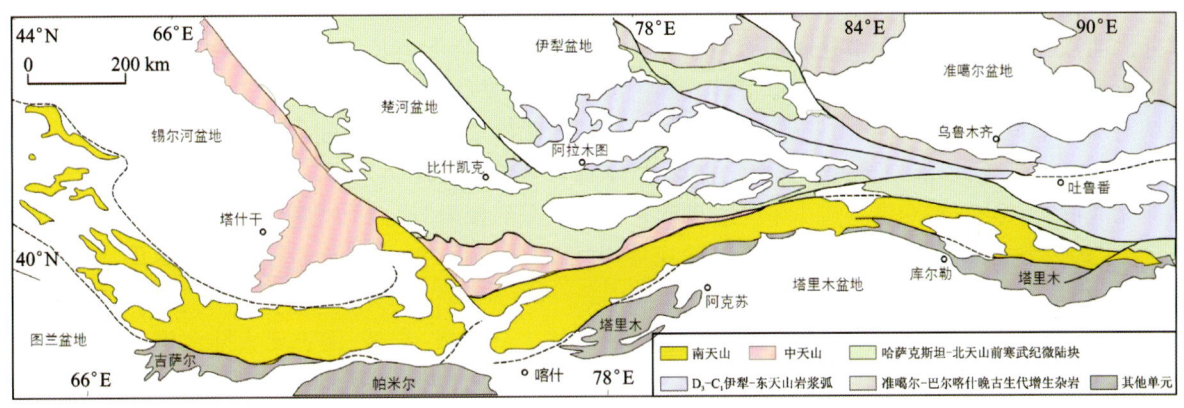

图2-2 天山构造格架(据Alexeieve et al.,2015,有修改)

综合前人的研究认识,以及"深地资源勘查开发"重点专项的研究成果,对天山及邻区不同时期的构造背景及演化过程进行概略描述。

一、前寒武纪超大陆演化阶段

中新元古代的地质记录为古大陆的复原提供了物质基础,天山及邻区保留的该阶段的记录反映了哥伦比亚(Colombia)和罗迪尼亚(Rodinia)两个超大陆裂解和汇聚的过程。

1.7 Ga的构造-岩浆热事件在伊犁-中天山及其以南地区广泛存在,伊宁地块南部长城纪特克斯群,中天山地块上的长城纪星星峡群,塔里木陆块北缘的长城纪阿克苏岩群、杨吉布拉克群,敦煌地块北缘的长城纪古硐井群和铅炉子沟群,普遍含有火山岩或火山-沉积建造,有的具有双峰式火山岩特征。该阶段的岩浆事件很可能代表了古元古界大陆的裂解。

境外北天山和中国中天山广泛分布1.45～1.36 Ga的构造-岩浆热事件,中天山发育中酸性侵入岩类,年龄集中在1.44～1.38 Ga之间,年龄峰期大约在1.40 Ga(Zheng et al.,2018);中天山蓟县系的卡瓦布拉克岩群、北天山的道草沟岩群、札曼苏岩群的火山岩也形成于该阶段。该年龄段的中酸性侵入岩,其中岩浆结晶锆石的$\varepsilon Hf(t)$值均为正值,两阶段模式年龄与侵入岩形成时间相近,表明原岩岩浆来源于亏损地幔或者新生地壳(贺振宇等,2015),指示中天山、北山、阿拉善北缘经历了中元古代的地壳增生事件,也有人将其对应为Nuna超大陆的裂解事件。同时,也表明中天山、北山地块前寒武纪基底与塔里木、敦煌存在很大差异。

1.0～0.82 Ga的构造岩浆热事件,以中酸性侵入岩浆事件为主。塔里木北缘为青白口纪花岗岩、花岗闪长岩、二长花岗岩、闪长岩,构成TTG岩套。在塔中隆起带存在这一时期的闪长岩侵入体,可能属于TTG岩套。在中天山复合岩浆弧的卡瓦布拉克、星星峡、北山古堡泉一带出露有该期的片麻状二长花岗岩、花岗闪长岩、闪长岩,中酸性侵入岩的形成时代多集中在0.9 Ga左右。该阶段的岩浆岩大多为高钾钙碱系、准铝质-弱过铝质岩系列,锶同位素初始值在0.707 7～0.722 7之间,$\varepsilon Nd(t)$值均为负值,钕同位素模式年龄在2.65～2.05 Ga之间;侵入岩中岩浆成因锆石的$\varepsilon Hf(t)$值在-8～6之间,指示这些岩体均为壳源,源岩可能为古元古代及新太古代地壳物质,形成于俯冲相关的大陆边缘和碰撞环境,可对应于罗迪尼亚超大陆汇聚事件。此外,柯坪基底隆起上存在着变质时代为720 Ma的蓝闪石片岩。

二、南华纪—中二叠世演化阶段

南华纪—早二叠世地质演化的物质记录在天山-阿尔泰及邻区保留丰富,是中亚造山带的重要组成部分。前人关于该区的地质演化主要有两种观点:一种观点认为天山及邻区经历了两个阶段演化,中泥盆世末期洋-陆演化结束,晚泥盆世以后进入陆内演化阶段(夏林圻等,2004;徐学义等,2014);另一种观点认为从南华纪到二叠纪,天山及邻区一直处于洋-陆演化阶段,因对进入陆内演化时间的认识不同,可进一步分为早二叠世、晚二叠世—三叠纪等观点(李锦轶等,2006;Xiao et al.,2013,2015)。本次研究以最新完成的"天山-阿尔泰增生造山带大宗矿产资源基地深部探测"项目为依托,在综合前人研究成果的基础上,从一个主大洋、两个大陆边缘系统的视角,归纳总结天山-阿尔泰及邻区的地质演化过程(冯京等,2024)。

在这一阶段,全球经历了罗迪尼亚大陆裂解、冈瓦纳大陆形成-裂解、潘吉亚大陆汇聚等演化,古生代全球洋-陆格局如图2-3、图2-4所示。寒武纪,东西冈瓦纳大陆碰撞,泛非造山带和统一的冈瓦纳大陆最终形成,分布在南极到赤道的广大地区。此时,劳伦、西伯利亚以及波罗地陆块游离于冈瓦纳大陆之外,位于赤道附近。研究区涉及的哈萨克斯坦、塔里木等陆块,古生代期间逐渐形成冈瓦纳大陆与西伯利亚-劳伦大陆之间的"陆链",其南侧为特提斯大洋,北侧为泛大洋。在此背景下,天山-阿尔泰及邻区经历了古生代复杂的洋-陆格局、汇聚-碰撞过程,记录了大陆边缘演化和微地块增生的地质记录。

南华纪—震旦纪,塔里木陆块北缘的库鲁克塔格群陆源碎屑沉积夹冰碛层、数层基性火山岩,伊犁地块的凯拉克提群含双峰式火山岩及冰成沉积碎屑岩建造可看作是超大陆裂解的前兆(夏林圻等,2002)。西准噶尔唐巴勒地区蛇绿岩形成年龄介于520～508 Ma之间,玛依勒蛇绿岩形成年龄为572 Ma,东天山红柳河地区蛇绿岩形成于516 Ma,表明天山及邻区最晚在早寒武世洋盆已经出现。中天山南缘夏特—那拉提一带出露的晚寒武世、早奥陶世中酸性侵入岩,表明天山及邻区洋-陆俯冲作用最迟在晚寒武世已经启动。

天山及邻区残留的混杂岩带从北向南有北天山-康古尔塔格-红石山、南天山-红柳河-牛圈子-洗肠井等混杂岩带,这些混杂带间夹有数量众多的地(陆)块和增生地体。

北天山-康古尔塔格-红石山(中天山北缘-康古尔北缘断裂)混杂岩带具有特殊性。一是混杂岩带保留的蛇绿岩延续时间较长,最新发现的大草滩蛇绿岩形成于早奥陶世,目前可见的岩体能延续0.3 Ga。

二是该带南(西)侧的伊犁-中天山南华纪—震旦纪的冰碛层和火山碎屑沉积、寒武系的含磷层位与塔里木非常相似,但向北东不越过北天山;对应地,在西伯利亚发育的图瓦贝等志留纪冷水型底栖生物在东准噶尔一带也有分布,向南不越过北天山;石炭系华夏植物群在中天山、北山一带广泛分布,向北不越过北天山,直到早二叠世才开始出现华夏与安加拉植物群的混生,表明古生代北天山是一个重要的生物古地理分界。三是北天山构造带缺少有确切证据的前寒武纪地质体,下古生界零星分布,中天山中新元古界普遍发育,下古生界、上古生界相对连续,二者地层组成结构差异显著。四是北天山-康古尔塔格石炭纪—二叠纪的岩浆岩锆石 εHf(t) 值几乎都为正值;而中天山石炭纪—二叠纪侵入岩锆石 εHf(t) 值有正、有负,反映二者的源区有很大差异。五是该带以南,大型走滑构造系统主体显示为右行走滑,该带以北显示为左行走滑。此外,北天山显示了巨大的航磁正异常带,依据物性计算,早石炭世沙大王组火山岩并不能导致如此强的正磁异常。因此,将该构造混杂岩带作为大洋俯冲消减、两侧大陆最终碰撞的位置,并依次构建天山及邻区古生代洋、弧、地块、陆块的配置关系及演化过程。

晚寒武世—奥陶纪为多岛洋演化阶段(图 2-3),在中天山、塔里木北缘、北山一带形成了一系列的岛弧、陆缘洋盆,洋-陆、洋-弧的俯冲导致广泛形成复杂多变的弧岩浆-沉积-变质作用;志留纪末期—早泥盆世,伊犁-中天山地块(岛弧)、明水-旱山地块(岛弧)以及北山微地块陆续与塔里木陆块碰撞,其间的南天山洋盆、红柳河-牛圈子-洗肠井洋盆相继闭合。这次以弧-陆为主的碰撞事件的沉积响应,表现为塔里木北缘、中天山、北山等地或缺失中、上泥盆统,或中、下泥盆统与下伏志留系的角度不整合。弧-陆碰撞致使俯冲作用停滞和俯冲位置的迁移,其岩浆响应表现为西天山花岗岩浆活动在 390～380 Ma 时期(中泥盆世初)存在一个花岗岩浆活动宁静期。中泥盆世—石炭纪,向南的俯冲作用主要位于北天山—康古尔塔格一带,在伊犁-中天山叠加了同时代的陆缘弧,如雅满苏弧火山岩。

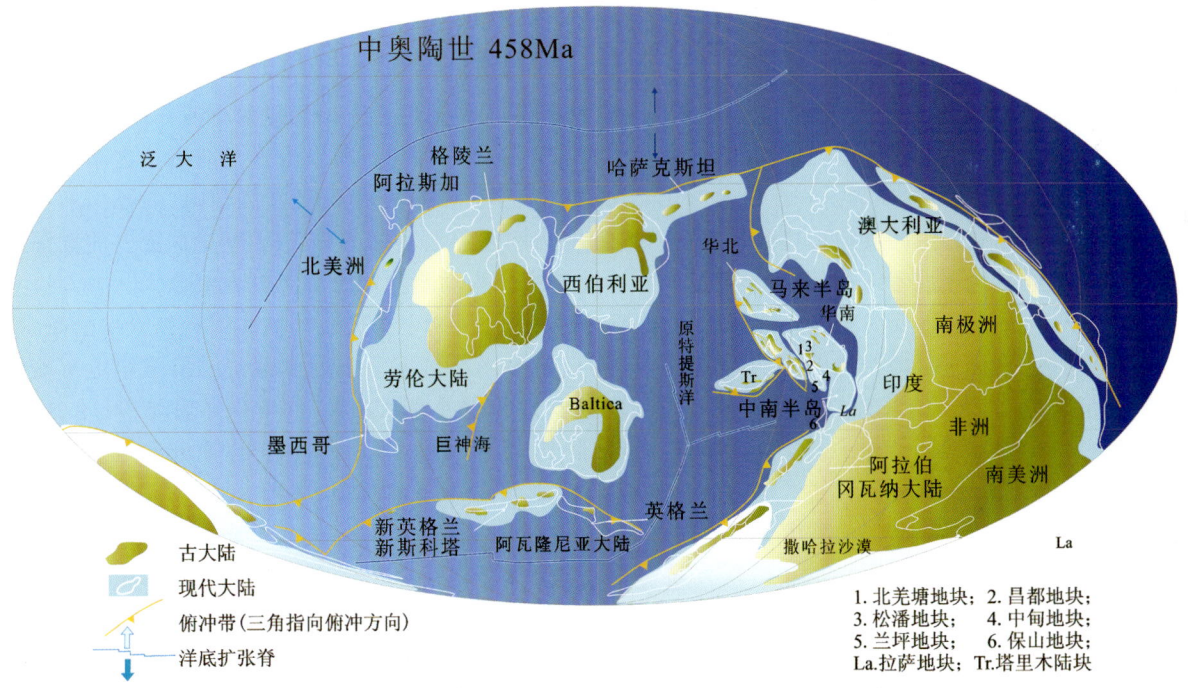

图 2-3　早古生代构造古地理复原图(据计文化等,2020,有修改)

三、晚二叠世以来的盆-山演化阶段

天山及邻区,早、中二叠世为碰撞后调整阶段(图 2-4),晚二叠世全面进入板内演化阶段,主要动力来源于远离俯冲、碰撞带的远程效应与重力均衡共同影响,经历了晚二叠世—三叠纪的陆内挤压造山、侏罗纪—早白垩世末的走滑造山、晚白垩世—古新世的均衡夷平、早上新世末期以来的隆升造山 4 个阶段。

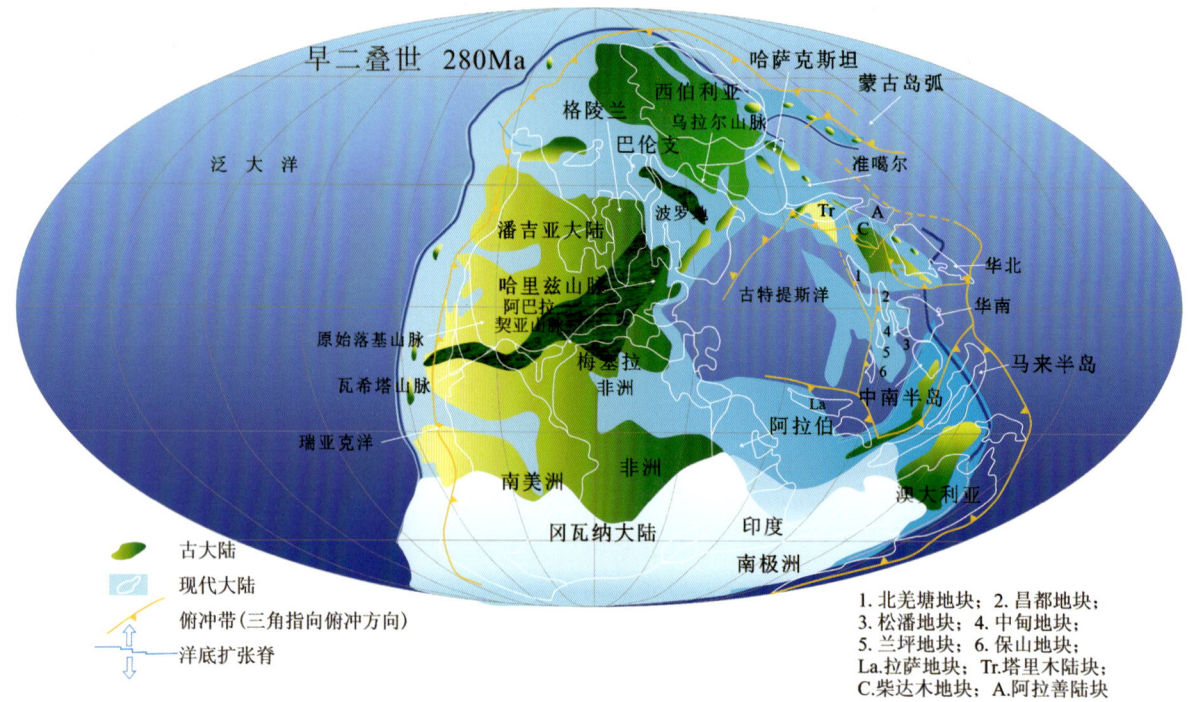

图 2-4　晚古生代构造古地理复原图(据计文化等,2020,有修改)

1. 北羌塘地块；2. 昌都地块；
3. 松潘地块；4. 中甸地块；
5. 兰坪地块；6. 保山地块；
La.拉萨地块；Tr.塔里木陆块；
C.柴达木地块；A.阿拉善陆块

晚二叠世—三叠纪,受三江晚古生代—早中生代弧盆系与秦祁昆早古生代弧盆碰撞作用、东北古亚洲洋碰撞作用的远程效应影响,西准-北准向东南的挤压形成了准噶尔及其以南直至博格达之南的晚二叠世—三叠纪前陆盆地碎屑岩沉积。伊犁哈尔克山、尼勒克县一带,发育了阿吾拉勒山、乌孙山逆冲走滑构造,受构造控制的山间盆地形成陆相砾岩-砂岩-泥岩组合。塔里木三叠纪发育基本统一的坳陷盆地,边缘为坳陷盆地缓坡带河湖相碎屑岩沉积组合,盆地中央为坳陷盆地中心泥页岩组合。

侏罗纪—早白垩世,受特提斯构造域侏罗纪末—早白垩世早期中特提斯洋盆关闭远程效应影响,准噶尔盆地周缘的造山带、博格达山、天山、北山等陆内造山带内部形成一系列侏罗纪—白垩纪走滑盆地和地堑、地垒构造,准噶尔盆地东北缘形成一系列晚侏罗世的逆冲叠瓦构造,而准噶尔盆地、吐哈盆地、伊犁盆地、塔里木盆地则开始了一个新的基底构造沉降作用,接受侏罗纪到早白垩世内陆盆地相沉积。

晚白垩世—古新世,天山及邻区是构造宁静期。其间,除了塔里木西端、南天山西端有海相沉积,北天山的巴音沟—七角井一带、马鬃山保留有晚白垩世—古新世陆相沉积外,其余大部分陆内造山带及盆地中都缺失该期沉积,直到渐新世才出现大面积内陆盆地相、走滑盆地相及山间盆地相沉积。以上表明,从晚白垩世开始到渐新世沉积以前,该区域存在均衡夷平期,造就了渐新世以来的准平原化地貌。

自早上新世末期以来,受印度与欧亚大陆碰撞远程滞后效应影响,天山及邻区发生强烈的差异隆升,最终形成现今的盆-山格局。天山南北缘发育一系列的逆冲叠瓦构造和走滑断裂系统,同时在西天山南北快速堆积了巨厚的砾岩沉积,早更新世西域组、中更新世乌苏群、晚更新世新疆群记录了天山脉动式隆升的信息。另外,新近纪红层被抬升到海拔 3000 m 以上的山体上。东天山-北山发育一系列北东东向左行走滑断裂系统。

第二节 区域地层

天山地层发育齐全,自古元古代至新生代各纪地层均有出露,记录了本区大陆壳早期的形成,大陆岩石圈的伸展、裂解和洋壳岩石圈俯冲消减的各种信息。

太古宇与古元古界主要出露在中天山、塔里木北部的库鲁克塔格、柯坪等地,太古宇由高级变质岩组成,构成结晶基底;上为古元古界中级变质低成熟度碎屑岩,构成变质基底。天山地区的长城系—青白口系主要有两种沉积序列组合,长城系为准活动或准稳定类型,以库鲁克塔格地区杨吉布克拉群、中天山伊犁地区特克斯群为代表,由长石石英砂岩、粉砂岩、千枚岩、绿片岩类和少量大理岩组成,含多层叠层石。蓟县系为准稳定或稳定类型,以绿片岩相变质为主。库鲁克塔格地区蓟县纪爱尔基干群主要为白云岩,灰岩,上部夹砂岩、中酸性火山岩。与其相当的地层有中天山伊犁地区库松木切克群,局部含磷和磷硅质,未见火山岩夹层。中天山阿拉塔格-星星峡地区则由活动类型火山岩(Ch)-过渡类型碎屑岩-碳酸盐岩(Jx)序列组合构成,一般为角闪岩相-绿片岩相变质,属准活动类型沉积,形成于稳定陆块外侧。青白口系主要由稳定类型碎屑岩、碳酸盐岩组成。

南华系—震旦系,在天山及邻区是以冰成岩为特征的碎屑岩夹火山岩组合,分布于塔里木北缘和中天山,总体形成于冰川交融,间有火山活动和海陆交替的环境。海相沉积形成于滨浅海—半深海环境,部分具冰海浊流沉积特征。因此,天山南华系—震旦系既具有盖层特性,又具有伸展特征,是由稳定向活动转换的一种沉积记录。

早古生代天山已出现板块构造体制,地层组成复杂,但均为海相沉积。该地区地层分布虽广,但出露零星,以库鲁克塔格、柯坪、和静-库米什、伊犁北部等地较为完整。寒武系主要分布于中天山及其以南,与下伏震旦系及更老地层普遍为不整合或平行不整合接触,内部各地层单位(或统)之间均为整合接触。寒武系可划分出两种不同的岩石组合,反映了3种不同的形成环境:一种是以含碳酸盐岩为主的组合,出露于塔里木陆块北侧,以库鲁克塔格、柯坪地区为代表,形成于台地-台地边缘;另一种是含碳硅质岩-碳酸盐岩组合,南天山、中天山发育此类组合。奥陶系多数与寒武系相随分布,呈连续过渡或整合接触,归纳出3种沉积组合,代表了3种沉积构造环境:①稳定类型泥质碎屑岩-碳酸盐岩组合,分布于库鲁克塔格、柯坪一带,主体形成于台地边缘;②准稳定类型硅质岩-碎屑岩-碳酸盐岩组合,分布于南天山、中天山一带,形成于陆缘次深水—深水非补偿海盆;③活动类型变质碎屑岩-火山岩组合,主要分布于北天山,这类组合主要形成于大洋盆地和弧盆系。志留系分布比奥陶系广泛,几乎各地层区都有沉积记录,中天山以南发育较全;北天山发育不全,且与下伏地层关系不清。志留系沉积组合和沉积类型较为复杂,反映早古生代晚期区域构造格局发生了明显分异,初步归纳出2种沉积组合:①碎屑岩-泥质岩组合,以柯坪、库鲁克塔格、中天山博罗科努为代表,地层发育较全,下与奥陶系有沉积间断,上与早泥盆世早期沉积岩为连续沉积,但沉积相有明显转变,北天山基本属于此组合;②碎屑岩-碳酸盐岩-火山岩组合,以南天山为代表,区域上岩性变化较大,变质变形较为复杂,主体形成于陆棚浅海-斜坡环境,属活动类型沉积。

上古生界是天山地区分布最广的地层,尤以泥盆系、石炭系占据重要地位。因晚古生代构造体制是在早古生代基底未完全固结背景上进一步分化,故不同地层区同时代地层的组成差异较大。大致以中天山昭苏—巴仑台一线为界,可分出南、北两个沉积大区。北部沉积大区以北天山为主,属板内伸展体制,以发育火山岩为特征,岩石组合及厚度变化大,地层序列内部结构复杂;南部沉积大区以塔里木、南天山为主,主要由碳酸盐岩和陆源碎屑岩组成,岩石组合及厚度较为稳定,地层序列内部结构较为清楚,主体属塔里木陆缘区沉积。说明此阶段中天山对其南、北地层的差异起着重要作用。

上泥盆统与下伏地层呈角度不整合接触,除中天山中东段,各地层区都有泥盆系分布。地层既有海相、海陆过渡相,也有陆相,具有多种岩石组合。上泥盆统多数为陆相或海陆过渡相,总体反映海退(进积)沉积序列。泥盆系与下伏志留系的关系,北部多数为不整合,南部为整合。

石炭系分布与泥盆系相似,地层发育较为完整,仅在库鲁克塔格、南天山东段、北天山南缘缺失上统记录。各地层区地层组成有所不同,依其特征,仍可划分为南、北两个沉积大区4个沉积区,北部大区包含准噶尔、北天山、伊犁3个沉积区,南部大区指南天山-塔(里木)北(部)沉积区。石炭系与下伏泥盆系的关系多数为不整合。北部沉积大区主要由火山熔岩、火山碎屑岩和陆源碎屑岩组成,以火山岩发育为特征,可划分为上、下两套火山岩-沉积岩组合,主体为海相沉积。南部沉积大区主要由碳酸盐岩和陆源碎屑岩组成,主体形成于滨-浅海,以稳定类型沉积为主。

二叠纪是天山显生宙海陆转换的主要时期,自北向南先(P_1)后(P_{2-3})由海相转换为陆相沉积,由不同类型海、陆相盆地组成。这些盆地既有继承性盆地,也有新生内陆盆地,但总体沉积格局与泥盆纪、石炭纪近似,中天山南、北仍有明显差异。二叠系岩石组合有火山岩组合、泥质岩碎屑岩组合、碳酸盐岩组合、含油(或含煤)泥质碎屑岩组合等。沉积类型有活动、过渡和稳定3种。火山岩不如石炭纪发育,主要分布于中天山、北天山,以下二叠统为主。中—上二叠统除塔北柯坪外,多数为陆相含油、煤沉积组合。

天山及邻区中生代已属欧亚大陆的组成部分。以陆相地层为主,局部为海相-海陆交互相。陆相地层主要形成于大、中型内陆盆地中,前者如塔里木盆地、准噶尔盆地、吐哈盆地,后者如伊宁、巴音布鲁克等盆地。中生代主要沉积组合为杂色碎屑岩、含煤泥质岩-碎屑岩和含油、含膏盐泥质岩-碎屑岩。新生代地层以河湖、沼泽相及冲洪积、湖积和冰碛沉积为主。

第三节　区域岩浆岩

一、区域岩浆岩概述

天山地区侵入岩年龄跨度较大,古生代岩浆活动的规模、强度较大,各个构造带岩浆期次性明显(图2-5,图2-6)。无论是北天山还是中天山构造带,侵入岩活动均以390~380 Ma的中泥盆世岩浆活动平静期以及石炭纪—二叠纪大规模岩浆活动为特征。

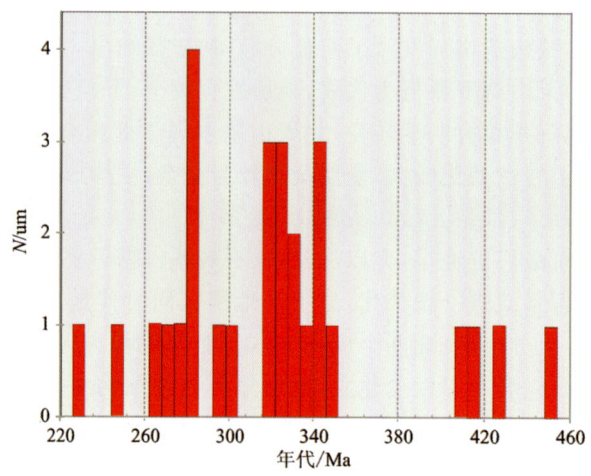

图2-5　北天山侵入岩年代频谱图(据计文化等,2020)

14

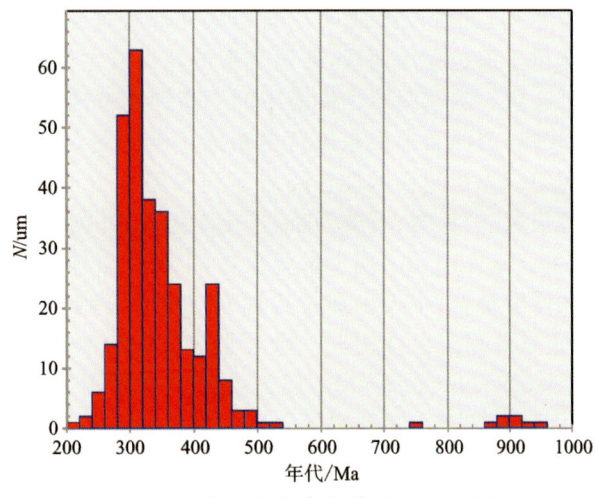

图 2-6 中天山侵入岩年代频谱图(据计文化等,2020)

中元古代花岗岩主要分布在伊犁-中天山地块和阿拉塔格-星星峡地区。中元古长城纪—蓟县纪片麻花岗岩序列主要为石英闪长岩-花岗闪长岩-斜长花岗岩-二长花岗岩-正长花岗岩,岩体与晚太古代—古元古代变质岩地层多为原地侵入接触,壳源特征明显。中元古代片麻状花岗岩序列岩石均为花岗变结晶结构,片麻状构造,多伴角闪岩相变质。正长花岗岩多具眼球状结构,显示糜棱岩化-混合岩化特点,变质作用改造强烈。相关的高精度同位素年龄数据有:星星峡段红柳井子别岩体片麻状石英闪长岩 SHRIMP 锆石 U-Pb 年龄为(1436±13) Ma、(1 405.2±7.8) Ma(胡霭琴等,2006);星星峡段路白山南众高山岩体片麻状正长花岗岩的 LA-ICP-MS 锆石 U-Pb 年龄为(1453±15) Ma(李卫东等,2010)。在那拉提段和巴伦台地区的新元古代岩体中也分别存在有 1480 Ma 和 1200～1100 Ma 的锆石 SHRIMP 年龄信息。

天山及邻区的青白口纪花岗岩包括库鲁克塔格的雅尔当岩体、阔克苏岩体、巴伦台和拉尔敦达坂变质岩侵入体(车自成等,1996)及出露于东天山星星峡地区的部分岩体,这些岩体属钙碱系列,为准铝-弱过铝质岩石。独库公路拉尔墩达坂青白口纪花岗片麻岩属低钾钙碱性系列的过铝质岩石(ACNK>1.0)。同位素地球化学特征指示这些岩体均为壳源,源岩可能为古元古代及新太古代地壳物质。在形成构造环境方面,前人已根据研究区青白口系与南华系之间为不整合接触,在库鲁克塔格地区见到南华系最下部的贝义西组覆于雅尔当岩体之上,以及在阿克苏地区存在相当于青白口纪的阿克苏群高压变质岩等,推断在这一时期有强烈的构造运动。这次构造运动事件可能为一次俯冲和碰撞事件,青白口纪花岗岩便是该事件下岩浆活动的重要表现,也成为本区前寒武纪老地壳的一个重要组成部分。

南华纪侵入岩以中天山-伊犁地块的赛里木湖东片麻状花岗岩、木扎尔特花岗片麻岩,东天山的选矿厂后山花岗岩、天湖东岩体等侵入岩为代表,另有少量岩体分布在南天山构造带。赛里木湖东和木扎尔特花岗片麻岩的锆石 U-Pb 年龄分别为 798 Ma 和 707 Ma(陈义兵等,1999,2000),天湖东岩体的全岩 Rb-Sr 等时线年龄为 696 Ma(顾连兴等,1990)、707 Ma(张遵忠等,2004),选矿厂后山片麻状黑云母花岗闪长岩的全岩 Rb-Sr 等时线年龄为 724 Ma(顾连兴等,1990),均为南华纪侵入岩。南天山地区南华纪岩体主要有两个:亚阿其畏岩体和吐格尔明岩体。新疆维吾尔自治区地质矿产勘查开发局第十一地质队测得亚阿其畏岩体片麻状正长花岗岩的锆石 TIMS U-Pb 年龄为(677.3±38) Ma。何登发等(2011)测得吐格尔明片麻状正长花岗岩的锆石 SHRIMP U-Pb 年龄为 636～631 Ma。以上地区的南华纪花岗岩多为高钾钙碱性强过铝质花岗岩,其 Sr-Nd 同位素指示花岗质岩浆来自古元古代地壳的改造、重熔。

早古生代侵入岩分布在几个构造岩浆岩带中,博罗科努志留纪构造岩浆岩带沿博罗科努山分布,主要由辉长岩-闪长岩/石英闪长岩-花岗闪长岩-二长花岗岩组合构成,为钙碱性系列,弱过铝质。中天山早古生代复合岩浆弧带,主体分布在夏特地区以及木扎尔特-那拉提复合岩浆带的西段,岩石组合主要为闪长岩-花岗闪长岩-花岗岩系列,此阶段形成的花岗岩从外部特征来看多显示有较强程度的变形。寒武纪—奥陶纪的侵入岩主体位于那拉提山西段,普遍变形的花岗岩主要属于中钾—高钾钙碱性系列,准铝质-弱过铝质岩石;形成于志留纪的花岗岩主体为中钾—高钾钙碱性系列的准铝质-强过铝质岩石。巴伦台-阿拉塔格早古生代岩浆弧,由西天山最东段跨至东天山构造带,与博罗科努岩浆弧具有相似侵入岩浆序列。此岩浆带由奥陶纪—志留纪钙碱性花岗岩序列和泥盆纪正长花岗岩序列组成,其中的奥陶纪—志留纪侵入岩序列由辉长岩-闪长岩、石英闪长岩-花岗闪长岩-英云闪长岩、斜长花岗岩-二长花岗岩组成,且以花岗闪长岩为主。基性端元出现少量辉长岩,中酸性岩体内含较多暗色包体。

泥盆纪侵入岩主要分布在博罗科努、中天山那拉提以及巴伦台—阿拉塔格地区。博罗科努泥盆纪岩浆岩带主要由二长花岗岩-正长花岗岩组合构成。徐学义等(2006)测得库米什北侵入志留系正长花岗岩锆石的 TIMS U-Pb 年龄为(395.1±0.9) Ma,属泥盆纪。高景刚等(2016)在博罗科努山尼勒克河、艾木斯呆依和当本第二个大坂获得 3 个泥盆纪侵入岩的形成时代在 368～367 Ma 之间,并认为这些岩体的形成与古亚洲洋在晚志留世—晚泥盆世的增生造山过程有关,该阶段侵入岩为钙碱性系列,为弱过铝质岩石。中天山南缘那拉提带泥盆纪侵入岩主要形成于早泥盆世和晚泥盆世,中泥盆世为一个相对宁静的岩浆活动期。侵入岩岩石组合主要为花岗闪长岩-二长花岗岩-正长花岗岩组合,属于中钾钙碱性—高钾钙碱性岩石组合,ACNK 在 0.89～1.12 之间,整体属于准铝质-弱过铝质岩石系列。锆石 Hf 同位素信息反映了那拉提一带的花岗闪长岩物质源区主要由元古宙的古老地壳组成,但仍有幔源物质的少量加入。巴伦台-阿拉塔格泥盆纪侵入岩带为二长花岗岩-正长花岗岩-碱长花岗岩系列。库米什地区花岗岩锆石阴极发光结构研究显示,锆石内部普遍见浑圆状碎屑核,表明花岗岩可能为变质沉积岩经局部熔融形成,其形成时代为 396 Ma(杨天南和王小平,2006)。该岩石系列整体为钙碱性、弱过铝质。

石炭纪—二叠纪侵入岩主要分布在阿拉套、博罗科努以及中天山那拉提-巴伦台地区。阿拉套地区出露的侵入岩,代表性岩体有乌拉斯台花岗闪长岩锆石(294 Ma)、夏尔敖腊岩体二长花岗岩(299 Ma)、孔吾萨依岩体正长花岗岩(298.4 Ma)等。博罗科努地区侵入岩出露于精和-阿其克库都克断裂以南,伊犁裂谷北缘断裂以北,包括赛里木-博罗科努山。高精度同位素年龄数据包括博罗科努岩基闪长岩(308.2～301 Ma)、博罗科努云母正长花岗岩(294 Ma)(朱志新等,2006;王博等,2007)。阿拉套早石炭世花岗岩由石英闪长岩、花岗闪长岩、二长花岗岩组成,并以二长花岗岩为主,为钙碱性、准铝质-弱过铝质岩石。晚石炭世花岗岩主要由二长花岗岩、正长花岗岩、碱长花岗岩、碱性花岗岩组成,另有少量含白云母的强过铝质岩石分布在阿拉套西段,属于亚碱性系列,弱过铝质岩石。博罗科努早石炭世侵入岩由闪长岩、石英闪长岩、花岗闪长岩、二长花岗岩组成,且以花岗闪长岩为主,属于钙碱性系列,准铝质、弱过铝质、强过铝质岩石均有。中酸性岩体内含较多暗色包体,壳幔混源特征明显。晚石炭世花岗岩由二长花岗岩、正长花岗岩、碱长花岗岩组成,属于钙碱性系列,弱过铝质。中天山那拉提-巴伦台地区的石炭纪—二叠纪构造岩浆岩带主要分布在木扎尔特-那拉提复合岩浆带的中东段那拉提-巴伦台,形成于此阶段的岩石组合为花岗闪长岩-二长花岗岩-碱长花岗岩系列,含有少量的闪长岩。而晚石炭世末期—二叠纪(300～260 Ma)的花岗岩,主要为碱长花岗岩,且分布零星。石炭纪花岗岩在岩石特征上属于钙碱性系列、准铝质-弱过铝质岩石。中天山中西段地区在天格尔峰和那拉提山东北部分布有少量富碱的二叠纪花岗岩。其中,天格尔碱长花岗岩为一种高分异的高钾钙碱性花岗岩(王居里等,2009),整体来看,形成于 300～260 Ma 的花岗岩多为碱长花岗岩,属准铝质-弱过铝质岩石系列,多显示出富碱、强烈 Eu 负异常的岩石地球化学特征,但并非典型的 A 型花岗岩。结合区域内广泛发育的 I 型花岗岩,这类碱长花岗岩被认为是高分异类型的花岗岩。

中新生代侵入体仅少量发育在东天山-北山地区,如出露在哈密梧桐小泉地区的花岗闪长岩以及斑状二长花岗岩,出露面积约 108 km²,呈不规则面状产出,侵入到早石炭世干墩组及晚石炭世和晚泥盆世岩体中,此套岩石为钙碱性系列,属弱过铝质,其形成时代为 237.5 Ma。

区内侵入岩较为发育,根据时代将侵入岩分为泥盆纪侵入岩、石炭纪侵入岩和二叠纪侵入岩,侵入岩的分布见表 2-1。

表 2-1　侵入岩划分一览表

地质年代		岩性代号	岩石类型	侵入最新地层及穿插关系	岩体产状
代	纪				
晚古生代	二叠纪	Pξγ	正长花岗岩	侵入 C_2qs	岩枝
		Pηγ	二长花岗岩	侵入 C_1g、C_2d	岩枝
		Pυ	辉长岩	侵入 $O_{1-2}q$	岩盆
		Pσυ	橄榄辉长岩	侵入 $O_{1-2}q$	岩盆（赋矿岩性）
		Pυσ	橄榄辉石岩	侵入 $O_{1-2}q$	岩盆（赋矿岩性）
	石炭纪	Cγδ	花岗闪长岩	侵入 C_2d	岩枝
		Cδο	石英闪长岩	侵入 C_2d，被 J_1b 覆盖	岩株、岩枝
		Cδ	闪长岩	侵入 C_2d，被 J_1b 覆盖	岩株、岩枝
		Cυ	辉长岩	侵入 $O_{1-2}q$	岩株
		Cσ	橄榄岩	侵入 $O_{1-2}q$	岩株
	泥盆纪	Dηγ	二长花岗岩	侵入 $O_{1-2}q$	岩株、岩基
		Dγδ	花岗闪长岩	侵入 $O_{1-2}q$	岩株
		Dδο	石英闪长岩	侵入 $O_{1-2}q$	岩株、岩基

泥盆纪侵入岩：分布于大草滩断裂以北地区，在克孜尔卡拉萨依见侵入最新地层为上泥盆统康古尔塔格组。岩体呈不规则状、面状和岩基、岩株状产出，岩体接触界线清楚，围岩热接触变质程度强，角岩化带宽。岩体由闪长岩、石英闪长岩、花岗闪长岩、二长花岗岩、正长花岗岩、花岗斑岩组成，以二长花岗岩为主，其次为正长花岗岩。总体由中性向酸性演化，越往后期酸性程度越高。

石炭纪侵入岩：主要分布在康古尔塔格断裂与大草滩断裂之间所夹地带，呈近东西向带状展布，同时在大草滩断裂以北及康古尔塔格断裂以南也有少量出露，所处构造位置主要为准噶尔板块南缘哈尔里克古生代岛弧带的石炭纪岛弧中，侵入最新地层为上石炭统底坎儿组。岩体主要呈近东西向不规则长条状产出，局部边界被断裂控制，围岩热接触变质程度总体较弱，少数岩体围岩蚀变较弱，角岩化带窄。从出露面积看，石炭纪侵入岩仅次于泥盆纪侵入岩，岩石类型齐全，从超基性到酸性岩类均有出露。岩体由橄榄岩、辉长岩、闪长岩、石英闪长岩、花岗闪长岩、斜长花岗岩、二长花岗岩和正长花岗岩组成，以中酸性岩类为主。

二叠纪侵入岩：主要分布在康古尔塔格断裂两侧，分布零星，岩体多呈不规则长条状、透镜状产出，接触面外倾，围岩热接触变质程度普遍较弱。角岩化带主要岩性为正长花岗岩和二长花岗岩。其中，白鑫滩-海豹滩断续出露的橄榄岩、辉长岩、橄榄辉长岩是寻找与基性—超基性岩有关铜镍矿的重要区域。

脉岩：区内脉岩比较发育，有基性脉岩、中性脉岩、酸性脉岩。大草滩断裂以北以基性、酸性脉岩为主，以南以酸性脉岩为主。基性脉岩分布零星，规模较小，中酸性脉岩分布集中，成群出现。一般因地层的岩石建造、变形变质程度不同，脉岩组合特征、产出状态也各不相同。

二、天山地区火山岩

天山及邻区太古宙火山岩分布于塔里木北缘库鲁克塔格地区，已变质为片麻状花岗岩和斜长角闪岩，前者原岩为酸性火山岩，后者原岩为基性火山岩。古元古代火山岩分布在塔里木北缘的库鲁克塔格

和西天山那拉提南侧穷库什太附近,前者以变质双峰式火山岩或变质中性火山岩为主,后者由角闪斜长片麻岩组成,原岩为中性火山岩。中元古代火山岩主要分布在西天山博罗科努地区、中天山那拉提和塔里木北缘柯坪地区,博罗科努火山岩主体形成于长城纪,由绿片岩相变质火山岩组成,原岩可能为中基性海相火山岩。蓟县纪火山岩仅分布在精河县西部的库松木切克群上亚群中。那拉提地区长城纪火山岩为少量变质酸性和基性火山岩。柯坪地区中元古代火山岩以阿克苏群为代表,是一套以变基性火山岩为主的火山岩系夹泥质碎屑岩组合,形成年龄介于 1907～1720 Ma 之间(肖序常等,1990),是中元古代大陆裂解至洋陆转化过程的地质记录。新元古代火山岩主要分布于塔里木北缘库鲁克塔格地区、柯坪地区、中天山卡瓦布拉克地区、西天山果子沟—科古琴山地区,主要形成于南华纪—震旦纪,少量早寒武世基性火山岩与其共生,主体为一套基性火山岩建造组合,岩石类型为玄武岩、玄武质火山角砾岩、凝灰岩等,夹有少量酸性火山岩。新元古代火山岩下部为亚碱性系列,上部为碱性系列,形成于大陆裂谷环境,可能为天山古生代洋盆开启的先兆(夏林圻等,2004)。

早古生代火山岩分布广泛,但出露零星。奥陶纪、志留纪火山活动强烈,它们均是早古生代洋陆转化的地质记录,主要分布在中天山干沟—米什沟、博罗科努、巴音布鲁克、南天山哈尔里克山地区。其中,中天山干沟—米什沟地区为一套晚奥陶世绿片岩相变质细碧-角斑岩建造,产于岛弧环境,为钙碱性系列火山岩。博罗科努地区主要分布晚奥陶世火山岩,为一套双峰式火山岩建造,以凝灰岩和酸性火山岩为主,基性火山岩次之。巴音布鲁克地区为玄武岩-英安岩-流纹岩组合,形成于晚志留世,为岛弧环境的产物。

晚古生代是天山及邻区地质发育史中岩浆活动最为强烈的时期,火山作用非常强烈。其中,泥盆纪火山岩主要分布于北天山伊连哈比尔尕和大南湖地区、哈尔里克地区。北天山伊连哈比尔尕为中泥盆世头苏泉组中酸性火山岩。大南湖和哈尔里克地区发育下泥盆统大南湖组中基性火山岩和中泥盆统头苏泉组中酸性火山岩。天山及邻区泥盆纪火山岩是岛弧环境下的产物,多为玄武岩-安山岩-流纹岩组合。石炭纪—二叠纪火山岩在塔里木北缘柯坪地区、西天山伊犁、中天山、博格达、觉罗塔格地区集中分布,以早石炭世海相火山岩规模最大。二叠纪为海-陆相环境火山活动,规模小,主体形成于早二叠世。伊犁地区早石炭世火山岩下部为中酸性火山岩组合,上部为基性火山岩组合;晚石炭世为海陆交互相,主要由碱性流纹岩、粗面安山岩、玄武安山岩、碱性玄武岩、碧玄岩组成;早二叠世火山岩下部为中酸性,上部为中基性建造组合;晚二叠世在阿吾拉勒山分布,下部为流纹岩夹黑曜岩及火山碎屑岩,中部为杏仁状拉班玄武岩,上部为安山质凝灰岩、安山质集块岩等。博格达和觉罗塔格地区石炭纪为玄武岩-安山岩-流纹岩组合,早二叠世为玄武岩和流纹岩组成的双峰式火山岩组合,形成于陆相或海陆交互相。

中新生代火山活动分布于西南天山托云地区,已有的测年资料显示,火山岩形成于白垩纪—古近纪(最新的火山岩锆石 SHRIMP 测年年龄为 48.1 Ma)。火山岩以基性火山岩为主,早白垩世火山岩为碱性玄武岩,晚白垩世—古近纪火山岩为碱性玄武岩、碱性橄榄玄武岩,古近纪火山岩主要为玄武岩。它们形成于费尔干纳走滑断裂活动过程中的局部拉伸环境(徐学义等,2002)。

第四节　区域变质变形特征

一、区域变质变形特征概述

天山及邻区变质岩分布较广,高级变质岩主要出露于塔里木陆块北部边缘的库鲁克塔格、柯坪、敦煌地块以及中天山弧盆系的赛里木、巴伦台、卡瓦布拉克。准噶尔—北天山地区主要出露古生代地层,且多为低级变质,局部呈构造岩片(块)零星出露太古宙—元古宙地层和中元古代长城纪—蓟县纪地层,二叠系及其以上地层未变质。从区域上看,天山及邻区变质岩由南向北变质程度由高级变质转为低级变质,南部以古老的变质基底为主,向北出现变质沉积岩。据变质地层的变质矿物共生组合、变质变形叠加关系和同位素测年结果等资料,确定研究区存在着多期变质叠加。

中元古代(长城纪)之前的中深变质岩主要分布于塔里木陆块北部边缘、伊犁地块西段、中天山喀瓦布拉克,其次在南天山中部、北天山的东北部也有部分分布。变质地层为敦煌岩群、兴地塔格群、木扎尔特岩群、温泉群、北山群、达格拉格布拉克群。变质岩从分布面积上以中深变质的各类片麻岩、混合岩、片岩、浅粒岩、变粒岩、大理岩、角闪岩、石英岩等为主,麻粒岩、榴辉岩在天山地区零星分布。在时间上,变质地层涉及新太古界至整个古生界,时代较老的岩石遭受多期的变质作用改造。因受变质岩系原岩成分、变质条件及时间、空间差异的制约,变质作用类型和变质相、变质相系多样,变质岩石类型齐全,但分布比较零散,或分布于稳定陆块,或出露于造山带中。由于变质程度差异,新太古代—古元古代变质岩一般变质较深,达角闪岩相,其次为绿片岩相,麻粒岩相在古元古代地层中有零星发现。接触变质各岩相分布局限,岩石学的研究尚不充分。在变质时代划分方面,综合分析现有资料,古元古代变质时代主要集中于 1.9~1.8 Ga 之间,主要为角闪岩相-麻粒岩相变质作用,主要变质体为铁克里克地区赫罗斯坦岩群(Zhang et al.,2007;王超等,2009)、库鲁克塔格地区兴地塔格岩群(Long et al.,2011)。

长城纪—青白口纪中浅变质岩在中天山广泛分布,东起白头山西至特克斯河均有分布,其次在南天山的帕尔冈塔格地区和中天山的博罗科努山一带也有分布。长城纪变质地层主要为星星峡群、古硐井群、杨吉布拉克群、特克斯群、阿克苏群;蓟县纪变质地层主要为平头山组、卡瓦布拉克群、爱尔基干群、科克苏群、库松木切克群;青白口纪变质地层主要为帕尔岗塔格群、库什合群。主要为浅—中等变质岩,长城纪地层中以中等变质的片麻岩、片岩、混合岩、大理岩为主,蓟县纪—青白口纪地层以浅变质的片岩、千枚岩、板岩、大理岩为主。中新元古代变质岩一般为绿片岩相,局部为低角闪岩相。中元古代长城纪—蓟县纪主要为一系列陆缘沉积-裂谷沉积环境。新元古代青白口纪主要为活动大陆边缘环境,形成一系列 1000~900 Ma 的古侵入体和变质作用。新元古代变质作用主要表现为区域变质作用,变质相主要为绿片岩相,部分地区可达角闪岩相。

南华纪—早古生代变质岩在中天山最为发育,由东至西均有分布,其次在南天山西段哈克尔山一带及北山东段也有分布。南华纪主要发育低绿片岩相变质,局部发育葡萄石相变质,主要为裂谷-被动陆缘环境。早古生代以绿片岩相和角闪岩相为主,主要为活动大陆边缘环境,岩性为浅变质的绿片岩类、板岩类、石英片岩、大理岩、千枚岩。

天山地区在晚古生代主要为残留洋、弧后盆地、陆表海和碳酸盐台地环境,区域动力热流变质作用显著减少,区域低温动力变质作用占据主导地位,较广泛地出现了埋深变质作用,显示地壳热流进一步萎缩,但在弧陆碰撞带(如中天山南缘)存在高压变质作用。哈尔克山北坡高压—超高压变质带由榴辉岩、蓝片岩共同组成(Gao and klemd,2003)。高俊等(1994)报道科克苏河绿帘蓝片岩经历了浊沸石相→硬柱石-蓝闪片岩相→蓝闪绿片岩相→绿片岩相连续渐变演化的过程。榴辉岩相岩石经历了硬柱石-蓝片岩相和绿帘石-蓝片岩相的变质作用,峰期为榴辉岩相;退变质经历了近等温降压过程,由绿帘石-蓝片岩相演变为绿片岩相。其中,峰期榴辉岩相的温压条件达到 470~510℃,2.4~2.7 GPa(Lü et al.,2009,2012)。Tan 等(2017)对含柯石英的榴辉岩进一步约束了变质 P-T-t 轨迹,认为超高压变质峰期(约 2.95 GPa,540 ℃)发生在 318 Ma。榴辉岩原岩地球化学研究表明,它们相当于大洋环境下形成的 E-MORB、N-MORB 和 OIB,结合其具有典型的枕状玄武岩构造并与蛇绿混杂岩带相伴生的特点,该套超高压变质岩系是一套形成于海山环境下的洋壳岩石组合。在变质年代学方面,由蓝片岩获得的变质时代较多,如特克斯穹库什太石榴白云母蓝闪片岩多硅白云母 Ar-Ar 年龄 415 Ma(高俊等,1995)、科克苏蓝片岩蓝闪石 Ar-Ar 坪年龄 345 Ma(汤耀庆等,1995)、库米什铜花山蓝片岩获蓝闪石 Ar-Ar 坪年龄 360 Ma(刘斌和钱一雄,2003)、阿克牙子河蓝片岩蓝闪石 Ar-Ar 坪年龄 401~344 Ma(高俊等,2000)。近年来,针对榴辉岩中变质锆石的定年工作表明,峰期变质时代为 320~310 Ma,折返退变发生在 300~

280 Ma(Tan et al.,2017)。此外,早三叠世的退变锆石自报道后便存在争议,一些学者认为,这一期变质锆石形成于后期的热液蚀变或重结晶(Zhang et al.,2007;de Jong et al.,2008)。

二、天山地区重要断裂带及变形特征

天山造山带以红柳河-洗肠井断裂带为界与北山地块相邻,以卡瓦布拉克断裂为界与塔里木克拉通北缘相邻,北以卡拉麦里断裂为界与东准噶尔构造带南缘相接。阿其克库都克断裂呈略向南突出的弧形近东西走向发育于天山东段内部,将其分为南部以前寒武纪地质体及古生代侵入岩为主的中天山地块及北部以出露晚古生代地层和侵入岩为主的北天山地块;康古尔断裂带近东西向横贯北天山内部;北天山北部的哈尔里克构造带向北以卡拉麦里断裂为界与东准噶尔南缘相邻。

阿其克库都克断裂带被认为具有古生代板块缝合带的特征(Windley et al.,1990;马瑞士等,1997;Xiao et al.,2004;李锦轶,2004),并发育有古生代高压变质岩和蛇绿岩(舒良树等,2003;陈希节等,2012)。前人认为该断裂在早古生代具有指向北的运动学特征,叠加晚古生代的逆冲推覆构造,在石炭纪—二叠纪期间表现为右行走滑剪切变形(Shu et al.,1999,2002)。

康古尔断裂带总体呈略向南凸出的弧形展布于吐哈盆地南缘,沿康古尔断裂带地球物理特征表现为密集线性梯级带。卷入断裂带的地层主要为泥盆纪和石炭纪的火山岩、火山碎屑岩及碎屑岩等。石炭纪—二叠纪侵入岩呈不对称透镜状平行于康古尔断裂带出露。康古尔断裂带存在古生代板块缝合带特征(杨兴科等,1996;李文铅等,2000;李锦轶,2004)和弧相关盆地闭合形成的韧性挤压带(徐兴旺等,1998;Xu et al.,2003;Xiao et al.,2004)等不同认识,对晚古生代变形存在南北向挤压变形(徐兴旺等,1998)和早期为南北向挤压、晚期为右行走滑剪切变形(杨兴科等,1998;陈文等,2005;Wang et al.,2014)等不同观点。

哈尔里克构造带位于天山造山带东段北缘,向北以卡拉麦里断裂为界与东准噶尔南缘俯冲增生造山带相邻,以大面积出露泥盆纪火山岩、石炭纪碎屑岩地层和石炭纪—二叠纪侵入岩为特征。部分地层受晚期岩体侵位影响发生热接触变质,形成以含红柱石、铁铝榴石、十字石、硅线石为代表的高温型区域变质岩(马瑞士等,1997;周国庆,2004;孙桂华,2007;唐淑兰,2015)。哈尔里克山南麓韧性剪切带地表变形规模及强度相对较弱,韧性走滑剪切变形受断裂带控制十分明显,主要发育于断裂带内部,稍远离断裂带即变为脆性变形带(舒良树等,1997),直接影响其变形样式的北侧卡拉麦里断裂的变形特征则存在有二叠纪晚期南北向挤压(孙桂华等,2006b)、晚古生代由北向南逆冲叠加左行走滑剪切(李锦轶等,2009)和晚古生代到早中生代为右行走滑变形(赵磊等,2012)等不同认识。

随着古亚洲洋的演化,天山造山带东段经历多阶段构造演化,受多期构造变形作用叠加改造,早期构造演化阶段的变形记录多被晚期构造变形改造破坏。天山造山带东段地表露头连续保存最好的一期脆韧性构造变形应该是最晚一期中深层次构造变形作用的结果,可能代表增生造山末期的构造变形记录,而较早期形成的同造山构造样式则仅在局部残留。

三、区域变质变形作用研究新进展

1. 天山北缘哈尔里克构造带

哈尔里克构造带位于天山造山带北缘,与北侧东准噶尔增生系统南缘相邻。哈尔里克构造带古生代期间构造演化主要受到北侧卡拉麦里断裂构造作用的影响,在其北缘石炭纪主要发育有伴随辉长岩、石英二长岩、花岗闪长岩等的同熔型岩浆作用,以堇青石、红柱石为代表的低压-高温型区域热变质作用,以片麻岩、黑云母花岗岩、二长花岗岩等为主的改造型岩浆作用,以十字石、硅线石为代表的中温-中压型区域变质作用。构造带内以连续出露韧性-脆韧性变形为特征,代表天山造山带北缘与东准噶尔南缘之间相互作用的结果。

由北向南逆冲:哈尔里克构造带东段红柳沟以北的石炭纪薄层粉砂岩受构造作用影响,地层原始层理均已发生紧闭同斜褶皱,且几乎完全被后期轴面劈理置换,仅在褶皱枢纽的局部露头保留原始层理。褶皱枢纽小角度向南东倾伏,轴面劈理平行褶皱轴面,也近平行于同褶皱发育的断层面,优势产状约为 $40°∠65°$,指示主要受由北北东向南南西逆冲变形作用的影响。在沁城一带出露的石炭纪碎屑岩沉积岩后期变质为灰白色混合岩化片麻岩地层,在片麻岩中黑云母平行定向排列,细粒长英质矿物聚集成细条带平行片麻理产出,片麻理主体倾向北或北东,局部糜棱岩化,内部发育有大量塑性揉皱变形,受构造变形作用的影响表现为一系列不对称紧闭褶皱,褶皱轴面倾向北东,不对称特征指示出由北向南的运动学特征。

左行走滑:哈尔里克构造带早期由北向南逆冲变形之上叠加有北西走向的左行走滑剪切变形,沿剪切带可见岩石发生糜棱岩化且发育有大量塑性揉流褶皱,具有韧性变形的特征。褶皱的不对称性指示走滑剪切带具有左行走滑变形的运动学特征;局部露头的 YZ 面可见长英质碎斑呈不对称透镜状产出,同样指示 YZ 面具有左行剪切的运动学特征。左行走滑断层向东呈带状延伸,呈现出尺度不等的左行剪切变形样式(图 2-7),在 XY 面可见发育一系列近东西走向或北东南西走向、倾伏角小于 $10°$ 的 A 型线理(图 2-8)。左行走滑变形受断裂带控制十分明显,在断裂带附近表现为脆性-韧性构造变形特征,稍远离断裂带即变为脆性变形带,可能为增生造山末期的构造变形特征。

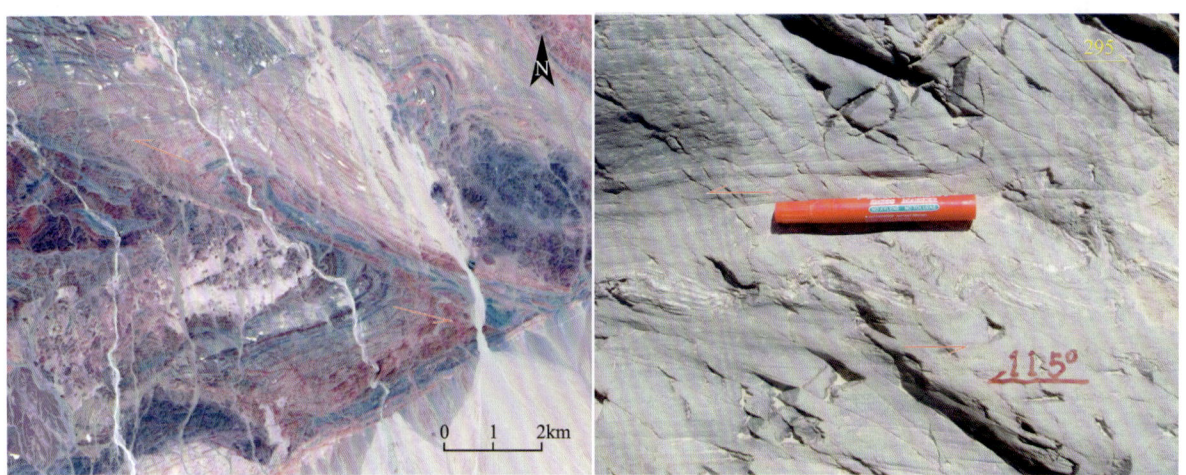

图 2-7　哈尔里克构造带左行走滑剪切特征(左图据 Landsat8)

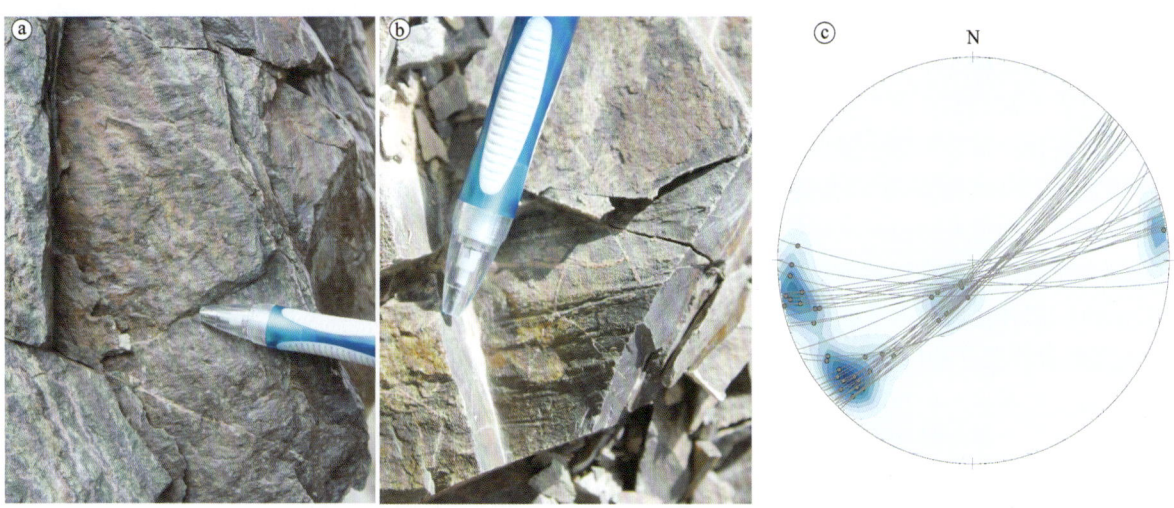

a. 左行断层层面发育的 A 型线理;b. 下半球等面积投影;c. 下半球等面积投影

图 2-8　哈尔里克构造的左行断层面发育特征

综上所述,哈尔里克构造带早期以发育韧性变形为主,表现为角闪岩相变质,层理发生紧闭同斜褶皱、面理置换等构造样式,运动学特征指示哈尔里克构造带具有由北北东向南南西方向逆冲的变形特征。该期变形为露头尺度可连续识别的最早一期韧性变形,可能代表对同造山构造作用的记录。在其内部发育走向为南东东-北西西的左行剪切变形叠加在早期逆冲变形之上。左行走滑变形具有韧性或脆性变形的特征,剪切变形带宽度较窄,远离断裂带左行变形特征不发育。该期左行走滑变形晚于由北北东向南南西方向逆冲的变形,且未发现更晚期脆韧性变形叠加或改造该期左行走滑变形,可能是造山末期构造作用的记录。

变形特征及变形时间:哈尔里克构造带在晚古生代末期的变形主要受到北天山构造单元与北侧东准噶尔造山带相互作用的影响,表现为由北向南的逆冲叠加晚期发育的左行剪切变形的运动学特征。根据变形特征判断叠加的晚期左行剪切变形表现为脆韧性特征,变形时间可能稍晚于由北向南的逆冲变形时间。对于哈尔里克构造带及其北侧卡拉麦里断裂变形时代的研究成果相对较少,孙桂华等(2006)认为卡拉麦里断裂南缘哈尔里克构造带在二叠纪中期遭受北北东30°方向挤压变形改造,获得变形年龄为259 Ma。路彦明等(2008)在卡拉麦里断裂双泉一带获得绢云母$^{40}Ar/^{39}Ar$年龄为269～260 Ma,代表走滑剪切变形时间。另外,卡拉麦里断裂向北至额尔齐斯断裂一带被认为是二叠纪(Xiao et al.,2009)或更早俯冲增生造山作用的结果,那么在中—晚二叠世之后额尔齐斯断裂和卡拉麦里断裂处于造山后统一体制下的构造变形,二者的变形特征和变形时间应该具有相似性。对于东准噶尔北缘的额尔齐斯断裂一致认为在286～253 Ma表现为左行剪切变形特征(Charvet et al.,2003;闫升好等,2006;Briggs et al.,2007;Li et al.,2015,2017),因此卡拉麦里断裂及受其影响的哈尔里克构造带所表现出的左行剪切变形也可能发生在253 Ma之前。

对哈尔里克构造带的构造解析及一系列构造热年代学数据分析表明,哈尔里克构造带发生左行剪切变形的时间为二叠纪中期—三叠纪早期,至少不晚于253 Ma,同造山期的南北向挤压变形发育时间则更早。

2. 康古尔断裂带

康古尔断裂带近东西向展布于北天山构造单元内部,沿康古尔断裂带重力异常梯度明显,断裂北侧为明显重力正异常,南侧为重力负异常。在航磁和重力异常图中,沿康古尔断裂表现为密集线性梯级带;在遥感影像图上表现为明显的带状影像。对于该断裂带是否具有板块边界的构造属性有不同认识,总体表现为具有区域性韧性剪切的变形特征。

卷入康古尔断裂带变形的地质层主要为石炭纪砾岩、砂岩和粉砂岩等碎屑岩,晚古生代侵入岩呈椭圆状分布于黄山东以南一带的二叠纪花岗岩和闪长岩等,少量基性岩体呈不对称透镜状沿黄山-镜儿泉断裂分布于构造带北缘。在靠近碎屑岩体部分发育有少量片岩、板岩或变质粉砂岩等变质岩,可能与岩体侵位发生热接触变质有关。

沿康古尔断裂带发育大量多种金属矿床,在黄山—镜儿泉一带沿康古尔断裂带发育的含硫化物铜镍矿基性岩体在遥感影像中清晰可见,呈不对称透镜状平行断裂带展布,不对称拖尾指示右行走滑剪切变形特征(图2-9a、图2-9b)。在透镜状岩体的边部与地层接触带附近可见中粗粒长英质矿物受构造作用影响平行定向排列并发育S-C组构(图2-9c),C面理东西走向近平行于康古尔断裂带,S面理和C面理的锐夹角指示发生右行走滑韧性剪切变形的特征,与透镜状基性岩体的不对称宏观样式指示的变形特征一致。岩体边部向内受剪切变形作用的影响逐渐减弱,在岩体核部未见明显的韧性变形或流动构造,说明断裂带发育右行剪切变形时岩体可能已经侵位或正在发生同构造侵位,岩体的侵位时间可以用来限定右行走滑变形的相对时间。

卷入康古尔断裂带变形的石炭纪中薄层碎屑岩受构造作用的影响,岩石多发生紧闭褶皱变形。对黄山东长英质糜棱岩的显微构造研究发现,在断裂带内部糜棱岩化变砂岩中发育的碎斑受剪切作用影响在YZ面成"σ"形产出,碎斑拖尾指示为右行剪切变形特征(图2-9d)。

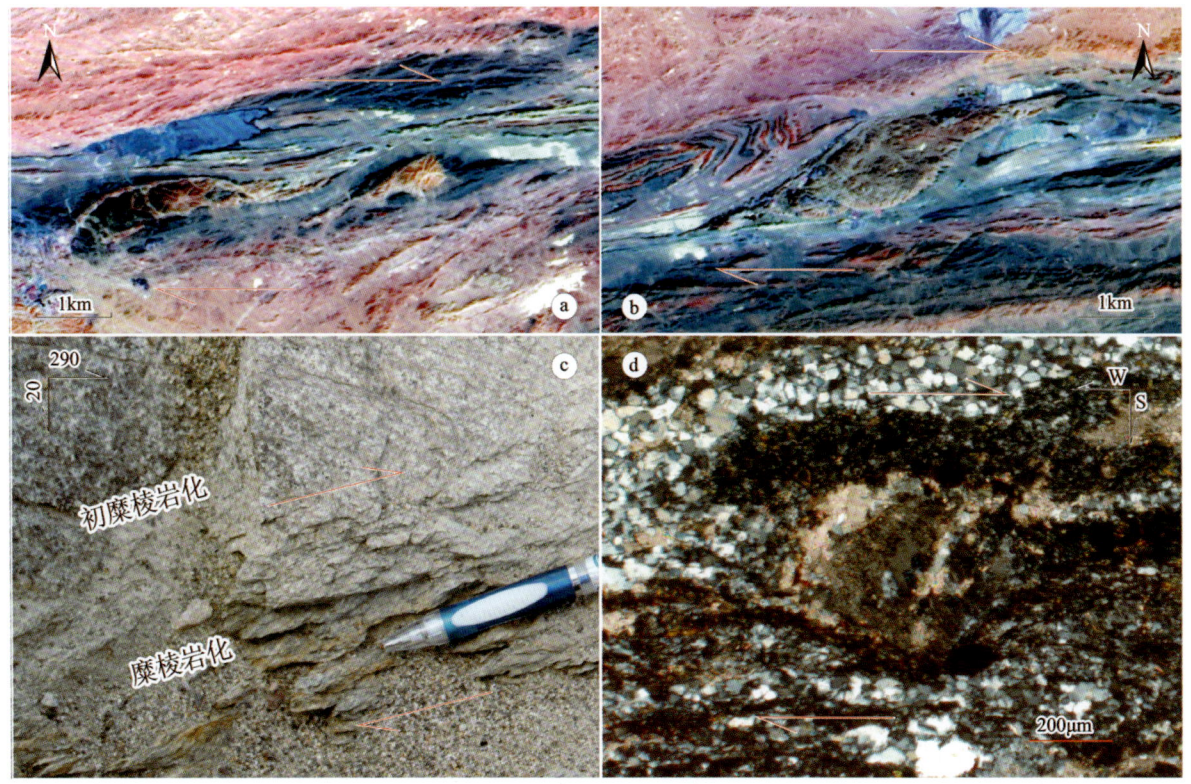

a.黄山透镜状岩体（据Landsat8）；b.黄山东透镜状岩体及变形围岩（据Landsat8）；c.黄山东透镜状岩边部的韧性剪切变形；d.康古尔断裂右行剪切显微构造

图2-9 康古尔断裂带黄山一带右行剪切变形特征

通过对康古尔断裂带在黄山—镜儿泉一带构造剖面的系统观测，断裂北盘主要出露地层为泥盆纪厚层火山碎屑岩、火山岩等岩石组合，露头尺度的构造样式保存较少。向南与泥盆纪火山碎屑岩断层接触的下石炭统灰黑色泥质粉砂岩地层的原始层理几乎完全被后期劈理面置换，仅在局部褶皱转折端残留原始层理，指示地层内部发育一系列紧闭同斜褶皱（图2-10a）。剖面北侧与泥盆纪厚层火山碎屑岩接触带附近发育的褶皱轴面、劈理面及断层面一致倾向南，向南面理产状逐渐过渡为倾向北，在剖面上总体呈现为北窄南宽的不对称"正扇形"构造样式。下石炭统灰黑色泥质粉砂岩向南与大面积出露的二叠纪侵入岩呈侵入接触关系，接触带附近泥质粉砂岩发生接触变质呈片岩产出，片理面产状与变形面理产状一致，且均发生紧闭褶皱构造变形，褶皱轴面产状为21°∠40°，平行片理面发育的长英质脉体呈不对称无根钩状褶皱以及藕节状石香肠构造产出（图2-10b），褶皱枢纽优势产状为57°∠19°。局部露头可见粉砂岩中近东西走向的小角度相交面理指示右行剪切变形的运动学特征（图2-10c）。地层中多侵入有宽度不等的长英质脉体，脉体受构造作用影响呈不对称褶皱构造或石香肠构造（图2-10d）产出，变形的长英质脉构造样式指示发生有由北向南的逆冲。

对黄山南一带发育的构造面理产状进行系统测量，发现面理一致倾向北，并可识别出一系列不同尺度的、轴面倾向北的不对称紧闭褶皱构造，具有指向南的运动学特征；康古尔断裂带主断层附近XY面发育的A型线理倾伏向北西，指示由北向南的逆冲伴生有右行走滑剪切分量，在远离主断裂带向南线理的倾伏角较大，指示变现以由北向南逆冲为主，而走滑分量很弱或不存在走滑分量。在主断层附近和远离主断层所发育的线理表现出明显产状特征（图2-11），可能指示代表两期构造所记录的变形样式。远离主断裂带指示以南北向挤压变形为主的构造样式代表同造山期构造变形，在断裂带附近以右行走滑剪切变形为主的构造样式代表较晚期构造变形，其叠加并置换早期变形，由于晚期变形相对早期变形发育范围较小，只发育于主断层附近，远离主断层位置仍然以保留同构造时期变形样式为主。

a. 劈理置换；b. 运动学特征指向南的石香肠构造；c. 粉砂岩中劈理面构造变形；d. 长英质脉成石香肠构造指示南北向挤压变形
图 2-10 康古尔断裂黄山南一带露头尺度变形特征

综上所述，康古尔断裂带在 XZ 面上呈现为北窄南宽的不对称"正扇形"构造样式（李锦轶，2004），并沿主断裂识别出一系列宏观和微观尺度的韧性或脆韧性右行走滑剪切变形特征，叠加在以南北向挤压变形为主的早期构造样式之上，分别代表早期同造山期构造变形样式和造山末期构造样式。

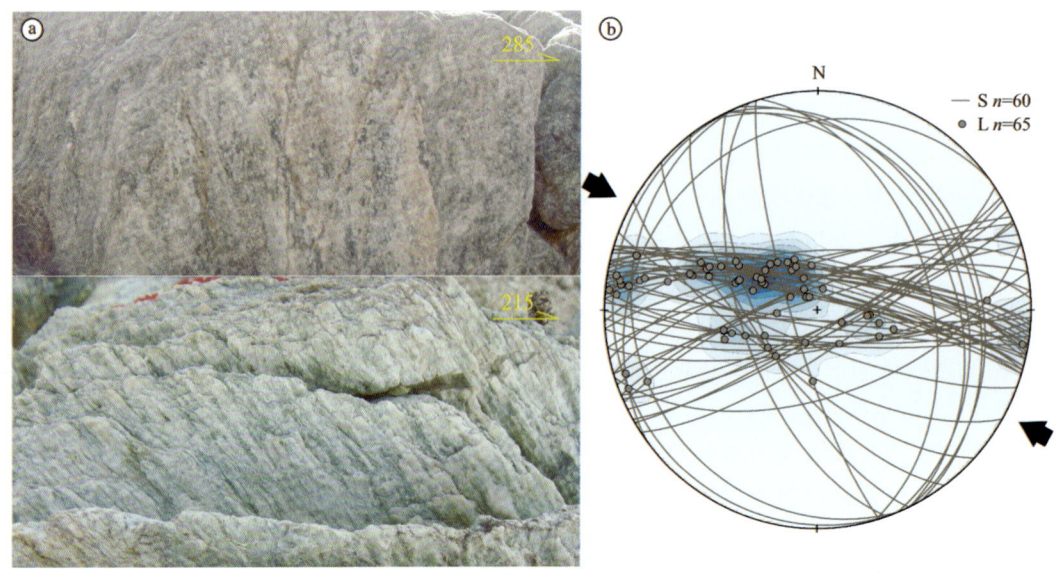

图 2-11 康古尔断裂带内发育的 A 型线理(a)及线理产状极射赤平投影图(b)

变形特征及变形时间:康古尔断裂带在剖面上表现为北窄南宽的"正扇状"构造样式,分别记录了早期同造山期以南北向挤压变形为主的构造样式和造山末期脆韧性变形为南北向挤压兼右行剪切的运动学特征。对于断裂带的变形时间,Xu 等(2003)沿康古尔断裂识别出 290～270 Ma 的同构造侵入岩,认为与南北向共轴挤压变形同时发生;陈文等(2005)对发育于康古尔断裂带内的糜棱岩及侵入岩进行系统 $^{40}Ar/^{39}Ar$ 测年,研究显示康古尔断裂带具有多期变形的特征,其中早期韧性推覆发生在 300 Ma 之后、结束于 280.2 Ma 之前,右行剪切变形主要发生在 262.9～242.8 Ma;王瑜等对觉罗塔格一带右行剪切变形的侵入岩中角闪石、黑云母和钾长石等单矿物 $^{40}Ar/^{39}Ar$ 测年,认为康古尔断裂在 276 Ma 前表现为南北向挤压变形,270～245 Ma 表现为右行剪切,同时获得的约为 230 Ma 的钾长石 $^{40}Ar/^{39}Ar$ 年龄代表岩体冷却末期且强烈剪切变形已经结束的时间。Wang 等(2014)对黄山东透镜状中基性岩体的锆石 U-Pb 测年结果为 274.5～267 Ma,认为该岩体为同变形侵入岩,指示康古尔剪切带在该时间段发生右行走滑剪切变形。

以上地质证据及构造热年代学数据表明,康古尔断裂带早期以南北向挤压为主的构造变形时间可能在 300～276 Ma 之间,晚期脆韧性变形表现为南北向挤压兼右行走滑剪切的运动学特征,变形时间主要集中在二叠纪晚期—中三叠世(276～240 Ma)或持续到更晚,该变形时间和野外构造解析的变形序列一致。

3. 东天山韧性剪切带构造演化

东天山各韧性剪切带的构造演化与康古尔洋和南天山洋的俯冲-碰撞有关,总体呈现多期演化的特点(刘博等,2022)。

(1) 300 Ma 前康古尔洋双向俯冲。塔里木克拉通顺时针旋转,同时南天山洋向北俯冲,在中天山南缘发育韧性左行走滑剪切带。

(2) 300 Ma 康古尔洋盆闭合,发生陆陆碰撞事件,同时在康古尔韧性剪切带发育南北纯剪挤压。塔里木克拉通继续顺时针旋转,南天山洋向北俯冲,中天山南缘韧性剪切带继续左行走滑。

(3) 290 Ma 康古尔带中的南北纯剪挤压带继续发育。南天山洋盆闭合碰撞,在中天山南缘和塔里木北缘(辛格尔韧性剪切带)均发育右行走滑。

(4) 278～240 Ma 整个东天山地区进入晚碰撞转换阶段,康古尔-黄山韧性剪切带、中天山北缘韧性剪切带、中天山南缘韧性剪切带、辛格尔韧性剪切带均在通过右行走滑的方式进行大规模位置调整。

(5) 230～210 Ma 在来自北西西方向波罗的海克拉通的挤压应力主导作用下,中天山北缘韧性剪切带东段再次以右旋走滑的形式复活。

4. 中天山北缘阿其克库都克断裂

中天山北缘阿其克库都克断裂为中天山和北天山的边界断裂,在航磁异常图中显示为剧烈变化的线性正负磁异常带,在遥感影像图上表现为明显的线状影像。中天山北缘阿其克库都克断裂呈北东东走向,该断裂南侧出露以元古宙—古生代侵入岩为主的中天山构造单元,该断裂北侧出露以古生代地层和晚古生代侵入岩为主的北天山构造单元。受中天山和北天山两个构造单元相互作用的结果,在阿其克库都克断裂带内部局部零星残留的早期变形样式、东西向延伸均被晚期脆韧性变形叠加改造。前人识别出沿阿其克库都克断裂带发育有奥陶纪的蛇绿混杂岩、含奥陶纪—志留纪化石的复理石以及高压变质岩和糜棱岩(高长林等,1995;崔可锐等,1997;刘斌和钱一雄,2003;舒良树,2003)、石炭纪—二叠纪镁铁质-超镁铁质及中酸性侵入体。

左行走滑剪切变形:以在中天山北缘大面积出露的侵入岩为特征,少量前寒武纪变质表壳岩呈近东西向带状展布,受多期构造作用的影响,原始层理被后期面理完全置换改造。阿其克库都克断裂带内卷入变形的岩石均发生强劈理化或糜棱岩化,在断裂上盘发育元古代片岩、变砂岩夹大理岩。地层中原始层理几乎完全被劈理面置换,通过对面理构造产状的系统测量可以识别出地层内发育有一系列紧闭褶皱构造(图 2-12),褶皱样式多呈北倒南倾的不对称特征,轴面倾向南东,在局部断裂的上盘可见糜棱面理发育,总体指示为由南南东向北北西的逆冲挤压变形,可能为主变形变质时期产物。

图 2-12　卡瓦布拉克组中面理 Sn-1 发生紧闭同斜褶皱

蓟县系卡瓦布拉克组夹硅质条带的钙质粉砂岩中,粉砂岩已完全糜棱岩化,糜棱面理近东西走向、倾角近直立,在局部露头中可见能干性较差的糜棱岩化粉砂岩中糜棱面理发生紧闭褶皱(图 2-13a),褶皱轴面近似平行于主糜棱面理产状,是受近南北向挤压剪切作用的结果;夹于糜棱岩化粉砂岩中的硅质岩条带由于与粉砂岩层的黏度比较大,受挤压作用影响发育藕节状石香肠构造(图 2-13b),石香肠的长轴近东西走向平行于粉砂岩中的糜棱面理,部分硅质岩条带则被剪切拉断成不对称书斜式构造(图 2-13c、d),其不对称性指示左行走滑韧性剪切变形。向西钙质粉砂岩中硅质条带密度增大时,岩石中黏度比减小,硅质条带受构造作用影响发育不对称褶皱构造以及相关的断层构造(图 2-13e、f),其不对称性指示左行走滑韧性剪切的变形特征。

综上所述,在中天山北缘发育有早期受到近南北向挤压兼左行走滑剪切作用形成的韧性构造变形样式,该韧性剪切变形样式呈近东西走向的带状分布,在其南北两侧韧性剪切变形不发育。该韧性剪切带向东延伸至明水一带、向西或北西方向延伸被发育于晚期北北东—南南西走向的断裂截切并改造。

右行走滑剪切变形:阿其克库都克断裂带受多期构造作用影响,在露头中可识别出较晚一期右行走滑剪切变形叠加在其左行走滑剪切变形之上。

上盘糜棱岩化花岗闪长岩中可见长英质矿物细粒化,显微构造显示岩石中绢云母定向排列,石英多发生动态重结晶,长石核幔结构发育,不对称长石碎斑指示右行剪切变形的特征(图 2-14a)。白石头泉一带发育的糜棱岩化二长花岗岩 YZ 面可见长石斑晶受构造作用影响呈"σ"形拖尾,指示发育有右行剪切的变形特征(图 2-14b)。对元古宙变质地层中面理产状进行系统测量,可以识别出一系列紧闭褶皱构造,透入性轴面劈理极为发育且对早期面理进行叠加甚至不完全置换,褶皱样式表现为轴面倾向南东的不对称特征。

马庄山一带元古宙变粉砂岩受剪切变形作用影响,XZ 面发育有 S-C 组构,C 面理一致倾向南,优势产状为 185°∠59°,指示区域发育由南向北的逆冲变形;XY 面(C 面理)发育有缓倾伏向南东的矿物拉伸线理,线理的优势产状为 121°∠33°,指示断裂带发育由南向北的逆冲并伴随有右行剪切分量(图 2-14c~g)。片麻岩地层中侵入的长英质脉总体产状为近北东走向、倾向南,受构造变形作用影响长英质脉体呈石香肠构造产出,指示发育右行剪切变形特征(图 2-14h)。

在断层下盘中二叠统含砾砂岩中砾石粒径 0.5~3 cm,局部砾石粒径可达 10 cm。受构造作用影响岩石发生糜棱岩化,矿物细粒化,肉眼无法识别基质中矿物成分,YZ 面可见砾石多被压扁拉长,呈不对称透镜状平行糜棱面理排列,指示发育右行剪切变形特征(图 2-14i);XZ 面中发育有叠瓦构造,指示由南向北的逆冲变形特征(图 2-14j)。

a.劈理置换;b.藕节状石香肠构造;c.不对称书斜式构造1;d.不对称书斜式构造2;e.不对称褶皱构造;f.相关的断层构造

图 2-13 东天山明水地块内部发育的左行走滑剪切变形

不整合下伏于中二叠统之下的石炭纪地层以发育砂砾岩为主,夹少量泥质粉砂岩,局部出露宽度不大的中酸性熔岩。地层中原始层理可见,仅泥质粉砂严重受后期劈理改造破坏,总体构造样式相对简单,面理主体产状为150°~160°∠50°~70°。地层中局部发育有北倒南倾的宽缓不对称褶皱,指示为由南东向北西逆冲作用的结果。向北在灰黑色粉砂质泥岩中地层原始层理被后期劈理面完全置换,后期劈理面产状为130°~150°∠20°~50°,且发育缓倾向北东的逆冲断层,可能是阿其克库都克断裂由南向北逆冲作用的结果,同时指示阿其克库都克断裂向北构造变形作用逐渐减弱。

阿其克库都克断裂内部主体构造样式表现为脆韧性的变形特征,指示由南南东向北北西的逆冲并伴随有右行剪切分量的运动学特征,其中部分中二叠统被卷入断裂带变形,指示该期构造变形发育于中二叠世之后。该断裂具有右行剪切分量的构造样式主要出露于阿其克库都克断裂带主断层附近,早期以左行走滑为主的构造样式几乎完全被改造或破坏,该构造样式继承或叠加了早期以南北向挤压为主的变形特征。

变形特征及变形时间:中天山北缘阿其克库都克断裂带具有多期活动的特征,主要表现为以南北向挤压的韧性-脆韧性变形为主,早期以发育左行走滑剪切韧性变形为特征,晚期发育由南向北逆冲兼右行走滑剪切脆韧性变形,叠加并改造早期构造样式。早期变形样式在断裂带局部残留,大部分被改造破坏,

a. 糜棱岩化花岗闪长岩显微构造；b. 糜棱岩化二长花岗岩中长石碎斑；c、d. 变粉砂岩中发育 S-C 组构；e、f. 倾伏向南东的矿物拉伸线理；g. 矿物拉伸线理产状的极射赤平投影（下半球等面积投影）；h. 变形的长英质脉体指示右行走滑剪切变形特征；i. 不对称碎斑指示右行剪切（YZ 面）；j. 叠瓦构造指示由南向北逆冲（XZ 面）

图 2-14　阿其克库都克断裂内小尺度变形特征

而较晚期的由南向北逆冲兼右行剪切特征的脆韧性变形在主断层附近较为发育,向北变形逐渐减弱。在中天山北缘马庄北山一带卷入脆韧性变形的最新地层为中二叠统,指示阿其克库都克断裂带的变形时间持续到中二叠世之后。许志琴等(2011)在干沟一带黑云斜长角闪质糜棱岩中获得白云母 $^{40}Ar/^{39}Ar$ 年龄为 309 Ma,这是右行走滑剪切变形作用的结果。Yang 等(2009)在冰达坂北中天山北缘碎屑岩和花岗质糜棱岩中获得黑云母与白云母的年龄为 266 Ma,认为是南北向挤压导致中天山北缘北西西向断裂右行压扭性变形。Laurent-charvet 等(2003)在托克逊—冰达坂一带中天山北缘及内部获得指示右行走滑剪切变形的白云母片麻岩和正片麻岩中获得白云母与黑云母的 $^{40}Ar/^{39}Ar$ 年龄为 269~244 Ma。de Jong 等(2008)在冰达坂北发育近水平矿物拉伸线理、指示右行走滑剪切特征的板岩中获得全岩 $^{40}Ar/^{39}Ar$ 测年结果分别为(269±6) Ma 和(270±15) Ma,表明中天山北缘在约 270 Ma 经历右行走滑剪切变形。Zhou 等(2002)在西天山北缘二辉橄榄岩和糜棱岩化花岗岩中获得剪切变形成因的黑云母 $^{40}Ar/^{39}Ar$ 年龄为 275~267 Ma。Zhu 等(2011)在冰达坂北糜棱岩化花岗岩中获得白云母的 $^{40}Ar/^{39}Ar$ 年龄为 248~238 Ma,认为代表中天山北缘韧性剪切变形的时间。舒良树等(1998,2003)对中天山北缘断裂带沙泉子地区进行深入研究,认为该地区主要经历了泥盆纪时期(400 Ma)的地质活动,表现为以由南向北的逆冲作用为主的韧性变形过程。蔡志慧等(2012)研究并总结了中天山北缘断裂带的变形时间,识别出 392~367.6 Ma、290 Ma 和 241.8 Ma 这 3 期韧性剪切变形时间,这表明最晚一期变形为右行走滑,左行走滑变形时间可能为二叠纪早期或更早。

一系列地质证据及构造热年代学数据指示阿其克库都克断裂带具有多期变形特征,已经报道的变形时间主要集中在二叠纪晚期—中三叠世(270~238 Ma),以及二叠纪早期或更早时间。已报道的二叠纪晚期—中三叠世的脆韧性变形与本次调查中识别出的运动学特征较为一致,均表现为由南向北逆冲兼右行剪切,可能代表增生造山末期的变形记录(王凯等,2019),而对于较早时间形成的构造变形,本次调查过程中识别出的运动学特征表现为以走滑剪切变形样式为主,可能代表同碰撞构造变形的记录。

第五节　区域地球物理特征

地球物理特征包括布格重力异常特征和航空磁力异常特征。区域内布格重力异常特征主要呈负异常,最高强度为 -80×10^{-5} m/s^2,最低为 -520×10^{-5} m/s^2,总体轮廓呈环状,中部为相对重力低,外部为重力高所环绕,西外部为重力低。航空磁力异常特征主要反映出两大片正磁异常及一大片负磁异常,总体形态呈一个大的喇叭状,西部张开,东部收敛。

一、区域重力场特征

(一)区域布格重力异常特征

布格重力异常是由地壳和上地幔不同密度的物质不均匀分布引起的。它是历史上发生的各种地质构造运动结果的综合反映,但主要是现代大地构造和岩石圈构造的反映。区域内布格重力异常的原因由深到浅有:上地幔物质横向不均匀,莫霍面起伏,中下地壳厚度变化及横向密度变化,上地壳厚度及密度变化,古老结晶基底内密度横向变化及起伏,有密度差异的沉积地层的厚度变化及密度变化、起伏及褶皱,大型岩基、岩浆岩带和大型岩体、火山活动带及火山构造,由两侧密度不同的岩石构成的断裂带、接触带,与围岩有密度差异的隆起、凸起或凹陷、断陷等。

新疆布格重力异常图显示(图2-15),本区布格重力异常场以走向明显、幅度和梯度变化大,区带多样和梯度变化异常带清晰为主要宏观特征。布格异常以北西、近东西、北东向展布为主,并伴有北北西、北东东和南北向延展的圈闭。布格重力值全区均为负值,最大值为$-83×10^{-5}$ m/s²,分布于西准噶尔东缘克拉玛依西北侧的成吉思汗山一带;最小值为$-576×10^{-5}$ m/s²,分布于西昆仑西段南端部位的阿尾滩附近。全区重力值变化可达$493×10^{-5}$ m/s²。重力值变化最大处每千米达$6×10^{-5}$ m/s²,分布于重力高或重力低区相接的梯级带上;重力值变化最小处每千米为$0.1×10^{-5}$ m/s²,分布于重力等值线局部膨胀平缓的部位。一般梯度变化每千米均小于$1×10^{-5}$ m/s²。

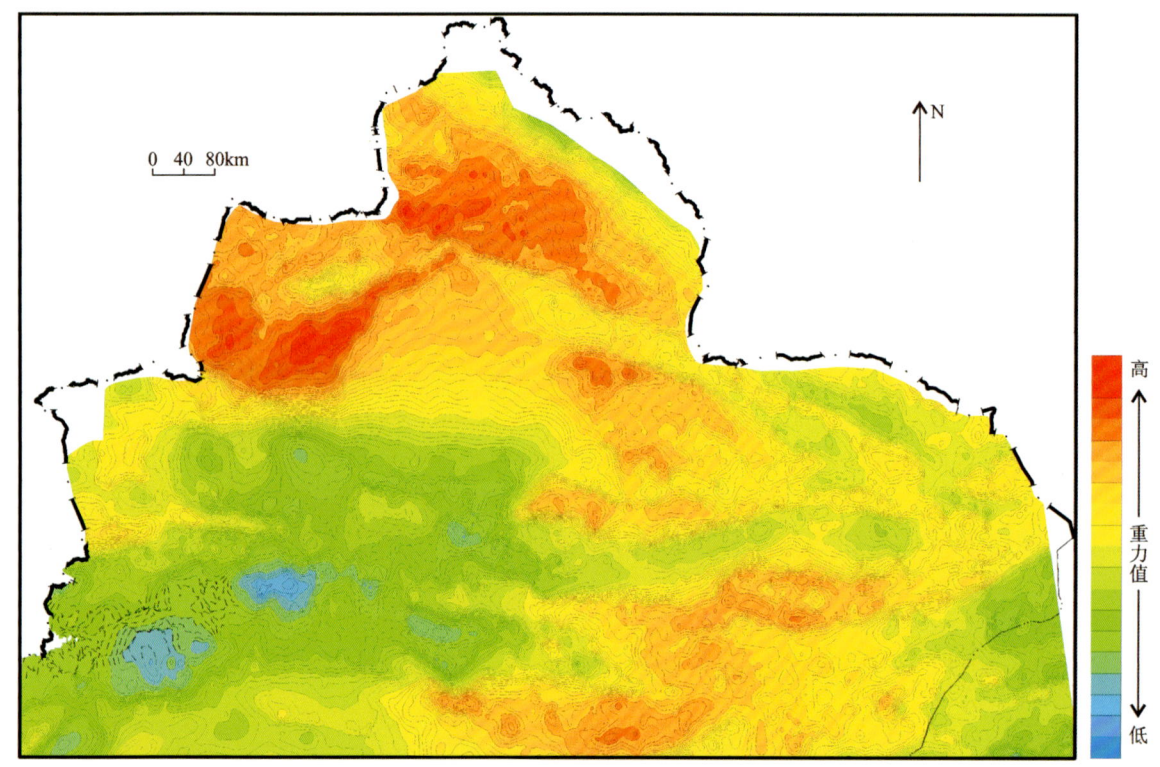

图2-15 新疆布格重力异常图

由图2-15可知,新疆布格重力异常全部呈现为负异常,其总的轮廓为环状特征,中部以依连哈比尔尕山和哈尔克山相对重力低异常为中心,外部(巴楚-塔克拉玛干、库鲁克塔格、准噶尔等)相对布格重力高异常环绕,最外部被相对布格重力低异常所包围。最低的布格重力异常在新疆西南部昆仑山的喀喇昆仑山至泉子沟一带,异常强度为$-520×10^{-5}$ m/s²,向东南方向延伸,与全国布格重力异常最低的西藏-青海高原重力低异常区相连,向北逐渐升高,直至塔里木盆地。新疆最高布格重力异常分布于准噶尔盆地西北缘,异常强度为$-80×10^{-5}$ m/s²,相当于华北内蒙古锡林浩特的北部重力高异常区,颇为突出。区域布格重力异常场的基本格局,总体明显对应了不同的大地构造单元。

根据新疆地区布格重力场及异常的基本特征和地质构造特点,从区域上可将其分为两大类:第一类是反映中新生代沉积盆地的重力异常特征区。这类异常区内的重力异常特征一般在布格重力异常图上表现为异常梯度变化较小,等值线较稀疏,周围被梯度较大的线状异常带包围。异常区内以中新生代沉积地层为主,矿产以煤、砂岩型铀等与易沉积地层有关的矿产为主。这类异常区包括塔里木盆地、准噶尔盆地等大型沉积盆地区,还有吐哈、伊犁、可可西里、三塘湖等中小型盆地等。第二类异常区为反映大型造山带的重力异常特征区。这类异常区内的重力异常特征在布格重力异常图上表现为异常梯度变化较大,异常等值线较密集,一般以条带状正负异常相间排列为特征。异常区内构造变化剧烈,地层复杂,是多金属矿产的主要富集区。这类异常区包括阿尔金、东西昆仑、天山、阿尔泰山等大型造山带。

从全区布格重力异常图上可以清楚地分辨出3类不同形态的宏观区域异常区间:第一类是布格重力异常等值线较为密集,具明显走向的束状线型异常区,如阿尔泰异常区、昆仑阿尔金异常区;第二类是布格重力异常等值线较为稀疏,无一定延伸方向,形成相互镶嵌的块状异常区,如塔里木异常区;第三类则是由上述两类异常特征结合而成的过渡型异常区,如天山异常区。这3类异常区之间均有相应规模的重力梯级带作为分界的界线。上述3类异常区所涉及的范围,一般是长数百至上千千米,宽数百千米,面积达数万至数十万平方千米的异常区域,重力异常值上百甚至数百10^{-5} m/s^2。这类区域异常区主要是上地幔不均匀或莫霍面大规模起伏的重力效应,如准噶尔、塔里木异常区一级异常。在一级异常的基础上,可以划分出规模范围和异常值都次一级的异常,如准噶尔异常区内的西、东准噶尔异常区,其可定为二级异常,二级异常主要是硅铝层不均匀或康氏面起伏的重力效应。同理,在二级异常的基础上,还可以划分出规模和异常值都更次一级的异常,如西准噶尔二级异常区内的成吉思汗山重力高异常,定为三级异常,这类异常一般是硅铝层不均匀或古生界基底及前寒武褶皱顶界面起伏的重力效应。

(二)区域重力梯级带特征

在布格重力异常分布格局中,重力梯级带的标志性作用极为重要,一般是各异常区间的分界线,并据重力梯级带规模和梯度等特征可厘定不同层次的重力异常区及界线;实质上,布格重力梯级带的分布及特征是与地质构造和建造的差异变化互为因果的,很大程度上以此为依据可以勾绘出大地构造单元及其地质构造建造区的基本界线格架。在新疆布格重力场中,可清晰地划分出以下主要区域意义的布格重力梯级带。

1. 阿勒泰-青河重力梯级带

该重力梯级带分布在新疆北端阿勒泰—青河一带,区内呈北西-南东向延展,长约400 km,宽60 km;布格重力异常强度南部为-120×10^{-5} m/s^2,北部降至-220×10^{-5} m/s^2,变化幅度达-100×10^{-5} m/s^2,重力梯度平均变化每千米达1.7×10^{-5} m/s^2,局部可达2×10^{-5} m/s^2。该重力梯级带明显划分了阿勒泰与准噶尔两大异常区。一般认为,阿勒泰-青河重力梯级带的地质意义是西伯利亚板块与哈萨克斯坦-准噶尔板块的缝合界线。

2. 艾比湖-昌吉重力梯级带

该重力梯级带为一近东西向延伸的宽大重力梯级带,长500余千米,宽70~120 km,西端窄东段宽;布格重力异常强度-120×10^{-5}~-220×10^{-5} m/s^2,重力梯度变化平均每千米1.5×10^{-5} m/s^2,局部可达2×10^{-5} m/s^{2}以上。该重力梯级带是准噶尔异常区西区与西天山异常区的分界,区域地质上作为哈萨克斯坦-准噶尔板块与塔里木板块的缝合界线。

3. 托克逊-哈密重力梯级带

该重力梯级带位于新疆东部的吐鲁番—哈密盆地的南部边缘一带,即习惯称谓的吐-哈南缘重力梯级带。该带以明显的规模和分界特征划分了东天山与准噶尔两大重力异常区。该带布格重力异常等值线束状特征显著,呈近东西方向平稳起伏延展,走向长度500 km以上,宽度20~50 km,布格重力异常强度-140×10^{-5}~-200×10^{-5} m/s^2,重力梯度值平均为1.5×10^{-5} m/s^2,局部达5×10^{-5} m/s^2。包括地震测深在内的综合地球物理特征表明,该重力梯级带是延至莫霍面的深大断裂的反映,地球物理资料研究将其定为哈萨克斯坦-准噶尔板块与塔里木板块在新疆东段的缝合线。

4. 乌鲁木齐-库尔勒重力梯级带

该重力梯级带以重力等值线方向扭曲复杂变化,且总体延伸近南北向为典型特征。其形态上呈蛇形弯曲分布,长约 300 km,明显受近东西向异常影响产生扭曲变化,东西方向布格重力值在 -210×10^{-5} ～ -260×10^{-5} m/s² 之间,梯度变化差异较大,一般明显段每千米重力异常变化值为 1×10^{-5} ～ 2×10^{-5} m/s²,局部地段平缓或陡变。这条重力梯级带在新疆区域重力场格局中具有特殊的重要意义,其以明显的近南北向分布划分了东天山重力高异常区和西天山重力低异常区,是新疆布格重力场中最令人关注的分区界线。东天山与西天山重力异常区重力场的显著特征差异,揭示了地壳结构及构造建造存在的巨大差异。因此,起分界作用的重力梯级带无疑具有极为重大的地质意义。

5. 塔什库尔干-祁漫塔格重力梯级带

该重力梯级带是沿昆仑-阿尔金山北侧分布的巨型重力梯级带,该带是新疆规模最大、延伸最长、布格重力值变化最大、梯度大的重力梯级带,其境内延长 1300 余千米,宽度 100～150 km,形态呈弧形变化,西端北北西向,中段北西向,东段北东走向,布格重力异常强度 -200×10^{-5} ～ -500×10^{-5} m/s²,重力变化达 -300×10^{-5} m/s²,梯度变化平均在每千米 2×10^{-5} m/s² 左右,局部达 6×10^{-5} m/s²。本梯级带在重力场格局中是塔里木异常区的南部分界线,明确划分了塔里木区域重力高异常区和南部藏北区域重力低异常区。

在以上区域重力梯级带及其框架的基础上,区内发育有相对次级的重力梯级带,主要有克拉玛依重力梯级带、乌伦古重力梯级带、卡拉麦里重力梯级带、博格达重力梯级带、康古尔重力梯级带、那拉提重力梯级带、阿合奇-拜城重力梯级带、罗布泊-红柳河重力梯级带、阿尔金北缘重力梯级带、麦盖提-克孜勒克重力梯级带等。以上重力梯级带在全区布格重力场中具有较显著的分布规模和梯度变化特征,延伸长度多在 100～300 km 之间,有的达 400 km 以上,宽 15～30 km,布格重力值变化数十至百余 $\times10^{-5}$ m/s²,梯度每千米重力异常变化值为 1×10^{-5} ～ 2×10^{-5} m/s²。在布格重力图上相对次级的重力梯级带是特征重力异常区块的区间界线,从地质构造意义上分析,这些重力梯级带代表了相当规模的断裂构造和地质界线的存在,是板内特征地质构造建造区的分界标志。

(三)区域重力异常分区特征

根据北疆区域布格重力异常的基本特征和分布特点,结合相关的地质构造,全区可划分为 5 个一级重力异常区,由北至南依次是阿勒泰异常区(Ⅰ)、准噶尔异常区(Ⅱ)、东天山异常区(Ⅲ)、西(南)天山异常区(Ⅳ)和塔里木异常区(Ⅴ)。在所划分出的一级异常区中,进一步可划出若干个特征较明显的次级重力异常区带(图 2-16)。

1. 阿勒泰异常区(Ⅰ)

阿勒泰异常区位于新疆最北端的阿尔泰山及南北地区,科克森套—乔夏哈拉一线以北的地区。主要异常形式为重力梯级变化带,北部为较平缓的扭曲和低值圈闭,重力值从南向北较均匀地逐渐降低,由 -120×10^{-5} m/s² 降至国境线一带的 -250×10^{-5} m/s²,梯度变化平均每千米达 1×10^{-5} m/s² 以上,最大处达 3×10^{-5} m/s²,它表明本区的上地幔是一个十分陡峻的变化坳陷带。阿勒泰异常区(Ⅰ)进一步可划分出诺尔特异常区(Ⅰ-1)和额尔齐斯异常带(Ⅰ-2)。

2. 准噶尔异常区(Ⅱ)

阿勒泰异常区以南,东、西天山以北的准噶尔盆地及周边地区,统称为准噶尔异常区。

该异常区总体以醒目的区域重力高分布为主要特征,平均布格重力值为大于 -150×10^{-5} m/s²,西准噶尔重力异常区是新疆布格重力值最高的区域,出现新疆最大值,向东依次降低,异常形态以条带状和团块状为主,围绕准噶尔盆地异常块形成北东、北西交会的异常走向态势。根据重力场的区块特征,准噶尔异常区又可划分为 4 个次级异常区:西北准噶尔重力高值异常区(Ⅱ-1)、乌伦古重力高异常带(Ⅱ-2)、

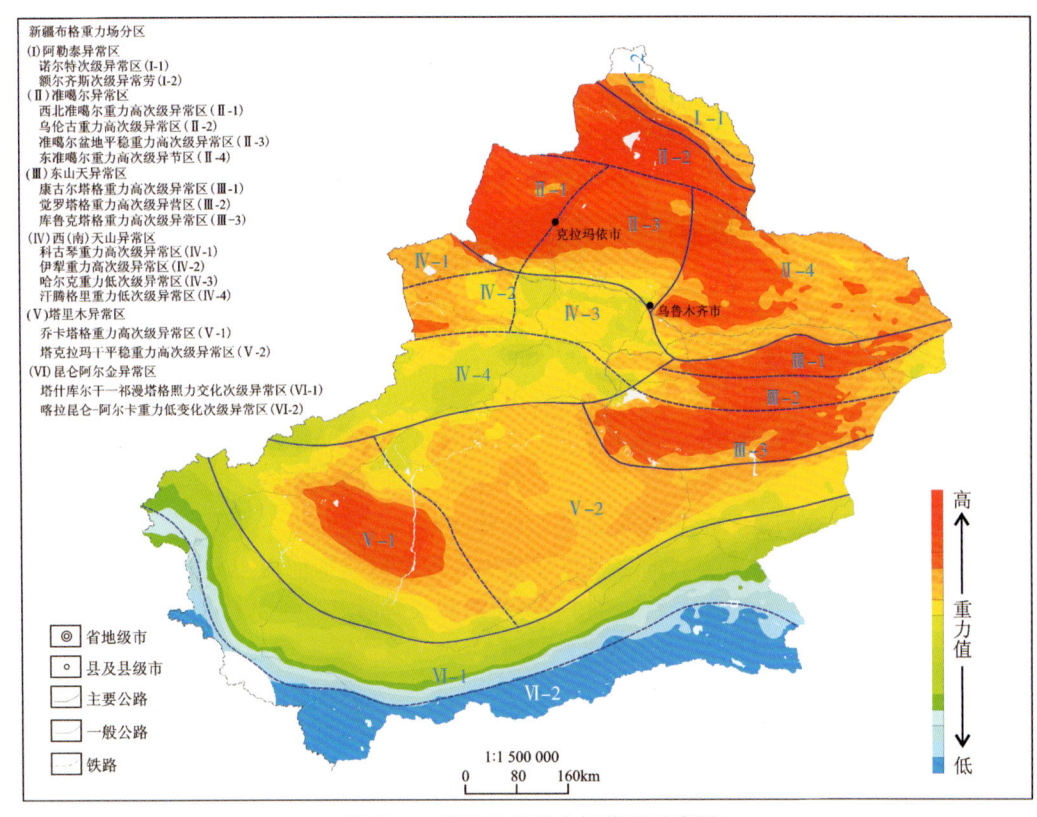

图 2-16 新疆布格重力场分区示意图

准噶尔盆地平稳重力高异常区(Ⅱ-3)、东准噶尔重力高变化异常区(Ⅱ-4)。

(1) 西北准噶尔重力高值异常区(Ⅱ-1):该区布格重力场明显表现出条块状镶嵌异常的特点,主体走向西区为北东向,北部呈北西方向。本区总体表现出区域重力高值异常特征,平均异常值为$-100×10^{-5}\sim-110×10^{-5}$ m/s^2,新疆地区最大布格异常值为$-83×10^{-5}$ m/s^2,出现在本异常区东端。在区域重力高背景上叠加局部异常明显,反映了浅部建造和密度体分布的地质特征。区域高重力值说明本区上地幔埋深较浅或地壳厚度较薄。据计算,本区上地幔平均埋深约 48 km,局部为 46 km,实际上是准噶尔上地幔隆起带的西延凸起部分。

从全区来看,无论是局部异常的长轴方向,还是反映主要断裂的线型梯级带的展布方向为北东向,均说明本区上层建造——上地幔的构造轮廓是北东向的,与其东部准噶尔异常区的北西向构造轮廓的走向近于正交。二者在乌伦古湖以南地区正交,且之间又被克拉玛依、拉巴-达拉布特深断裂分割,但在大地构造和深部构造单元划分上还是属于准噶尔板块构造区。

区域重力场较东部准噶尔异常区显得强烈而零乱,这表明本区经历的构造-岩浆活动较东部准噶尔异常区剧烈而频繁,这与已知的地质情况是相符的。

应特别指出的是,在本区东南部发育着一系列超基性岩带和铬铁矿区,这就是我国著名的西准噶尔超基性岩带和鲸鱼-萨尔托海铬铁矿区。最新地调资料表明,克拉玛依白碱滩一带出露有发育深源的铁镁质岩体,为研究该区的构造特征提供了新的地质证据。

(2) 乌伦古重力高异常带(Ⅱ-2):位于吉木乃—萨尔喀仁一带,北西向出国境,异常轴向呈弧形,由二台沿乌伦古河呈北西向,布伦托海至木斯岛山呈北东向。长 400 km,宽 200 km,面积 $8×10^4$ km^2,该异常带总体以区域布格重力高为特征,平均异常幅值在$-150×10^{-5}$ m/s^2 以上,福海一带布格重力值最高,向东逐渐降低,异常形态上呈"楔形"。如此大范围的布格重力高异常背景,表明该异常带内地壳总体上密度偏大,绝不可能是地表出露的最新沉积(新生界)地层引起,应是由壳幔因素引起。该异常与对应的高磁异常展布基本一致,综合认为其主要由上古生代地层隆起和基性、超基性杂岩引起。

(3) 准噶尔盆地平稳重力高异常区（Ⅱ-3）：该区布格重力异常等值线呈近东西向延伸，平稳而宽缓，叠加深源的平缓重力高异常，为较典型的沉积盆地与深部隆起相加异常，南端为规律宽缓的重力梯级带，与西天山重力低区相隔。区内由南至北布格重力值从 -220×10^{-5} m/s² 递增至 -130×10^{-5} m/s²。根据地质和地震资料，消除中新生代沉积厚度影响后，该区莫霍面为一隆起区，埋深 48 km，与其南部西天山异常区之间存在一个落差为 10 km 的莫霍面陡变带，反映出两侧地层建造和深部构造的显著差异变化，展示了两个大地构造单元分界的特征意义。

(4) 东准噶尔重力高变化异常区（Ⅱ-4）：布格重力场明显呈现出块状镶嵌的特点，总体呈北西走向，主要由布格重力相对高值异常组成，且西北部重力异常一般高于东南部异常值，由西向东布格重力值呈逐渐下降趋势，反映了主要密度界面埋深的差异和变化。区内布格重力值在 $-110\times10^{-5}\sim 210\times10^{-5}$ m/s² 之间，局部幅值达 -100×10^{-5} m/s²，平均为 -140×10^{-5} m/s²，表明本区莫霍面埋深普遍偏浅，根据计算为地幔局部隆起区，埋深在 46~48km 之间。区内分布有连续的阿尔曼太、卡拉麦里等深源的超基性—基性岩体。根据该区的地震测深和大地电磁测深资料，埋深约 20 km 下存在玄武岩质层，这为揭示该区及准噶尔区域的基底构造特征和性质提供了重要依据。

准噶尔异常区总体区域布格重力高的主要特征集中表现了以莫霍面为主导的深部构造隆起区和上层建造变化的特点，对全面研究和认识该区的构造与建造特征具有基础性的作用。

3. 东天山异常区（Ⅲ）

乌鲁木齐—库米什一线以东，东准噶尔地区以南，包括康古尔塔格、觉罗塔格及库鲁克塔格等广大地区，划为东天山异常区。

该异常区重力场的主要宏观特征是区域性分布的重力异常高值区，平均布格重力值 -130×10^{-5} m/s²，条带和团块状重力高异常分布各异，且范围普遍较大，形成若干特色异常区带，总体走向以近东西向为主。从区域布格重力异常图上可以明显看出，本区以重力梯级带为界线的区带特征清晰，其中位于吐哈南缘一带的东西向束状线型梯级异常带，因其宏大的规模，可进入新疆一级重力梯级带之列，以此为界，南北两侧重力场特征具有明显的不同，其北以线型异常和长条状异常为主，以南的异常则多呈较大的团块状分布，较零乱且规律不明显。对比东、西天山的重力场可以发现：从西至东布格重力异常的特征有明显的变化，乌鲁木齐—库米什以西的西天山地区，布格重力异常值一般为 -240×10^{-5} m/s²，局部可达 -310×10^{-5} m/s²；而乌鲁木齐—库米什以东的东天山区，布格重力异常值一般为 -140×10^{-5} m/s²，局部为 -210×10^{-5} m/s²。因此东、西天山布格重力异常值的差值可达 100×10^{-5} m/s² 以上，其间以乌鲁木齐—库米什复杂重力梯级变化带为分界。布格重力异常区域平均场资料显示：东天山异常区为一个重力正异常带，而西天山异常区为一个负异常带。从莫霍面等深度图上可以看出：东天山区是一个上地幔隆起区，平均埋深为 52 km；而西天山区是一个上地幔坳陷区，平均埋深为 60 km。东、西天山上地幔平均埋深的差值达 8 km。另外，从新疆北部康氏面等深度图上可看出：东、西天山区两侧，康氏面平均埋深的差值达 10~20 km。从重力均衡理论分析，西天山异常符合与地形的镜像关系，而东天山异常区则基本上不具备这一关系。上述事实表明，东、西天山的地壳结构具有重大的差异。为此，在异常区和大地构造单元划分中，应充分考虑上述事实，故有理由将乌鲁木齐—库米什一线东西划分为两个重力异常区，并在构造区划上以吐哈南缘梯级带（深断裂）为界，以北地区划入哈萨克斯坦-准噶尔板块，而以南地区则划归为塔里木板块。东天山异常区内，根据异常区带特征，可进一步划分为 3 个次级异常区：康古尔塔格重力高异常区（Ⅲ-1）、觉罗塔格重力高异常区（Ⅲ-2）、库鲁克塔格重力高异常区（Ⅲ-3）。

1) 白鑫滩一带区域重力异常特征

铜镍矿区所处的重力梯级带总体呈微向南弧形弯曲的近东西向展布，区域上与康古尔大断裂（韧性剪切）带相对应，重力值南北向变化急剧，北部为重力高，南邻为平缓重力低背景区，构成鲜明的梯度场界线。白鑫滩、土墩、黄山、黄山东等铜镍矿区均产自区域性梯级带中的局部变形重力梯级带中（图2-17）。

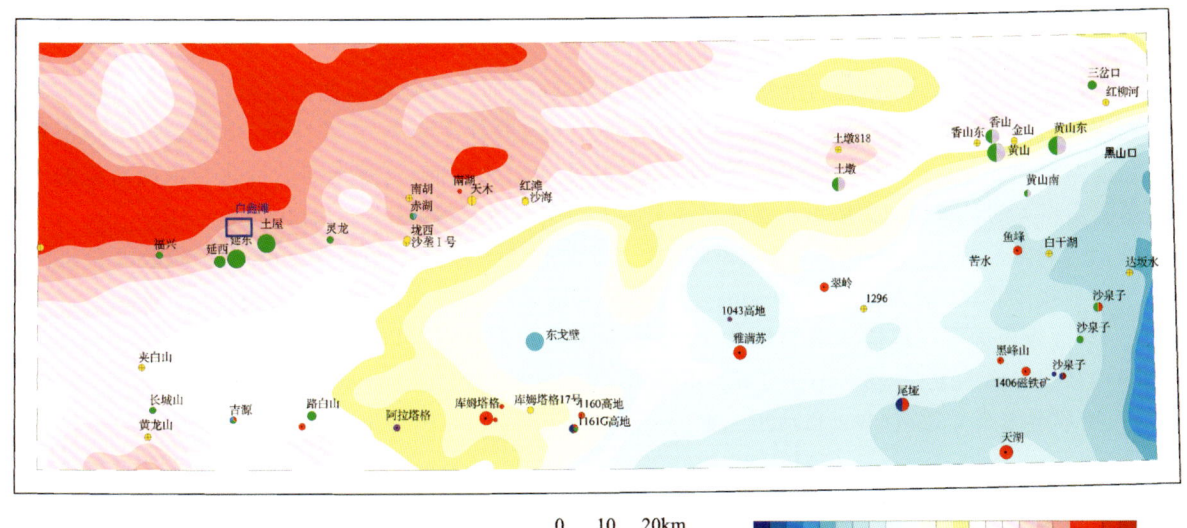

图 2-17 新疆哈密市白鑫滩一带区域布格重力异常平面图

2) 白鑫滩一带区域剩余重力异常特征

剩余重力异常从全区来看,主要反映地层组合间两个主要密度界面,以及中性—酸性岩体与基底岩性间的差异。由整个剩余重力异常图可知:全区整体位于剩余重力高背景场中,异常值变化范围在 −19.99～22.03m/s² 之间;受断裂构造的影响,剩余重力异常在图中形成明显的重力高异常带,自东向西呈北东向展布,在三岔口处分叉成南北两条近东西向的剩余重力高异常带;其余地区剩余重力有正负相间排列、局部重力高、局部重力低等异常,长轴走向多变,展布形态各异(图 2-18)。铜矿、铜镍矿集中分布在剩余重力高异常带上或两侧重力梯级带中,该剩余重力高异常带在空间上基本与觉罗塔格成矿带重合,因此,该剩余重力高异常带是成矿带在重力测量上的体现,异常带的形态、走向及延伸基本与成矿带一致。在等值线扭曲部位已发现土屋铜矿、延东斑岩型铜矿和白鑫滩铜镍矿,说明该区铜矿和铜镍矿的区域重力找矿标志与剩余重力梯级带中的扭曲部位密切相关。

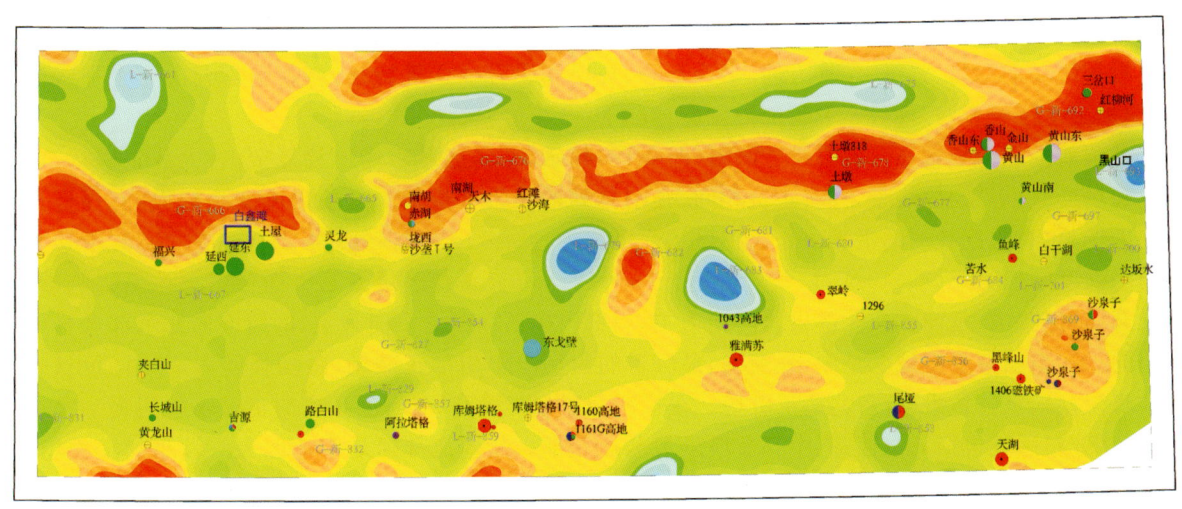

图 2-18 新疆哈密市白鑫滩一带剩余重力异常图

4. 西(南)天山异常区(Ⅳ)

乌鲁木齐—库米什一线以西，准噶尔异常区以南，乌什-库尔勒地区以北的区域，即地理上的天山西段和西南段可归属于西(南)天山异常区。重力场以重力低值异常为主，由北往南，由负异常带→正异常带→负异常带组成，走向的相应变化是北西向—东西向—北东向，这种走向的变化与本区对应的大地构造是密切相关的。重力值由塔里木盆地北缘至西天山中部从 -220×10^{-5} m/s² 降至 -310×10^{-5} m/s²。该区的重力异常总体上与地形呈镜像关系，符合一般性的均衡理论。从莫霍面等深度图上可看出本区是一个上地幔拗陷区，最大埋深为 66 km，是新疆地区地壳厚度最大的地区。另外，从康氏面等深度图上看出，本区康氏面不仅纵向深度变化大，而且横向深度变化亦大。以上表明本区地壳活动较为剧烈，同时地壳结构也较为复杂，这都有别于东天山异常区。该异常区可进一步划分出科古琴重力高异常区(Ⅳ-1)、伊犁重力高异常区(Ⅳ-2)、哈尔克重力低异常区(Ⅳ-3)、汗腾格里重力低异常区(Ⅳ-4)等次级异常区。

5. 塔里木异常区(Ⅴ)

西天山及西南天山东南、昆仑阿尔金山以北、东天山西南的地区，即大体为地理上的塔里木盆地区域，被划为塔里木异常区。该区重力场由宽缓无定向延伸方向的重力等值线构成的规模较大的块状镶嵌型异常组成。塔里木异常区显示出许多古老地块上常见的重力异常的模式，区域重力场勾绘出的塔里木异常区的北部边缘界线与现今的塔里木地块的构造轮廓基本一致。布格重力异常值从塔里木盆地外缘至中心呈阶梯状上升的趋势，由 -300×10^{-5} m/s² 升至 -150×10^{-5} m/s²，局部达 -100×10^{-5} m/s² 以上，形成若干个局部重力高圈闭，这意味着盆地并非一次形成，而是分阶段呈阶梯状断陷而构成，基底和深部构造发育复杂。从莫霍面等深度图上可看出，从盆地北缘向南平均深度由 60 km 逐渐减小至边部为 56~58 km，因此，整体上是一个上地幔隆起区。塔里木异常区可进一步划分为西南部的乔卡塔格重力高异常区(Ⅴ-1)和中东部的塔克拉玛干平稳重力高值异常区(Ⅴ-2)。

二、区域航磁特征

根据磁场的幅值、强度、延伸方向、平面形态、规模和组合变化等特征，将新疆划分出 6 个一级磁场区，包括多个磁场亚区，现将磁场特征分别叙述如下。

新疆航空磁力异常 ΔT 等值线平面图(图 2-19)显示，新疆区域磁场比较复杂，有大片正磁场、负磁场及磁场变化剧烈的梯级带，并有正负相间、紧密排列的条带状磁场。磁场强度变化较大，有强度高的陡变磁场，也有强度较弱的平缓磁场。正磁场强度高者达 $n \times 10^3$ nT，一般为 $[(n \times 10) \sim (n \times 10^2)]$ nT。负磁场强度一般为 $-(n \times 10^2)$ nT，最低可达 $-(n \times 10^3)$ nT。新疆区域磁场平面形态总体呈喇叭形，西部张开，东部收敛，延伸方向北部以北西向为主，南部以东西向及北东向为主，两组方向在东部会合成近东西向。在新疆整个区域磁场中，最突出、最醒目的为塔里木南部正磁场，磁场强度大，分布面积广，次为准噶尔盆地至吐鲁番-哈密盆地正磁场。在这两个磁场强度高，分布面积广的正磁场中间夹一大片负磁场区，分布区域包括天山西部、中部及塔里木盆地北部。新疆北部阿尔泰地区为一较小的正磁场区，它与准噶尔-吐鲁番-哈密正磁场区之间被一条负磁异常带分隔开。新疆西部伊宁地区是插入在天山西部与塔里木盆地北部大片负磁磁场区内一个小的楔形正磁异常区。

(一)阿尔泰正负变化磁场区(Ⅰ)

该异常区分布于准噶尔盆地北缘，西起塔城、裕民，经和丰、福海，东至富蕴、二台以北。向西、向东、

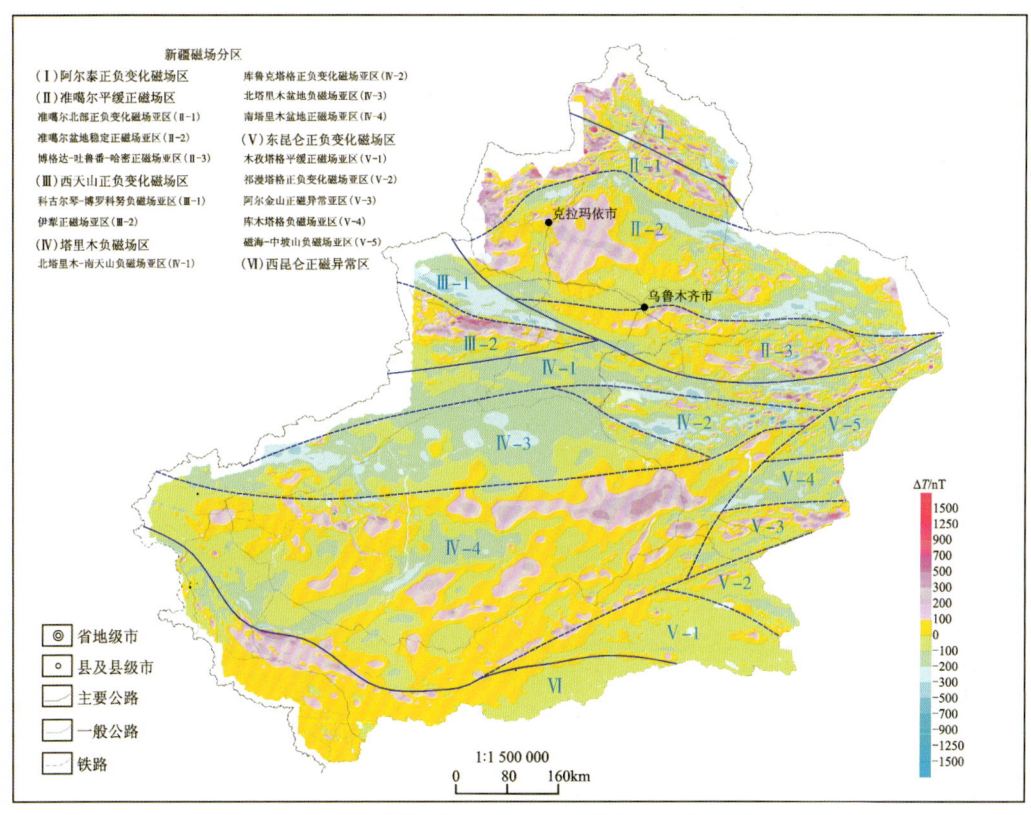

图 2-19　新疆航磁等值线平面图及分区示意图

往北异常均未封闭,并延伸至境外。区内航磁异常轴向为北西向,由多个互不相连的正、负相间的条带状异常组成。其中,与铁矿有关的正磁异常带有阿巴宫异常带、蒙库异常带和乔夏哈拉异常带。该地区出现的这种正负相间条带排列的磁异常,略呈弧形分布,在额尔齐斯河与乌伦古河之间显得尤为明显。在这个正负磁场变化区没有平缓的区域背景,看不出来二级异常叠加的现象,推断这种异常主要与浅部火山岩磁性体有关,深部不存在古老变质岩系磁性体。浅部火山岩磁性体呈条带状分布,似乎与不具磁性地层相间出现有关,或者说原火山活动呈间歇性的爆发,爆发期中间有正常沉积层,经过长期的地质时间后,呈现现在这种条带特征。这也说明额尔齐斯河与乌伦古河之间这种条带状磁性体埋藏较浅,虽然乌伦古河与福海之间被古近系—第四系及第四系沉积物覆盖,推测其厚度不大。

该磁场区出露地层主要为奥陶系、志留系、泥盆系、石炭系。泥盆系分布普遍,下统为海相火山岩、火山碎屑岩,中统为浅海相类复理石建造夹少量火山岩,上统为海相硅、泥质岩。下泥盆统康布铁堡组呈北西-南东向分布于阿尔泰—富蕴一带,主要为变质酸性火山岩、火山碎屑岩夹结晶灰岩和片岩。石炭系分布较广,下石炭统发育完整,为海相和陆相地层,含可采煤层,局部地区为火山岩、火山碎屑岩沉积。该异常区还分布大量的花岗岩及部分闪长岩侵入体,少量的基性—超基性岩。

(二)准噶尔平缓正磁场区(Ⅱ)

准噶尔磁场区位于新疆北部,占据新疆北部的大部分,是面积仅次于南塔里木正磁场区的新疆第二个大的正磁场区。北部为准噶尔盆地古尔班通古特沙漠,南部至伊连哈比尔尕山,东部至吐鲁番-哈密盆地,往东延至测区之外。异常总体延伸方向为北西向,航磁异常等值线平面形态呈一个牛角状,西部呈环状,往东部逐渐收缩。异常主要显示为正磁异常,异常强度一般为 100~250 nT,最高达 700 nT。异常变化较大。在大的异常区内包括有多个不同形态、不同延伸方向和不同强度的局部异常,有的呈长条带形,有的呈环状,有的呈椭圆状;有的变化剧烈,有的比较平缓,构成一个比较复杂的正磁场区。进一步可划分为3个亚区。

1. 准噶尔北部正负变化磁场亚区（Ⅱ-1）

该研究区包括北以额尔齐斯河为界，南以乌伦古—白杨河为界的广大区域，航磁异常场大致以东经87°线为界，两侧延伸方向发生变化，构成一个向北突出的弧形展布，航磁异常轴向由北西向往西转向北东，与研究区外南部负磁场延伸方向基本一致，航磁异常东、西两侧分别延伸进入蒙古国和哈萨克斯坦共和国境内。东侧以北西向的条带状正负相间航磁异常为主，西以北东向带状航磁异常为主。东西航磁异常形态具有一定的区别，东部航磁异常条带状明显为数条正负相间排列，而西部航磁异常多为面积性局部异常，沿北东向呈条带状排列，这种变化反映出两个地区地质构造背景具有一定的差异。该地区局部正异常强度较大，一般为200～400 nT，高者达800 nT；负异常强度一般为−200～−400 nT，局部为−500 nT。

2. 准噶尔盆地稳定正磁场亚区（Ⅱ-2）

该稳定正磁异常与磁性地质体埋深大、浅层为无磁或微弱磁性的中新生界覆盖的地质因素有关。进一步划分为以下两个正磁异常区。

准噶尔盆地中部正磁异常区：它是准噶尔盆地磁异常的主体部分，位于盆地中部至西北缘，构成一个环形异常。西北缘异常强度大，往中部及东部逐渐平缓，异常强度西北部高达250 nT，峰值明显，中部及东部降为50 nT，但分布面积较大，异常平缓，变化不大。该异常区是准噶尔盆地正磁场区最突出的正异常区，异常强度大，异常形态特殊，成为准噶尔盆地中最引人注目的主干异常，等值线平面形态呈现为一个蘑菇状，西部为克拉玛依至乌苏、沙湾一带，北部乌尔禾呈弧形，为蘑菇的顶部，东部莫索湾至芒硝厂为蘑菇的小柱，异常总体向北西延伸，形成北西横卧的蘑菇状。异常强度为100～200 nT，峰值为250 nT。准噶尔盆地中部正磁异常区北西方向长250 km，宽50～220 km。准噶尔盆地中部正磁异常区由3个异常段组成：中部强磁异常段，呈北西向延伸长条带状，分布在小区的中心部分，成为异常区的核部，长约200 km，宽50 km，磁异常极大值达250 nT；北部异常段在玛纳斯湖附近，呈环形分布，环形四周异常100 nT，中间异常强度减少，最低25 nT；南部环形异常段位于莫索湾与沙湾、乌苏之间，异常较平缓，磁异常最大值达175 nT。该区地表全部被古近系—第四系沉积物覆盖，初步估计，引起磁异常的磁性体埋藏深度在13～15 km之间。对于覆盖深度如此大，能够引起在航空磁测（飞行高度100 m以上）异常强度极大值250 nT的磁性体，必须具有较强的磁性，即含有较多的磁性矿物成分。通过地质数据、地面磁性测定的标本和航空磁测、地面磁测成果的共同分析获得共识，准噶尔盆地出现的范围大、强度高的正磁异常，不可能是盆地周围出露地层和岩石所引起的，而是存在一种地面没有出露的具较强磁性、规模较大的磁性体。目前，普遍认为准噶尔盆地正磁异常是由深部存在较强磁性的前寒武纪古老变质岩引起的。

沙丘河-将军庙-木垒正磁异常区：位于准噶尔盆地的东部，分布范围较小，总体呈北西向延伸，大体呈一个长方形。该区虽然面积不大，但磁场变化较大，由多个不同延伸方向的局部正磁异常组成，异常强度普遍达200 nT以上，多数在300～400 nT之间，从西北向东南，分别为五彩湾磁异常、将军庙磁异常和木垒磁异常。

沙丘河-将军庙-木垒正磁异常区绝大部分被第四系戈壁沙漠覆盖。仅在北部边缘有侏罗纪煤系地层出露，将军庙东面有北山煤窑。沙丘河以东是五彩湾、帐篷沟油田分布区。在区域异常背景上叠加了局部异常，航磁异常向上延拓40 km，异常仍然清晰可见，估算引起这种区域异常的磁性体埋藏深度可达10 km。推断沙丘河-将军庙-木垒正磁异常区的磁异常是由两种地质因素产生的，在古生代磁性火山岩之下，存在另一种磁性体，估计与前寒武纪古老变质岩系有密切关系。

3. 博格达-吐鲁番-哈密正磁场亚区（Ⅱ-3）

该亚区分布于博格达、吐鲁番、哈密盆地及觉罗塔格山，南湖戈壁区，异常区大致呈东西向展布。异常强度一般为250～400 nT，最高达600～800 nT，由西部近北东向的条带状异常和东部3个近东西向的椭圆形异常块段组成，往西向北西方延伸上挠。该亚区可分为3个异常段：分别为西部托克逊-底格尔异常段、中部疏纳诺尔异常段、东部哈密-山口-梧桐窝子异常段。异常段之间均被近南北向断裂分开。正磁异常的两侧均为负磁异常。

上述异常主要与中基性火山岩和侵入岩相关。其中，长城山一尾亚一星星峡强磁场变化带与阿齐山-雅满苏-沙泉子铁矿带有关，是新疆最著名的铁矿高磁异常带。

4. 白鑫滩一带正磁场区

白鑫滩一带航磁 ΔT 等值线平面图显示（图2-20），白鑫滩地区以正磁场为主，磁异常集中分布在南、北两侧，呈线性排列，形成南、北两个近北东东向的磁异常带。其中，北磁异常带与觉罗塔格铜、镍、铁、锰、金、银、钼、钨成矿带基本重合。工作区位于北磁异常带的西部，以正磁场为主，总体呈中间低两边高的态势分布，异常极大值为425.64 nT，极小值约110 nT。航磁分布及变化特征客观地反映了地层及侵入岩中磁性块体结构的基本轮廓，也就是现已固结地层及侵入岩中具有磁性块体的分布状况。白鑫滩铜镍矿区位于较平缓的正磁异常中，异常主体走向呈北东向，磁场值由东北往西南逐渐降低，从425.64 nT 降至300 nT，该磁场特征主要反映了中—下奥陶统恰干布拉克组岩石磁性分布趋势。

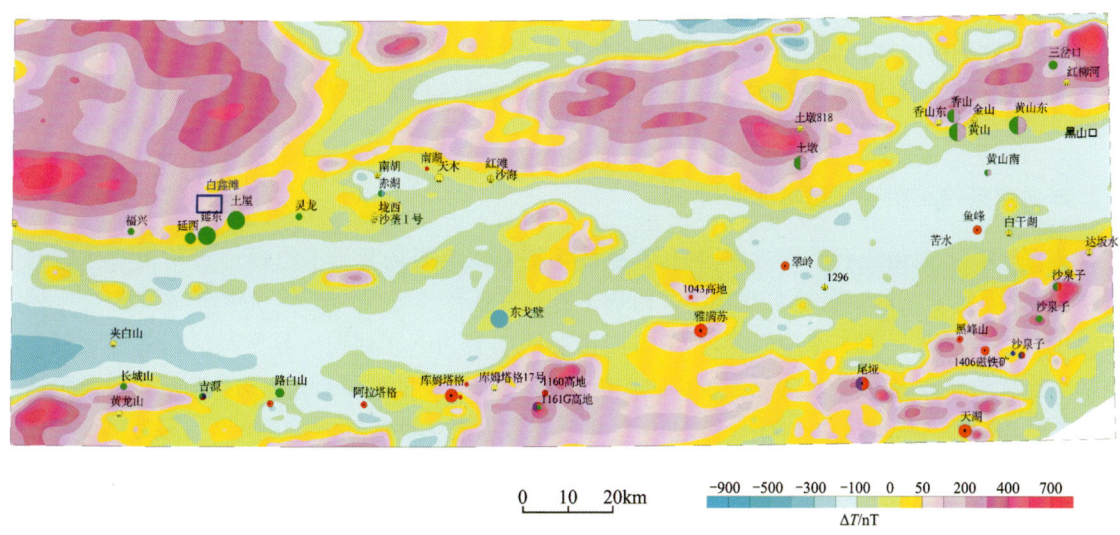

图2-20　白鑫滩一带航磁 ΔT 等值线平面图

（三）西天山正负变化磁场区（Ⅲ）

1. 科古尔琴-博罗科努负磁场亚区（Ⅲ-1）

该亚区位于西天山的科古琴山、博罗科努山、依连哈比尔尕山。该负磁场亚区是一个大面积的负磁异常，北界为温泉、博乐、精河一带，南面由尼勒克到阿吾拉尔山一带，西面没有封闭，延至研究区之外，东面逐渐消失，形成一个西宽东窄的楔形。该亚区呈北西向延伸，异常强度一般在−100～−250 nT之间，局部可达−350 nT。它的南面为伊犁正磁异常区，两者异常截然不同。北面为近南北向延伸的托里正磁异常区，两者延伸方向几乎直交，反映了该区与准噶尔盆地地质构造背景的不同。

2. 伊犁正磁场亚区（Ⅲ-2）

从全疆范围来看，伊犁正磁场区是一个小的磁场区，但它很特殊，是一个西宽东窄的小楔形，嵌镶在北塔里木-南天山负磁场区中，近东西向延伸，往西延伸至研究区之外，没有封闭，东部逐渐封闭。异常呈带状分布，异常强度普遍大于100 nT，具有多个异常强度大于400 nT的异常中心，有的峰值达800 nT。它与南北两侧磁场特征截然不同，北侧科古尔琴-博罗科努负磁异常呈北西延伸，南侧负磁异常呈北东向延伸。异常特征表现在一个较弱正磁异常背景上叠加一个较强的正磁异常，可划分出两级异常，较强的正磁异常叠加在弱正磁异常的上面，正磁异常与区内阿吾拉勒铁矿带分布有关。

（四）塔里木负磁场区（Ⅳ）

1. 北塔里木-南天山负磁场亚区（Ⅳ-1）

该区磁场以负磁场为特征，位于塔里木盆地北部，其延伸方向大体以东经82°线为界，西部为北东向，东部为北西向转东西向，长1000 km，宽100~150 km，异常强度一般为-100~-150 nT，最小为-200 nT。在两组不同延伸负异常中间夹有一个正磁异常，成为两组不同延伸负异常的分界区，在等值线平面图中按-100 nT等值线可以明显圈出两个异常区，总体呈向北突出的弧形。东部异常段位于辛格尔以东，阿齐山以南经帕尔岗、喀瓦布拉克，直至雅满苏东南延伸至研究区之外，大致呈东西向延伸，长600 km，宽约50 km。异常特征在帕尔岗一带反映为正异常条带，形成正负交替的较复杂的异常。在阿齐山以南至雅满苏一带则为正磁异常带，异常强度一般为200 nT，东部较高，普遍在400~500 nT之间，总体呈近东西向延伸的条带状。其中，含有多个不同延伸方向、不同强度的局部异常，与北面负磁异常成为两种不同磁性的接触界面，具有明显的梯级带，与区内广泛发育的铁矿、中基性火山岩密切相关。

2. 库鲁克塔格正负变化磁场亚区（Ⅳ-2）

该磁场延伸方向由北西转向近东西向，其磁场特征是在负磁场背景下出现许多条带状或椭圆形正磁异常，成为颇为复杂的正负异常变化区。西部正磁异常强度及范围均较小，东部正磁异常强度较高且延伸范围较大。异常区两头窄中间宽，延伸方向由北西向转为近东西向。异常特征在西部表现为局部椭圆状不连续的异常，东部表现为延伸较长的长条带状异常，成为负正异常变化的条带。负异常强度一般为-100~-200 nT，局部可达-250~-300 nT；正磁异常强度一般为100~200 nT，局部为400~500 nT，个别可达700 nT。按异常延伸方向和特征的不同，可将该小区大致以东经90°线为界，划为两个异常段，东经90°线以西叫作克孜勒塔格-库鲁克塔格异常段，以东叫作帕尔岗塔格-康古尔塔格异常段。

3. 北塔里木盆地负磁场亚区（Ⅳ-3）

该磁场区分布在新疆塔里木盆地中北部，喀什-巴楚-塔克拉玛干-阿拉干-罗布泊近东西向正磁异常大致沿北纬40°线至北纬39°线分布，横亘塔里木盆地中央，将塔里木盆地划分为南北两个部分，其延伸方向总体为近东西向。北部为负异常区，呈北西向延伸；南部为正异常区，但延伸方向为北东向。北部的负异常区磁场变化平稳，只是在巴楚北部有局部小范围的团块状正磁异常，反映出北塔里木盆地与南塔里木盆地基底岩性构成的不同。

4. 南塔里木盆地正磁场亚区（Ⅳ-4）

该磁场区在新疆塔里木盆地中南部，根据磁场特征可分为北部喀什-巴楚-塔克拉玛干-阿拉干-罗布泊近东西向正磁异常带和南部北东向条带状展布的正磁场区。喀什-巴楚-塔克拉玛干-阿拉干-罗布泊近东西向正磁异常带是塔里木盆地南北两部分明显的分界线,过去许多学者也将其称为塔里木盆地中部纬向正磁异常带。该异常带西起喀什(异常未封闭继续往西延伸至测区外),往东经巴楚,穿过盆地中部塔克拉玛干沙漠至阿拉干,由阿拉干转向北东延伸至罗布泊东,大致在北纬40°00′,东经91°30′线附近消失。中部宽部较大,往东变窄。异常强度一般为100~250 nT,具多个异常中心,最大值可达350 nT以上,局部为450 nT。该异常带北部与负磁场区之间为线形梯度带,梯度值可达10 nT/km。推测喀什-巴楚-塔克拉玛干-阿拉干-罗布泊正磁场这条东西长约1500 km的带状磁异常反映前寒武纪地层存在一条巨大的深大断裂,在这条巨型断裂的北侧前寒武纪地层不具磁性,南侧前寒武纪地层具有较强的磁性,沿着这种大断裂带可能断续分布超基性岩、基性岩的侵入体,或其他较强的磁性地质体。

在喀什-巴楚-塔克拉玛干-阿拉干-罗布泊近东西向正磁异常带之南为北东向展布的正磁场区,大体沿北纬39°线以南至北纬36°线分布。往研究区西继续延伸,未封闭,东部延至东经90°以东,也未封闭,仅是异常变窄变小。其延伸方向总体呈北东向,北部被喀什-巴楚-塔克拉玛干-阿拉干-罗布泊东西向磁异常所截断,西部主要由3条彼此基本平行的北东向异常组成,中间被低磁异常和梯度带所分开。在3条北东向异常中有小的北西向延伸的局部异常。异常强度一般为100~200 nT,高者可达250 nT。磁异常等值线平面形态呈"扫帚"状,主要为正磁异常。中部异常总体呈北东向延伸,西南部宽大,往东经方向逐渐变窄;东部异常变化剧烈,出现多个局部小异常。在喀拉喀什河(玉龙喀什河)与和田河之间,至小屋发育一条负磁异常,东部若羌北部插入一条窄的负磁异常。正磁异常强度一般为100~200 nT,高者可达350~450 nT,负磁异常一般为-100~-50 nT,最低可达-250 nT。推测北东向磁异常条带是由磁性体的形态变化引起的,异常高的部分表示磁性体隆起,异常低甚至出现负异常的位置是磁性体坳陷,或者在两种磁性体中间夹有弱磁性体,也就是在磁性体物质发生改变。

(五)东昆仑正负变化磁场区(Ⅴ区)

1. 磁海-中坡山负磁场亚区(Ⅴ-5)

磁异常呈北东向延伸,东宽西窄,呈一楔形插入若羌与阿拉干正磁异常之间,异常强度-200 nT。在负磁异常区出现多个孤立的小椭圆形局部正异常。异常区主要出露石炭系、二叠系碎屑岩夹火山岩,花岗岩和闪长岩、超基性岩体较发育,局部异常多与侵入的磁性闪长岩、超基性岩有关。

2. 库木塔格负磁场亚区(Ⅴ-4)

该磁异常总体呈近东西延伸,东宽西窄,夹在若羌与阿拉干正磁异常和阿尔金山正磁异常之间。整个区域磁场显示为低缓的负扇区,异常强度-200 nT。北部为磁海-中坡山负磁背景的局部正扇区,南部为阿尔金相对高磁异常区。在负磁异常区出现个别孤立的小椭圆形局部正异常。异常区大部分被第四系覆盖,局部椭圆状异常很可能与侵入的磁性闪长岩、超基性岩有关。

3. 阿尔金山正磁场异常亚区(Ⅴ-3)

该磁异常区位于塔里木盆地东南缘,是该地区磁场强度相对较强的正磁异常区。磁异常东部延伸到青海境内,西部在若羌县北部被北东方向的磁异截断。磁异常呈东西走向,西部磁异常呈团块状,东部磁异常呈条带状展布,东部的两个磁异条带在东经91°10′左右被北西向的断裂错断,可细分为两个局部磁异常条带。该区域磁异常呈带状展布明显,在地质上对应为前寒武纪基底出露区,构造上属陆缘地块(断隆)。

4. 祁漫塔格正负变化磁场亚区(Ⅴ-2)

该磁异常区内呈现两组不同方向的磁异常条带,异常区北部主要为北东向磁异常条带,南部主要为北西向磁异常条带。两组磁异常条带在东经86°30′、北纬38°20′左右处交会,形成一个西窄东宽的楔形区域。北部的北东向磁异常条带为阿尔金条带状磁异常的东北延伸部分,而南部北西向的条带状磁异常则为中南祁连地块的西延部分。北部的磁异常条带状明显,在东经86°30′、北纬38°20′处与区域异常线方向发生错动,这主要是受南部北西向的祁漫塔格地区中南祁连地块的影响。北部条带状阿尔金磁异常受阿尔金深大断裂的影响,条带状磁异常主要与沿深部上侵的中基性岩有关,磁异常沿断裂呈带状、串珠状展布。南部祁漫塔格磁异常总体呈北西向带状展布,但无论从异常强度、异常形态都与北部有一定的区别。

5. 木孜塔格平缓正磁场亚区(Ⅴ-1)

该区磁异常分布受北东向且末深大断裂控制,沿该断裂磁异常呈串珠状展布。东端在东经87°10′、北纬38°00′被北西向的祁漫塔格磁异常带所截,西端在东经81°30′、北纬35°40′左右磁异常发生转折,磁异常转向北西向展布。沿磁异常分布地区,地表断续出露一些基性—超基性岩体,推测该区域呈串珠状分布的磁异常与沿且末深大断裂上侵的基性岩体有关。

6. 西昆仑正磁异常区(Ⅵ)

该区磁异常分布有强度较大、梯度强烈变化的北西向正磁异常带,异常强度一般为200～300 nT,梯度变化为20～30 nT/km。整条异常带以中部阿塔孜-塔吐鲁沟北东方向为界,西北段与东南段有明显的差别。西北段塔什库尔干地区以正负伴生的条带正磁异常和负值较小的磁异常为主,而东南段从阿塔孜经康西瓦至卡拉孔木达坂则为强度较大的北西向线性磁异常带,异常宽度为40～60 km,北西向延伸。在藏北高原磁异常略显平静的背景上,出现有一系列北东走向和东西走向的局部磁异常,异常强度为100～200 nT,明显区别于冈底斯北西走向强度大的磁异常带。塔里木盆地存在有一系列强度较大而宽缓的磁异常分布,完全不同于西昆仑及青藏高原总体磁异常较弱的特征,一般磁异常强度可达300～500 nT,梯度变化为10～20 nT/km。在南部地区为数条互相平行的北东向正磁异常,异常宽度为60～100 km,其中盆地南部一系列北东走向磁异常带延至盆地边缘与西昆仑山的交界处完全被北西走向的磁异常带所截。

三、区域深部构造特征

(一)区域岩石圈构造特征

20世纪后期及21世纪初,研究者先后在新疆开展了深部地震和电磁测深地学大断面研究工作。主要深剖面有1986—1995年完成的新疆东部可可托海-木垒-哈密-柳园-阿克赛综合地球物理测深剖面,蔡学林等(2008)根据上述剖面和其后开展的阿克赛-四川简阳段带地球物理探测成果,于2008年编制了《新疆阿尔泰-四川简阳地学断面岩石圈与软流圈结构图》(1∶250万)。1996—2000年,研究者完成了新疆西部喀纳斯-独山子-库车-甜水海地学断面地质地球物理综合研究,该研究初步揭示了沿断面的地壳及岩石圈结构。

1. 新疆东部地壳-上地幔速度结构

1986—1990年完成的"可可托海-木垒-哈密-柳园-阿克赛综合地球物理测深剖面项目"是新疆地区第一个地学大断面科研项目,采用人工地震和天然地震等方法揭示了新疆东部地质结构。该断面后来被纳入全球最长的北冰洋-欧亚大陆-太平洋地学断面。

图 2-21 为可可托海-阿克赛剖面地质推断示意图。由图所示,可以对新疆地壳的速度结构进行初步的探讨:①沿剖面地壳内速度结构具有明显的横向上块状结构和垂向上分层结构特征,说明沿剖面上的地质构造沿水平方向为块状结构、深部是分层结构。②地壳内局部存在低速层(体)和高速层(体),多分布在地壳深部 30 km 处。局部的低速体推断可能为断裂破碎带,高速体可能是侵入岩体。③地壳厚度(莫霍面)变化最大可达 12 km,根据地壳厚度的变化沿剖面可在新疆境内划分出 2 个地幔隆起区和 3 个地幔坳陷区。二台地幔坳陷区,莫霍面深约 50 km;将军庙地幔隆起区,莫霍面深 45～47 km;北天山地幔坳陷区,莫霍面深度 53 km,该区纵波速度震相不清晰;哈密地幔隆起区,莫霍面深约 44 km;大泉湾地幔坳陷区,莫霍面深约 54 km。④地壳可划分为 4 个速度层。第一层(V_1)速度小于 5.5 km/s,推断为沉积盖层和结晶基底;第二层(V_2)速度为 5.5～6.1 km/s,推断为花岗岩层;第三层(V_3)速度为 6.1～6.7 km/s,推断为闪长岩层;第四层(V_4)速度为 6.7～6.6 km/s,推断为玄武岩层。地壳和上地幔之间的莫霍面界面速度一般为 7.9～7.98 km/s。

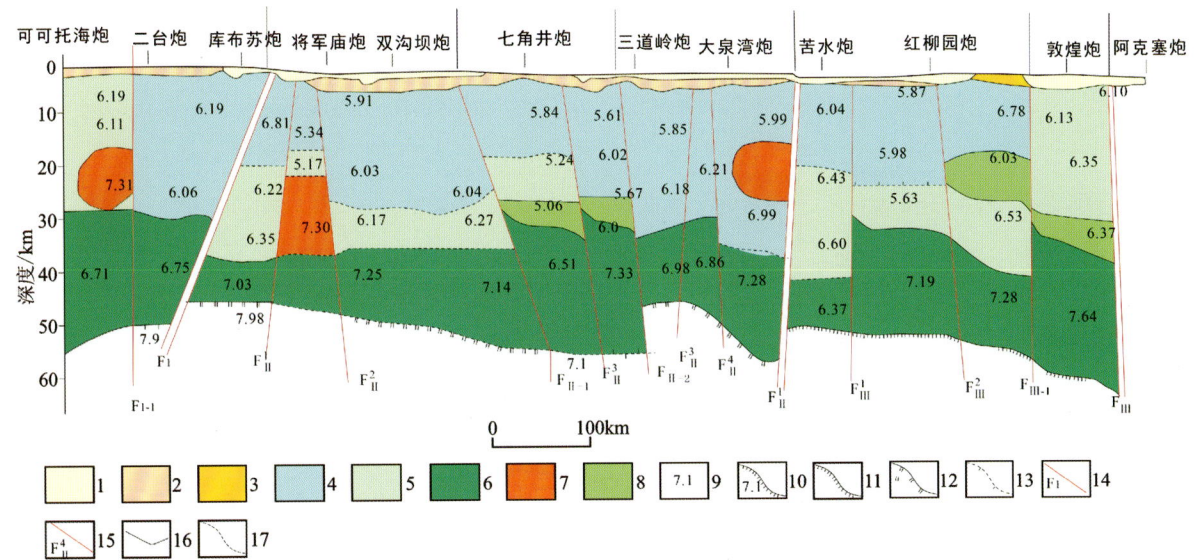

1.中新生界沉积;2.沉积-火山岩层;3.变质岩;4.花岗岩层;5.闪长质岩层;6.玄武质岩层;7.高速层(体);8.低速层(体);9.层速度;10.莫霍界面速度;11.清晰的莫霍面;12.较清晰的莫霍面;13.不清晰的莫霍面;14.一级构造单元分界线;15.次级构造单元界线;16.层间断裂;17.推测的莫霍面

图 2-21 可可托海-阿克赛剖面地质推断示意图

注:层速度单位为 km/s;花岗岩层速度为 56～61km/s;闪长质岩层速度为 61～67km/s。

基于蔡学林等(2008)关于新疆可可托海-四川简阳深大剖面研究成果,绘制新疆可可托海-四川简阳地学断面地壳厚度与速度结构图(图 2-22),将速度值 4.45 km/s 作为岩石圈底界面或软流圈顶界面的标志,将 4.5 km/s 作为软流圈底界面或固结圈顶界面的标志,阿尔泰构造带、准东地块、吐哈地块地壳平均厚度 46.8～52.8 km,柴达木地块地壳平均厚度 49～53 km,阿尔泰构造带、准东地块、吐哈地块、北山构造带顶界深度和厚度分别为 153 km 和 118 km、161 km 和 105 km、168 km 和 89 km、17 km 和 72 km。

2. 新疆西部地震测深与地壳速度结构

1996—2000 年由中国地质科学院地质研究所和中国地震局地质研究所共同承担完成了喀纳斯—独山子—库车—甜水海以地震测深为主的地学断面研究。根据反射地震测深获得的 P 波结构,新疆西部上地壳范围大致按 6.3 km/s 的速度等值线圈定,中地壳范围大致按 6.3 km/s 和 6.7 km/s 的速度等值线圈定,下地壳范围大致按 6.7 km/s 和 8.1 km/s 的速度等值线圈定,上地幔顶界大致按 8.1 km/s 的速度确定(图 2-23)。

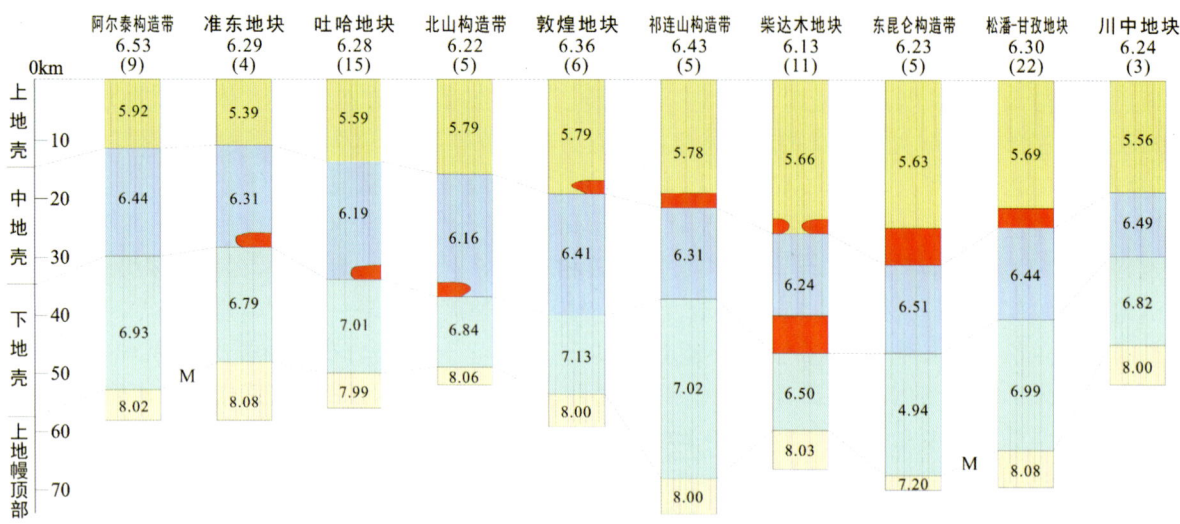

图 2-22　新疆可可托海-四川简阳地学断面地壳厚度与速度结构图(据蔡学林等,2008)

注:层速单位为 km/s;括弧内数据代表参加平均数,图中断线表示壳内低速层。

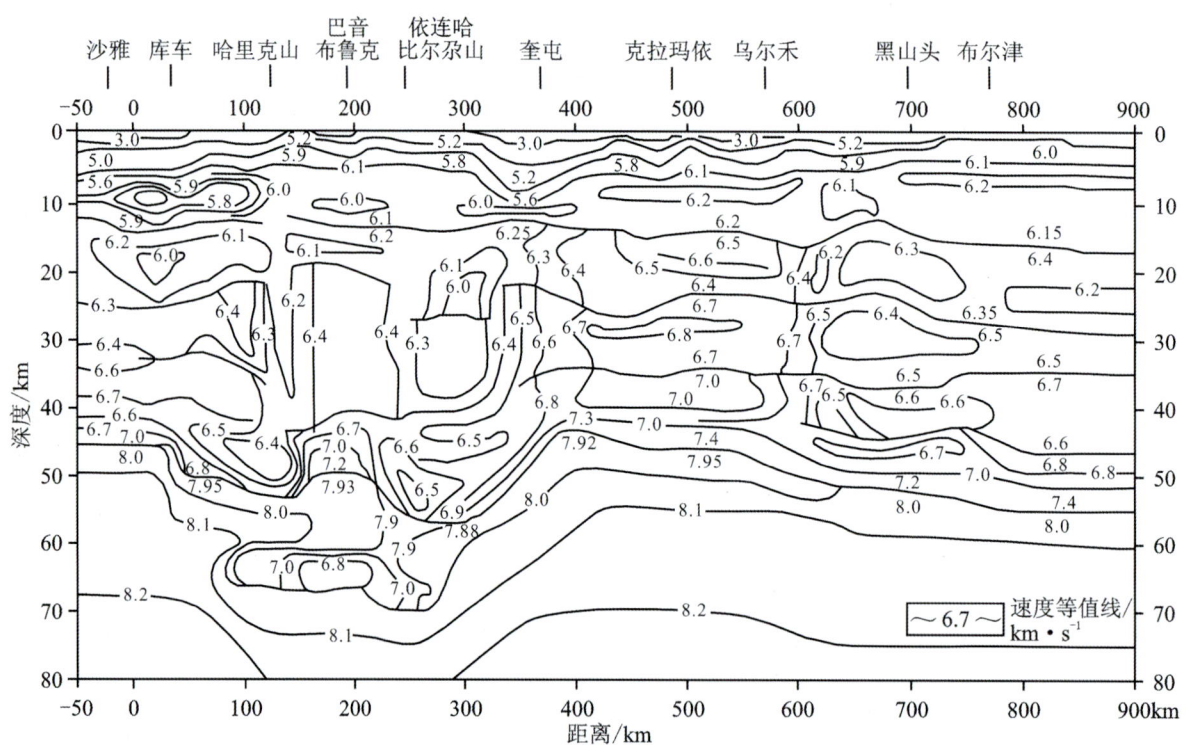

图 2-23　新疆沙雅-独山子-布尔津地学剖面二维地壳结构模型

阿尔泰南缘(布尔津以北)地壳平均速度 6.35 km/s,壳内界面较为均匀,呈现了相对稳定的构造特征,莫霍面在准噶尔盆地南缘(奎屯北约 14 km)上隆,埋深约 44 km,盆地中段较为均匀,约 46 km。由乌尔禾向北莫霍面逐渐加深,布尔津以北的阿尔泰隆起区南缘莫霍面深度增加至 55 km。天山壳内界面起伏强烈、错位、中断缺失,莫霍面构造形态变化强烈,南天山山前莫霍面出现了 4 km 的垂直断距,由南侧塔里木盆地深约 46 km 向北到天山地区迅速加深至 50 km,向北加深至哈尔克山的 54 km。塔里木盆地地壳厚度 41～42 km,塔里木北侧的南天山地区具有与塔里木类似的地壳结构,特别是较薄的中地壳和相似的地壳速度结构。

这与北塔里木为一大的负磁异常区相互印证,南北塔里木是两个基底性质不同的地体,北纬 40°是分割南北塔里木的地体边界断裂。昆仑—喀喇昆仑地区地壳整体厚度巨大，由西昆仑山前地区的60 km逐渐加深至70～75 km。西昆仑-塔里木结合带深地震反射剖面完整地探测到了西昆仑北带的基底构造，由多组强反射组成，沿剖面可以区分出3组基底结构反射特征，在塔里木盆地南缘策勒县城以北是平的，约5 s，相当于深15 km（用上地壳平均速度6 km/s）；在策勒至昆仑山前，基底被强烈挤压，在山前沿一系列向北逆冲断裂，基底被逆冲叠置；在昆仑山上，基底出现挤压对冲的丘状与锥状的反射。西昆仑北带上地壳底界的反射出现在7～8 s，相当于深22～25 km，可能代表一个拆离构造，将上、下地壳拆离开（图2-24）。

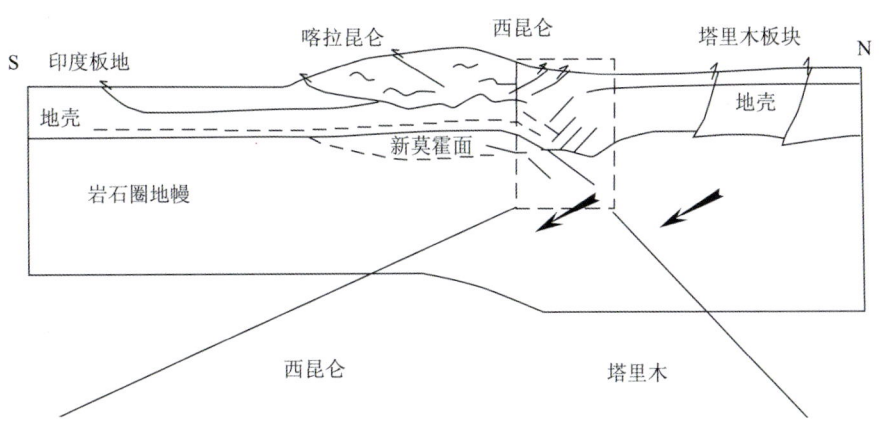

图2-24　塔里木-昆仑山地震反射剖面的初步地质解释

（二）区域地壳结构类型

综合新疆地壳磁场性质，重力异常特征，地壳速度结构，莫霍面、康氏面空间状态，地球化学场等诸多因素，可将新疆地壳划分为以下4种类型。

1. 铁镁质地壳：准噶尔型

这类地壳分布区的特点是：布格重力异常值最高，一般为$-170\times10^{-5}\sim100\times10^{-5}$ m/s^2，地壳厚度平均为42～45 km，盖层一般很薄，"花岗岩质"层（Hg）厚度很小，"玄武岩质"层（Hb）厚度很大，故Hb与Hg厚度比大于1，莫霍面、康氏面均上隆。这类地壳类型分布区的构造形态以断裂为主，褶皱为辅，岩浆岩以中基性—超基性岩占优势，属地幔上隆区。矿产以铁、铬、钛、钒、铂、石棉、金刚石、石墨、铜、镍、金居多，石油、天然气、盐、碱多有存在。准噶尔盆地西部、北部、东部，库鲁克塔格、北山等地属于这类地壳。

2. 铁镁-硅铝质地壳：天山型

这类地壳分布区布格重力异常值较低，一般在$-200\times10^{-5}\sim-300\times10^{-5}$ m/s^{2}之间，等值线形态为过渡型，地壳厚度较大，一般为50～55 km，盖层厚度也大，"花岗岩质"层（Hg）厚度略小于"玄武岩质"层（Hb）的厚度，故Hb与Hg厚度比大于1，莫霍面、康氏面下陷。这类地壳分布区的构造-岩浆活动剧烈而频繁，褶皱强烈，断裂发育，整个地壳呈现出块状-菱块状，岩浆岩、火山岩成分复杂，活动形式多样，岩性从超基性→基性→中性→酸性→碱性，形式从侵入→侵出→溢流→喷溢→喷发→爆发。这类地壳上的矿产种类繁多，从黑色金属、有色金属（含贵金属）、稀有金属、非金属到放射性元素等应有尽有，这类地壳主要分布在西部天山。

3. 硅铝-铁镁质地壳:阿尔泰型

这类地壳分布区布格重力异常值最低,一般在-300×10^{-5} m/s² 以下,重力等值线呈束状,有明显展布方向,梯度大,平均每千米可达1×10^{-5} m/s²以上,地壳厚度较大,平均厚度大于55 km以上,有较厚盖层,"花岗岩质"层厚度略大于"玄武岩质"层的厚度,Hb与Hg厚度比小于1,莫霍面与康氏面均下陷,属地幔下陷斜坡带。这类地壳分布区构造与岩浆活动强烈,侵入岩、火山岩发育,褶皱、断裂普遍。有关矿种繁多,矿产类型多样,与中酸性侵入岩和火山岩有成因关系的矿产占优势,对形成黑色金属、有色金属、稀有金属、放射性元素等矿产极为有利,分布于阿尔泰山、西昆仑山、阿尔金山以及喀喇昆仑的一些地段。

4. 硅铝质地壳:塔里木型

这类地壳分布区布格重力异常值中等,一般在$-150\times10^{-5}\sim-200\times10^{-5}$ m/s²,重力等值线以宽缓、延伸方向不定、梯度极小为特征。地壳厚度中等,一般在45~56 km,盖层厚度很大,"花岗岩质"层厚度大于"玄武岩质"层厚度,故Hb与Hg厚度比小于1,莫霍面平缓。这类地壳分布区构造岩浆活动微弱,盖层褶皱开阔平缓。矿产以石油、天然气、煤、石膏、钾盐、铝土矿等为主。分布在塔里木盆地、吐哈盆地、伊犁盆地及其他盆地区。

第六节　区域地球化学特征

地球化学在矿产资源勘查中占有非常重要的地位,约有71%的金属矿产是通过地球化学方法被发现的。勘查地球化学的发展与分析技术密不可分,化探方法是在近代地球化学与微迹分析技术的推动下发展起来的。地球化学勘查方法的广泛应用,对推动新疆关键战略性金属矿产找矿突破起到了积极作用。

一、区域地球化学参数特征

以那拉提-红柳河缝合带南为界,新疆北部基岩出露区(简称北疆)面积为34.22×10^4 km²,区域内化探工作已全部覆盖。按照北疆地理景观分区特征,可划分为阿尔泰、准噶尔、西天山、东天山(含库鲁克塔格和北山)4个主要的地理地质单元。

(一)总体特征

新疆北部基岩区79 855件区域化探分析样品的39种元素及指标算术平均值与全疆水系沉积物中39种元素及指标平均值对比结果见表2-2。

从表2-2可以看出,北疆39种元素及指标算术平均值与全疆平均水平相比,有16个元素高于或略高于全疆平均水平,这16个元素依次为V、Cu、Au、P、Fe_2O_3、Al_2O_3、SiO_2、Co、Mo、Ti、Mn、Zn、Y、Na_2O、W、Zr,包括主成矿元素Cu、Au、Mo、Zn、W和造岩元素Al、Si、Na。有17种元素与全疆水平相当。仅有6种元素略低于或远低于全疆平均水平,其中CaO、Hg是全疆水平的70%和80%左右。

表 2-2　新疆北部区域化探 39 种元素及指标平均值统计表

元素及指标	单位	北疆	全疆	北疆/全疆
V	$\times 10^{-6}$	89	76	1.2
Cu	$\times 10^{-6}$	29	25	1.2
Au	$\times 10^{-9}$	1.6	1.4	1.1
P	$\times 10^{-6}$	789	701	1.1
Fe_2O_3	$\times 10^{-2}$	4.8	4.3	1.1
Al_2O_3	$\times 10^{-2}$	12.7	11.5	1.1
SiO_2	$\times 10^{-2}$	64	58	1.1
Co	$\times 10^{-6}$	12.0	10.9	1.1
Mo	$\times 10^{-6}$	1.1	1	1.1
Ti	$\times 10^{-6}$	3646	3316	1.1
Mn	$\times 10^{-6}$	789	719	1.1
Zn	$\times 10^{-6}$	71	65	1.1
Y	$\times 10^{-6}$	25	23	1.1
Na_2O	$\times 10^{-2}$	2.7	2.5	1.1
W	$\times 10^{-6}$	1.6	1.5	1.1
Zr	$\times 10^{-6}$	177	166	1.1
Sn	$\times 10^{-6}$	2.2	2.1	1.0
U	$\times 10^{-6}$	2.4	2.3	1.0
K_2O	$\times 10^{-2}$	2.4	2.3	1.0
Nb	$\times 10^{-6}$	11.7	11.3	1.0
Ag	$\times 10^{-9}$	69	67	1.0
F	$\times 10^{-6}$	480	474	1.0
Cd	$\times 10^{-9}$	140	139	1.0
Ni	$\times 10^{-6}$	24	24	1.0
As	$\times 10^{-6}$	10	10	1.0
Cr	$\times 10^{-6}$	50	50	1.0
Be	$\times 10^{-6}$	1.9	1.9	1.0
Sr	$\times 10^{-6}$	280	282	1.0
Ba	$\times 10^{-6}$	544	558	1.0
Th	$\times 10^{-6}$	8.5	8.8	1.0
La	$\times 10^{-6}$	28	29	1.0
Li	$\times 10^{-6}$	24	25	1.0
MgO	$\times 10^{-2}$	2.2	2.3	1.0
Sb	$\times 10^{-6}$	0.67	0.71	0.9
Pb	$\times 10^{-6}$	16	17	0.9

续表 2-2

元素及指标	单位	北疆	全疆	北疆/全疆
B	×10⁻⁶	32	34	0.9
Bi	×10⁻⁶	0.27	0.29	0.9
Hg	×10⁻⁹	18	22	0.8
CaO	×10⁻²	4.7	7	0.7

(二)主要地质地理区

根据新疆地理景观特点,考虑构造单元及元素分布特点,分别计算阿尔泰、准噶尔、西天山、东天山(含库鲁克塔格和北山)4 个主要地理地质单元各元素平均值。阿尔泰与准噶尔以额尔齐斯河及延伸线区分,准噶尔包括乌鲁木齐以东、吐哈盆地以北的天山地区,东、西天山以东经 88°为界。以全疆算术平均值为参考值,分别求取各地区元素相对富集系数,可以较清晰地了解各区元素富集贫化情况,并以富集系数大于 1.2 为富集标准,富集系数小于 0.8 为贫化标准,对各区进行讨论。

1. 阿尔泰地区

阿尔泰地区相对富集系数见表 2-3。

表 2-3 阿尔泰地区相对富集系数

元素及指标	W	U	Cr	Ni	Sn	P	Th	Li	Zr	Y	Bi	Co	F
相对富集系数	1.85	1.85	1.45	1.42	1.40	1.37	1.35	1.32	1.31	1.31	1.25	1.24	1.23
元素及指标	Cu	V	La	Zn	Mn	Nb	Ti	Ag	Fe_2O_3	Al_2O_3	B	Cd	Be
相对富集系数	1.23	1.22	1.22	1.20	1.18	1.18	1.17	1.17	1.16	1.15	1.12	1.09	1.09
元素及指标	SiO_2	Pb	K_2O	Au	MgO	Na_2O	Mo	Sb	Hg	Ba	Sr	As	CaO
相对富集系数	1.07	1.01	0.97	0.95	0.92	0.92	0.82	0.82	0.78	0.70	0.64	0.62	0.36

从表 2-3 可以看出,与新疆全区相比,阿尔泰地区明显富集的元素有 16 种,分别为 W、U、Cr、Ni、Sn、P、Th、Li、Zr、Y、Bi、Co、F、Cu、V、La,这些元素与中酸性侵入岩密切相关,或是能反映基性度的元素,Cr、Ni、Co 的整体富集是其显著特征。贫化元素包括 Hg、Ba、Sr、As、CaO,为氧化钙、分散元素和低温热液元素。

2. 准噶尔地区

准噶尔地区相对富集系数见表 2-4。

表 2-4 准噶尔地区相对富集系数

元素及指标	V	Cu	Fe_2O_3	Ti	P	Mn	Co	Al_2O_3	Na_2O	Zn	As	Ni	Mo
相对富集系数	1.35	1.34	1.27	1.26	1.23	1.22	1.21	1.16	1.14	1.14	1.14	1.13	1.11
元素及指标	Y	Zr	Sr	SiO_2	Cr	Au	K_2O	MgO	Ag	Li	Nb	F	Cd
相对富集系数	1.07	1.07	1.06	1.05	1.03	1.02	1.02	1.02	1.00	1.00	0.98	0.97	0.97
元素及指标	Ba	B	Sn	La	Be	U	Sb	Hg	Pb	Th	W	Bi	CaO
相对富集系数	0.97	0.95	0.94	0.91	0.90	0.90	0.89	0.88	0.83	0.82	0.78	0.73	0.59

从表 2-4 可以看出,与新疆全区相比,准噶尔地区明显富集的元素为 W、Cu、Fe_2O_3、Ti、P、Mn、Co,结合地质背景,这些元素富集与该区广泛分布的中基性火山岩密切相关。P 在火山岩区富集是准噶尔地区的一大特点。贫化元素只有 W、Bi、CaO 这 3 种。

3. 西天山地区

西天山地区相对富集系数见表 2-5。

表 2-5　西天山地区相对富集系数

元素及指标	W	Sb	Cd	As	Zn	Pb	Th	F	La	Nb	Bi	Sn	K_2O
相对富集系数	1.34	1.30	1.22	1.19	1.17	1.16	1.14	1.14	1.12	1.11	1.11	1.11	1.07
元素及指标	Au	Co	CaO	Zr	Be	Al_2O_3	Y	Ni	Ag	Ba	Cr	Li	U
相对富集系数	1.07	1.07	1.06	1.06	1.05	1.05	1.04	1.03	1.03	1.03	1.03	1.02	1.02
元素及指标	Ti	P	B	Mn	Fe_2O_3	V	Mo	Cu	SiO_2	Hg	MgO	Sr	Na_2O
相对富集系数	1.01	1.01	1.01	1.00	1.00	1.00	0.99	0.98	0.98	0.98	0.94	0.91	0.91

从表 2-5 可以看出,与新疆全区相比,西天山地区明显富集的元素为 W、Sb、Cd,无贫化元素。W 的富集可能与该区广泛发育的酸性岩有关;Sb 的富集主要与博罗科努一带普遍富集 Sb 有关,属新疆第二大 Sb 富集区;Cd 的富集可能与 Sb 的富集有关。

4. 东天山地区

东天山地区相对富集系数见表 2-6。

表 2-6　东天山地区相对富集系数

元素及指标	Ba	Na_2O	Sr	Au	SiO_2	Mo	K_2O	Al_2O_3	Nb	MgO	CaO	Cu	Sn
相对富集系数	1.24	1.19	1.18	1.15	1.05	1.04	1.00	0.99	0.95	0.94	0.91	0.90	0.90
元素及指标	Ag	Y	Be	Th	V	Zr	Pb	Ti	U	Mn	Fe_2O_3	La	Co
相对富集系数	0.90	0.88	0.86	0.85	0.85	0.85	0.83	0.83	0.82	0.82	0.82	0.81	0.81
元素及指标	F	Bi	P	Zn	Cr	Cd	Ni	As	Sb	Li	B	W	Hg
相对富集系数	0.80	0.80	0.79	0.77	0.75	0.72	0.72	0.70	0.69	0.67	0.67	0.65	0.63

从表 2-6 可以看出,与新疆全区相比,东天山地区明显富集的元素只有 Ba。实际上 Ba 主要富集于库鲁克塔格。因此,地质意义上的东天山,缺少富集元素,贫化元素多达 11 种,它们依次是 P、Zn、Cr、Cd、Ni、As、Sb、Li、B、W、Hg。

从不同地理单元来看,阿尔泰地区元素含量普遍较高,富集元素最多;东天山地区元素含量则普遍较低,缺少富集元素而贫化元素较多。阿尔泰地区富集与酸性岩密切相关的元素和基性度元素,准噶尔富集与中基性火山岩密切相关铁族元素,库鲁克塔格显著富集钡。从富集相对系数上分析,整个天山地区富集元素少。

二、主要元素空间分布特征

1. 钨元素

阿尔泰山区是北疆规模最大、连续性最好的钨富集区,富集区南部边界清晰,基本在阿勒泰—富蕴—清河一线，北部直抵国境线，呈长近 400 km、宽 70 km 不等的北西西向带状分布，总面积 21 500 km² （图 2-25）。

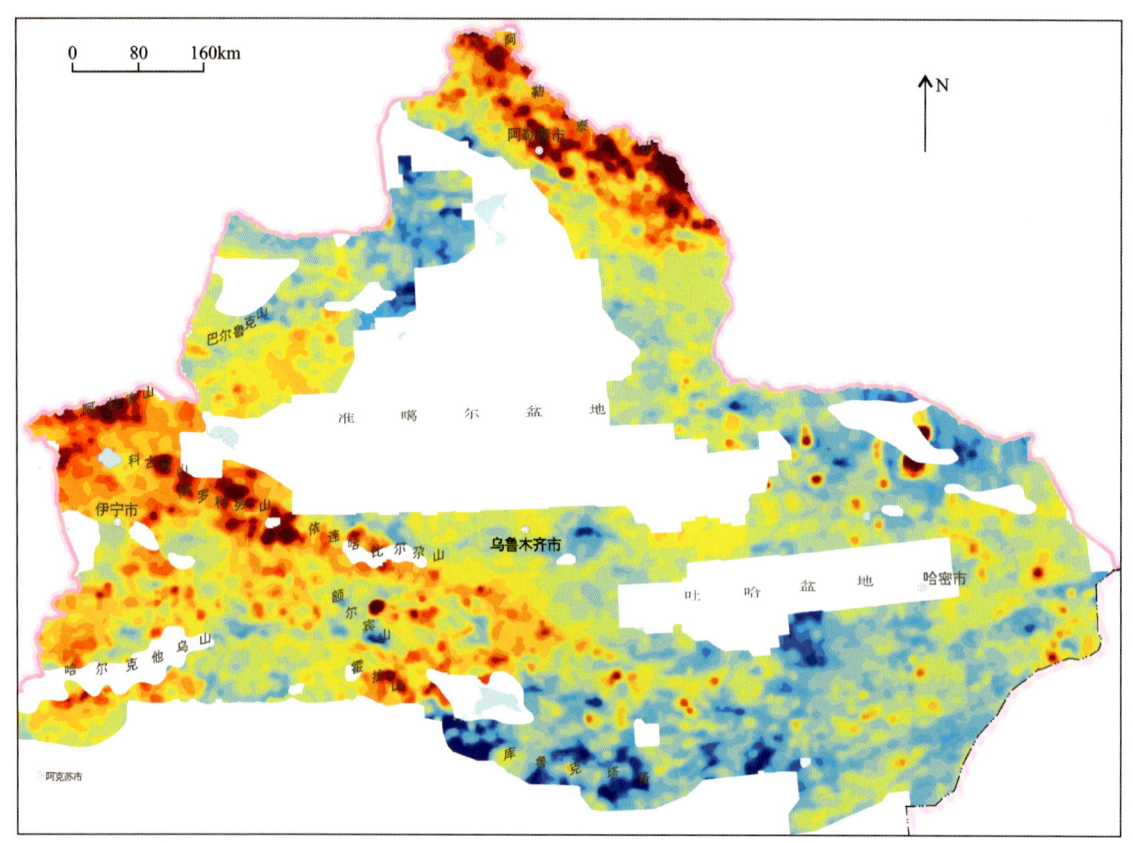

图 2-25　北疆钨地球化学示意图

西天山钨富集带，西起温泉，向东经科古琴山、依连哈比尔尕山，断续延伸，一直到库米什，呈西宽东窄的楔形，西部最宽处达 140 km，西部富集区规模大、强度高，向东规模、强度都减弱，主体尖灭于库米什，并有向东天山延伸的趋势。离开此带外的西天山南部地区，存在一些规模中等的局部富集区，如喀拉苏—巩留地区、新源—巴音布鲁克地区、霍拉山—包尔图地区。东西准噶尔、东天山、西南天山基本不出现钨的富集。规模较大的钨低值区主要分布在西准噶尔北部、东准噶尔三塘湖盆地周围、库鲁克塔格一带。

2. 锡元素

与钨相似，阿尔泰山区也是北疆规模最大、连续性最好的锡富集区，面积也有 21 500 km²，但边界不像钨富集区规整，延伸长度相对较短，特别是西北，连续性不好。西天山的锡富集带（图 2-26），呈宽 40～50 km 的带状，由赛里木湖向东南经科古琴山、依连哈比尔尕山延伸，终止于萨日达拉东，长近 600 km，该带强度普遍较高。离开该带的西天山南部，锡的富集区出现在喀拉苏、特克斯、黑英山、巴音布鲁克、霍拉山、和硕北等地，强度中等。东西准噶尔、东天山和西南天山锡的富集区零星分布。锡的相对低值区位于三塘湖盆地周围和西准噶尔北部等。

3. 钼元素

钼在西天山北部、东天山和东西准噶尔相对富集，最醒目的富集区位于西天山科古琴山一带，连续的富集区面积达 11 361 km²，且浓集趋势比较明显（图 2-27）。此外，规模较大、浓集趋势明显的富集区依次有博格达（2867 km²）、大南湖（2083 km²）、梧南（1967 km²）、东准噶尔琼河坝（1673 km²）、阿尔泰的

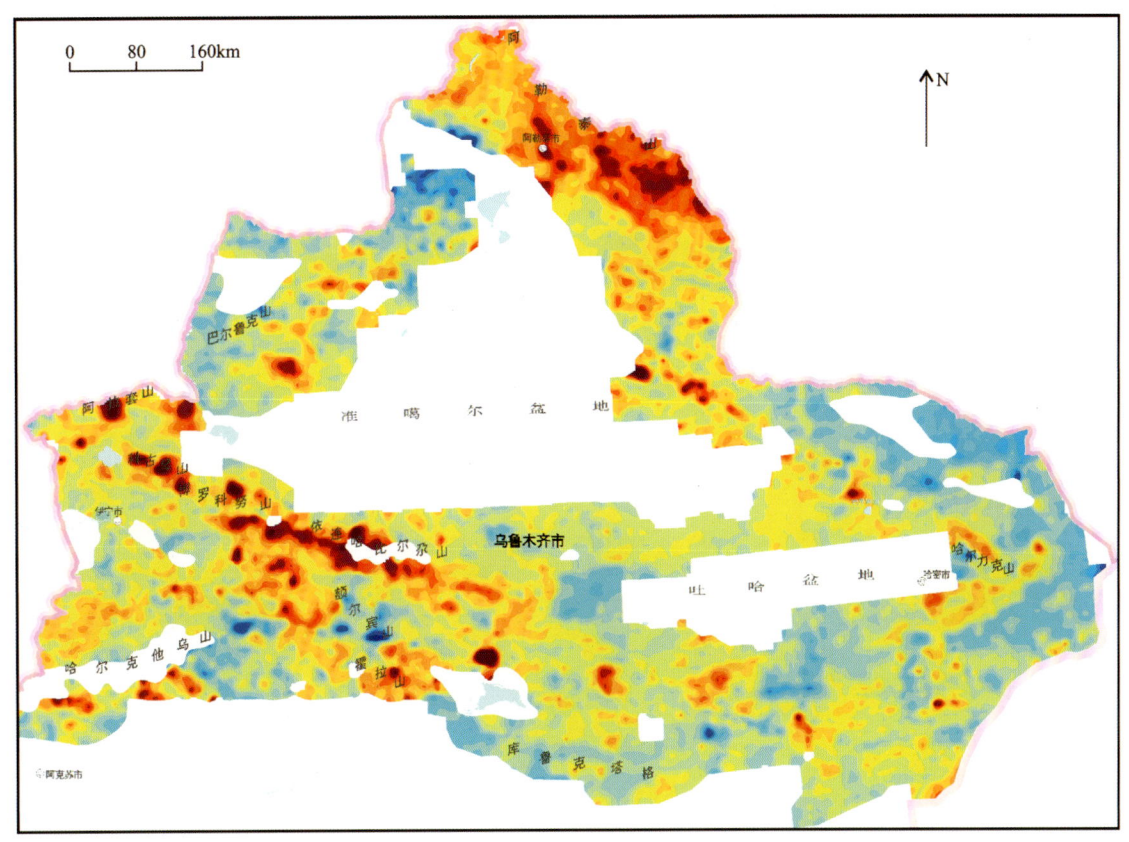

图 2-26　北疆锡地球化学示意图

大桥东(1513 km²)、库鲁克塔格大平梁(1317 km²)和赛马山(1275 km²)等。强度相对较弱但规模较大的富集区还有西准噶尔的唐巴勒(3575 km²)、庙儿沟(2079 km²),东准噶尔的野马泉(1654 km²)、纸房北(1080 km²)、七角井(1562 km²),东天山的小热泉子(2965 km²)、康古尔(1529 km²),西天山的肯登高尔(4804 km²)、查岗诺尔(1341 km²)、后峡(1815 km²)。北疆最大的低值区位于西天山哈尔克他乌山—霍拉山一带,在阿尔泰西北部也较集中。

4. 铜元素

以阿拉山口—吐鲁番—哈密一线为界,新疆北部包括阿尔泰、西准噶尔、东准噶尔、博格达及哈尔里克山,铜相对富集,总体含量高(图 2-28)。南部包括东天山、西天山,铜的含量总体偏低。

北疆最醒目、规模最大的铜富集区,是准噶尔盆地东南缘山区,也就是吐哈盆地北缘的博格达山及其东延部分。与相关元素在该区富集不同的是,该富集区西南已越过达坂城谷地,延伸到后峡一带。富集中心在博格达山,由此向东含量逐渐下降。接下来就是西准噶尔,铜含量整体高,与前者相比浓集中心规模相对较小,且有整体性南部好于北部、由南向北含量递减的趋势。东准噶尔铜的高含量基本存在3个带:北部的哈腊苏带、南部的卡拉麦里带及中部的北塔山-三塘湖-伊吾带,以中部的北塔山-三塘湖-伊吾带的规模最大,而哈腊苏浓集趋势最明显。铜在阿尔泰的富集带为一北西向不规则富集带,主要富集带有喀纳斯-阿勒泰、富蕴及边境地区的土尔根-诺尔特。北部低含量仅在很局限的范围内出现。

南部是以低背景基础上局部叠加高值区及贫化区普遍分布为特征,缺少特别引人注目的富集区。相对而言,规模较大的富集区西天山有安集海、尼勒克、坎苏,东天山有土屋西北,北山有红石井等。规模较小的局部富集区在东、西天山分布较多,规律不很明显。因此,东天山、库鲁克塔格、北山铜的富集非常局限,在全疆背景下可以忽略。低值区有哈尔克他乌山低值带、额尔宾山低值带及库米什-卫东庄-大平台广大范围的低值带和双井子低值区。

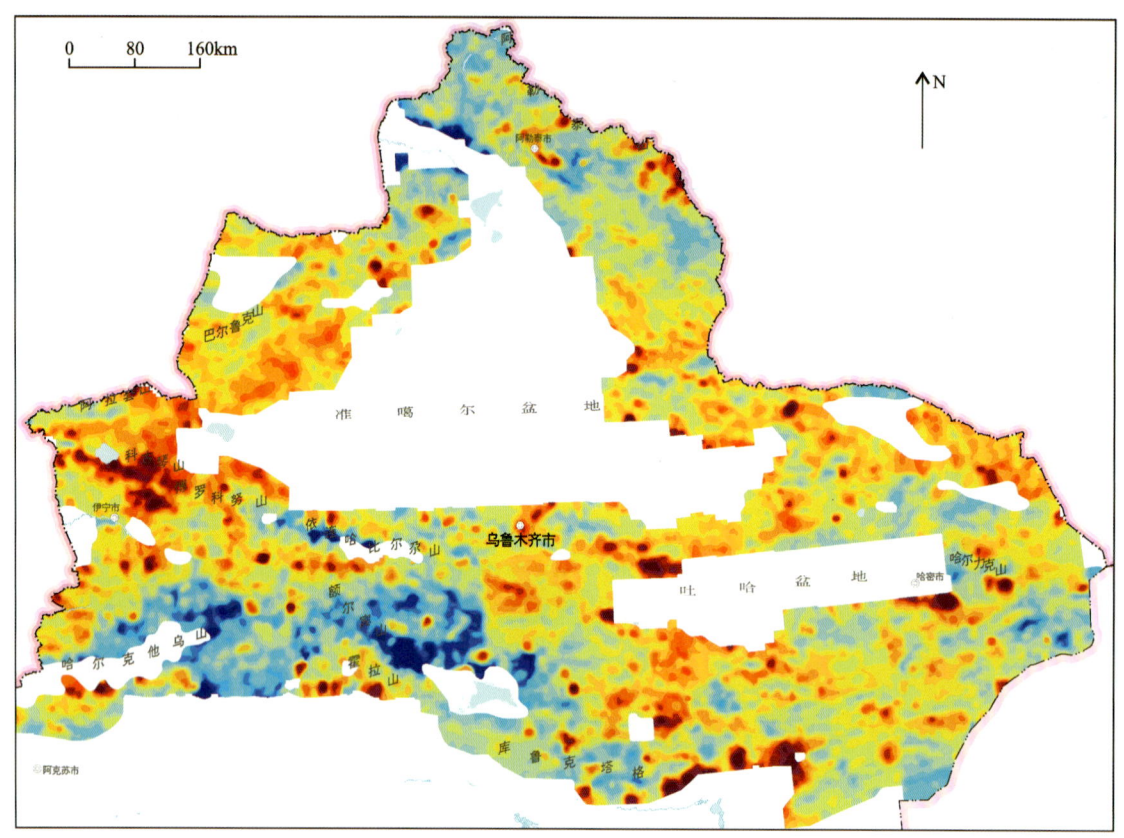

图 2-27 北疆钼地球化学示意图

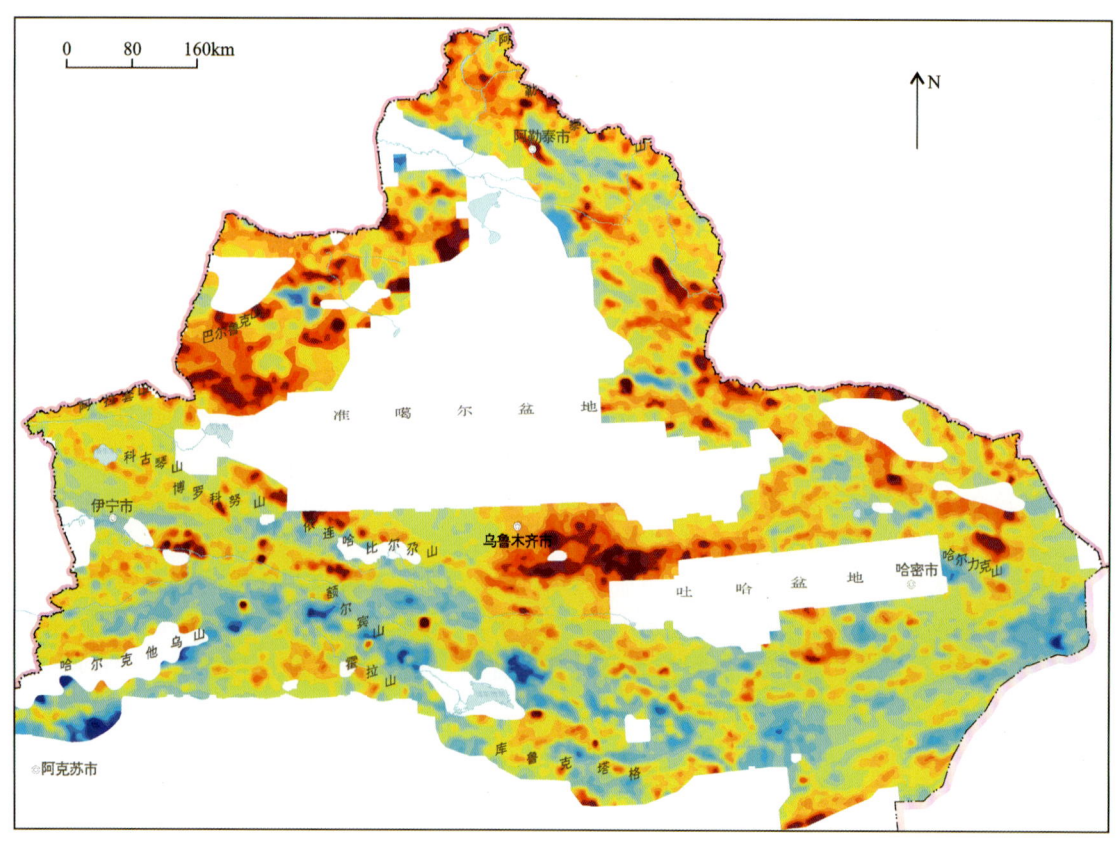

图 2-28 北疆铜地球化学示意图

5. 铅元素

新疆铅含量的差异性非常明显,富集区规模巨大(图2-29)。总体上,西天山整体富集,准噶尔、东天山整体贫化,阿尔泰相对平均。

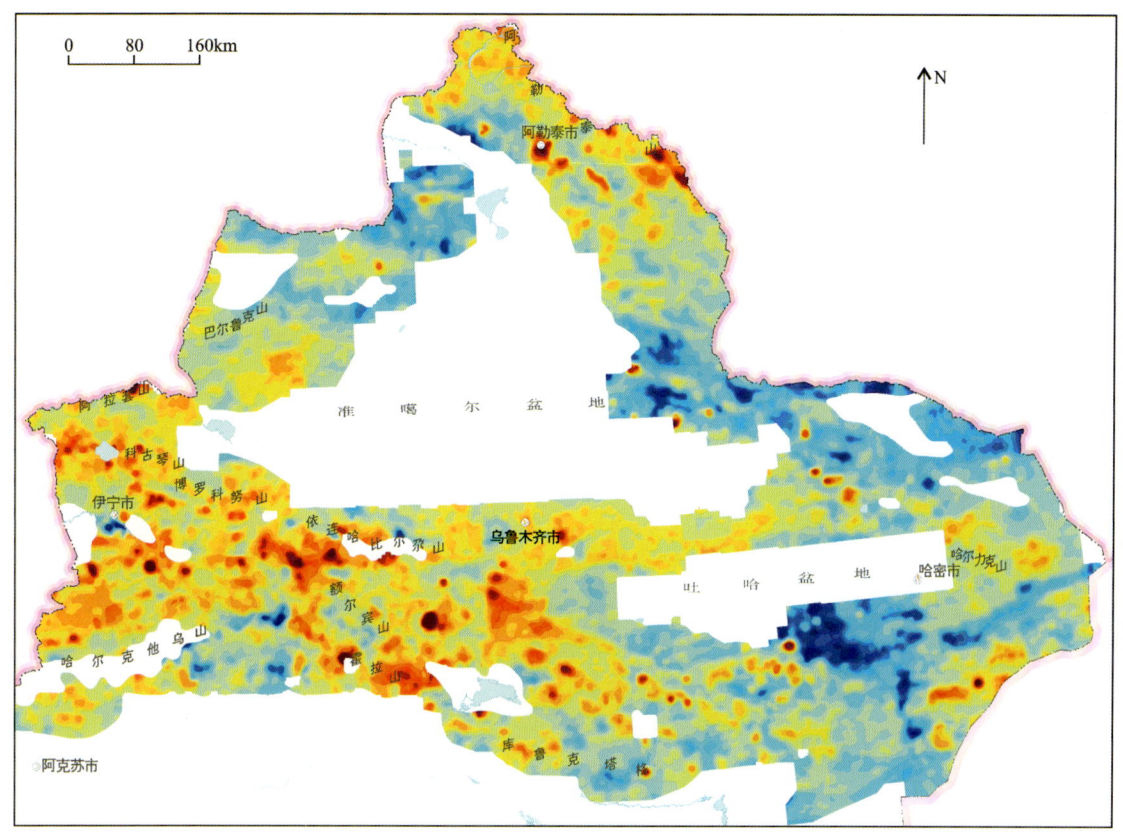

图2-29 北疆铅地球化学示意图

西天山铅的高含量区主要分布在乌孙山—阿吾拉勒一带。此外,在西北的科古琴山和东南的阿拉沟—和静一带,高含量也比较集中,哈尔克他乌山南坡基本为低背景。阿尔泰在低背景基础上叠加局部富集区,较大富集区有阿勒泰、可可塔勒和诺尔特等。其他地区,铅的富集区仅零星分布。在东天山库米什—阿齐山一带及沙泉子铅富集区相对集中分布。铅的贫化区主要位于东天山大南湖、西准噶尔北塔山—三塘湖和西准噶尔北部。

6. 锌元素

新疆北部包括阿尔泰、西准噶尔、东准噶尔、伊犁盆地周边山区、博格达及哈尔里克山,锌相对富集,总体含量高,同时规模也大(图2-30)。西准噶尔南部和博格达山锌的富集规模大,但强度与前述地区相比,相对较弱。锌的低值区东天山、西天山南部广泛分布。

阿尔泰存在两条近平行的锌富集带:东北边境的土尔根-诺尔特富集带和哈纳斯-阿勒泰-富蕴-哈腊苏富集带。单个富集区多呈北西向条带状,高强度富集区包括阿勒泰、富蕴、诺尔特几个地段,阿舍勒富集区相对独立且强度较低。离开"两带一区",锌基本没有其他高含量区。准噶尔锌的含量总体上具有西高东低、南高北低的特征。最大的富集区位于西准噶尔南部但浓集趋势不明显,且其强度偏低;另一个规模较大的富集区是博格达,表现出西高东低的变化特征。其余富集区分布在西准噶尔北部、东准噶尔北塔山—苏海图及红柳峡—伊吾一带,规模较小且分散。

西天山是新疆锌富集程度最高、规模最大、连续性最好的地区,具体集中在科古琴山-博罗科努山及乌孙山-阿吾拉勒山。科古琴山-博罗科努山富集带呈北西向连续带状,含量稳定;乌孙山-阿吾拉勒山富集带呈向北突出的弧形带,由多个规模较大的富集区组成,含量有由西向东逐渐增高趋势。围绕这两个带富集区零星分散。东天山仅在兴地有一较大范围富集区,西南天山有多个富集区分布于托云—迈丹—霍什布拉克一线。

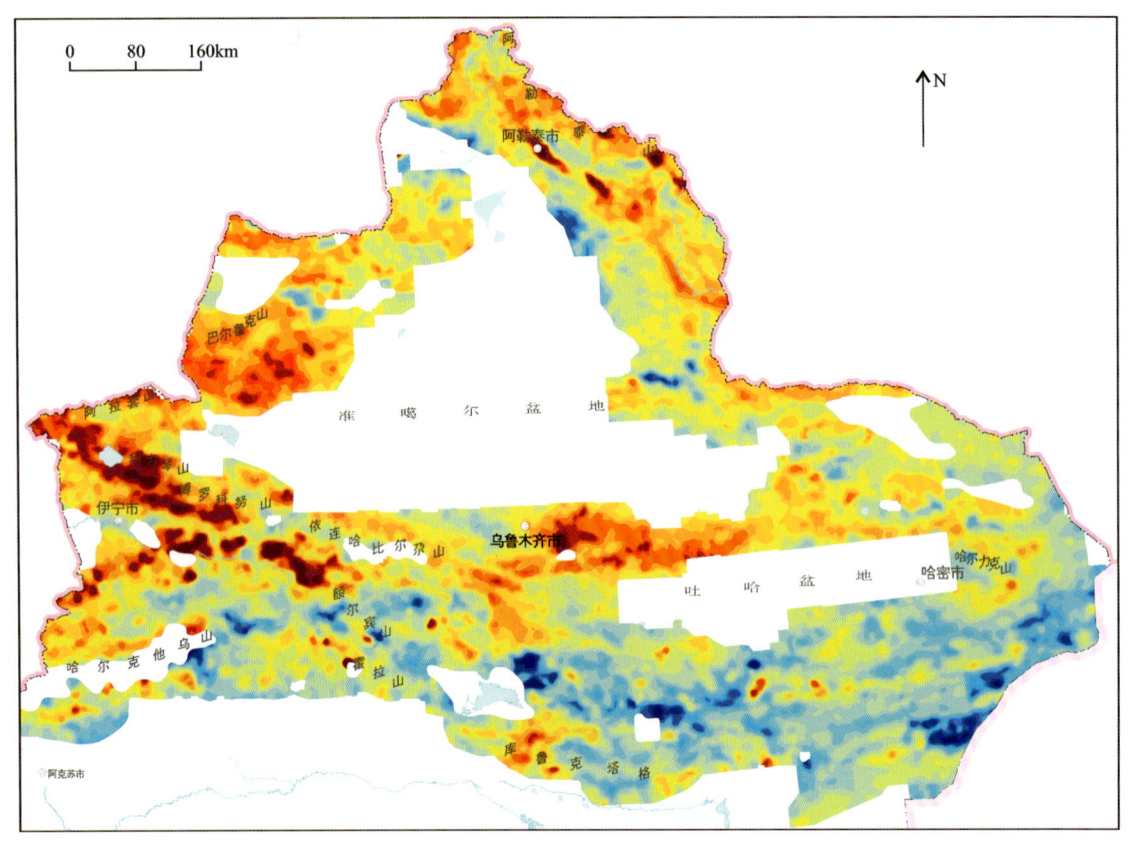

图 2-30 北疆锌地球化学示意图

7. 银元素

新疆北部银的高值区主要集中在阿尔泰和西天山北部,在阿尔泰又明显集中在阿尔泰山区(图 2-31)。阿尔泰地区,规模较大的富集区位于冲呼尔—青河一线东北,富集区连续性好,几乎连接成一个统一整体,北西向带状特征比较明显。冲呼尔—青河一线西南,也就是阿尔泰山前,银的高值区零星而分散。西准噶尔银的富集程度相对较低,较大规模的富集区位于南部托里和唐巴勒之间,不同规模的富集区空间排列总体呈现北东东向的特征。东准噶尔地区银的富集呈大小不同的区块,大体沿卡拉麦里—伊吾一线集中。

西天山银富集区的连续性好,以西北部的科古琴山—阿吾拉勒山一带最为集中。总体存在两个相互关联的近东西向富集带:科古琴山-达坂城富集带和阿吾拉勒山-阿拉沟富集带,前者规模大于后者,且均有西强东弱的变化趋势,连续性也是西好于东。离开这两个带以外,规模较大的富集区有喀拉苏、霍拉山、包尔图及巴伦台。东天山银的富集与西天山相比要弱得多,仅有一些局部的富集区,包括大水、大南湖、底坎儿、康古尔塔格、赛马山和库米什等。

8. 金元素

与多金属元素呈现大规模区带富集特征不同,北疆金的分布,除西天山整体含量偏低外,其余广大区域基本呈现均衡分布特征,东天山富集程度略高于其他地区,浓集程度较高的区域位于北部的东、西天山和西准噶尔及阿尔泰(图 2-32)。面积大于 1000 km² 的富集区阿尔泰有 3 个、西准噶尔有 1 个、西天山有 5 个、东天山有 9 个。最大的富集区是东天山的康古尔。形态最规整的富集区是西准噶尔哈图。

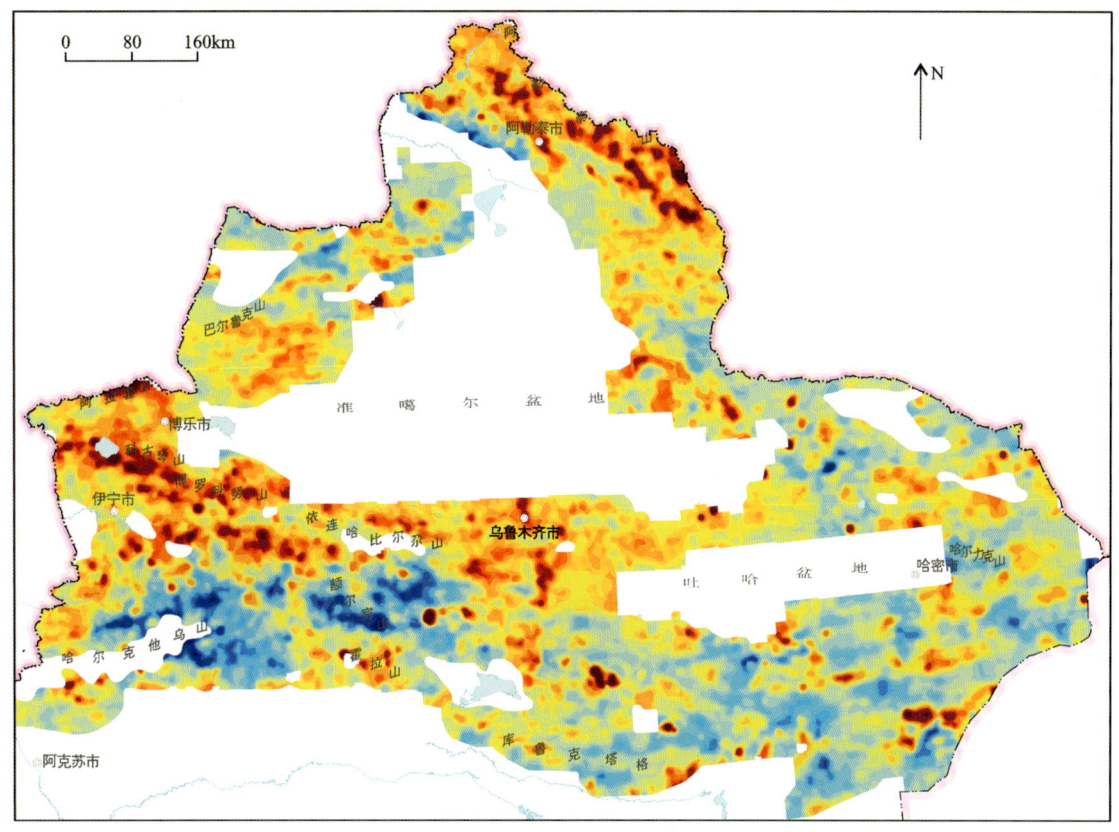

图 2-31 北疆银地球化学示意图

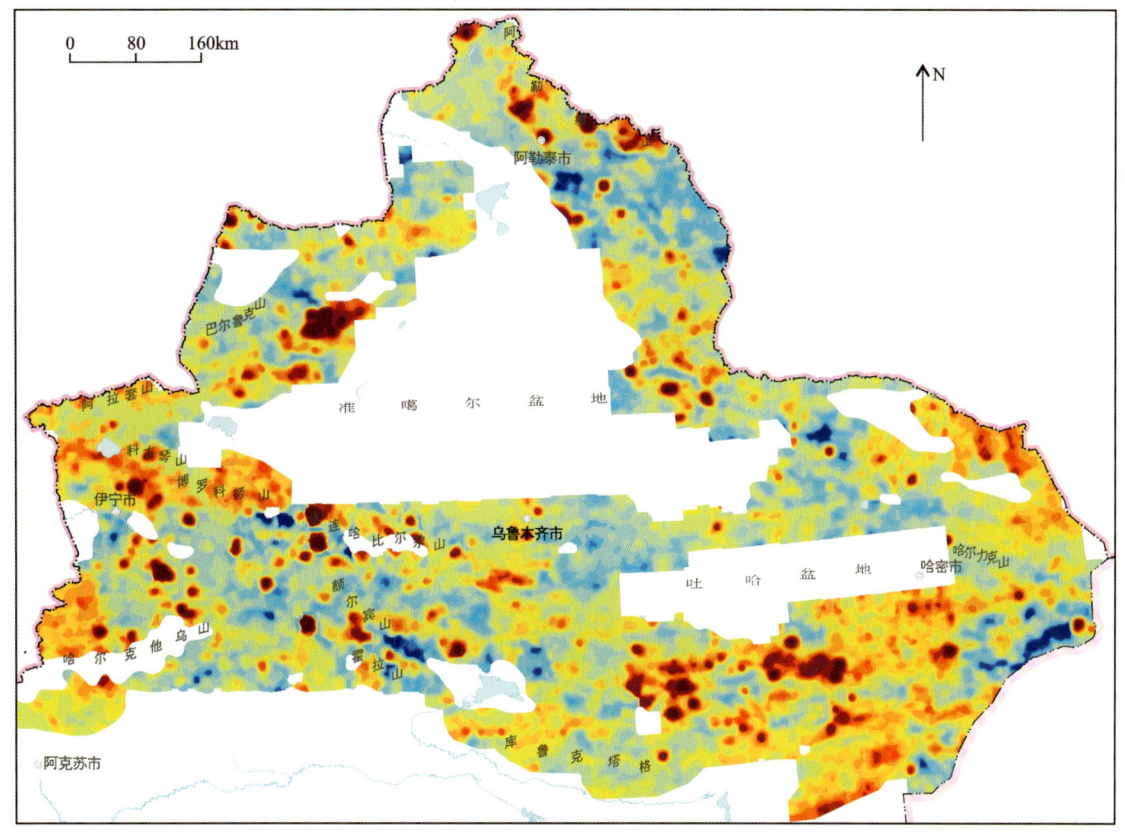

图 2-32 北疆金地球化学示意图

金在阿尔泰的主要富集区有白哈巴北、土尔根、红山嘴、诺尔特和锡伯渡。除锡伯渡位于山前地带外,其余都在边境地区,而且都无成型矿床。从另一角度看,阿尔泰山前的几个主要金矿床所在地段,金的含量都不高。西准噶尔金的富集区集中在哈图金矿及西南地区,北部富集区零星分布。东准噶尔强度较高的富集区集中在克拉麦里,规模最大的富集区是琼河坝。

西天山最大金富集区位于科古琴山南坡,阿希金矿位于该富集区东部,其他规模较大的富集区还有查汗莫敦、奎屯河上游、乔尔玛、冰达坂、乌兰赛尔、特克斯、喀拉苏、菁布拉克等。西天山多浓集趋势明显的小规模金富集区。东天山金富集区集中在中段偏南,较大的富集区有康古尔、梧南、帕尔岗、大南湖、雅满苏、大平台、大水、矛头山及红石井。

9. 锑元素

锑元素的分布极不均匀,差异明显(图2-33)。西天山最大规模的锑富集区位于科古琴山及其周围,北抵温泉、博乐,南到尼勒克,为北西西向延伸块体。

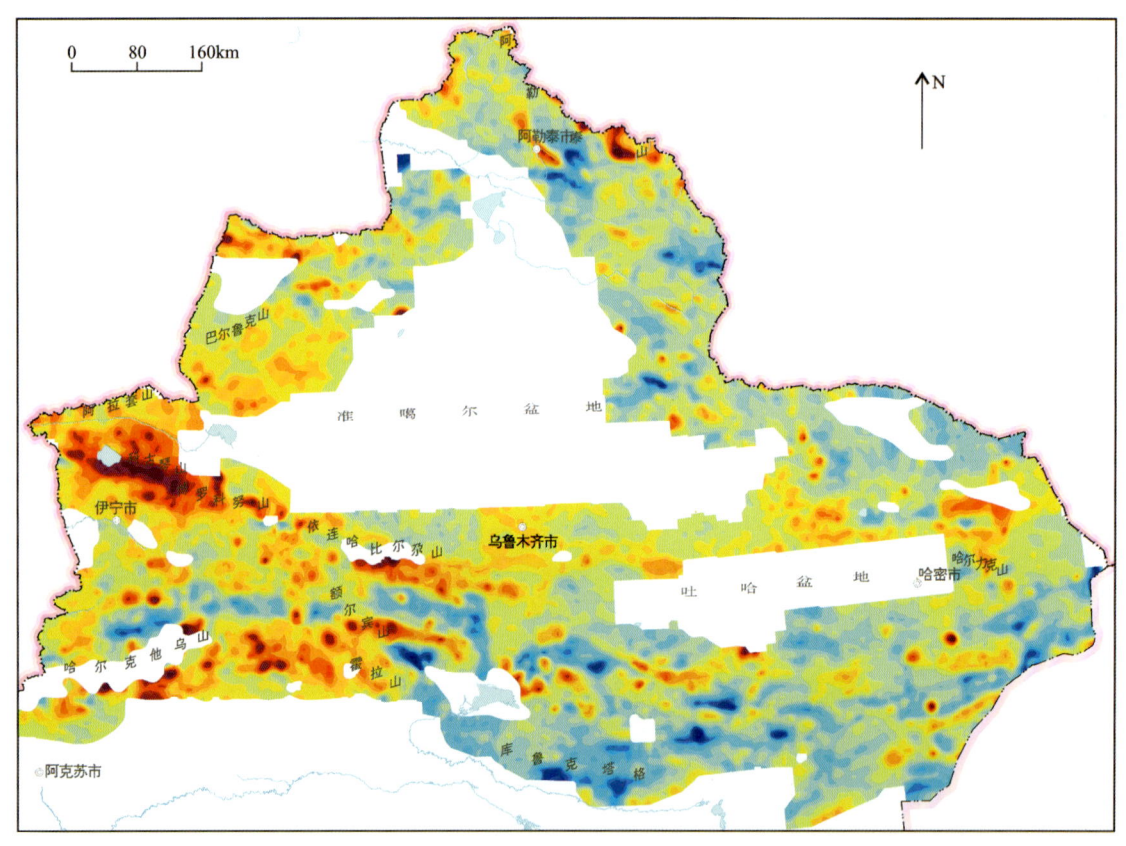

图 2-33　北疆锑地球化学示意图

该区同时富集的元素有 As、Cd、Zn、Au、Ag、W、Sn、Mo、Bi、F、Nb、Y、P 等,属多元素富集区。该带的富集向东南一直可以延伸到冰达坂,向东强度减弱、规模变小、连续性变差。此外,在西天山南部,也就是构造意义上的南天山,地理上沿老虎台—黑英山—克其克库勒一带,为锑的另一个富集带,只是单个富集区的规模比前者小得多。阿尔泰、准噶尔、东天山等地区,锑的富集零星且分散。锑的低值区主要集中在库鲁克塔格及东天山、阿尔泰的部分地区。

10. 镍元素

新疆北部除阿尔泰山区整体含量较高、东天山整体含量较低外,其余地区含量总体上处于相同水平(图2-34)。阿尔泰山区镍的含量为高背景基础上叠加低背景和富集区,连片的富集区位于西北,其次为东南,西北富集区规模大于东南,共同特点是缺乏浓集中心,浓集趋势显现不清。西准噶尔地区镍的含量具有西南高、东北低的渐变趋势,最大的富集区位于南部的玛依勒,与该区广泛分布的超基性岩相联系。实际上,西准噶尔镍的富集表现为一向东侧伏的"U"字形,东侧沿达拉布特断裂延伸,铁厂沟为低值区。东准噶尔铬的低值区或低背景分布范围较大,从三塘湖到琼河坝基本为连续的低值区域,野马泉低值区范围也较大。北西西向带状展布的卡拉麦里浓集区在西准噶尔显得较为突出,与之平行的是萨尔托海富集区。博格达及以东广大地区总体为高背景基础上叠加富集程度较低的富集区,伊吾一带与之类似。西天山依连哈比尔尕山北坡,存在由4个浓集趋势较强的富集区构成的富集带,冰达坂—榆树沟一线富集区的带状特征也较清楚。东天山除兴地外,基本不出现镍的富集。

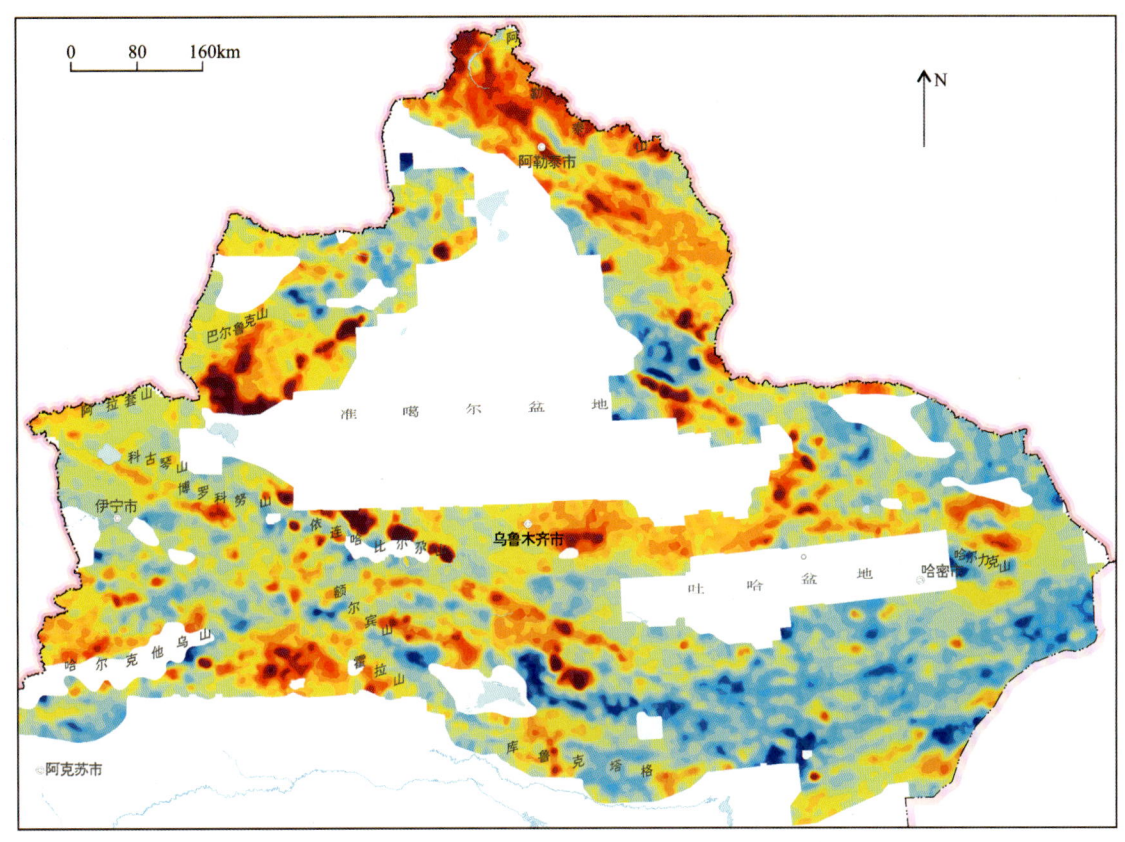

图 2-34 北疆镍地球化学示意图

第七节 区域矿产

新疆北部是中国西部重要的矿产资源战略基地,孕育着铁、铜、镍、铅、锌、金、银、钼等重要矿产,集中分布在阿尔泰、西准噶尔、东准噶尔、西天山、东天山等矿集区。20多年来,新疆北部在成矿地质背景、成矿区划、成矿规律和找矿勘查方面取得了重要进展(田培仁,1994;Han et al.,2011;李文渊等,2012;张照伟等,2015),包括路北铜镍矿、白鑫滩铜镍矿、阿齐山铅锌矿、哈尔达坂铅锌矿、萨尔朔克铅锌矿等多处大中型矿产地相继被发现(成勇等,2012;沈雪华等,2016;Feng et al.,2018;邓莉明等,2019;徐文博,2022)。目前,不少学者针对成矿背景、成矿区带和重要金属矿床成矿作用进行了研究(李锦轶等,2006;邵会文等,2009;徐学义等,2014;张连昌,2021),但在区域构造岩浆演化与成矿作用方面仍存在较多分歧。本次针对新疆北部阿尔泰、西天山和东天山重要矿集区，论述区域成矿单元划分、区域构造岩浆演化与铁、铜、镍、铅、锌的成矿条件、成矿特征和成矿作用，进而总结新疆北部重要矿集区成矿规律，以指导区域和深部找矿勘查工作。

新疆北部分布有铁、铜、镍、铅、锌等大宗矿产地251处（小型以上），包括大型16处，中型51处，小型184处。以铁矿为主的矿产地131处，以铜矿为主的矿产地71处，以镍矿为主的矿产地25处，以铅锌为主的矿产地24处。铁矿成因类型主要为海相火山岩型、热液型、陆相火山岩型、海相沉积型、沉积变质型、矽卡岩型；铜矿成因类型主要为斑岩型、热液型、海相火山岩型、陆相火山岩型、矽卡岩型、砂岩型；镍矿成因类型单一，均为岩浆型；铅锌矿成因类型主要为海相火山岩型（阿尔泰地区）、碳酸盐岩型（天山地区）、碳酸盐岩-细碎屑岩型。

东天山地区金属矿产资源丰富、种类齐全、勘探潜力巨大，是我国重要的矿集区之一（王京彬和徐新，2006）。主要成矿金属包括铜、铁、金、镍、钼、银等，对应的矿床类型包括斑岩型铜矿床、与中酸性侵入岩有关的铁-铜矿床、基性—超基性岩型铜镍矿床、韧性剪切带型金矿床等，其次还发育VMS型铜-铅锌矿床、玄武岩型自然铜矿床和矽卡岩型铜矿床等多种类型矿床。东天山地区矿床成矿作用时间上主要集中于早石炭世、早二叠世和中三叠世3个阶段，空间上具有"北铜，中金、铜、镍，南铁"的分布规律。与镁铁—超镁铁质岩体相关的岩浆型铜镍硫化物矿床主要集中在觉罗塔格构造带内，沿康古尔-黄山深大断裂呈串珠状分布，如黄山东、黄山西和图拉尔根等超大型岩浆型铜镍硫化物矿床（三金柱等，2010；邓宇峰等，2011），在北山裂谷带也有零星分布，如坡十、黑山等矿床（徐文博，2022）。

一、铁矿

东天山区域上铁矿矿床类型比较齐全，包括由内生、外生、变质三大成矿作用形成的多个矿床类型。内生成矿作用形成的矿床有与火山作用有关的火山岩型铁矿床、与侵入岩有关的岩浆型铁矿床以及接触交代矽卡岩型铁矿床。外生成矿作用形成的矿床主要有海相沉积型铁矿、陆相沉积型铁矿以及残积型铁矿等。变质成矿作用形成的矿床主要为沉积变质型铁矿床。研究区铁矿类型共有9类：内生矿床有岩浆型、热液型、矽卡岩型、海相火山岩型、陆相火山岩型5类；外生矿床有海相沉积型、陆相沉积型、残积型3类；变质矿床有区域变质型（沉积变质型）1类。下面主要介绍与白鑫滩铜镍矿在区域成矿上有一定成因联系的岩浆型铁岭Ⅰ号矿床。

1. 区域地质背景

铁岭Ⅰ号矿床位于准噶尔微板块南缘觉罗塔格晚古生代沟弧带的西段。该区域下石炭统雅满苏组由中酸性火山岩夹基性火山岩和碎屑岩组成；上石炭统底坎尔组由酸中性火山岩、火山碎屑岩夹碎屑岩组成。海西中、晚期大量花岗岩侵入，在阿齐山地区形成多个与火山-侵入作用有关的多成因铁铜矿床。

2. 成矿地质环境

阿齐山区域构造为近东西向展布的复式火山背斜，铁岭铁矿位于背斜南翼，矿区为向斜构造，下石炭统雅满苏组海相火山岩分布于东北部，主要是玄武安山岩、安山凝灰岩、钠长斑岩、石英斑岩、熔结凝灰岩夹碎屑岩和灰岩，厚1000余米；上石炭统底坎尔组由海相流纹质凝灰岩、含火山弹晶屑凝灰岩、长石斑岩、流纹斑岩、安山岩、安山玄武岩、流纹岩、石英斑岩、凝灰岩夹碎屑岩和灰岩组成，厚1700 m，为矿区分布的主要岩层。海西中、晚期大量中酸性岩浆侵入，分3次侵入。第一次侵入为闪长岩和石英闪长岩，分布于矿区中部和南部，多呈捕房体或混染体出现于花岗杂岩体中。第二次侵入为大规模侵入的花岗杂岩，呈岩基、岩枝、岩株形态大面积冲裂、捕房、烘烤、交代上覆围岩，破坏原有的向斜构造，使围岩呈残块或捕房体分布于花岗杂岩体内,主要由斜长花岗岩、黑云母花岗岩、花岗闪长岩和角闪花岗岩组成。根据近邻(红云滩岩体)的同位素年龄资料,黑云母二长花岗岩全岩 K-Ar 法测定年龄为 248~239 Ma,而黑云母单矿物 K-Ar 法测定年龄为 290 Ma,应为海西晚期。第三次侵入的细粒文象花岗岩,呈岩枝或岩株状,分布于花岗闪长岩中,后期脉岩发育,分布广,岩性杂,有花岗闪长斑岩、花岗斑岩、石英斑岩、细晶花岗岩、闪长玢岩和辉绿玢岩等,其中辉绿玢岩脉与铁矿相互穿切,关系比较密切。

3. 矿体组合分布及产状

铁岭铁矿体多呈脉状或透镜状,沿破碎带或裂隙充填于花岗岩体内,呈近东西向展布(图 2-35),东部转向 30°~50°。在长 5000 m,宽 700 m 范围内,共圈定 89 个矿体。矿体规模较小,长十几米至几十米,宽 0.5~1.0 m,深几米至十几米,最深 30 m,较大矿体 17 个,其中 4 个大矿体,长 500~700 m,平均厚 6.9~14.8 m,深 400 m,产状陡,多向北倾,倾角 70°~80°。矿体沿走向有分枝、复合、膨胀和收缩变化,有成带展布和成群集中的现象,大致可分南、北两个矿带。北矿带有 8 个较大矿体,最大的矿体长 580 m,平均厚 6.9 m,深 500 m;南矿带矿体较大,有 7 个较大矿体,最大矿体长 700 m,平均厚 14.8 m,深 450 m。详查提交铁矿石资源量(D 级)$3\,178.8 \times 10^4$ t,表外矿 611.8×10^4 t,为中型铁矿。另外,Ⅰ号铁矿床的 5~8 km 处,发现Ⅱ号铁矿,分东、西两段,经普查提交铁矿石资源量西段 83×10^4 t,东段 207×10^4 t,伴生 Co 含量为 1.43×10^4 t,Ga 含量为 79.5 t。上述资源量由新疆维吾尔自治区地质矿产勘查开发局第一区域地质调查大队审查批准,但新疆维吾尔自治区矿产资源储量简表中只列入铁岭Ⅰ号铁矿的基础储量 $1\,535.4 \times 10^4$ t。

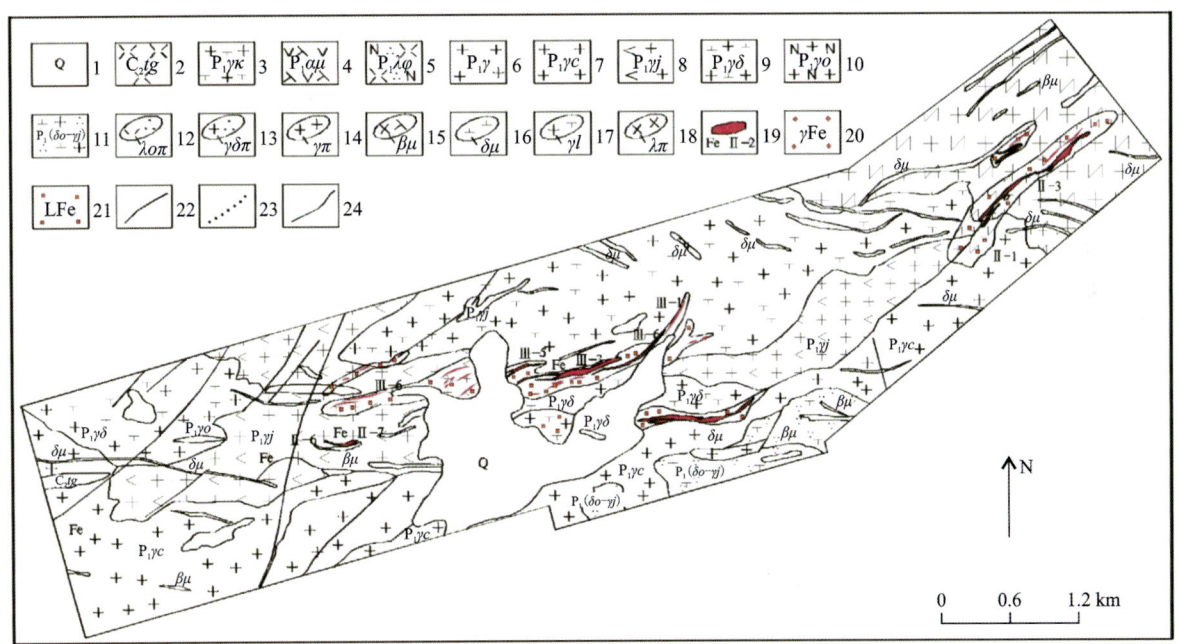

1.第四系全新统松散沉积物;2.流纹岩;3.钾质花岗岩;4.安山玢岩;5.石英钠长斑岩;6.花岗岩;7.细粒花岗岩;8.角闪花岗岩;9.花岗闪长岩;10.斜长花岗岩;11.石英闪长岩、角闪花岗闪长岩混染带;12.石英斑岩脉;13.花岗闪长斑岩脉;14.花岗斑岩脉;15.辉绿玢岩脉;16.闪长玢岩脉;17.花岗岩脉;18.流纹斑岩脉;19.铁矿体及编号;20.磁铁矿化;21.绿泥石化、磁铁矿化;22.实测地质界线;23.岩相界线、蚀变界线;24.断层

图 2-35　哈密市铁岭Ⅰ号铁矿床地质图

4. 矿石类型及矿石组合

矿石类型以原生浸染状或致密块状磁铁矿型矿石为主,其次是氧化块状赤铁矿、磁赤铁矿、镜铁矿、

褐铁矿型矿石,还有少量混合型矿石。矿石矿物组合以磁铁矿为主,其次是磁赤铁矿、赤铁矿,另有少量镜铁矿、黄铁矿、黄铜矿、含钴黄铁矿及次生孔雀石、褐铁矿和黄钾铁矾等。脉石矿物以石英和电气石为主,其次有绿泥石、绿帘石、绢云母、方解石和少量磷灰石和钠长石。

矿石品位:TFe 品位为 25%~66.85%,平均品位为 38.1%,多为贫矿。有害元素含量:S 含量为 0.24%~6.46%,P 含量为 0.01%~0.054%,SiO_2 含量为 0.19%~41.24%,为高硫低磷的酸性铁矿石。伴生有益元素有 Co(含量为 0.029%~0.086%,平均含量为 0.045%)、Ga(含量为 0.001 7%~0.003 3%)、Au(含量为 $0.06×10^{-6}$~$0.51×10^{-6}$),可考虑综合利用。

5. 矿石结构构造

矿石结构以自形—半自形粒状结构为主,另有他形粒状结构,个别为片状结构;矿石构造以致密块状和浸染状构造为主,其次是网脉状构造、碎裂构造、角砾状构造等。

6. 成矿期及矿化阶段

该矿形成于火山-岩浆强烈活动的地质环境,前期的海相火山喷发在阿齐山东南部形成了火山喷溢沉积型的层状铁矿和火山热液型的脉状铁矿,如小红山铁矿和百灵山铁矿等。火山岩冷凝成岩后,岩浆在深部继续演化,沿断裂向上侵位、分异、冷凝,形成大量花岗杂岩,杂岩体在构造动力作用下,产生碎裂、破碎带和断裂,深部岩浆冷凝过程中分离的含矿热液沿断裂上升,充填于岩石的裂隙或破碎带中,交代、冷凝形成铁矿。

7. 蚀变类型及分带

矿化蚀变主要是磁铁矿化和钾长石化。磁铁矿化是指较大铁矿体的顶、底板普遍呈星点状或细脉浸染的磁铁矿分布于矿体两侧,形成矿染蚀变,宽 2~3 m,可作为找铁矿的标志;钾长石化由钾长石、斜长石、钠长石组成,呈细脉状或网脉状分布,与磁铁矿脉关系密切。另外,电气石化、绿帘石化、绿泥石化、云英岩化和黄铁矿化等蚀变现象等均较发育,其中电气石化与铁矿关系密切。

8. 成矿物理化学条件

从铁矿形成于火山-岩浆演化的最晚期,矿体呈脉状或透镜状充填于花岗杂岩体的破碎带中,伴随成矿形成钾长石化、电气石化、绿帘石化和云英岩化等中—高温热液蚀变现象,矿石矿物从电气石、绿帘石、钠长石和磷灰石等高—中温热液矿物等宏观地质现象分析,铁矿成矿的物理化学条件,大体应在深层封闭的环境中,在高—中温热液条件下成矿。由于缺少稳定同位素和包体测温的测试成果,尚无法用测试数据阐明成矿的温度、热液的化学性质和矿质的来源。

9. 矿床成矿模式

勘查报告认定铁岭铁矿床应属受区域构造控制且与辉绿岩脉有关的热液充填矿床,强调了辉绿岩脉与铁矿脉相互穿切的现象。这一认识有待商榷,因为辉绿岩脉是岩浆演化最后的残浆形成,规模太小,无法分离出与其相等的铁矿热液,对此应探索新的解释。

根据铁矿脉多沿断裂破碎带充填于花岗岩体内,矿体呈脉状或透镜状,有分枝、复合、膨胀、收缩变化,产状陡,延深大,矿脉两侧蚀变发育,矿石中出现电气石和磷灰石等富含挥发分矿物,矿体为后期辉绿岩脉穿切等地质现象分析,铁矿应是花岗岩浆分异、冷凝后,遗留的含矿热液和残浆在构造动力作用下沿断裂向上运移,在深层封闭的环境中,充填于岩石破碎带或裂隙中,交代、冷凝而成矿,应为岩浆期后高—中温热液充填型铁矿,成矿模式见图 2-36。

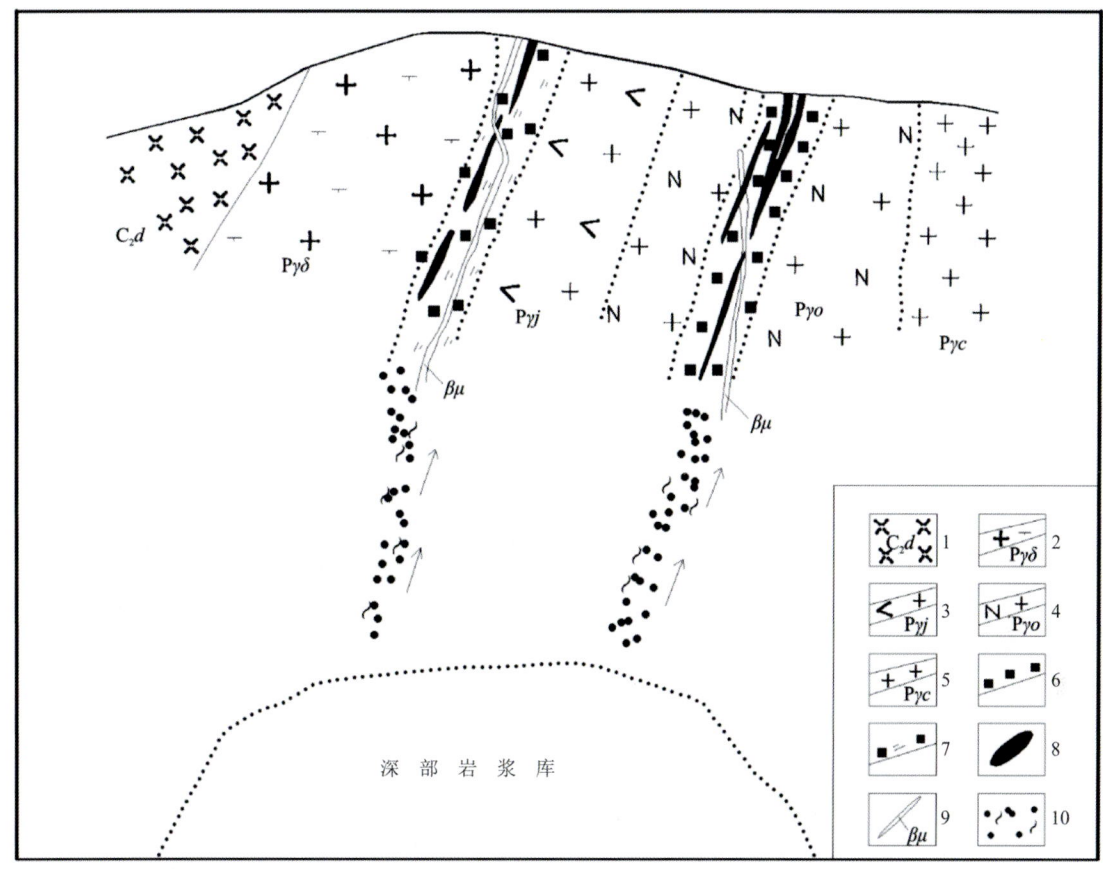

1.火山熔岩;2.花岗闪长岩;3.角闪花岗岩;4.斜长花岗岩;5.细晶花岗岩;6.磁铁矿化体;7.绿泥石化、磁铁矿化体;8.铁矿体;9.辉绿岩脉;10.矿液运移方向

图2-36 鄯善县铁岭Ⅰ号铁矿床成矿模式图

二、铜矿

东天山区域上铜矿矿床成因类型有斑岩型、岩浆型、海相火山岩型,少量为砂砾岩型、矽卡岩型和热液型等。斑岩型矿床分布在构造活动强烈地带,钙碱性系列的中酸性浅成—超浅成侵入体非常发育,以陆缘岛弧环境为主,次为拉张环境。例如,索尔库都克、包古图及莱历斯高尔等矿床处于复合沟弧带或复合岛弧带中,北达巴特、喇嘛苏处于赛里木中间地块,东戈壁、白山、土屋-延东及库勒萨依等矿床处于晚古生代及中生代裂陷槽(裂谷带、裂陷盆地)。岩浆型铜(镍)矿分布范围相对局限,主要分布在东天山和南阿勒泰地区,沿深大断裂带分布,成型矿床主要有喀拉通克(大型)、黄山东(大型)等。海相火山岩型铜矿是新疆的重要类型,位于重要的Ⅳ级构造单元中,构造活动强烈,火山成矿作用发育,以岛弧和裂谷环境为主。其中,阿舍勒铜矿处于阿舍勒裂陷盆地,开因布拉克铜矿处于冲乎尔-麦兹晚古生代裂陷盆地,乔夏哈拉、老山口铜矿处于萨尔-二台晚古生代岛弧带,黄土坡铜矿处于大南湖复合岛弧带,小热泉子铜矿和黑尖山铜矿处于觉罗塔格裂谷带。

铜矿化在东天山地区广泛分布,东天山地区的斑岩型铜矿化主要有小热泉子、延西、延东、土屋、灵龙、赤湖、三岔口铜矿等;东天山地区中部铜矿化以黄山东、黄山西等岩浆型铜镍硫化物矿床为主。铜在康古尔剪切带相关金矿床中也是重要的伴生元素。研究区南部发育有十里坡自然铜矿化带、黑尖山火山岩铜矿。下面主要介绍最近新发现的帕尔塔格西斑岩型铜矿。

帕尔塔格西铜矿位于吐哈盆地西南部,距鄯善县180 km。矿区东西长40.9 km,南北宽74 km,面积约2286 km²。该矿床是东天山地区继土屋铜矿之后,在该矿带深化找矿认识中实现的又一重大突破,其与土屋铜矿特征类似,属斑岩型铜矿(冯京等,2021a,2022)。

(一)成矿地质背景

帕尔塔格西铜矿位于东天山古生代造山带小热泉子石炭纪岛弧带,属康古尔-土屋-黄山 Cu-Ni-Au-Mo 矿带,带内已发现有玉海、灵龙、土屋-延东等斑岩型矿产(图2-37)。区域上,地质演化经历了奥陶纪—志留纪大陆边缘碰撞增生演化阶段、泥盆纪—早石炭世活动大陆边缘演化阶段、石炭纪板块消减俯冲造山演化阶段、二叠纪板块局部拉伸演化阶段、中—新生代构造运动演化阶段5个大的构造演化阶段。其中,石炭纪板块消减俯冲造山阶段形成小热泉子岛弧中性—酸性火山岩。岩石组合为安山岩、英安岩、流纹岩、霏细岩。小热泉子岛弧中富含铜、钼等金属元素的岩浆热液在板块消减俯冲的过程中开始富集成矿,帕尔塔格西铜矿形成于这个阶段。

1.中新生代沉积盖层;2.二叠纪陆相火山-沉积岩系;3.石炭纪火山-沉积岩系;4.奥陶纪—泥盆纪火山-沉积岩系;5.前寒武纪变质岩;6.花岗岩类;7.金矿床;8.铜矿床;9.铜镍矿床;10.铁矿床;11.铁铜矿床;12.铅锌矿床;13.银多金属矿床;14.多金属矿床;15.钨矿床;16.剪切带;17.帕尔塔格西铜钼矿区

图 2-37 东天山帕尔塔格西铜矿区域地质构造略图

帕尔塔格西铜矿床与土屋-延东斑岩型铜矿处于区域布格重力场高值异常区,区域航磁处于哈密-山口-梧桐窝子异常段西部,正磁异常两侧为负磁异常。区域地球化学显示,该矿床处于 Cu、Mo 地球化学元素高背景区,Cu 元素含量为 $45×10^{-6}$、富集系数为0.97、极大值为 $1128×10^{-6}$;Mo 元素含量为 $1.3×10^{-6}$、富集系数为1.03、极大值为 $37.74×10^{-6}$。Cu、Mo 元素富集区有3处,均对应花岗闪长岩,与地表孔雀石化带吻合。

(二)矿床特征

1.矿区地质

帕尔塔格西铜矿区出露地层为下石炭统小热泉子组的一套海相火山岩、火山碎屑岩建造(图2-38),岩性主要为英安岩、安山岩、岩屑凝灰岩等,呈残留体状分布。地貌为戈壁山丘,基岩整体出露较差,接触关系模糊。区内构造线总体呈北西向展布,为北东向倾斜的单斜构造。主要有帕尔塔格西断裂和与康古尔区域断裂平行的次级断裂。北东向为帕尔塔格西断裂,呈北西方向舒缓波状延伸,倾向北东,倾角65°。断裂两侧岩层发生明显的右行错位,碎裂岩化、褐铁矿化、绿帘石化、绿泥石化较为发育,南部断裂沿76°方向延伸,断裂西段被第四系覆盖,向东延出矿区,沿断裂带岩石节理裂隙发育,见有大量石英脉充填其中。南西为与康古尔区域断裂平行的次级康古尔北断裂,呈近东西向展布。矿区岩浆活动强烈,火山岩和侵入岩发育。火山岩主要为早石炭世中酸性火山岩建造。

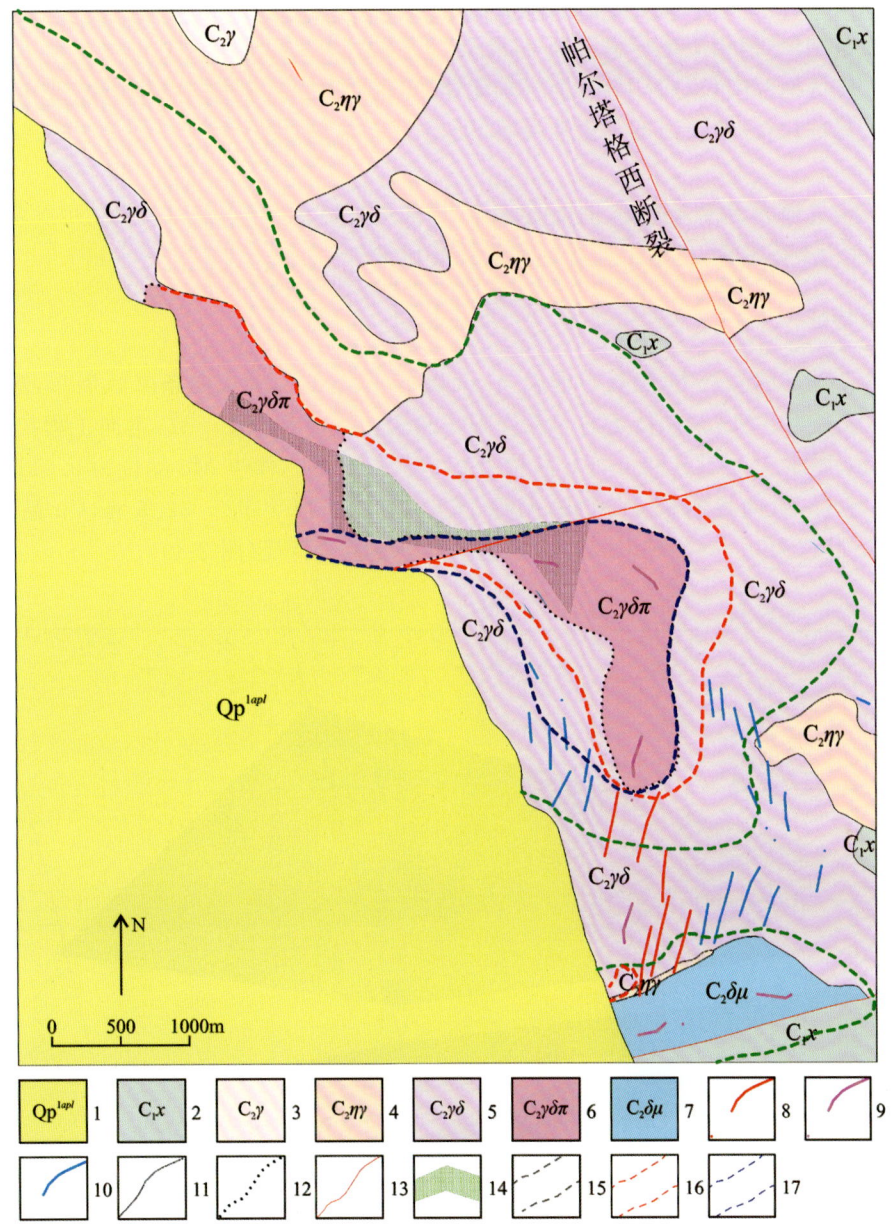

1.下更新统冲洪积物;2.下石炭统小热泉子组;3.晚石炭世花岗岩;4.晚石炭世二长花岗岩;5.晚石炭世花岗闪长岩;6.晚石炭世花岗闪长斑岩;7.晚石炭世闪长玢岩;8.酸性岩脉;9.石英脉;10.中性岩脉;11.地质界线;12.岩相界线;13.性质不明断层;14.矿体地表投影;15.青磐岩化带;16.绢云母-硅化带;17.黄铁绢英岩化带

图2-38 帕尔塔格西铜矿区地质简图

侵入岩岩石类型主要为花岗闪长岩、花岗岩、二长花岗岩、花岗闪长斑岩、闪长玢岩,呈不规则的椭圆状,以岩基、岩株、岩枝状产出,侵入下石炭统小热泉子组,侵入界线相对清晰,呈北西向展布,向西南被第四系掩盖。花岗闪长斑岩与闪长玢岩是铜矿主要含矿岩体,出露面积较大。区内侵入岩节理裂隙发育,岩石较破碎,常见绿帘石化、绿泥石化、褐铁矿化沿裂隙面分布。脉岩发育,有少量石英脉、霏细斑岩脉、花岗岩脉、安山玢岩脉、闪长玢岩脉等,脉岩走向对构造行迹显示明显。前人在土屋一带开展了同位素测年研究,刘德权等(2005)、陈富文等(2005)获得的土屋-延东铜矿床含矿英云闪长岩的成岩年代为 340～330 Ma;李少贞等(2006)获得克孜尔塔格花岗闪长岩体锆石 U-Pb 定年年龄为(317.6 ± 2.8)Ma;王银宏等(2015)采用 SIMS 锆石 U-Pb 定年,认为土屋含矿岩体年龄为 335 Ma。结合本次野外地质工作和岩体与地层的穿插关系,认为含矿的花岗闪长岩的成岩年代为 340～330 Ma,属晚石炭世。

矿区围岩蚀变发育,平面上自中心向两侧依次为绢云母硅化带、黄铁绢英岩化带、青磐岩化带。绢云母硅化带分布范围广,铜钼矿化与绢云母-硅化带关系密切,带内孔雀石化和黑铜矿化发育。黄铁绢英岩化带分布在矿区南部闪长玢岩中,为全岩矿化蚀变,带内有赤铜矿化、黑铜矿化、孔雀石化等。青磐岩化带位于绢云母硅化带、黄铁绢英岩化带两侧,蚀变类型主要为绿泥石化、绿帘石化、碳酸盐化、高岭土化等。

垂向蚀变分带近地表表现为泥化、弱绢云母化,局部见有轻微钾化;深部以绢云母硅化为主,尤其富矿部位绢云母-硅化十分发育,已施工钻孔见绢云母硅化带。

2. 矿体地质特征

铜矿体赋存于花岗闪长岩中,隐伏于地表 30 m 以下,呈北西—南东向条带状展布,圈定 4 个矿体,其中 M1、M2 规模最大。M1 铜矿体走向与花岗闪长斑岩岩体展布特征一致,走向工程控制长 2750 m,斜深 103～188 m,厚 1.95～219.69 m,Cu 品位为 0.2%～0.52%,伴生 Mo 品位为 0.011%～0.051%。M2 铜矿与 M1 平行,走向控制长 3150 m,斜深 269～334 m,厚 1.92～52.6 m,Cu 品位为 0.2%～0.58%,伴生 Mo 品位为 0.014%～0.052%,沿走向具分支复合特征(图 2-39)。

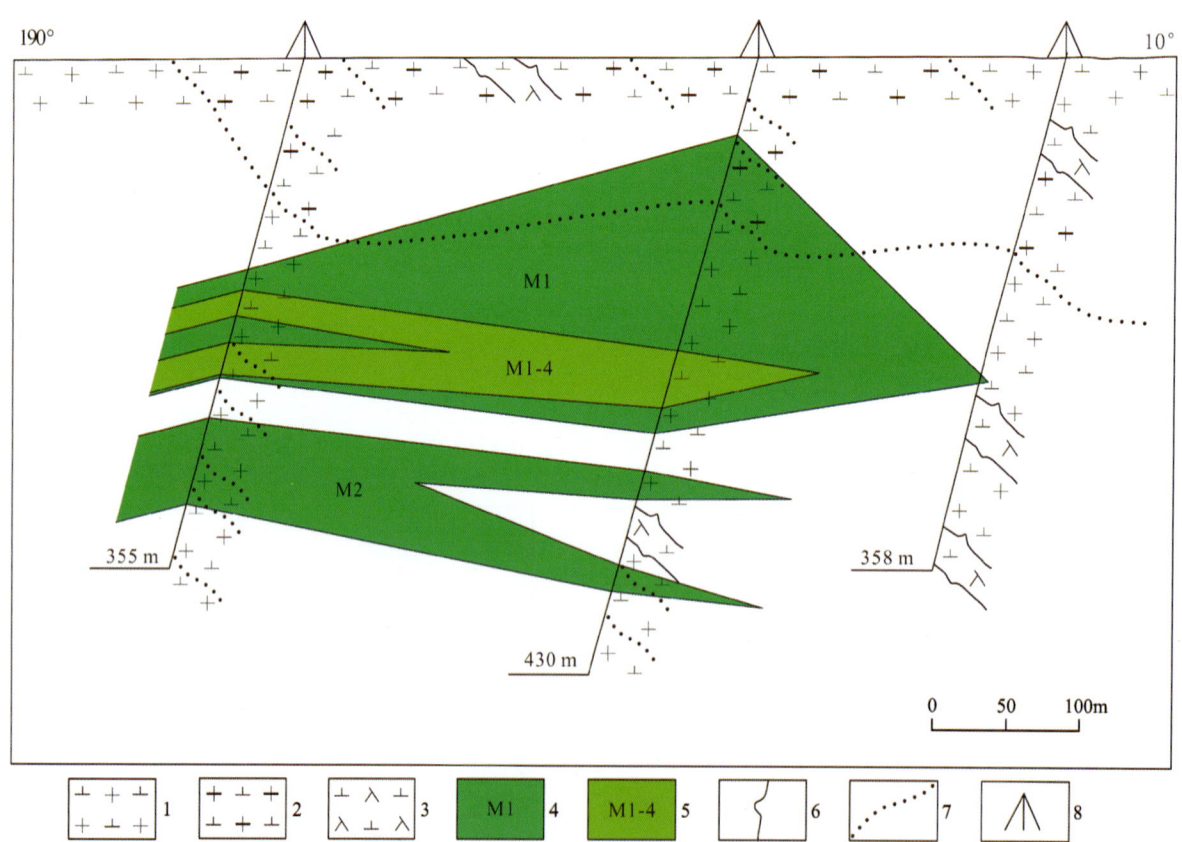

1.斜长花岗岩;2.花岗闪长斑岩;3.闪长玢岩;4.铜矿体;5.铜工业矿体;6.侵入界线;7.相变界线;8.钻孔

图 2-39 帕尔塔格西铜矿 30 号勘查线剖面图

矿石金属矿物以黄铜矿、黄铁矿、辉钼矿为主,次为磁黄铁矿、磁铁矿、闪锌矿、辉铜矿、赤铜矿、方铅矿;氧化物主要为孔雀石、黑铜矿、黄钾铁矾、褐铁矿;脉石矿物主要为绿泥石、绢云母、绿帘石、黑云母、白云母、石英、斜长石、钾长石等。矿石结构为他形粒状结构、半自形粒状结构;矿石构造多见细脉状、浸染状构造,部分具团斑状和脉块状构造(图 2-40)。

图 2-40　细脉-浸染状(a)、脉块状(b)铜矿石

3. 矿床地球化学特征

帕尔塔格西铜矿床侵入岩 SiO_2 含量为 65.64%~70.24%, Al_2O_3 含量为 13.41%~15.43%, 里特曼指数(σ)为 1.32~2.60, 显示为钙碱性系列中—强太平洋型岩石, 为 SiO_2 过饱和系列, 属Ⅰ型花岗岩类。稀土总量变化较大, 在 $60.08×10^{-6}$~$218.07×10^{-6}$ 范围内变化, 平均为值 $124.9×10^{-6}$, δEu 值为 0.56~0.97, 为铕亏损型。帕尔塔格西铜矿侵入岩稀土/球粒陨石标准化模式图为右倾斜的不对称曲线簇, 左半部分右倾率较大, 右半部分右倾率小, 近于平直, 反映轻稀土分馏较明显, 重稀土分馏不明显, 分布曲线具有壳幔混合源花岗岩的特点(图 2-41)。$(La/Yb)_N$ 值为 2.53~8.06, 小于 20, 形成环境与岛弧相似, 结合前述 SiO_2-Al_2O_3 特征, 说明其源岩为地壳成熟度较低的下地壳岩石或起源于大洋俯冲板片的低钾、高钠、高铝物质。Rb/Sr 值介于 0.04~0.37 之间, 介于地幔平均值(0.025)与陆壳平均值

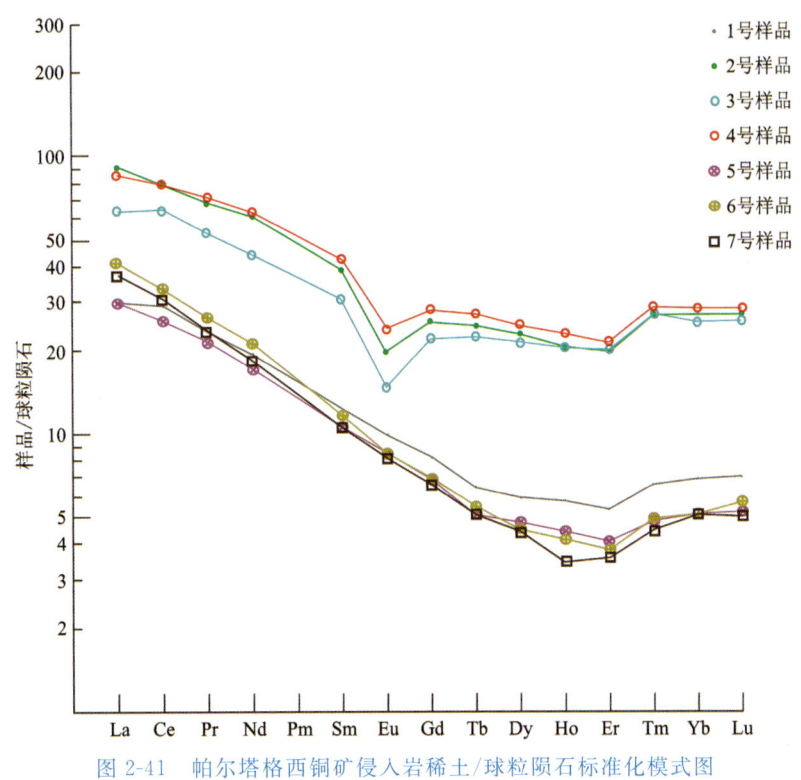

图 2-41　帕尔塔格西铜矿侵入岩稀土/球粒陨石标准化模式图

(0.44)之间,具混源特征。在 Yb+Nb-Rb 图解中(图 2-42),所有样品均落在火山弧区域(VAG)。在 Sr、Rb、Ba 等元素岩石地球化学特征上,该矿区矿石围岩 Sr 含量为 $159.0\times10^{-6}\sim609.1\times10^{-6}$,平均值为 398.9×10^{-6};Rb 含量为 $15.8\times10^{-6}\sim74.5\times10^{-6}$,平均值为 39.2×10^{-6};Ba 含量为 $212.1\times10^{-6}\sim553.1\times10^{-6}$,平均值为 424.5×10^{-6}。与疏孙平等(2018)对斑岩型铜矿研究结果基本一致,该区 Rb 含量偏高,高的 Rb 含量是斑岩型钼矿的特征,高的 Ba 含量是斑岩型钼+铜矿的特征,处于俯冲型大地构造环境;而 Sr 含量明显偏低,高的 Sr 含量是斑岩型铜+金矿的特征。说明区域具有寻找斑岩型铜钼矿床的潜力。综上所述,结合区域构造演化特征分析,帕尔塔格西铜矿岩体是晚石炭世富含 Cu、Mo 等元素的洋壳板片或下地壳物质重熔形成的钙碱性岩浆,伴随着区域上东天山地区晚石炭世板块汇聚,在消减俯冲造山阶段沿构造裂隙侵位形成的岩体。

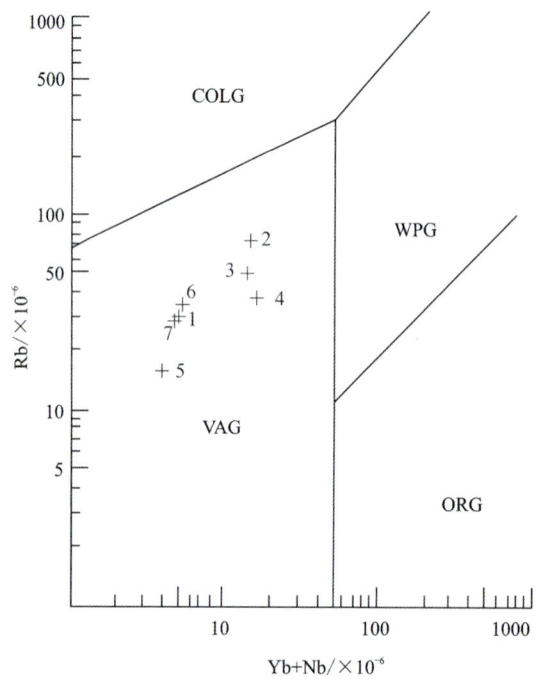

ORG.洋脊花岗岩;WPG.板内花岗岩;VAG.火山弧花岗岩;COLG.同碰撞花岗岩

图 2-42 帕尔塔格西岩体构造环境判别图解(据 Pearce et al.,1984)

4. 成岩成矿时代

通过开展帕尔塔格铜矿区侵入岩锆石年代学研究(在中国科学院广州地球化学研究所矿物学与成矿学重点实验室完成),石英闪长岩样品 SEHZK001 中 35 个锆石 LA-ICP-MS U-Pb 测试结果显示,U 含量介于 $137\times10^{-6}\sim313\times10^{-6}$ 之间,Th 含量为 $87\times10^{-6}\sim304\times10^{-6}$,Th/U 为 $0.97\sim2.56$。锆石 Th/U>0.4,属于岩浆锆石。在 $^{207}Pb/^{235}U$-$^{206}Pb/^{238}U$ 谐和图上,分析点落在谐和线上或接近谐和线,加权平均年龄为 $(349.1\pm2.0)Ma(n=35,MSWD=0.27)$。因此,认为石英闪长岩的侵入时代为晚石炭世,与东天山石炭纪斑岩成矿带成矿时间一致。

(三)矿床成因

1. 典型矿床对比

觉罗塔格构造-岩浆带目前已发现多处斑岩型铜矿床,自西向东依次为延西、延东、土屋-土屋东、灵龙、赤湖、玉海、三岔口和白山等一系列矿床。对比西藏玉龙(超大型)、江西德兴(超大型)、准噶尔、东天山典型斑岩型铜矿,研究人员认为帕尔塔格西铜矿与已知的斑岩型铜矿大地构造背景相似,控矿因素、矿床类型、矿种组合相近,围岩蚀变与斑岩型铜矿蚀变组合分带特征类似。因此,帕尔塔格西铜矿有理由成为斑岩铜矿的找矿目标区。

2. 成因探讨

从大地构造环境看,帕尔塔格西铜矿处于东天山古生代造山带小热泉子石炭纪岛弧带,成矿与晚石炭世早期汇聚阶段钙碱性火山-深成岩建造有关。赋矿岩石类型主要花岗闪长斑岩、花岗闪长岩,成矿斑岩体具有多期次、高侵位的特征。岩体出露面积不大,且剥蚀程度相对较低,具有叠加改造的特征,常在深部形成矽卡岩型铜矿化,浅部低温热液脉状铜金矿化,围岩中火山-沉积型层状铜矿化。矿石类型以 Cu-Mo 型为主,其次为 Cu-Au、Cu-S 型,均伴有不同程度的 Mo、Au 和 Ag 矿化。从高温到低温,围绕岩体向外呈环状分布,早期形成钾化带和黑云母带,以及钾质角岩带、矽卡岩化带;中期生成绢云母带、黄铁绢云岩带和青磐岩带;晚期形成低温蚀变的泥化带、浊沸石-碳酸岩化带。成矿多与早、中期有关。矿体主要为脉状、似层状、透镜状,展布严格受岩体控制。矿石矿物主要为黄铁矿和黄铜矿,含少量斑铜矿、辉钼矿、辉铜矿等,呈星散状、浸染状、细脉浸染状、条带状不均匀分布。矿石结构以自形—半自形粒状为主,次为他形粒状;矿石构造以浸染状、细脉状为主,少量呈条带状、致密块状。本次研究获得帕尔塔格西矿区石英闪长岩年龄为 349.1 Ma;芮宗瑶等(2002)获得了土屋-延东铜矿床 323 Ma 的辉钼矿 Re-Os 年龄;秦克章等(2014)测得土屋-延东矿区内蚀变绢云母 K-Ar 年龄为 341 Ma;张连昌等(2021)测得延东矿区细脉浸染状的辉钼矿 Re-Os 年龄为 343 Ma;张达玉等(2010)测得延西铜矿床辉钼矿 Re-Os 年龄为 326 Ma。从已有的同位素年代学数据可知,土屋-延东铜矿床成矿年代在 340~320 Ma 之间,土屋矿床成矿时代与成岩时代基本一致或略晚。总体看,矿区成岩成矿构造环境为晚石炭世岛弧;矿床严格受一套花岗质火山杂岩控制,矿化集中产于岩体内部及其边缘接触带中,表明铜矿化与岩体具有密切的亲缘关系。因此,矿床成因为早石炭世晚期岛弧边缘环境下形成的斑岩铜矿床。

三、镍矿

东天山区域上镍矿成因类型单一,分布范围较为广泛,主要分布北准噶尔、西天山那拉提、东天山觉罗塔格—星星峡一带、库鲁塔格一带及北山地区。目前发现的大中型镍矿主要集中于北准噶尔(喀拉通克矿床)、觉罗塔格(黄山东矿田)、罗布泊(红石山、坡十)这 3 个区域内。其中,北山裂谷带中的坡一、坡十、红石山等镍矿床,占总资源量的 50.6%;东天山觉罗塔格构造带中的黄山、黄山东、图拉尔根等铜镍矿床,占资源总量的 37.5%;准噶尔北缘喀拉通克铜镍矿,占资源总量的 9.4%;东疆中天山北缘白石泉、天宇等铜镍矿床,占资源总量的 1.7%。喀拉通克、黄山一带铜镍矿镍品位相对较高,矿石品质好,坡北一带品位相对较低。新疆镍矿大多共伴生有铜,特别是喀拉通克铜镍矿、黄山一带铜镍矿,铜的品位较高,为与镍共生的矿产;坡北一带镍矿中铜的品位相对较低,主要为伴生矿产。另外,镍矿床中还伴生有金、银、铂、钯等贵金属及钴、硒、碲、硫等有益组分可供综合利用。

东天山地区镍矿化分布于库木塔格沙垄东部的康古尔-黄山断裂及其边缘部位,镁铁—超镁铁岩体侵位于下石炭统干墩组和中石炭统梧桐窝子组地层中,典型矿床有黄山东、黄山西、香山、土墩、图拉尔根等。在阿其库都克深大断裂南侧的中天山地块内还发现天宇、白石泉和石西等铜镍矿床。下面主要介绍与白鑫滩铜镍矿类似的月牙湾铜镍矿。

(一)矿区地质特征

月牙湾铜镍矿床位于卡拉塔格古生代隆起的中西部。矿区出露的地层主要为下泥盆统大南湖组火山岩,总体呈北西向、局部向南缓倾(图2-43)。大南湖组第二岩性段为一套海陆交互相中—基性火山岩-火山碎屑岩建造,分布于基性杂岩体东、西及南部,主要岩性为灰绿色-灰黑色玄武岩、灰绿色安山岩、杏仁安山岩、凝灰岩等;第三岩性段出露在矿区北部,为一套中基性火山岩-火山碎屑岩建造,岩性主要为紫红色英安岩、凝灰岩、凝灰质砂岩,与上覆上石炭统脐山组不整合接触。

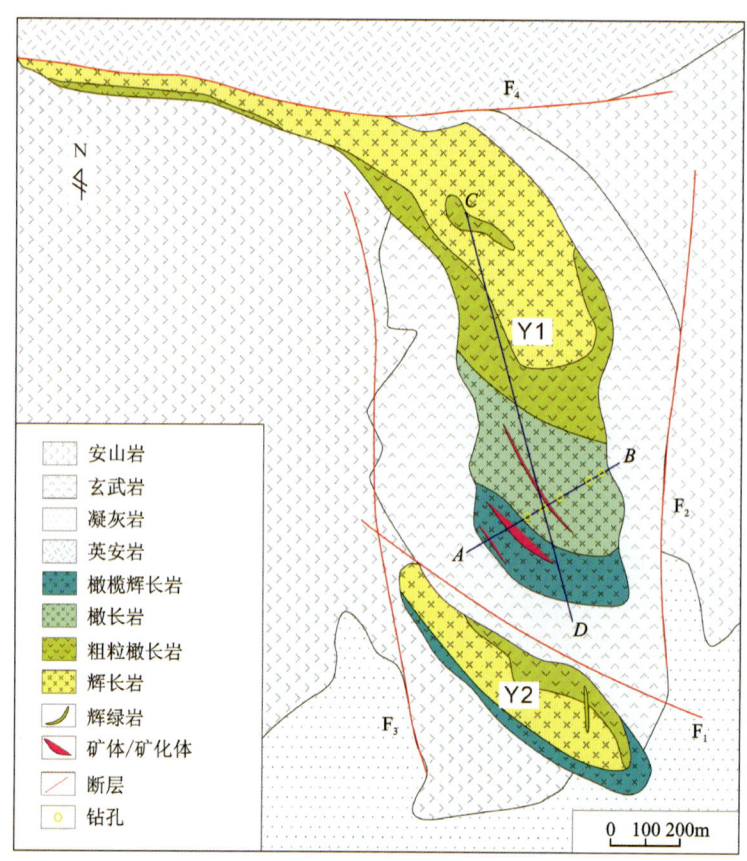

图2-43 月牙湾矿区地质图(据周国超,2021)

月牙湾岩体地表为两个不相连的杂岩体,分别命名为Y1和Y2,其中Y1岩体是主要含矿岩体。Y1岩体平面上形似新月状,南部为南北向延伸,北部转为北西向展布,向西北拖尾(图2-43)。沿走向总体长约1.2 km,宽200~500 m,面积为0.53 km²。Y1岩体主要发育辉长岩、橄榄辉长岩、橄长岩、暗色细粒橄榄辉长岩和暗色细粒橄长岩等岩石类型,由北向南、由浅到深显示规律性的分布。剖面上横截面呈"V"字形(图2-44a),纵剖面上呈一向北倾伏的岩管状,南端抬起,北部较深(图2-44b)。

矿区构造以断裂为主,褶皱不发育。断裂构造以北西、东西、北北西方向为主,均为多期活动的压扭性断裂,控制着整个岩体的产状和形态。根据产状不同可具体划分F_1、F_2、F_3、F_4这4条断裂(图2-43)。其中,F_1走向北西300°~310°,全长2.5km,在地表分隔Y1和Y2岩体,向东延出矿区;F_2走向175°~180°,延伸1.5 km,与岩体东部边界平行;F_3走向为170°~175°,延伸1.8 km,与F_2近似平行,为F_1的共轭断裂;F_4呈北西280°~290°向延伸,长约2 km,是大南湖组第二岩性段和第三岩性段地层的分界断裂,也是Y1岩体的北界断裂。

(二)矿床地质特征

月牙湾铜镍矿床产于Y1岩体中,矿体受岩相带控制,在岩体南西端出露地表,矿体呈透镜状、脉状,产出在橄榄辉长岩内部或者橄榄辉长岩与玄武岩围岩的接触带上(图2-45),探槽揭露广泛发育褐铁矿化、孔雀石化和镍华等矿物(图2-45),氧化带深度小于20 m。

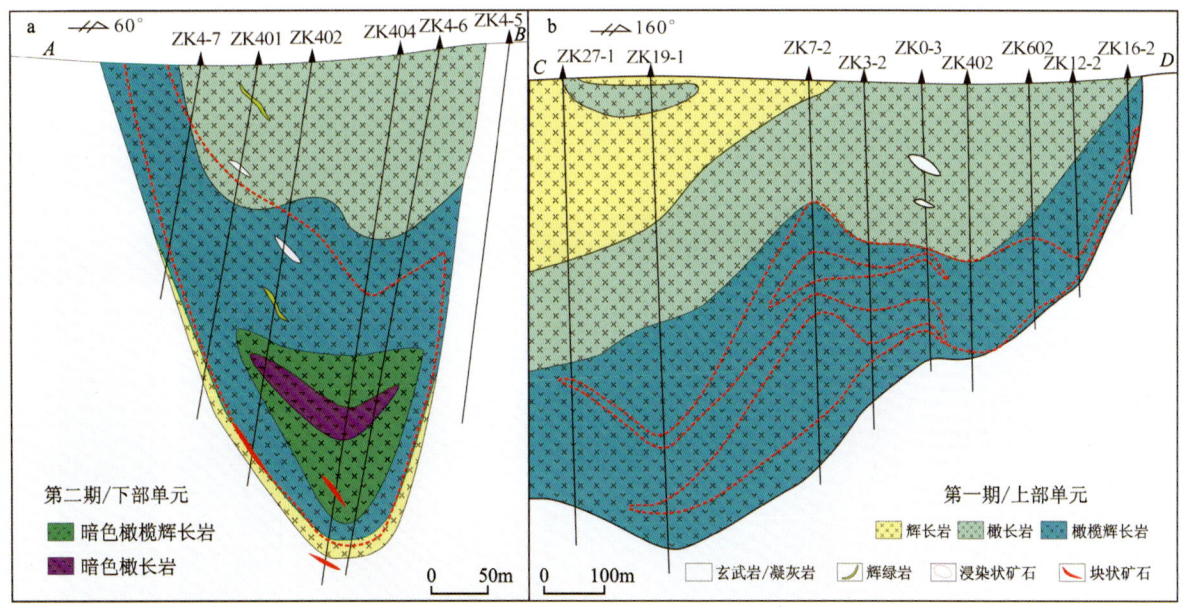

图 2-44 月牙湾 Y1 岩体 4 线横剖面(a)及纵剖面(b)地质简图(据周国超,2021)

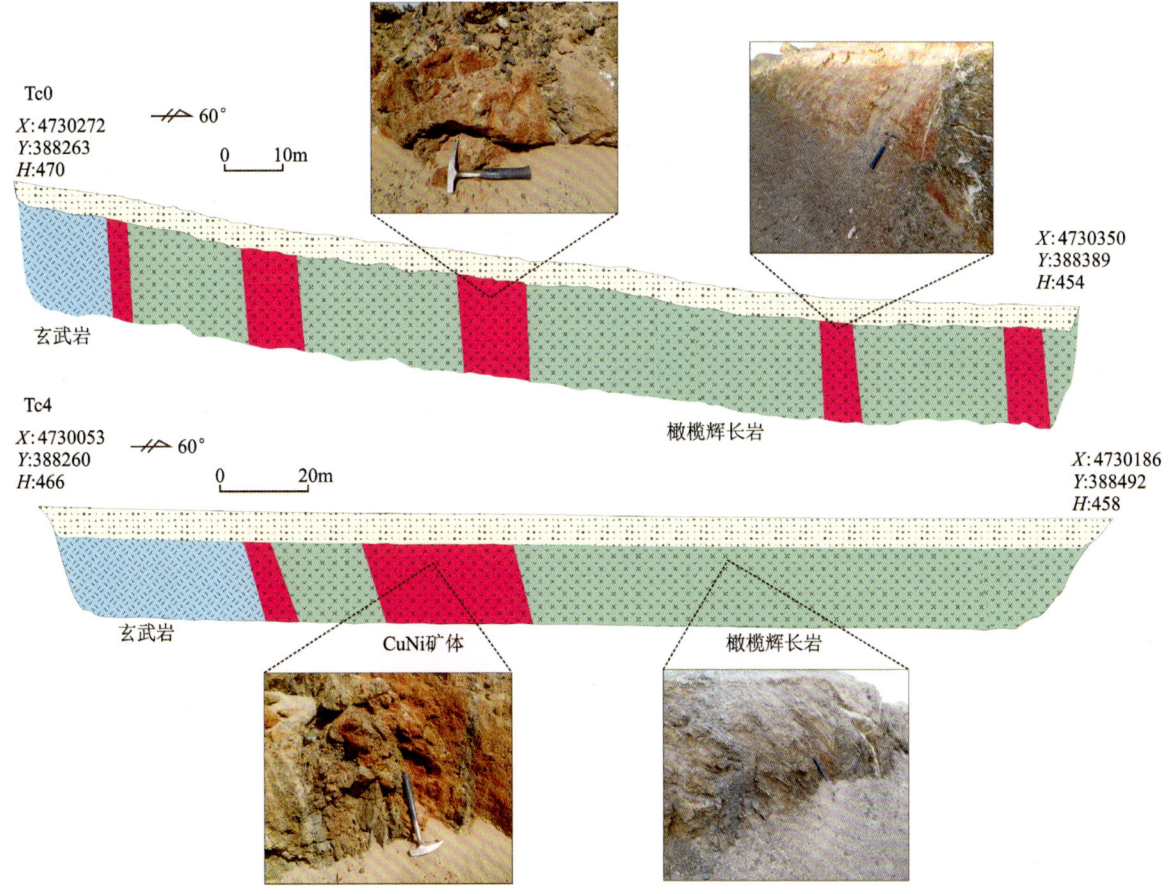

图 2-45 月牙湾矿床探槽素描图(单位:m;据周国超,2021)

赋矿岩石主要为橄榄辉长岩、暗色细粒橄榄辉长岩和暗色细粒橄长岩。矿体的产出与上述岩相带形态、产状一致,随着岩体的抬升和倾伏而变化,矿体南部亦在地表出露,向北随岩体埋深而逐渐变深,在北部 19 号勘查线矿体底界深度可达 618 m(图 2-46b)。矿体/矿化体与围岩一般呈渐变过渡,偶见块状矿脉截然侵入岩体或者地层中。以0.2%的边界品位,已圈出矿体、矿化体10余个,呈透镜状、脉状。其中,主矿体3个,并在走向和倾斜方向彼此相连(图2-46a),矿体沿走向总体延伸超过1270 m,向北尚未完全控制,斜向延深超过510 m,厚度为24～92 m,最厚达148 m(图2-46b)。

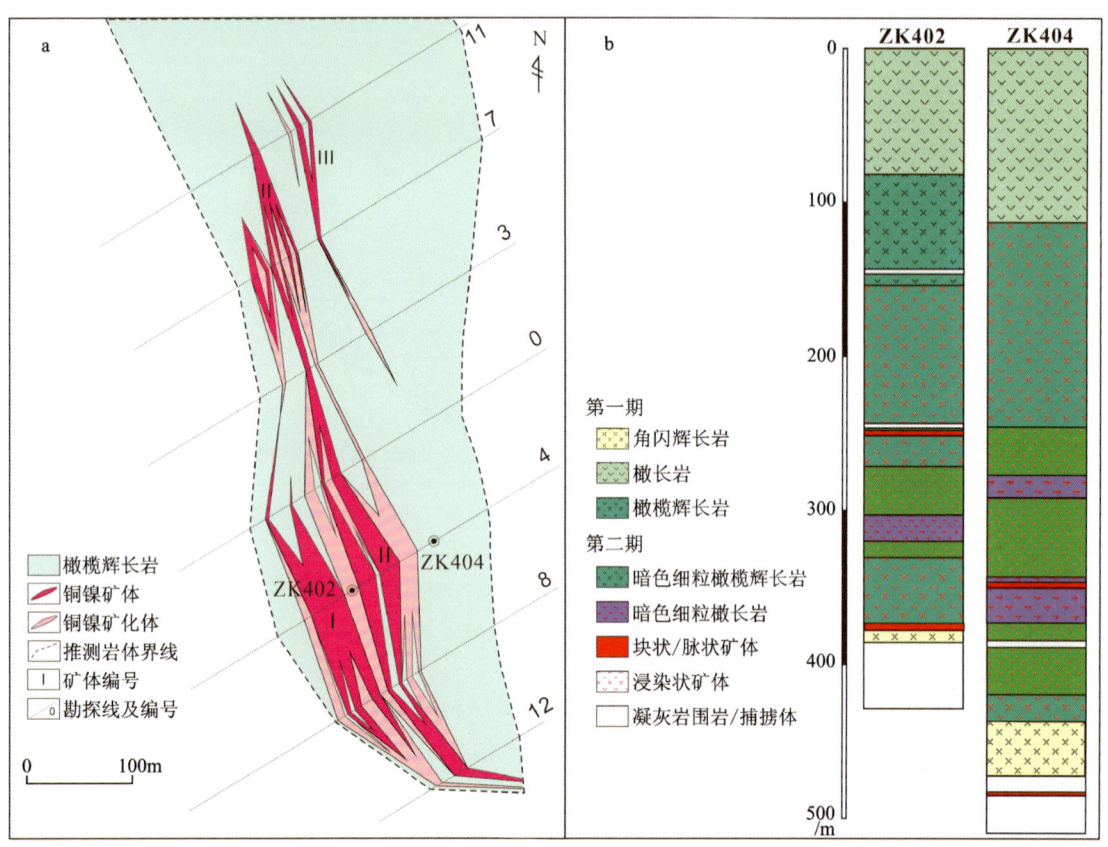

图2-46　月牙湾矿床200m标高切面图(a)和ZK402、ZK404柱状图(b)(据周国超,2021)

矿体类型较为简单,主要为就地熔离型的稀疏和稠密浸染状铜镍矿体,稀疏浸染状矿体主要发育在岩体上部单元的橄榄辉长岩中(图2-47a),稠密浸染状矿体主要发育在岩体下部单元的暗色细粒橄榄辉长岩中(图2-47b);有的也显示条带状、似层状和网脉状(图2-47c)。矿体与围岩多为渐变过渡,表现出典型的就地分异成矿特征,有时亦可见截然接触(图2-47d)。少量贯入式硫化物矿脉、网脉(脉宽在几厘米至15cm之间)可产于岩体中(图2-47e)、岩体底部与围岩接触带,以及近岩体围岩中,主要受成岩期原生裂隙及岩体侵入构造控制。有时岩体底部的致密块状硫化物矿石或者网脉状矿石被胶结成角砾状(图2-47f),说明贯入期岩浆-构造的多期特点。

矿石类型可分为氧化矿石和原生硫化物矿石。氧化矿石主要发育在岩体西南部橄榄辉长岩中,矿石中孔雀石、褐铁矿、镍华等有用金属组分氧化物较发育。原生硫化物矿石可分为致密块状矿石和浸染状矿石,致密块状矿石一般呈脉状贯入式,较为少见,矿石品位为 Ni 0.82%～1.84%,Cu 1.42%～1.92%,Ni/Cu 为 0.58～0.96;浸染状矿石又可分为稀疏浸染状和稠密浸染状,前者一般可分为星点状稀疏浸染、团斑稀疏浸染和珠滴稀疏浸染状等。

矿石中金属矿物一般聚集发育,在稀疏浸染状和网脉状矿石中,金属硫化物矿物一般呈稀疏浸染状和细网脉状产出在橄榄辉长岩中(图2-48a、图2-48b);在浸染状矿石中硫化物聚集体胶结斜长石产出(图2-48c),或胶结橄榄石和斜长石等硅酸盐矿物产出(图2-48d)。金属矿物主要为磁黄铁矿、黄铜矿、镍黄铁矿,含少量黄铁矿、磁铁矿、钛铁矿。

a.橄榄辉长岩中的稀疏浸染状矿体;b.暗色橄榄辉长岩中的稠密浸染状矿体;c.橄榄辉长岩中的网脉状矿体;d.矿体与橄榄辉长岩截然接触;e.浸染状矿化暗色橄榄辉长岩中的脉状贯入式矿体;f.岩体底部角砾状矿体

图 2-47 月牙湾矿床典型矿体照片(据周国超,2021)

a.典型浸染状矿石;b.典型条带状矿石;c.典型堆晶矿石;d.典型海绵陨铁状矿石;e.黄铜矿(Ccp)发育在磁黄铁矿(Po)边缘,镍黄铁矿(Pn)岩裂隙发育在黄铜矿(Ccp)和磁黄铁矿(Po)中间;f.磁黄铁矿(Po)中有定向叶片状镍黄铁矿(Pn)固溶体。矿物代号:Pl.斜长石;Ol.橄榄石

图 2-48 月牙湾矿床矿石的显微照片(据周国超,2021)

(三)矿床地球化学特征

1. 全岩主微量元素

从月牙湾岩体上部单元的辉长岩-橄长岩-橄榄辉长岩组合,到下部单元的暗色橄榄辉长岩-暗色橄长岩组合,岩石 SiO_2 含量逐渐降低,岩石基性程度逐渐增高(周国超,2021)。各岩石类型 $Mg^\#$ 值为 $42.67 \sim 83.09$,m/f 值为 $0.44 \sim 2.96$,属于铁质基性—超基性岩。月牙湾岩体上部单元和下部单元岩石整体上表现出 Al_2O_3、CaO、Na_2O、K_2O 与 SiO_2 呈正相关关系,MgO、Fe_2O_3 与 SiO_2 呈负相关关系(图 2-49),地球化学成分显示连续演化的特征,表明上部单元和下部单元岩石为同源岩浆演化形成。

月牙湾岩体岩石样品稀土配分曲线整体呈较平坦的右倾型(图 2-50),显示较低的稀土总量(ΣREE 为 $5.47 \times 10^{-6} \sim 39.51 \times 10^{-6}$,$\Sigma LREE$ 为 $4.10 \times 10^{-6} \sim 29.8 \times 10^{-6}$,$\Sigma HREE$ 为 $1.31 \times 10^{-6} \sim 9.71 \times 10^{-6}$)(周国超,2021)。上部单元和下部单元轻重稀土分馏显著不均,上部单元 $\Sigma LREE/\Sigma HREE$ 为 $3.07 \sim 4.03$,La_N/Yb_N 为 $1.79 \sim 2.76$;下部单元 $\Sigma LREE/\Sigma HREE$ 为 $2.77 \sim 4.02$,La_N/Yb_N 为 $1.67 \sim 3.71$。但上部单元基性程度较低的辉长岩、橄长岩和橄榄辉长岩显示一定程度的 Eu 正异常($\delta Eu = 1.18 \sim 2.64$,图 2-50a),而下部基性程度较高的暗色橄榄辉长岩和暗色橄长岩不显示 Eu 异常($\delta Eu = 0.97 \sim 1.24$,图 2-50c)。微量元素普遍大于原始地幔值(图 2-50b),总体表现出富集大离子亲石元素(Rb、Ba、Sr、K),亏损高场强元素(Th、Nb、Ta、Ti)。上部单元和下部单元微量元素略有差别,下部单元中 Rb、Ba、Sr、K 富集程度和 Th、Nb、Ta、Ti 的亏损程度均较上部单元弱。

2. 岩石 Sr-Nd-Pb 同位素

月牙湾岩体 Sr-Nd 同位素变化范围较窄,具有低 $(^{87}Sr/^{86}Sr)_i$ 和高 $\varepsilon Nd(t)$ 的特征(周国超,2021)。岩体 $(^{87}Sr/^{86}Sr)_i$ 变化范围为 $0.7033 \sim 0.70348$,平均值为 0.70338,略高于洋中脊玄武岩(MORB,$0.70229 \sim 0.70316$,Storey et al.,1988)和以夏威夷火山岩为代表的洋岛玄武岩(OIB)范围($0.70317 \sim 0.70412$)。岩体 $\varepsilon Nd(t)$ 为 $6.54 \sim 8.35$,平均值为 7.73,在 $(^{87}Sr/^{86}Sr)_i$-$\varepsilon Nd(t)$ 图解上(图 2-51a)样品点均位于第二象限,显示亏损地幔特征。

月牙湾岩体 Pb 同位素比值较低,变化也较小,$(^{206}Pb/^{204}Pb)_i = 17.828 \sim 18.014$,$(^{207}Pb/^{204}Pb)_i = 15.446 \sim 15.478$,$(^{208}Pb/^{204}Pb)_i = 37.495 \sim 37.698$。在 $(^{87}Sr/^{86}Sr)_i$-$(^{206}Pb/^{204}Pb)_i$ 图解上(图 2-51b),样品点均落在 MORB 范围内;在初始 Pb 同位素相关图 $(^{207}Pb/^{204}Pb)_i$-$(^{206}Pb/^{204}Pb)_i$ 和 $(^{208}Pb/^{204}Pb)_i$-$(^{206}Pb/^{204}Pb)_i$ 图解上,全部样品点均位于地球等时线右侧(图 2-51c,图 2-51d),表明岩石富含放射成因的 Pb 同位素;同时样品点也落在了 MORB 范围内及其附近,表明月牙湾岩体岩浆源区具有与 MORB 相似的 Sr-Nd-Pb 同位素组成。

3. 矿石硫化物 S 同位素

月牙湾矿床不同类型矿石中磁黄铁矿、镍黄铁矿和黄铜矿 $\delta^{34}S$ 值分别为 $-0.61‰ \sim 2.63‰$、$-0.12‰ \sim 1.87‰$ 和 $-0.30‰ \sim 1.36‰$,变化范围较窄,大部分数据位于地幔范围内,部分数据($\delta^{34}S > 2‰$)位于地壳范围内(周国超,2021)。卡拉塔格矿集区发育多个早古生代 VMS 型和热液脉状铜多金属矿床。前人对该地区的早古生代铜多金属矿床及围岩地层的 S 同位素进行了测定,毛启贵等(2015)获得红海 VMS 型矿床硫化物 $\delta^{34}S$ 为 $-0.8‰ \sim 6.0‰$,表明月牙湾矿床硫化物 S 同位素与古生代铜多金属矿床及围岩基本一致(图 2-52),说明月牙湾矿床硫可能来自早古生代火山岩地层,暗示月牙湾岩体母岩浆侵位过程中在上部地壳发生的同化混染作用有来自围岩地层 S 混染的可能。

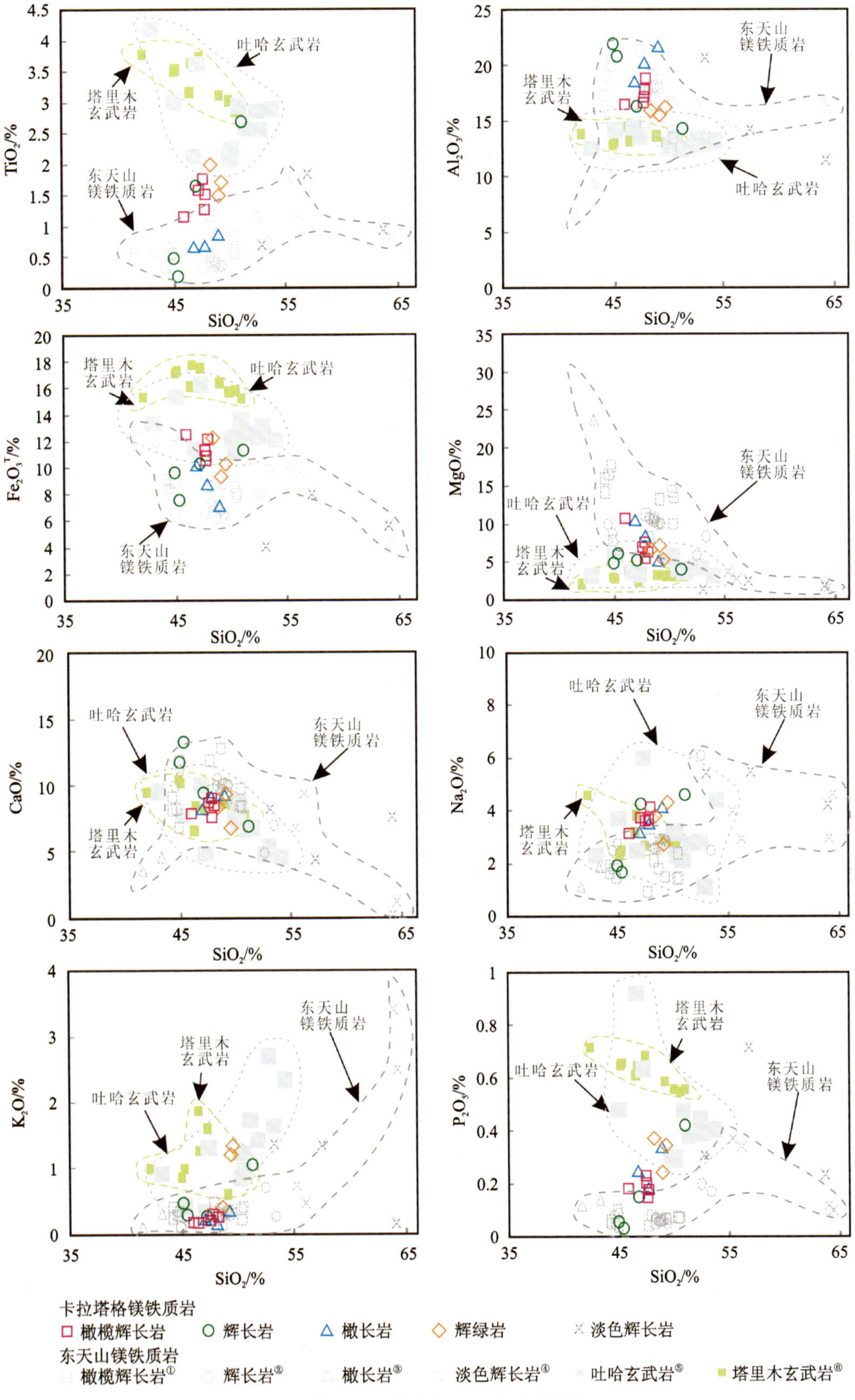

图 2-49 月牙湾岩体主要氧化物与 SiO_2 相关性图解（据周国超，2021）

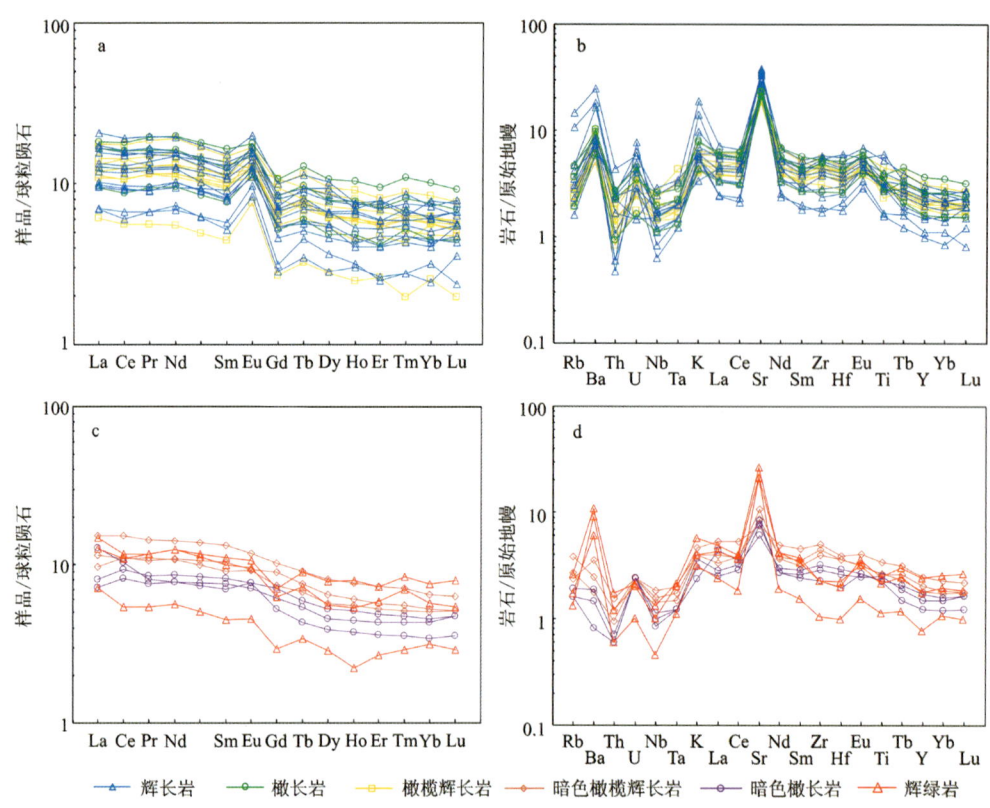

图 2-50　月牙湾岩体球粒陨石标准化稀土元素分布型式图(a、c)和原始地幔标准化
微量元素蛛网图(b、d)(据周国超等,2019)

注:球粒陨石及原始地幔标准化值数据 Sun & McDonough(1989)。

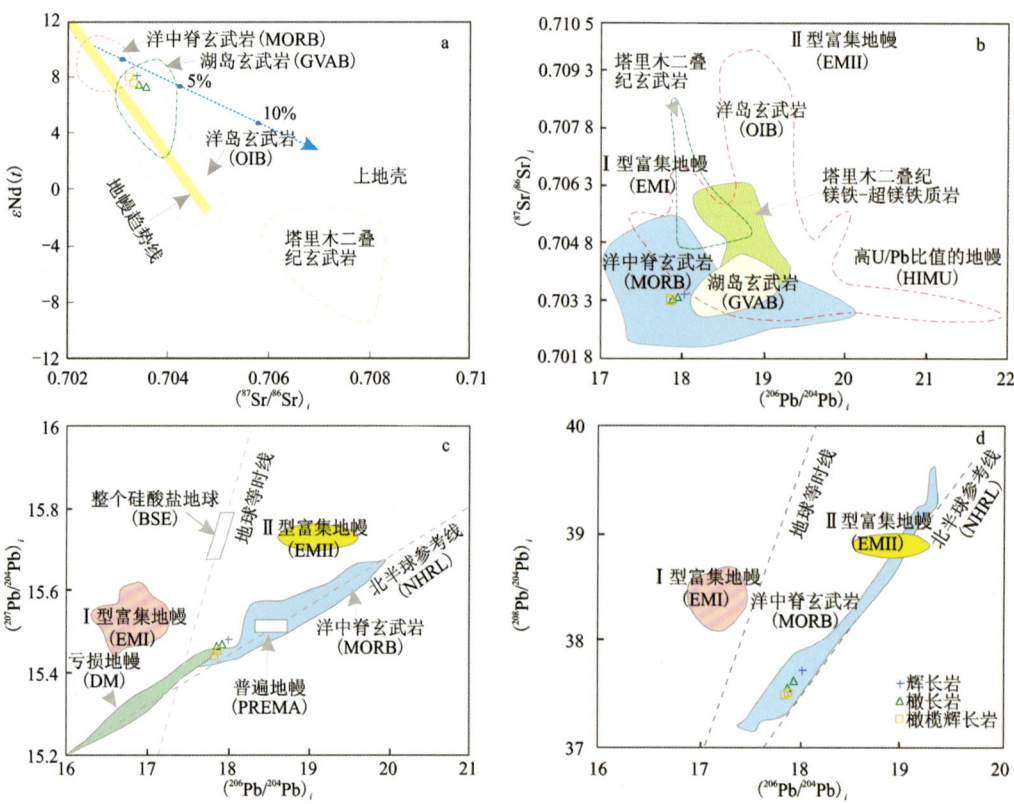

图 2-51　月牙湾岩体及有关岩石的 Sr-Nd-Pb 同位素图解(据周国超等,2019)

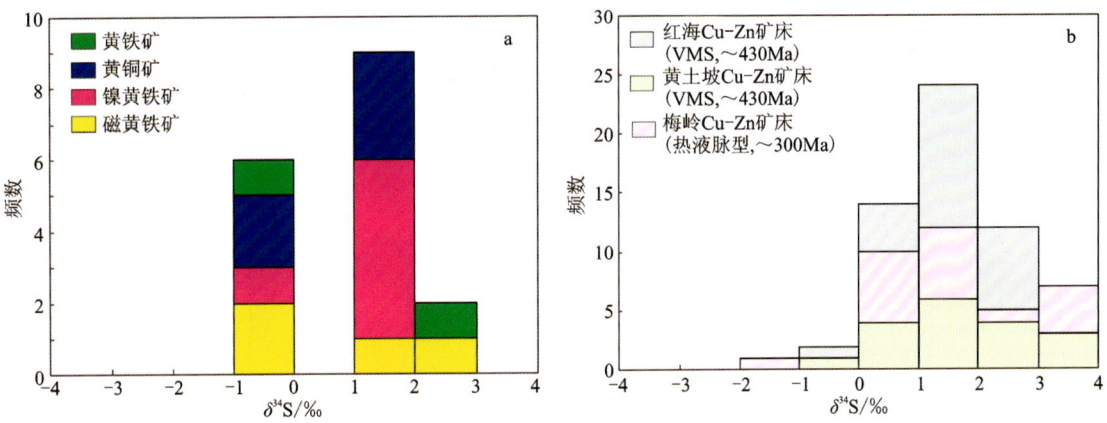

图 2-52 月牙湾矿床(a)与 VMS 铜矿床(b)硫同位素直方图(据周国超,2021)

(四)成岩成矿年代学

1. 成岩年代学

月牙湾矿床橄长岩中锆石颗粒大小相近,自形程度中等,呈透明的长柱-短柱状、半自形—他形粒状晶体,部分锆石保留有残骸;锆石长 100~200 μm,长宽比 1~3;锆石阴极发光图像较暗,岩浆结晶环带一般不明显,部分可见环带状结构(图 2-53a)。锆石 U、Th 和 Pb 含量分别为 $70.8×10^{-6}$~$1\,146.7×10^{-6}$, $61.1×10^{-6}$~$2\,107.1×10^{-6}$ 和 $4.2×10^{-6}$~$83.5×10^{-6}$;Th/U 为 0.78~2.03,多数大于 1,Th、U 之间呈现良好的线性关系,表明所测样品均为岩浆锆石(周国超,2021)。橄长岩锆石 $^{206}Pb/^{238}U$ 表面年龄为 274~289 Ma,所有数据点均分布在谐和曲线上或附近,谐和年龄为(283.4±2.0) Ma,MSWD=0.25(图 2-53b)。

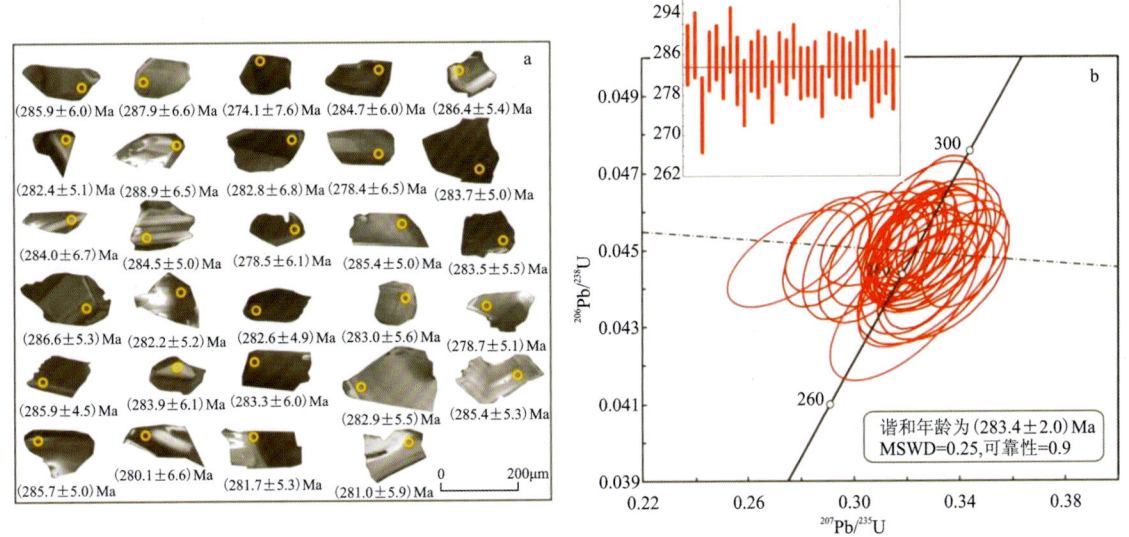

图 2-53 橄长岩锆石阴极发光图像(a)及锆石 U-Pb 谐和年龄图(b)(据周国超,2021)

2. 成矿年代学

不同矿石类型中磁黄铁矿 Re 和 Os 含量差异明显(吕晓强等,2020)。浸染状矿石中磁黄铁矿总 Re 和普 Os 含量分别为 $10.92×10^{-9}$~$58.53×10^{-9}$ 和 $0.77×10^{-9}$~$8.92×10^{-9}$;块状矿石中磁黄铁矿总 Re 和普 Os 含量分别为 $131.61×10^{-9}$~$142.77×10^{-9}$ 和 $61.66×10^{-9}$~$66.7×10^{-9}$。采用衰变系数

(λ)为 $1.666×10^{-11}$/a,利用 Isoplot 软件将 7 件样品分析数据回归成一条直线,$^{187}Os/^{188}Os$ 初始比值为 0.279 6±0.008 9,平均权重方差为 MSWD=17,获得等时线年龄为(271.9±9.5)Ma(图 2-54),代表了月牙湾铜镍硫化物矿床的成矿时代,与东天山地区铜镍硫化物矿床成矿时间在误差范围内一致。

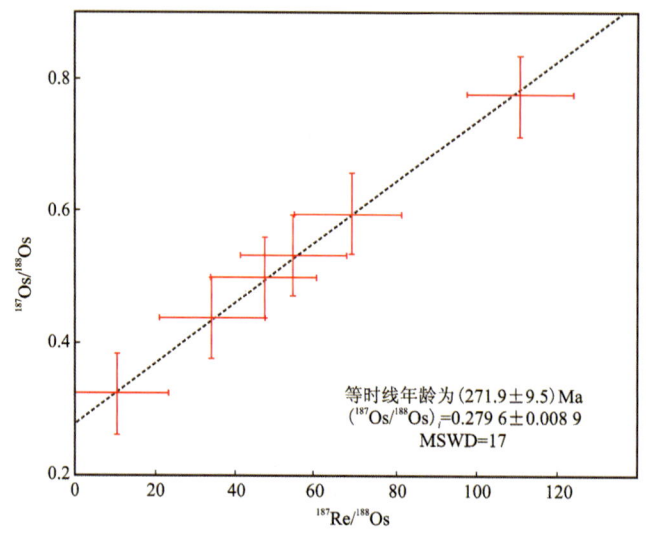

图 2-54　月牙湾矿床磁黄铁矿 Re-Os 同位素图解(据吕晓强等,2020)

(五)成矿模式

地幔部分熔融产生的初始岩浆发生微量硫化物熔离,形成铂族元素(PGE)亏损的岩浆上升到浅部地壳,经过结晶分异和地壳混染等作用的岩浆演化程度较高,在阶段性岩浆房中发生早期橄榄石结晶/地壳混染和硫化物饱和,分异后的岩浆携带早期熔离出的硫化物上侵。第一期岩浆基性程度较低,侵位后主要发生了斜长石、橄榄石和单斜辉石的分离结晶,岩浆携带的硫化物和矿物因为密度差异下沉固结,由上到下形成辉长岩、橄长岩和橄榄辉长岩(图 2-55a)。第一期岩浆作用中大量斜长石的结晶消耗了岩浆中的 SiO_2、Al_2O_3、CaO 等成分,使得岩浆更加富集 FeO 和 Fe_2O_3,残余岩浆基性程度也更高。第二期岩浆沿相同的通道继续上侵,主要发生橄榄石的结晶作用,形成暗色橄长岩和暗色橄榄辉长岩,随着上部单元岩石的结晶,岩浆通道被封闭,高温高压的岩浆同化混染围岩,加入还原性、含水的富硫地层物质,发生硫化物的饱和熔离,硫化物和橄榄石因密度较大下沉并就地结晶(图 2-55b)。最终,在岩体上部单元形成稀疏浸染状矿化,硫化物为早期熔离向上运移后结晶的,表现为 Cu>Ni;在岩体下部单元形成稠密浸染状矿化,硫化物为就地熔离形成,表现为 Ni>Cu;富硫化物矿浆贯入到地层或者岩体中形成脉状、块状矿石(图 2-55c)。

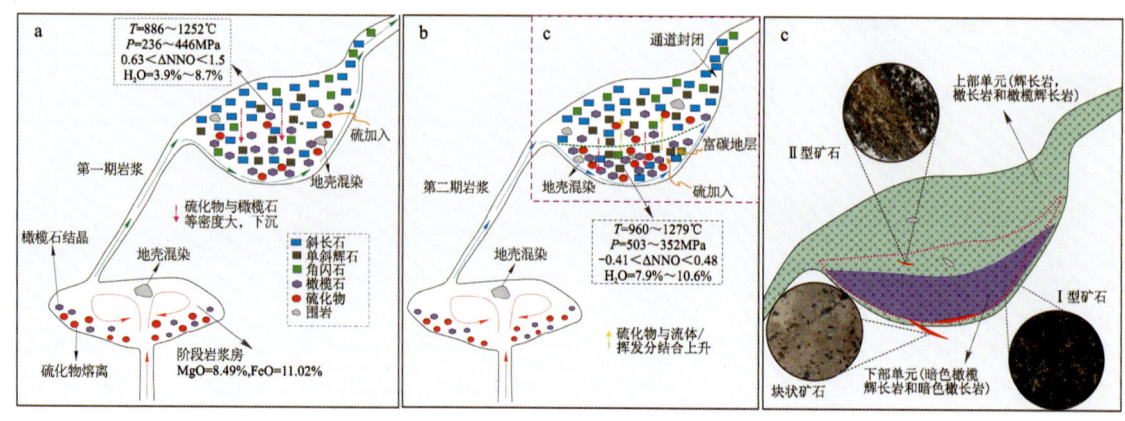

图 2-55　月牙湾成矿模式图(据周国超,2021)

四、铅锌矿

东天山区域上铅锌矿成因类型主要为海相火山岩型、砂砾岩型、碳酸盐岩型和碳酸盐岩-细碎屑岩型。其中,以层控为主的碳酸盐岩型铅锌矿、砂砾岩型铅锌矿和碳酸盐岩-细碎屑岩型铅锌矿是最主要的矿床类型(层控热液型),且砂砾岩型铅锌矿也是新疆较为独特的热卤水成因的铅锌矿床,主要分布于中天山东段。与海相火山作用有关的层控型铅锌矿是新疆的重要矿床类型(海相火山岩型),主要分布于阿勒泰南北缘、东天山地区。

金矿化分布于康古尔韧性剪切带内及其边缘,赋存在下石炭统雅满苏组和干墩组中,受构造变形控制显著。矿床有石英滩、马头滩、康古尔、西凤山等,矿化与康古尔韧性剪切带内的花岗岩体和剪切变形活动密切相关。

东天山地区还发育有白山、白山东等钼矿床。此外,在土屋-延东铜矿床中钼也是重要的伴生金属元素。近年来在中天山地块内还发现了大型的铅炉子钼矿床(江彪,2022)。下面主要介绍在区域上与铜镍矿有一定成生联系的宏源铅锌矿。

1.区域地质特征

宏源铅锌矿分布在塔里木板块北缘、中天山地块东段、沙泉子深大断裂的南侧。沙泉子大断裂以北为觉罗塔格石炭纪岛弧,南侧为中天山地块,处于康古尔塔格成矿带内。区内已发现多处大中型银铅锌多金属矿床,如黄龙山铅锌矿、彩霞山铅锌矿与沙泉子铅锌矿等(郑国平,2021;陆万俭等,2015)。

中元古界蓟县系卡瓦布拉克群变质碳酸盐建造和下石炭统雅满苏组火山岩建造是区内的主要出露地层。沙泉子大断裂以北主要出露石炭系雅满苏组一套火山岩,以南出露地层主要为中元古界长城系星星峡群和蓟县系卡瓦布拉克群。

矿区中南部区域上分布的卡瓦布拉克群为硅质板岩与碳酸盐岩建造,整体呈北东东向展布,向南倾斜角度为63°～80°,产出特点为单斜特征,划分3个岩性段,不同岩性段之间呈整合接触。

第一岩性段分布于矿区北部且零星出露,岩性为大理岩。第二岩性段分布于矿区中部,岩性为硅化大理岩、含碳大理岩,其间石英脉和闪长岩较发育,其西南角见一条蚀变带,长约290 m,宽约10 m,走向近东西向,主要蚀变为褐铁矿化、黄钾铁矾化、绿帘石化等。第三岩性段位于矿区南部,走向近东西,延伸较稳定,出露宽度500～550 m,倾向南,倾角63°～80°。岩性以硅质板岩、含碳大理岩为主,夹少量大理岩,硅质板岩普遍具绿帘石化和透辉石化。其间脉岩较发育,主要为闪长岩脉、辉长岩脉和少量辉绿玢岩脉。

区内岩浆岩分布于矿区北部及南部。北部为海西中期第一侵入次的闪长岩,呈岩株状产出。南部为海西中期第二侵入次的花岗岩,呈大面积岩株状产出。与硅化大理岩、大理岩接触界线多呈不规则状、港湾状。在二者接触部位多具矽卡岩化,尤其在港湾状接触部位矽卡岩化强烈,主要为透辉石矽卡岩。区内变质作用主要为区域变质作用,卡瓦布拉克群的正常沉积碎屑岩经中高温的区域变质作用形成中级变质程度的变质岩系列,主要岩石类型为大理岩、硅化大理岩、含碳大理岩、硅质板岩等。此外,区内广泛可见硅化、绿帘石化、褐铁矿(黄铁矿)化、透辉石石化等热液蚀变现象。位于矿区中部和南部的蓟县系卡瓦布拉克群第三岩性段在沉积后期逐渐处于还原环境,有较多的硫、铁、铅、锌、银元素的富集,在气成热液变质作用下局部形成铅锌矿化蚀变带。

2.矿床地质特征

宏源铅锌矿由6个矿体组成(其中4个为隐伏矿体)。1号矿体为主要矿体,2～6号矿体为次要矿体。矿体形态均为似层状—透镜状,长100～500 m,厚0.81～14.61 m。有用元素以锌为主,平均品位为2.67%,最高达6.80%。矿石伴生有银,平均品位为 $12×10^{-6}$。

矿石矿物成分主要为方铅矿、闪锌矿、磁黄铁矿、黄铁矿;脉石矿物有方解石、绿帘石、透辉石、石英。矿石结构主要为半自形—他形粒状结构;构造主要为条带状构造、稀疏浸染状构造、中等浸染状构造、稠密浸染状构造、缕状构造等。围岩蚀变主要是褐铁矿化、硅化、透辉石化、绿帘石化、绿泥石化等,局部可见阳起石化。矿体主要产于中元古界蓟县系卡瓦布拉克群第三岩性段中,岩性以褐铁矿化、绿帘石化、透辉石化硅质板岩为主,夹大理岩。矿体主要产于该岩性段的下部靠近第二岩性段(以硅质大理岩、含碳大理岩为主)的部位,矿体在其中呈薄层状,多层重叠产出。含矿层位的底板围岩一般为大理岩,顶板围岩为硅质板岩。在顶、底板围岩中局部可见微弱方铅矿化、闪锌矿化,是后期热液活动的结果。顶、底板围岩与铅锌矿体呈渐变接触。

3. 矿床成因

根据矿体形态、规模、产状和赋存部位、成矿方式、矿物共生组合、矿石结构构造等特征,推断该矿床为喷流-沉积型铅、锌矿床。

在中元古代,该区处于还原的沉积环境,由于沙泉子深大断裂的长期活动性,将古老基底分割成许多块体,而矿床位于深大断裂南侧的星星峡隆起边缘,沙泉子深大断裂所伴生的次级断裂为含矿热水提供了上升通道,伴随着热水沉积岩-碳酸盐的沉积,铅、锌、银、硫、铁元素大量富集,形成层状、似层状的一个或多个铅锌矿体。至海西期,受沙泉子深大断裂的构造动力及闪长岩体侵位的多期次动力的影响,岩层受挤压脱水形成含矿热液,沿其岩层孔隙运移,改造了含矿岩石,在含矿热液上升过程中对围岩进行了交代,硅化、绿帘石化、透辉石化及绿泥石化等围岩蚀变发育。

第八节　区域构造演化与成矿作用

一、天山造山带新元古代—古生代增生造山过程

新元古代晚期—早二叠世地质演化的物质记录在天山地区保留丰富。该阶段,全球经历了罗迪尼亚大陆裂解、冈瓦纳大陆形成-裂解、潘吉亚大陆汇聚等演化。

新元古代:罗迪尼亚超大陆裂解导致多个陆块分离,并形成具有少量前新元古代古老陆壳残片的大洋高原。洋脊扩张使得小部分大洋高原从主体上分离,形成北天山洋内的微地块。而其主体则构成准噶尔-吐哈地块的雏形。伴随着洋盆的不断拉张,准噶尔-吐哈地块孤立于古亚洲洋之中,其北部和南部分别以阿尔曼太洋盆、北天山洋盆与阿尔泰-西伯利亚板块、中天山-塔里木板块分隔。

寒武纪—奥陶纪:根据天山及邻区蛇绿岩提供的信息,最晚在早寒武世洋盆已经出现。以准噶尔-吐哈地块为界线,古亚洲洋的两个分支洋盆——阿尔曼太洋盆和北天山洋盆分别向北侧的西伯利亚南缘和南侧的中天山北缘俯冲。中天山南缘夏特—那拉提一带出露的上寒武统、下奥陶统中酸性侵入岩,表明天山及邻区洋-陆俯冲作用最迟在晚寒武世已经启动。晚寒武世—奥陶纪为多岛洋演化阶段,在中天山、塔里木北缘、北山一带形成了一系列的岛弧、陆缘洋盆,洋-陆、洋-弧的俯冲作用导致了广泛发育的复杂多变的弧岩浆-沉积-变质作用。特别是中—晚奥陶世,北天山洋盆发生双向俯冲,北向俯冲导致大南湖—哈尔里克山南麓一带发育新的奥陶纪火山弧,南向俯冲则在土屋北一带形成新的晚奥陶世岛弧岩浆系统。

志留纪—早泥盆世:伊犁-中天山地块(岛弧)、明水-旱山地块(岛弧)以及北山微地块陆续与塔里

木、敦煌、阿拉善陆块碰撞,其间的南天山洋盆、红柳河-牛圈子-洗肠井洋盆相继闭合。这次以弧-陆为主的碰撞事件的沉积响应,表现为塔里木北缘、中天山、北山等地或缺失中上泥盆统,或中—下泥盆统与下伏志留系的角度不整合。弧-陆碰撞致使俯冲作用停滞和俯冲位置的迁移,其岩浆响应表现为西天山花岗岩浆活动在390~380 Ma之间(中泥盆世初)存有一个花岗岩浆活动宁静期。

中泥盆世—石炭纪:向南的俯冲作用主要位于北天山—康古尔塔格一带,在伊犁-中天山叠加了同时代的陆缘弧,如雅满苏弧火山岩。

二叠纪:290~280 Ma的早二叠世早期,天山-北山及邻区洋盆闭合,广泛发育纯剪挤压型韧性变形,这一汇集事件彻底结束了天山地区的古洋盆演化历程,从此进入陆内演化。280~270 Ma的早二叠世晚期,整个区域上广泛发生后碰撞伸展的双峰式岩浆活动。

二、天山构造演化与成矿作用

通过整合东天山、西天山地区的地质资料,结合对关键地质体、典型矿床开展的重点分析,对天山大宗矿产区域成矿形成以下认识(图2-56)。

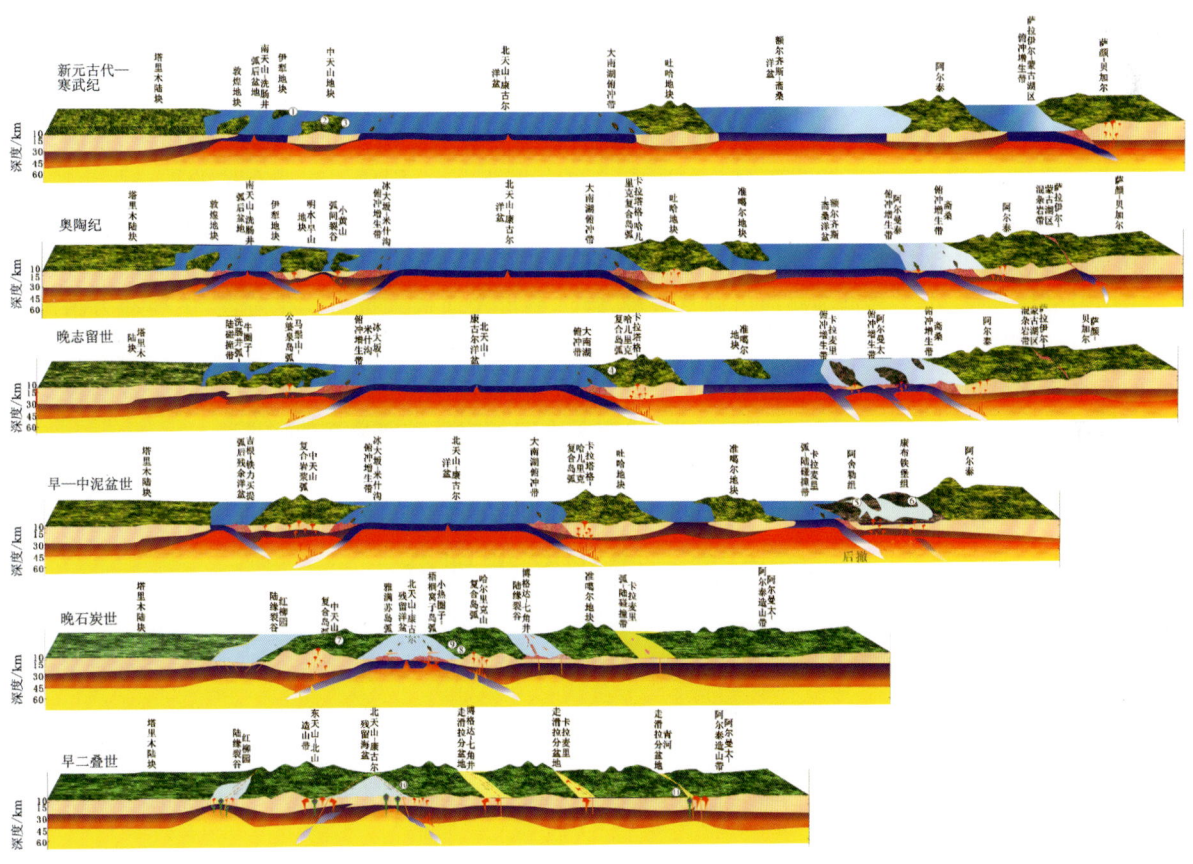

图2-56 天山-阿尔泰增生造山过程与大宗矿产成矿时空耦合关系

新元古代晚期—早二叠世是天山-阿尔泰大宗矿产成矿的主要阶段,该阶段全球经历了罗迪尼亚大陆裂解、冈瓦纳大陆形成-裂解、潘吉亚大陆汇聚等演化,研究区涉及的哈萨克斯坦、塔里木等陆块,古生代期间逐渐形成冈瓦纳大陆与西伯利亚-劳伦大陆之间的"陆链",其南侧为特提斯大洋,北侧为泛大洋。在此背景下,天山-阿尔泰及邻区经历了古生代复杂的洋-陆格局、汇聚-碰撞过程,记录了大陆边缘演化、微地块增生以及大宗矿产成矿过程。

天山-阿尔泰地区新元古代—古生代地质演化可以划分为新元古代—早寒武世罗迪尼亚超大陆裂解的裂谷-被动陆缘发育-多岛洋-陆格局形成阶段（伸展背景）、中寒武世—奥陶纪—志留纪—中泥盆世洋壳俯冲多岛弧盆系发育弧-陆碰撞阶段（汇聚背景）、晚泥盆世—早二叠世残留洋控制的陆缘演化-陆陆碰撞-碰撞后调整（复杂碰撞与走滑）三大构造阶段。3 种不同动力学背景下，各自的大地构造格局、构造-岩浆-沉积系统，及受其制约的成矿系统及成矿类型、矿种组合相差悬殊。

中元古代—新元古代早期的裂解作用，引发并产生了新的洋-陆格局，在裂谷、大陆边缘沉积中心次深海欠补偿条件下受同生断裂控制叠加后期改造，形成一系列沉积变质型铁、铅、锌矿，如卡拉塔格地块蓟县纪—青白口纪天湖式铁矿、东天山与新元古代镁质碳酸盐岩-碎屑岩沉积建造及与含矿流体成矿作用有关的铅锌矿（彩霞山，860～840 Ma）。南华纪—早古生代早期是地壳伸展背景下的裂谷-被动陆缘发育时期，形成与伸展环境下的喷流沉积作用、岩浆分异作用、火山沉积型等有关的铜、铅、锌矿床，如赛里木地块火山岩-碳酸盐岩沉积变质型铅锌矿（托克赛，约为 0.6 Ga）。

晚寒武世—奥陶纪为多岛洋演化阶段，在中天山、塔里木北缘、阿尔泰一带形成了一系列的岛弧、陆缘弧。由洋-陆、洋-弧的俯冲作用，导致了广泛发育的、复杂多变的弧岩浆-沉积-变质作用。在阿尔泰、东准噶尔一带，保留了从北向南依次变新的俯冲增生带，在泥盆纪早期（400 Ma），西伯利亚边缘俯冲体系后撤，导致一系列的弧前或弧后拉伸，形成阿尔泰地区大规模的 VMS 及海相火山岩型多金属矿床。在天山地区，在大哈拉军山陆缘弧上形成阿吾拉勒与早石炭世火山岩建造有关的铁、铜、锌成矿亚系列，如查岗诺尔和智博海相火山岩型铁-铜矿、敦德海相火山岩型铁-锌矿、松湖式海相火山岩型铁矿、备战海相火山岩型铁矿，以及昭苏沉积型铁锰矿等。在以增生楔基底为主的东天山雅满苏陆缘弧上，形成与早石炭世海相火山岩建造有关的铁-铜-锌多金属矿，如小热泉子海相火山岩型铜多金属矿、雅满苏海相火山岩型铁-铜矿等。在晚石炭世汇聚阶段形成了与中酸性火山-深成岩建造有关的铁-铜-钼矿，如土屋-延东斑岩型铜-钼矿。在早二叠世后碰撞环境下，形成了与镁铁—超镁铁岩建造有关 Cu、Ni、Fe、Ti 矿床成矿亚系列，如喀拉通克、黄山、路北、香山等铜镍矿。

天山及邻区在早、中二叠世为碰撞后调整阶段，晚二叠世全面进入板内演化阶段，主要动力来源于远离俯冲、碰撞带的远程效应与重力均衡，经历了晚二叠世—三叠纪的陆内挤压造山、侏罗纪—早白垩世末的走滑造山、晚白垩世—古新世的均衡夷平、早上新世末期以来的隆升造山 4 个阶段。各阶段对于区域内大宗战略性矿产产生了不同程度的改造，决定了大宗战略性矿产最终的定位。

第九节　成矿区带划分

一、成矿带划分

（一）天山-阿尔泰地区

对新疆北部成矿单元进行了详细划分，研究区属于一级成矿域——古亚洲成矿域（Ⅰ-1）。二级成矿省——阿尔泰成矿省（Ⅱ-1）、准噶尔成矿省（Ⅱ-2）、伊犁成矿省（Ⅱ-3）、塔里木成矿省（Ⅱ-4）。其中阿尔泰成矿省进一步划分出 2 个Ⅲ级成矿区带和 7 个Ⅳ级矿带，准噶尔成矿省进一步划分出 6 个Ⅲ级成矿区带和 34 个Ⅳ级矿带，伊犁成矿省进一步划分出 2 个Ⅲ级成矿区带和 7 个Ⅳ级矿带，塔里木成矿省进一步划分出 4 个Ⅲ级成矿区带和 11 个Ⅳ级矿带（冯京等，2022）（图 2-57，表 2-7）。

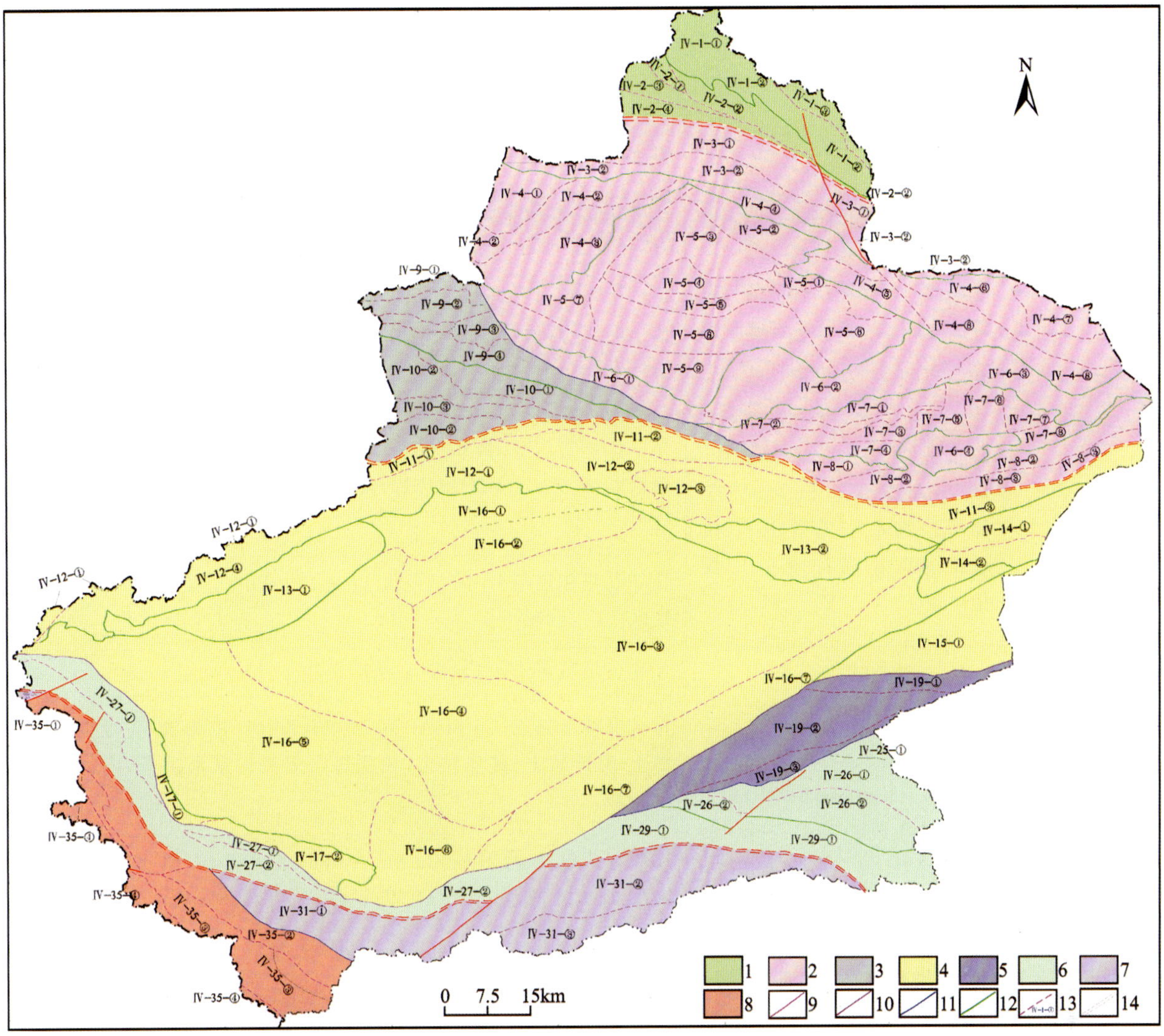

图 2-57　新疆成矿单元划分图(据冯京等,2022)

1.阿尔泰成矿省(Ⅱ-1);2.准噶尔成矿省(Ⅱ-2);3.伊犁成矿省(Ⅱ-3);4.塔里木成矿省(Ⅱ-4);5.阿尔金-祁连成矿省(Ⅱ-5);6.昆仑成矿省(Ⅱ-6);7.巴颜喀拉-松潘成矿省(Ⅱ-8);8.喀喇昆仑-三江成矿省(Ⅱ-9);9.板块缝合带界线;10.成矿域界线;11.成矿省界线;12.成矿带界线;13.矿带界线;14.断裂构造缝合带名称;①额尔齐斯-富蕴南构造缝合带;②那拉提北-阿其克库都克构造缝合带;③康西瓦-鲸鱼湖构造缝合带

表 2-7　新疆北部成矿区带划分表

Ⅰ级成矿域	Ⅱ级成矿省	Ⅲ级成矿区带	Ⅳ级矿带
古亚洲成矿域 Ⅰ-1	阿尔泰成矿省 Ⅱ-1	Ⅲ-1 北阿尔泰稀有(RM)-Pb-Zn-Au-Cu-Mo-Ni-W-Fe 云母-宝石重晶石(C_e、V_{m-l}、I—Y)成矿带	Ⅳ-1-①喀纳斯 Cu-Mo-Au-Pb-Zn 矿带(C_e、V_{m-l})
			Ⅳ-1-②哈龙-青河 RM-Fe-Au-Cu-Ni-云母-宝石-重晶石矿带(C_e、V_{m-l}、I—Y)
			Ⅳ-1-③诺尔特 Pb-Zn-Cu-Au-RM-W 矿带(V_{m-l}、I—Y)

续表 2-7

Ⅰ级成矿域	Ⅱ级成矿省	Ⅲ级成矿区带	Ⅳ级矿带
古亚洲成矿域 Ⅰ-1	阿尔泰成矿省 Ⅱ-1	Ⅲ-2 南阿尔泰 Cu-Pb-Zn-Fe-Mn-Au-RM-U-W-Ni-云母-宝玉石-重晶石-磷灰石-蓝晶石-水晶-滑石-硅灰石-硫铁矿-高岭土-蛋白土-石英砂岩成矿带（Pt_2、C_e、V_e、V_{m-l}、I—Y、Q）	Ⅳ-2-① 阿舍勒 Cu-Au-Pb-Zn-RM-Fe-硫铁矿-重晶石矿带（V_e、V_l、I、Q）
			Ⅳ-2-② 麦兹-冲乎尔 Fe-Cu-Au-Pb-Zn-W-Ni-RM-U-云母-宝玉石-磷灰石-蓝晶石-滑石-硅灰石-硫铁矿-宝石矿带（Pt_2、C_l、V_{m-l}、I—Y_e、Q）
			Ⅳ-2-③ 卡尔巴-哈巴河 Au-Fe-Cu-Pb-RM-水晶-高岭土-蛋白土矿带（V_e、V_{m-l}、I—Y、Q）
			Ⅳ-2-④ 额尔齐斯 Fe-Mn-Cu-Au-砂岩矿带（Pt_2、V_e、V_{m-l}、Q）
	准噶尔成矿省 Ⅱ-2	Ⅲ-3 北准噶尔 Cu-Ni-Co-Mo-Pb-Zn-Au-REE-Pt-Fe-Mn-V-Ti-膨润土-高岭土-石墨-沸石-硫铁矿-珍珠岩-萤石-蛋白土-煤成矿带（C_e、V_{em}、V_{m-l}、Mz、Q）	Ⅳ-3-① 萨吾尔-二台 Cu-Ni-Co-Mo-Au-REE-Pt-Fe-Mn-V-Ti-煤-石墨-硫铁矿-膨润土-沸石-珍珠岩-萤石-蛋白土矿带（C_e、V_{em}、V_{m-l}、Mz、Q）
			Ⅳ-3-② 塔尔巴哈台-阿尔曼太 Fe-Au-Cu-Pb-Zn-煤-石墨-高岭土矿带（C_e、V_{em}、Mz）
		Ⅲ-4 唐巴勒-卡拉麦里 Cr-Cu-Mo-Au-Ag-Fe-Mn-Sn-W-Hg-U-REE-硫铁矿-石墨-石棉-水晶-明矾石-煤-石油-天然气-油页岩-膨润土-珍珠岩-高岭土-耐火黏土-陶瓷黏土-其他黏土（风化煤）-硫铁矿-宝石-玛瑙-盐-芒硝-白垩-花岗岩（饰面用）-天然矿泉水成矿带（C_{e-m}-V_{em}、V_{m-l}、Mz、Q）	Ⅳ-4-① 塔城 Fe-Au-Cu-煤-白垩矿带（V_{em}、Mz）
			Ⅳ-4-② 谢米斯台 Cu-Fe-Au-W-Mo-Pb-Zn-煤-珍珠岩-高岭土-耐火黏土-陶瓷黏土-其他黏土（风化煤）-天然矿泉水矿带（V_{em}、V_{m-l}、Mz、Q）
			Ⅳ-4-③ 唐巴勒-哈图 Cr-Cu-Mo-Au-Fe-Mn-U-Be-石棉-水晶-宝石-独山玉-煤-花岗岩（饰面用）矿带（C_e、V_{em}、V_{m-l}、Mz、Q）
			Ⅳ-4-④ 北塔山 Au-Cu-Mo-Fe-W-Mo-煤-膨润土矿带
			Ⅳ-4-⑤ 卡拉麦里 Au-Cu-Cr-Sn-REE-石墨-水晶-盐-芒硝-煤矿带
			Ⅳ-4-⑥ 三塘湖 Fe-Cu-煤-石油-天然气-油页岩矿带
			Ⅳ-4-⑦ 琼河坝 Cu-Mo-Fe-Au-硫铁矿-明矾石-煤-玛瑙-膨润土矿带（区）
			Ⅳ-4-⑧ 双峰山-伊吾 Au-Hg-Ag-Cu-Fe-石墨-煤-盐-芒硝-油页岩矿带
		Ⅲ-5 准噶尔盆地石油-天然气-油砂-煤-Au-Cu-Pb-Zn-Pt-U-Fe-Pb-Sb-Hg-AS-天然沥青-油砂-珍珠岩-膨润土-钾盐-芒硝-沸石-盐-镁盐-油页岩-页岩气-泥炭-耐火黏土-其他黏土（风化煤）-麦饭石-地热-地下水成矿区（V_{m-l}、Mz—Cz）	Ⅳ-5-① 双井子 Au-Cu-Pb-Zn-煤-煤层气-珍珠岩-膨润土矿带（V_{m-l}、Mz、Cz）
			Ⅳ-5-② 乌伦古煤-U-Hg 矿带（Mz）
			Ⅳ-5-③ 三个泉石油-天然气-盐-镁盐-芒硝-麦饭石矿带（V_{m-l}、Mz）
			Ⅳ-5-④ 玛湖-彩南石油-天然气-油砂-钾盐-芒硝-盐矿带（V_{m-l}、Mz—Cz）
			Ⅳ-5-⑤ 莫索湾石油-天然气-煤-金-长石-天然石英砂矿带（V_{m-l}、Mz—Cz）
			Ⅳ-5-⑥ 火烧山 U-石油-天然气-天然沥青-油砂-煤-沸石-膨润土-地下水矿带（V_{m-l}、Mz—Q）
			Ⅳ-5-⑦ 克拉玛依-乌尔禾石油-天然气-油砂-天然沥青-膨润土-Fe-Au-沸石-地下水矿带（Mz—Q）

续表 2-7

Ⅰ级成矿域	Ⅱ级成矿省	Ⅲ级成矿区带	Ⅳ级矿带
古亚洲成矿域 Ⅰ-1	准噶尔成矿省 Ⅱ-2	Ⅲ-5 准噶尔盆地石油-天然气-油砂-煤-Au-Cu-Pb-Zn-Pt-U-Fe-Pb-Sb-Hg-AS-天然沥青-油砂-珍珠岩-膨润土-钾盐-芒硝-沸石-盐-镁盐-油页岩-页岩气-泥炭-耐火黏土-其他黏土(风化煤)-麦饭石-地热-地下水成矿区(V_{m-l}、Mz—Cz)	Ⅳ-5-⑧石河子-三台 Fe-Pb-石油-天然气-煤-油页岩-油砂-泥炭-高岭土-地下水矿带(V_{m-l}、Mz、Q)
			Ⅳ-5-⑨乌鲁木齐-独山子 Fe-Cu-Sb-Au-As-Pt-U-石油-天然气-天然沥青-煤-煤层气-油页岩-页岩气-耐火黏土-沸石-芒硝-盐-泥炭-天然矿泉水-地下水-地热(温泉)矿带(V_{m-l}、Mz—Q)
		Ⅲ-6 准噶尔南缘 Cu-Mo-Au-Ag-Pb-Zn-W-Fe-Cr-Mn-RM-Pt-Sb-U-Ni-煤-耐火黏土-油页岩-盐类-泥炭-高岭土-硫铁矿-膨润土-重晶石-硼-沸石-石墨-玉石-钠硝石-叶蜡石-红柱石-(陶粒)页岩-珍珠岩(黑曜岩)-其他黏土(风化煤)-大理岩-天然矿泉水-地下水成矿带(C_m、V_m、Q)	Ⅳ-6-①伊连哈比尔尕 Cr-Cu-Co-Au-Fe-Pt-Pb-Zn-Sb-煤-U-地热-膨润土-盐类-玉石矿带(V_{em}、Mz、Q)
			Ⅳ-6-②博格达 Cu-Fe-Au-U-Fe-Mn-Ti-V-W-硼-油页岩-石油-天然气-煤-磷-沸石-芒硝-盐-高岭土-叶蜡石-红柱石-(陶粒)页岩-珍珠岩(黑曜岩)-其他黏土(风化煤)-大理岩-地下水矿带(V_{em}、Mz、Q)
			Ⅳ-6-③哈尔里克 Cu-Au-Ag-Pb-Zn-W-RM-Mo-石墨-红柱石-钠硝石-芒硝-泥炭-云母-重晶石-珍珠岩-地下水矿带(C_e、C_m、V_{m-l}、Mz、Cz)
			Ⅳ-6-④大南湖 Cu-Zn-Au-U-Ni-钠硝石-膨润土-沸石-硅灰石-硫铁矿-煤-其他黏土(风化煤)矿带(C_e、V_{em}、V_{m-l}、Q)
		Ⅲ-7 吐哈盆地石油-天然气-煤-U-煤层气-钠硝石-油砂-Fe-Mn-Cu-天然碱-芒硝-耐火黏土-陶瓷黏土-盐-石膏-高岭土-膨润土-天然矿泉水-地下水成矿区(Mz、Cz)	Ⅳ-7-①胜金口-小草湖石油-天然气-煤-钠硝石-石膏-珍珠岩-天然矿泉水矿带(Mz、Cz)
			Ⅳ-7-②中央隆起带石油-天然气-煤-煤层气-油砂 Fe-Mn-Cu-石膏-U-钠硝石矿带(Mz、Cz)
			Ⅳ-7-③托克逊-鄯善 U-石油-天然气-Fe-煤-钠硝石-盐-地下水矿带(Mz、Cz)
			Ⅳ-7-④艾丁湖 U-煤-地热-盐-石膏-芒硝-高岭土矿带(Mz、Cz)
			Ⅳ-7-⑤了墩煤-钠硝石-高岭土矿带(Mz、Cz)
			Ⅳ-7-⑥三道岭煤-天然碱-耐火黏土矿带(Mz、Cz)
			Ⅳ-7-⑦哈密-骆驼圈子 U-陶瓷黏土-芒硝-地下水矿带(Mz、Cz)
			Ⅳ-7-⑧大南湖-卡特卡尔 Fe-U-煤-芒硝-天然碱矿带(Mz、Cz)
		Ⅲ-8 觉罗塔格 Cu-Ni-Fe-Mn-V-Ti-Au-Ag-Mo-W-Pb-Zn-RM-钠硝石-石膏-硅灰石-煤-硫铁矿-玉石-水晶-萤石-叶蜡石-石灰岩-大理岩成矿带(V_e-V_m、V_{m-l}、I—Y、Mz、Cz)	Ⅳ-8-①小热泉子 Cu-Ni-Pb-Zn-Au-硅灰石-硫铁矿矿带(V_m)
			Ⅳ-8-②康古尔-土屋-黄山 Cu-Ni-Ti-Au-Ag-Mo-W-Pb-Zn-RM-钠硝石-硫铁矿-硅灰石-宝石-水晶-玉石-萤石-叶蜡石-大理岩矿带(V_{m-l}、I—Y、Mz、Cz)
			Ⅳ-8-③阿齐山-雅满苏-沙泉子 Fe-Mn-Co-V-Ti-Au-Cu-Ag-Pb-Zn-石膏-煤-硫铁矿-石灰岩矿带(V_{m-l}、Mz)

续表 2-7

Ⅰ级成矿域	Ⅱ级成矿省	Ⅲ级成矿区带	Ⅳ级矿带
古亚洲成矿域 Ⅰ-1	伊犁成矿省 Ⅱ-3	Ⅲ-9 伊犁微板块北东缘（陆缘弧）Au-Ag-Fe-Mn-Cu-Mo-Pb-Zn-W-Sn-Sb-Ag-RM-Sb-Hg-RM-As-天青石-磷-硅灰石-长石-石膏-磷-硫铁矿-重晶石-沸石-水晶-石墨-珍珠岩-宝石-铀成矿带	Ⅳ-9-①阿拉套（陆缘盆地）W-Sn-Mo-Au-Fe-Cu-Zn-As-石膏-水晶矿带
			Ⅳ-9-②汗吉尕（陆缘盆地）Cu-Mo-Fe-Mn-Pb-Zn-W-Au-沸石-珍珠岩-石墨矿带
			Ⅳ-9-③赛里木（地块）Cu-Pb-Zn-Fe-Mo-Au-Ag-石膏-磷-石灰岩矿带
			Ⅳ-9-④博罗科努（陆缘弧）Fe-Mn-Au-Cu-Mo-Pb-Zn-Sn-Sb-Ag-RM-Sb-Hg-RM-As-天青石-磷-硅灰石-长石-石膏-硫铁矿-重晶石-石墨-宝石-U 矿带
		Ⅲ-10 伊犁 Fe-Mn-Cu-Co-Mo-Pb-Zn-Ni-Au-Ag-W-U-煤-石油-天然气-硫铁矿-白云岩-石英岩-石膏-重晶石-沸石-高岭土-地开石-伊利石黏土-耐火黏土-石灰岩-其他黏土（风化煤）(腐植酸)矿带(C_l、V_{m-l}、Mz、Cz)	Ⅳ-10-①阿吾拉勒 Fe-Au-Cu-Co-Pb-Zn-U-煤-硫铁矿-地开石-耐火黏土矿带(V_l、Mz)
			Ⅳ-10-②伊犁凹陷 Au-Fe-Mn-Cu-Pb-Zn-W-U-煤-石油-天然气-石膏-重晶石-高岭土-伊利石黏土-耐火黏土-石英岩-其他黏土（风化煤）(腐植酸)矿带(Pt、V_{m-l}、Mz、Cz)
			Ⅳ-10-③伊什基里克 Cu-Mo-Au-Pb-Zn-Ni-Au-Ag-Fe-Mn-煤-沸石-石膏-重晶石-石灰岩矿带(C_l、V_{m-l}、Mz、Cz)
	塔里木成矿省 Ⅱ-4	Ⅲ-11 那拉提-巴伦台-卡瓦布拉克 Fe-Mn-Pb-Zn-Au-Ag-Cu-Ni-Co-Cr-V-Ti-REE-RM-U-W-Sn-Mo-Re-Pt 族-天青石-蓝晶石-硅灰石-钾硝石-钠硝石-芒硝-石墨-盐-云母（白云母）-磷灰石-硫铁矿-水晶-长石-滑石-冰洲石-萤石-红柱石-蛭石-花岗岩（饰面用）-煤-宝玉石矿带(Pt、C_l、V_e、V_{m-l}、Mz、Cz)	Ⅳ-11-①那拉提 Cu-Ni-Au-Fe-Pb-Zn-RM-Pt 族-云母（白云母）-玉石-硫铁矿矿带(Pt_3、C_l、V_m、Mz)
			Ⅳ-11-②巴伦台 Fe-Mn-V-Ti-Cu-Pb-Zn-Au-Sr-Ag-As-萤石-石墨-水晶-滑石-蓝晶石-煤矿带(Pt_3、C_l、V_m、V_l、Mz)
			Ⅳ-11-③卡瓦布拉克-星星峡 Fe-Mn-Pb-Zn-Au-Ag-Cu-Ni-Co-Cr-V-Ti-REE-RM-U-W-Sn-Mo-Re-硅灰石-钾硝石-钠硝石-芒硝-石墨-盐-云母（白云母）-磷灰石-水晶-长石-宝玉石-冰洲石-萤石-红柱石-蛭石-花岗岩（饰面用）矿带(Pt、C_e、V_e、V_{m-l}、I—Y、Cz)
		Ⅲ-12 塔里木板块北缘（复合沟弧带）Fe-Ti-Mn-Cu-Ni-Mo-Pb-Zn-Sn-Pt 族-Au-Sb-U-RM-REE-云母-菱镁矿-铝土矿-石墨-硅灰石-红柱石-云母-磷灰石-石油-天然气-硫铁矿-盐类-宝玉石-滑石-石棉-蛇纹岩-萤石-重晶石-泥炭成矿带	Ⅳ-12-①哈尔克山（弧前增生带）Au-Sb-Sn-RM-REE-Mn-Fe-红柱石-萤石-宝玉石-石膏矿带
			Ⅳ-12-②艾尔宾-萨阿尔明（残余海盆）Fe-Mn-Cu-Au-W-Sn-Co-Mo-Pb-Zn-U-菱镁矿-石墨-硅灰石-红柱石-水晶-石棉-滑石-石榴子石-长石-方解石-钾硝石-蛇纹岩-硫铁矿-重晶石-皂土-蛇纹岩-花岗岩-大理岩-盐类-煤-宝玉石矿带
			Ⅳ-12-③焉耆（断陷盆地）石油-天然气-煤-盐-泥炭-Fe-W-As-U-Au（砂金）-石棉-长石-石膏矿带(Mz、Cz)
			Ⅳ-12-④阔克沙勒岭（陆缘盆地）Pb-Zn-Cu-Fe-Mn-Sn-Sb-Hg-Au-REE-U-Al（铝土）-石墨-硫铁矿-冰洲石-重晶石-石膏-油页岩-煤-地热矿带

续表 2-7

Ⅰ级成矿域	Ⅱ级成矿省	Ⅲ级成矿区带	Ⅳ级矿带
古亚洲成矿域 Ⅰ-1	塔里木成矿省 Ⅱ-4	Ⅲ-13 塔里木陆块北缘隆起 Cu-Ni-Co-Au-Fe-Mn-Ti-V-Pb-Zn-RM-REE-U-Sn-Mo-U-Sr-Hg-滑石-蛭石-磷-石墨-萤石-煤-芒硝-盐-重晶石-石膏-宝石-硫铁矿-冰洲石-玉石-沸石-耐火黏土-陶瓷黏土-自然硫-硅灰石-白云岩-石灰岩-大理岩-地热成矿带(Ar_3、Pt、C_{el}、V_{m-l}、Mz、Cz)	Ⅳ-13-① 柯坪塔格 Pb-Zn-Cu-Co-Sn-Fe-Mn-V-Ti-Sr-Hg-U-REE-磷-萤石-石墨-煤-芒硝-盐-重晶石-石膏-宝石-冰洲石-玉石-沸石-耐火黏土-陶瓷黏土-自然硫-硫铁矿-白云岩-石灰岩-地热矿带(Pt、C_{el}、V_{m-l}、Mz、Cz)
			Ⅳ-13-② 库鲁克塔格 Cu-Ni-Co-Mo-Pb-Zn-Au-Fe-V-REE-RM-U-蛭石-滑石-磷-石墨-重晶石-煤-硅灰石-白云岩-大理岩矿带(Ar_3、Pt、C_e、V_{m-l}、Mz、Cz)
		Ⅲ-14 磁海-中坡山(裂谷系) Cu-Ni-Pt(族)-Fe-Mn-Au-Pb-Zn-Co-V-Ti-W-Sn-U-Pt-磷-矽线石-重晶石-钠硝石-芒硝-盐类-玉石成矿带	Ⅳ-14-① 磁海-大水(裂谷系) Cu-Ni-Pt(族) Fe-Mn-V-Ti-Co-Au-W-Sn-矽线石-重晶石-芒硝-磷(V-U)-钠硝石-盐类-玉石矿带
			Ⅳ-14-② 中坡山-红十井(裂谷系) Cu-Ni-Au-Fe-Mn-Pb-Zn 矿带
		Ⅲ-15 敦煌(地块)Au-Fe-磷-芒硝成矿区(Pt_1、Pz_1、Q)	Ⅳ-15-① 库木塔格 Fe 矿带(Pt_1)

注：本表中有的成矿时代采用地质年代表示，以正体字表示，如 Pt_2 表示中元古代；有的成矿时代是用构造旋回表示的，如加里东期、华力西期、印支期、燕山期和喜马拉雅期等，则用大写的斜体字母 C、V、I、Y 和 H 来表示，并用下角标 e、m、l 分别表示早期、中期和晚期，如 C_e、C_m 和 V_l 分别表示加里东早期、加里东中期和加里东晚期。

(二) 东天山白鑫滩一带

矿区横跨Ⅳ-6-④大南湖 Cu-Zn-Au-U-Ni 钠硝石-膨润土-沸石-硅灰石-硫铁矿-煤-其他黏土(风化煤)矿带与Ⅳ-8-②康古尔-土屋-黄山 Cu-Ni-Ti-Au-Ag-Mo-W-Pb-Zn-RM 钠硝石-硫铁矿-硅灰石-宝石-水晶-玉石-萤石-叶蜡石-大理岩矿带(图 2-58，表 2-8)，超基性杂岩体及铜镍矿主要位于Ⅳ-6-④大南湖 Cu-Zn-Au-U-Ni 钠硝石-膨润土-沸石-硅灰石-硫铁矿-煤-其他黏土(风化煤)矿带内。

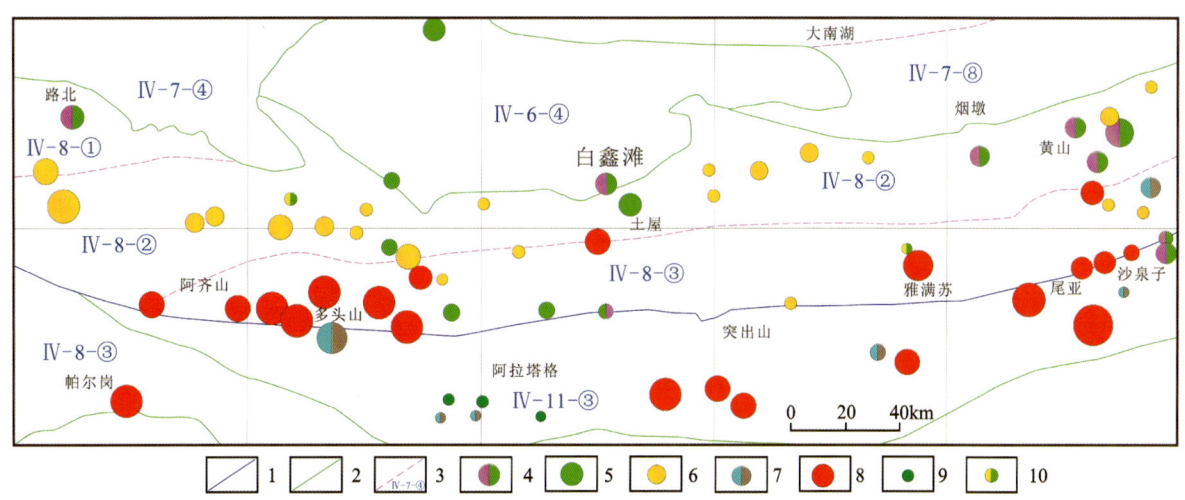

1.Ⅱ成矿省界线；2.Ⅲ级成矿带界线；3.Ⅳ级矿带界线及编号；4.铜镍矿；2~5.铜矿；6.金矿；7.铅锌矿；8.铁矿；9.铬矿；10.金铜矿

图 2-58 白鑫滩铜镍矿带划分略图

表 2-8　白鑫滩铜镍矿成矿带划分表

成矿域名称及编号	Ⅱ级成矿省名称及编号	Ⅲ级成矿区带及全国统一编号	Ⅳ级矿带及新疆统一编号
古亚洲成矿域Ⅰ-1	准噶尔成矿省Ⅱ-2	Ⅲ-6 准噶尔南缘 Cu-Mo-Au-Ag-Pb-Zn-W-Fe-Cr-Mn-RM-Pt-Sb-U-Ni-煤-耐火黏土-油页岩-盐类-泥炭-高岭土-硫铁矿-膨润土-重晶石-硼-沸石-石墨-玉石-钠硝石-叶蜡石-红柱石-(陶粒)页岩-珍珠岩(黑曜岩)-其他黏土(风化煤)-大理岩-天然矿泉水-地下水成矿带	Ⅳ-6-④大南湖 Cu-Zn-Au-U-Ni钠硝石-膨润土-沸石-硅灰石-硫铁矿-煤-其他黏土(风化煤)矿带
		Ⅲ-8 觉罗塔格 Cu-Ni-Fe-Mn-V-Ti-Au-Ag-Mo-W-Pb-Zn-RM-钠硝石-石膏-硅灰石-煤-硫铁矿-玉石-水晶-萤石-叶蜡石-石灰岩-大理岩成矿带	Ⅳ-8-②康古尔-土屋-黄山 Cu-Ni-Ti-Au-Ag-Mo-W-Pb-Zn-RM-钠硝石-硫铁矿-硅灰石-宝石-水晶-玉石-萤石-叶蜡石-大理岩矿带

(1) Ⅳ-6-④大南湖 Cu-Zn-Au-U-Ni 钠硝石-膨润土-沸石-硅灰石-硫铁矿-煤-其他黏土(风化煤)矿带长约 150 km,宽 15～60 km。其地质背景与哈尔里克相似,为吐哈地块南缘复合岛弧带。区内主要出露泥盆系火山碎屑岩和灰岩组合,系复理石建造。二叠系为陆相火山岩和砂砾岩。该区侵入岩十分发育,以海西中期为主。

该矿带以铜、锌及金矿化为主,主要有海相火山岩型铜锌矿、铜金矿,如黄土坡及梅岭南铜锌(金)矿。区内主要地质事件及矿化类型有 1 个,即与奥陶纪拉张阶段双峰式火山岩建造有关的铜金、锌化,已发现有黄土坡(大型)及梅岭南(中型)铜锌(金)矿床。

该矿带内发现了白鑫滩铜镍矿床、海豹滩铜镍矿点、滩北铜镍矿点,说明在该矿带内同时具有寻找到与超基性岩有关的铜镍矿的潜力。

(2) Ⅳ-8-②康古尔-土屋-黄山 Cu-Ni-Ti-Au-Ag-Mo-W-Pb-Zn-RM-钠硝石-硫铁矿-硅灰石-宝石-水晶-玉石-萤石-叶蜡石-大理岩矿带近东西走向,长约 550 km,宽 12～50 km。构造上属裂陷槽汇聚形成的岛弧带。此矿带以铜、镍、金、钨、钼、稀有金属矿为主,并有银、铅、锌、钒、钛等多种矿产。矿化具明显的分带性,即中段北部为铜钼矿集区,带内已知铜矿化有土屋-延东-延西大型-超大型斑岩型铜(钼)矿床、三岔口小型斑岩型铜钼矿床及赤湖斑岩型铜钼矿点等;西段西南部为金铅锌矿集区,呈近东西向,但与矿化有关的韧剪带可东延入甘肃省,带内产出与脆韧性剪切带有关的破碎蚀变岩型金矿(康古尔金矿床、马头滩金矿床、盐碱坡金矿床),与陆相火山岩有关的浅成低温热液型金矿(石英滩金矿床、哈尔拉金矿),与花岗岩类有关的金矿(西凤山金矿床、红石岗金矿),与火山机构的断裂和隐爆角砾岩有关的金矿(康南及黑石山金矿);东段北部为铜、镍、金、钨、钼、稀有金属矿集区,已发现的铜镍矿床有黄山、黄山东、香山、土墩、图拉尔根、葫芦等铜镍矿,此外还有白山钼(铼)矿(大型)、香山钛铁矿、红柳沟铜钼矿、三岔口和三岔口东斑岩型铜矿等其他矿床。但由于带内成矿地质事件(如陆内堆叠形成的韧剪带和弛张期形成的超壳断裂带)具有相互叠加的属性,3 个矿集区的矿化也具有叠加与穿插的特点,很难厘定具体分界线。

白鑫滩铜镍矿虽然位于大南湖 Cu-Zn-Au 带,但同时位于黄山-镜儿泉铜镍矿集区与路北铜镍矿之间,说明该成矿带内具有寻找到多种类型矿床的潜力。

从区域上看,东天山属古亚洲成矿域(Ⅰ-1),准噶尔成矿省(Ⅱ-2)。北部处于大南湖-卡特卡尔 Fe-U-煤-芒硝-天然碱矿带(Ⅳ-7-⑧);南部属康古尔-土屋-黄山 Cu-Ni-Ti-Au-Ag-Mo-W-Pb-Zn-RM-钠硝石-硫铁矿-硅灰石-宝石-水晶-玉石-萤石-叶蜡石-大理岩矿带(Ⅳ-8-②)(表 2-9,图 2-59)。

表 2-9 东天山成矿单元划分表

Ⅱ级成矿省及编号	Ⅲ级成矿区带及编号	Ⅳ级矿带及编号	备注
准噶尔成矿省Ⅱ-2	Ⅲ-7 吐哈盆地石油-天然气-煤-U-煤层气-钠硝石-油砂-Fe-Mn-Cu 天然碱-芒硝-耐火黏土-陶瓷黏土-盐-石膏-高岭土-膨润土-天然矿泉水-地下水成矿区	Ⅳ-7-⑦ 哈密-骆驼圈子 U-陶瓷黏土-芒硝-地下水矿带	区外
		Ⅳ-7-⑧ 大南湖-卡特卡尔 Fe-U-煤-芒硝-天然碱矿带	
	Ⅲ-6 准噶尔南缘 Cu-Mo-Au-Ag-Pb-Zn-W-Fe-Cr-Mn-RM-Pt-Sb-U-Ni-煤-耐火黏土-油页岩-盐类-泥炭-高岭土-硫铁矿-膨润土-重晶石-硼-沸石-石墨-玉石-钠硝石-叶蜡石-红柱石-(陶粒)页岩-珍珠岩(黑曜岩)-其他黏土	Ⅳ-6-④ 大南湖 Cu-Zn-Au-U-Ni 钠硝石-膨润土-沸石-硅灰石-硫铁矿-煤-其他黏土(风化煤)矿带	工作区
	Ⅲ-8 觉罗塔格 Cu-Ni-Fe-Mn-V-Ti-Au-Ag-Mo-W-Pb-Zn-RM-钠硝石-石膏-硅灰石-煤-硫铁矿-玉石-水晶-萤石-叶蜡石-石灰岩-大理岩成矿带	Ⅳ-8-② 康古尔-土屋-黄山 Cu-Ni-Ti-Au-Ag-Mo-W-Pb-Zn-RM 钠硝石-硫铁矿-硅灰石-宝石-水晶-玉石-萤石-叶蜡石-大理岩矿带	
		Ⅳ-8-③ 阿齐山-雅满苏-沙泉子 Fe-Mn-Co-V-Ti-Au-Cu-Ag-Pb-Zn-石膏-煤-硫铁矿-石灰岩矿带	区外

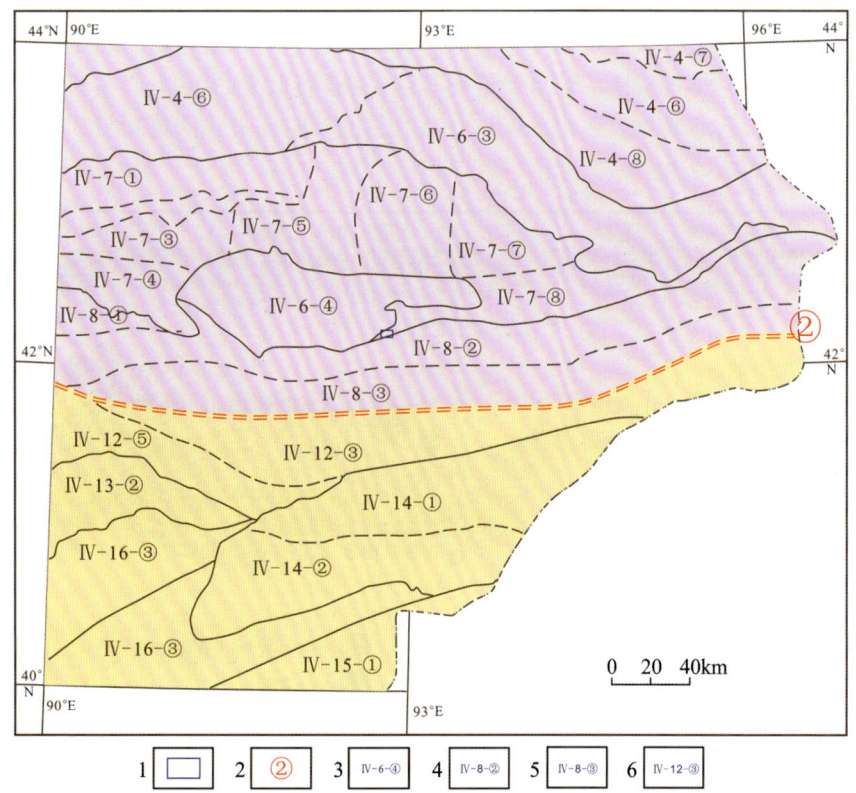

1.白鑫滩;2.那拉提-阿其克库都克构造缝合带;3.大南湖(复合岛弧带)Cu-Zn-Au 矿带;4.康古尔-土屋-黄山(褶皱带)Cu-Ni-V-Ti-Au-Ag-Mo-Pb-Zn-RM-钠硝石-硅灰石-煤-玉石矿带;5.阿齐山-雅满苏-沙泉子(裂陷槽)Fe-Mn-Co-V-Ti-Au-Cu-石膏-煤-硫铁矿带;6.焉耆(断陷盆地)石油-天然气-煤-盐-泥炭-Fe-W-As-U-Au(砂金)-石棉-长石-石膏矿带

图 2-59 东天山成矿单元划分略图

东天山主要矿产有铜矿、金矿、铜镍矿等。区内斑岩型土屋-延东铜矿,距离白鑫滩铜镍矿东南侧约5 km处,在空间分布上主要受断裂构造及岩浆岩控制。不同矿种分布在不同的大地构造单元之中,土屋-延东铜矿位于康古尔断裂以北,大草滩断裂以南,主要产出于花岗斑岩岩体内;而白鑫滩铜镍矿主要位于大草滩断裂以北,产出于基性—超基性杂岩体中。

二、重要矿带特征

(一)天山地区重要矿带

1. 觉罗塔格成矿带

本带北界为吐哈盆地南缘断裂,南以阿其克库都克-沙泉子断裂与中天山带为界。其大地构造为觉罗塔格-黑鹰山石炭纪裂陷槽,可分为西段小热泉子裂谷、中—东段北部康古尔-黄山裂谷、南部雅满苏裂谷3个次级构造带。主要出露地层为石炭系,其次为少量二叠系、侏罗系以及新生界覆盖。侵入岩基本为石炭纪产物,包括碰撞前钙碱性花岗岩序列、后碰撞正长花岗岩序列、碰撞后伸展镁铁—超镁铁岩序列。火山作用发育,有早石炭世、晚石炭世、二叠纪3期。褶皱构造有雅满苏和康古尔大型东西向复式背斜。主要断裂均呈近东西向,包括觉罗塔格北缘断裂、觉罗塔格南缘断裂、康古尔-土墩-镜儿泉断裂、雅北-苦水北-野马泉断裂等。韧性剪切带发育,主要有康古尔-黄山韧性剪切带、镜儿泉北构造混杂带、色尔特能-卡塔尤鲁滚韧性剪切带、雅北-白山韧性剪切带4条。

本成矿带是我国具有晚古生代特色的重要成矿带。一是矿种较多,目前已发现矿产36种,能源矿产1种、金属矿产17种、非金属矿产18种;二是矿产地多,共有325处,其中成型矿床88处、矿点237处;三是本带是新疆铜、镍、钼、金、铁矿的重要资源基地,有新疆最大的土屋-延东斑岩型铜矿、黄山和黄山东一带大型铜镍矿床、东戈壁超大型钼矿床、白山大型钼矿床、阿齐山大型铅锌矿床、雅满苏中型铁矿床、红云滩中型铁矿床和铁岭中型铁矿床等(图2-60)。

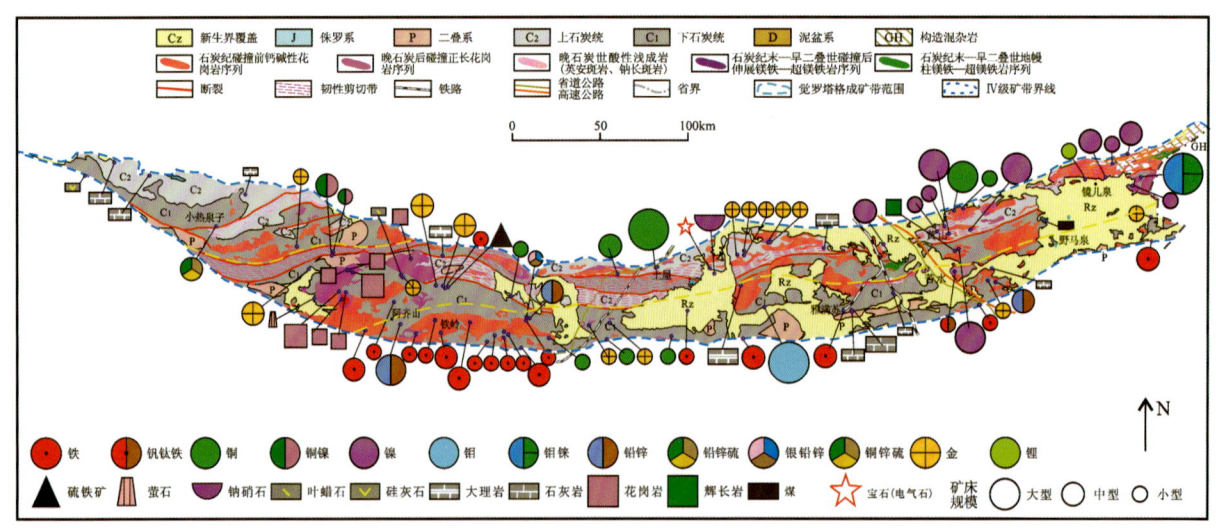

图2-60 觉罗塔格成矿带地质矿产图

2. 伊犁微板块北东缘(北天山)成矿带

伊犁微板块北东缘(北天山)成矿带大地构造为伊犁地块北天山古生代陆缘弧,包括阿拉套晚古生代陆缘盆地、汗吉尕晚古生代陆缘盆地、赛里木地块及博罗科努早古生代陆缘弧4个次级构造单元。带内前寒武纪基底主要位于汗吉尕带、赛里木带及博罗科努带,出露地层包括古元古界温泉群、中元古界蓟县系库松木切克群、青白口系开尔塔斯群及南华系凯拉克提群。早古生代为岛弧构造性质,主要位于博罗科努带,出露地层包括下寒武统磷矿沟组、中寒武统肯萨依组、上寒武统果子沟组、中奥陶统奈楞格勒达坂组、上奥陶统呼独克达坂组、下志留统尼勒克河组和基夫克组、上志留统库茹尔组和博罗霍洛山组。晚古生代为陆缘盆地构造性质,出露地层包括中泥盆统汗吉尕组、上泥盆统托斯库尔他乌组、下石炭统阿克沙克组、上石炭统东图津河组和科古琴山组。二叠纪为板内初期构造性质,出露地层包括下二叠统乌朗组、中二叠统晓山萨伊组、上二叠统巴斯尔干组。侏罗纪主要出露陆相含煤碎屑岩系。

该带已发现矿产29种,主要有金、铜、铁、钨、锡、磷、铅锌、煤、地热等矿产资源。已发现矿产地257处。其中,成型矿床74处,包括大型4处、中型16处、小型54处。具有矿化类型多样,资源储量巨大,分布相对集中的特点。带内金矿较多,尤以吐拉苏火山盆地石炭纪陆相火山岩型阿希金矿床最著名(图2-61)。

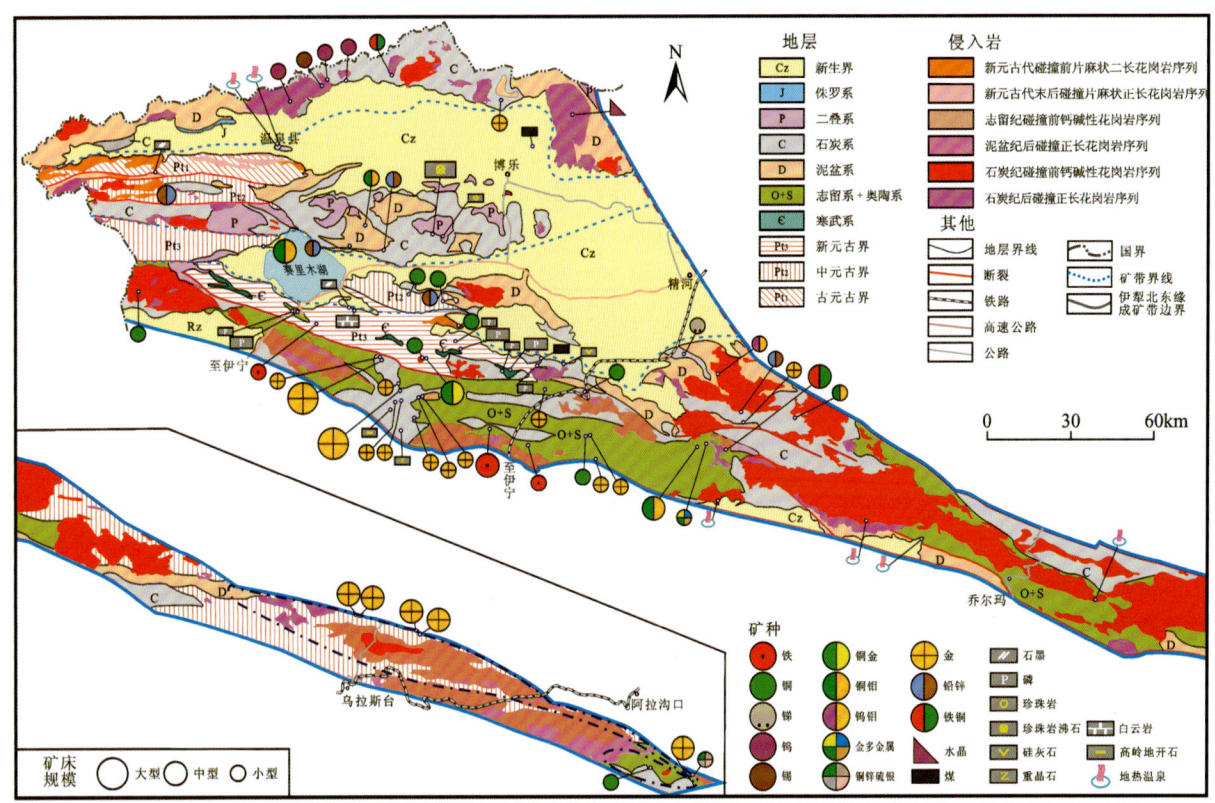

图2-61　伊犁微板块北东缘(北天山)成矿带地质矿产图

3. 伊犁(中央地块)成矿带

伊犁(中央地块)成矿带位于伊犁北缘成矿带和那拉提-巴仑台-卡瓦布拉克成矿带之间,构造上属于哈萨克斯坦-伊犁板块中伊犁裂谷。伊犁(中央地块)成矿带包括阿吾拉勒晚古生代裂谷、伊犁地块、伊什基里克晚古生代裂谷3个次级构造单元。地层包括基底出露的长城系、蓟县系、青白口系,晚古生代裂谷有石炭系、二叠系,中生界内陆盆地有三叠系、侏罗系,以及新生界。侵入岩总面积2439 km²,约占本区基岩出露面积10%,包括了基性—酸性岩浆岩,有辉绿岩、辉长岩、闪长岩、英云闪长岩、花岗闪长岩、奥长花岗岩、二长花岗岩,以及正长花岗岩、碱长花岗岩、碱性花岗岩、石英二长(斑)岩、正长(斑)岩等。火山作用发育于长城纪、石炭纪、二叠纪。伊犁成矿带地质历史经过元古宙基底形成、石炭纪裂谷、二叠纪地堑、中生代内陆断陷盆地、新生代山间断陷盆地5个演化阶段,不同阶段成矿有不同特点。

伊犁(中央地块)成矿带内已发现矿产20种,主要矿产为煤、铀、铁、锰、金、银、铜、铅、锌、耐火黏土、重晶石等。矿带内已知矿产地278处,其中矿床为106处,包括了超大型矿床1处、大型矿床19处、中型矿床20处、小型矿床66处,是我国煤炭、铀矿、铁矿的重要资源基地(图2-62)。

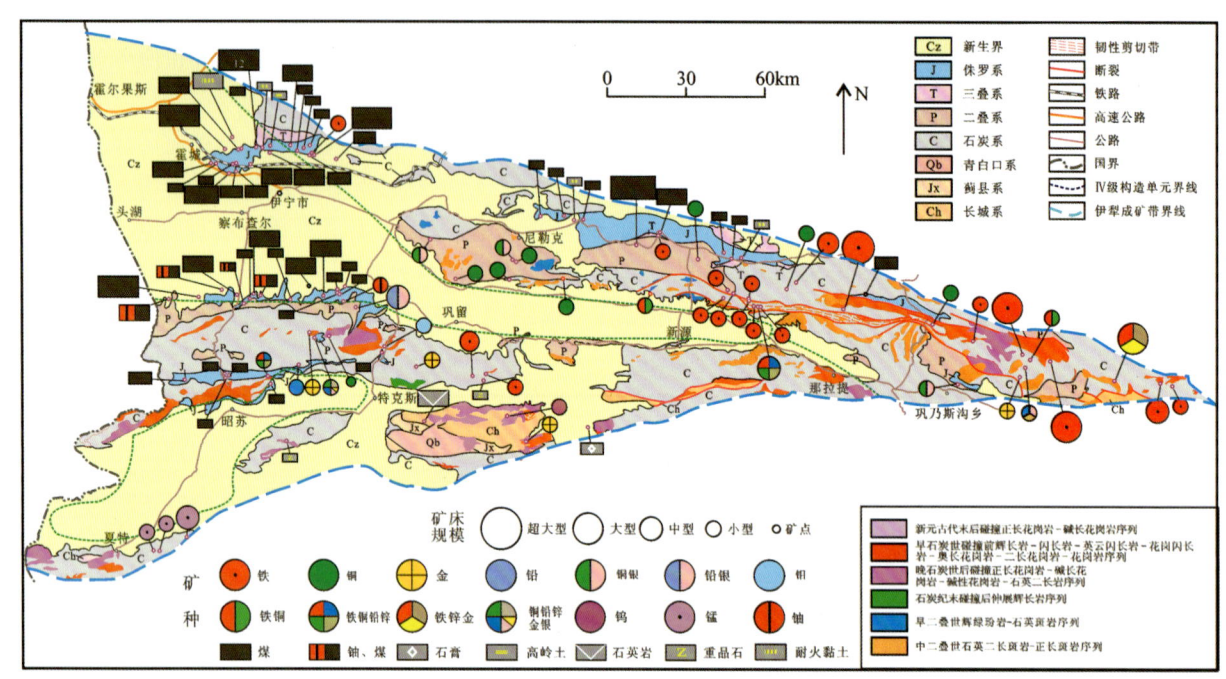

图2-62 伊犁(中央地块)成矿带地质矿产图

4. 那拉提-巴伦台-卡瓦布拉克成矿带

那拉提-巴伦台-卡瓦布拉克成矿带位于天山中带,构造单元基本包括中天山那拉提-巴仑台-卡瓦布拉克前寒武纪基底残块和蛇绿混杂岩,局部见古生代盖层沉积。长阿吾子蛇绿岩带沿那拉提带与南天山分界断裂分布。带内主要有长阿吾子、阿克牙孜、达鲁巴依等几个超基性岩混杂体。中天山前寒武纪基底为新太古代陆核上发展起来的古元古代、中元古代增生带,新元古代发育不同板块构造环境下的岩浆作用,有局部小范围寒武纪、奥陶纪、石炭纪大陆板内盖层沉积。前寒武纪基底在全带普遍发育,包括古元古界、中元古界、新元古界沉积。古生界分布局限,下古生界中那拉提段巴音布鲁克地区为早古生代增生带志留系火山岩,巴仑台段东北侧博罗科努带的干沟段为奥陶系—志留系造山带沉积,卡瓦布拉克-星星峡地区局部出现的寒武系、奥陶系均为大陆板内盖层沉积。上古生界中,中天山带莫托沙拉、马鞍桥等地为小范围盖层沉积,东段觉罗塔格带为造山带沉积。侏罗系分布于那拉提段巴音布鲁克,为陆相湖沼相含煤碎屑岩系。新生界包括新近系碎屑岩、第四系山麓堆积、河床冲洪积砂砾层,主要分布于那拉提段和巴仑台段的结合部小尤勒都斯和星星峡东南金窝子地区。侵入岩总面积12 815 km²,占中天山带地理面积约53%,为新疆各带侵入岩比例最高地区。

带内目前已发现矿产31种,包括金、铜、铁、钼、镍、银、锰、铅、锌、钨、钛、煤、铬、钒、钛、稀土、云母(白云母)、白云岩、硅灰石、钾硝石、磷、冰洲石、石墨、水晶、萤石、重晶石、芒硝、盐(岩盐)、硫铁矿、蛭石、花岗岩(饰面石材)等。优势矿种为铁、铅、锌、镍、钨、金、铜、云母等。已发现矿产地308处,其中,成型矿床75处,矿点233处。成型矿床中包括超大型2处、大型9处、中型15处、小型49处(图2-63)。

5. 磁海-中坡山成矿带

磁海-中坡山成矿带位于塔里木地块东北角,西以罗布庄大断裂与库鲁克塔格带为界,北以红柳河断裂与中天山带为界。构造上对应于原新疆北山裂谷带,为在前寒武纪基底上生成的早古生代和晚古生代两期裂谷,可进一步分为西部琼塔格前寒武纪基底隆起、北部磁海-大水早古生代裂谷、南部中坡山-

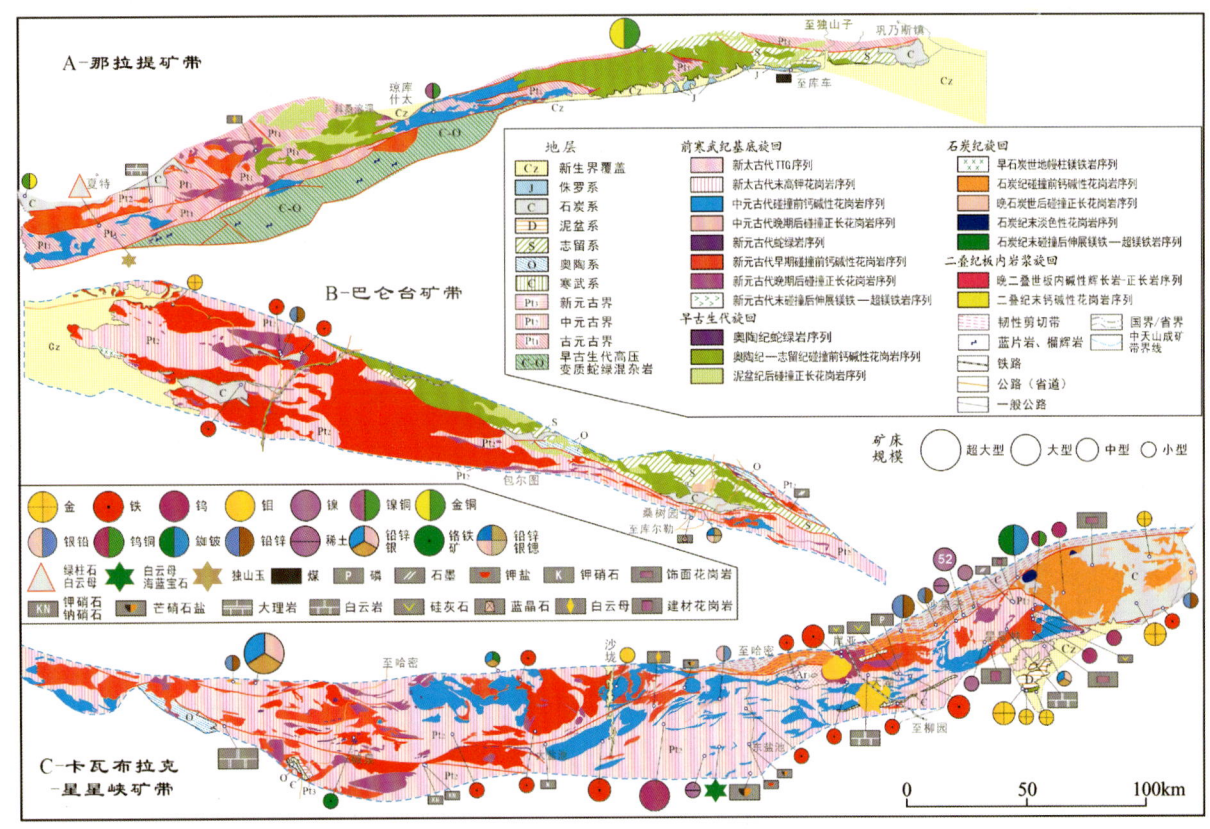

图 2-63 那拉提-巴伦台-卡瓦布拉克成矿带地质矿产图

红十井晚古生代裂谷等次级构造单元。地层包括前寒武纪的古元古界、中元古界、新元古界,古生代的寒武系、奥陶系、志留系、泥盆系、石炭系、二叠系,以及新生界,缺失中生界。前寒武系在中—南部发育,早古生界在北半部发育,晚古生界主要在南部分布。侵入岩发育,有橄榄岩、辉长岩、闪长岩到正长花岗岩等,其中辉长岩和闪长岩类占比 33.7%,而后碰撞性质的正长花岗岩、碱长花岗岩类数量少。

带内目前已发现矿产 23 种,包括铀、铁、锰、钒、钛、铜、铅、锌、镍、钴、钨、钼、金、银、石墨、磷、盐、矽线石、芒硝、辉绿岩、玄武岩、大理岩、宝石等。优势矿种为镍、铁、金、钒、磷等。成矿带内已发现矿产地共 95 处,其中,成型矿床 49 处,矿点 46 处。成型矿床中包括超大型 1 处、大型 3 处、中型 6 处、小型 39 处。区内有新疆最大的超大型镍矿床,是新疆重要的镍矿和铁矿资源基地(图 2-64)。

(二)东天山地区重要矿带

1. Ⅲ-6 准噶尔南缘 Cu-Mo-Au-Ag-Pb-Zn-W-Fe-Cr-Mn-RM-Pt-Sb-U-Ni-煤-耐火黏土-油页岩-高岭土-硫铁矿-膨润土-硼-沸石-石墨-玉石-钠硝石-泥炭-盐类-重晶石-叶蜡石-红柱石-(陶粒)页岩-珍珠岩(黑曜岩)-其他黏土(风化煤)-大理岩-天然矿泉水-地下水成矿带

该成矿带位于准噶尔盆地南部,呈向南微突出的弧形展布于准噶尔盆地南侧。总长约 1100 km,宽 10~70 km。构造上属准噶尔陆块南缘活动带,为古生代复合沟弧带及弧后裂陷盆地。出露最老地层为奥陶系荒草坡群,但主体为泥盆纪及石炭纪火山碎屑岩-复理石建造。该成矿带又划分出伊连哈比尔尕、博格达、哈尔里克及大南湖 4 个Ⅳ级矿带。本次工作区涉及大南湖 Cu-Zn-Au-U-Ni-钠硝石-膨润土-沸石-硅灰石-硫铁矿-煤-其他黏土(风化煤)矿带(Ⅳ-6-④)。

大南湖矿带位于吐哈盆地南部,长约 150 km,宽 15~60 km。其地质背景与哈尔里克雷同,为吐哈地块南缘复合岛弧带。区内奥陶系零星分布,为双峰式火山岩建造;主要出露泥盆系火山碎屑岩和灰岩

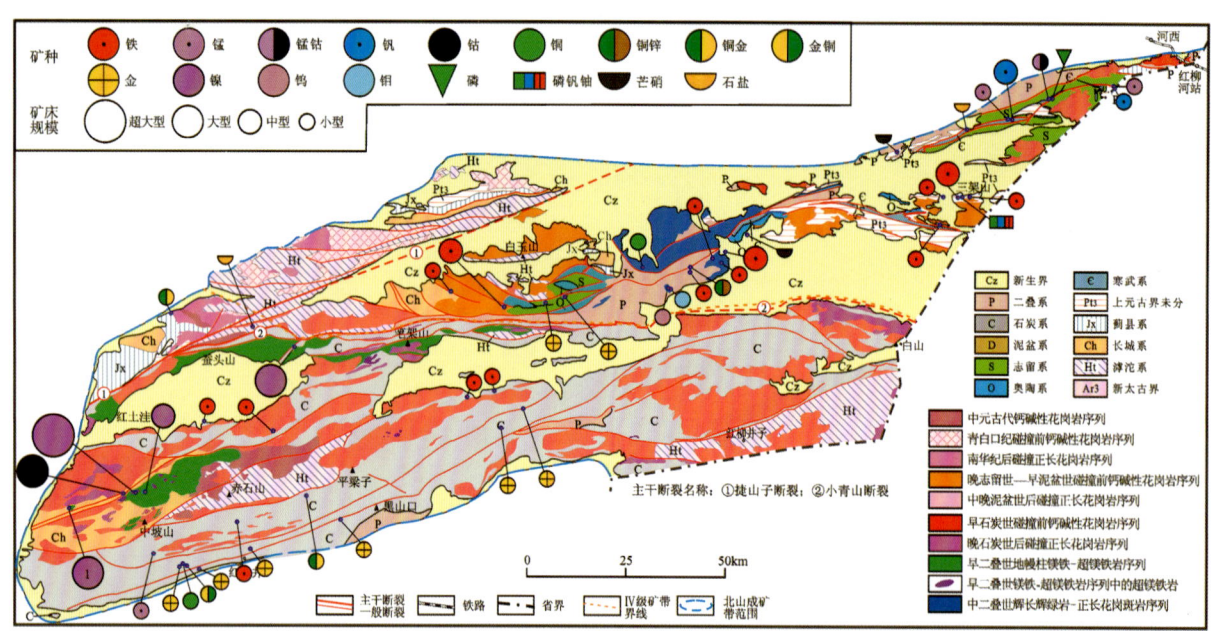

图 2-64 磁海-中坡山成矿带地质矿产图

组合,系复理石建造;二叠系为陆相火山岩和砂砾岩。该区侵入岩十分发育,以海西中期为主。

以铜、锌及金矿化为主,尚有膨润土、沸石矿化。主要成矿地质事件及矿化类型有:与奥陶纪拉张阶段双峰式火山岩建造有关的铜金、锌矿化(黄土坡(大型)及梅岭南(中型)铜锌(金)矿床);与石炭纪汇聚阶段钙碱性花岗岩建造有关铜金矿化(黑山南铜金矿点、大南湖乡铜矿点及大草滩金矿点);与二叠纪上叠盆地陆相火山-沉积建造有关膨润土、沸石矿化(沙尔湖中型膨润土矿床、卡拉塔格大型沸石矿床)等。特别是喀拉塔格地区新发现的黄土坡及梅岭南铜锌矿床,对开拓东天山早古生代海相火山岩块状硫化物铜锌矿床的找矿具有重要意义。

2. Ⅲ-8 觉罗塔格 Cu-Ni-Fe-Mn-V-Ti-Au-Ag-Mo-W-Pb-Zn-RM-钠硝石-石膏-硅灰石-煤-硫铁矿-玉石-水晶-萤石-叶蜡石-石灰岩-大理岩成矿带

该成矿带位于吐哈盆地之南,呈近东西走向,长约 625 km,宽 40~80 km,面积为 2.8×10^4 km²。带内主要为石炭纪沉积及石炭纪花岗岩类,少量二叠纪磨拉石。

该成矿带为觉罗塔格-黑鹰山晚古生代裂陷槽西段。早石炭世拉张,堆积双峰式火山岩建造;晚石炭世早期汇聚,沉积中酸性夹基性火山岩建造,夹正常沉积的砂页岩和灰岩,岛弧带中火山机构较多且保存完整。侵入岩以海西中期为主,并出现部分海西晚期的小岩体。前者为闪长岩-花岗闪长岩-二长花岗岩建造的侵入体,后者主要是钾长花岗岩。本带的构造变动异常强烈,褶皱紧闭,断裂十分发育,韧性变形尤为突出,以成矿带北界的康古尔巨型韧性剪切带最为著名,它断续纵贯全区,对区内金成矿具明显的控制作用。

该成矿带以铁、铜、镍、钼、金、钨、钼、稀有金属、煤、钠硝石、硅灰石为主,并有银、铅、锌、锰、钴、钒、钛等多种矿产,主要矿产地有上百处,是新疆最重要的成矿带之一。主要矿床类型有海相火山岩型铜、铁矿,斑岩型铜钼矿,镁铁—超镁铁岩型铜镍矿、钛矿,韧性剪切带中金矿(破碎蚀变岩型),花岗岩热液型钨、银矿,花岗伟晶岩型稀有金属矿,沉积型铁、锰、钒、钛磁铁矿等。

该成矿带可分出 3 个Ⅳ级矿带。本次工作区涉及Ⅳ-8-②康古尔-土屋-黄山 Cu-Ni-Ti-Au-Ag-Mo-W-Pb-Zn-RM-钠硝石-硫铁矿-硅灰石-宝石-水晶-玉石-萤石-叶蜡石-大理岩矿带。构造上属裂陷槽汇聚形成的岛弧带。带内为拉张阶段下石炭统双峰式火山岩建造及汇聚阶段上石炭统下部复理石中—酸性火山岩建造,此带因距离附近已出露的石炭纪花岗岩大岩基较远,带内仅有少量花岗岩类小侵入体。

因此,Ⅳ-8-②矿带成为觉罗塔格成矿带内寻找斑岩型铜矿较理想地段。分布土墩-黄山-镜儿泉镁铁—超镁铁岩带,带内多数镁铁—超镁铁岩体均已矿化。

工作区矿产以铜、镍、金、钨、钼、稀有金属矿为主,并有银、铅、锌、硅灰石、煤矿等矿产,是新疆铜、镍、金、银的主要矿带之一,土屋—赤湖—三岔口一带是新疆重要斑岩型铜矿集区。区内成矿主要地质事件及矿化类型有:与晚石炭—早二叠世汇聚阶段中酸性火山-深成岩建造有关的铜、钼、铁、钒、钛矿化(土屋大型铜矿、延东超大型铜矿、鱼峰铁钒钛矿),与早二叠世陆内堆叠构造—岩浆有关的金、铜、钼、铅、锌矿化(康古尔塔格金铜-铅锌矿、马头滩金铜、西凤山金矿、三岔口及三岔口东铜钼矿),与石炭纪末—早二叠世弛张期镁铁—超镁铁岩建造有关的铜镍、钒钛铁矿化(黄山大型铜镍矿、黄山东大型铜镍矿、香山大型铜镍矿、香山西大型钛铁矿),与印支期花岗岩建造有关的钨、钼、金、稀有金属、玉石矿化(砖井山钨矿、镜儿泉北山稀有金属矿、白石头泉稀有金属矿、镜儿泉丁香紫玉石),与第四纪表生蒸发沉积作用有关的钠硝石矿化(土屋北-垄东超大型钠硝石矿床)等。工作区主要矿集区特征如下。

1)土屋-赤湖-三岔口斑岩铜矿集区

土屋-赤湖-三岔口斑岩铜矿集区位于矿带中段北部,长约100 km,宽6~30 km。矿集区内为汇聚阶段上石炭统下部复理石-中—酸性火山岩建造,此矿集区因距离附近已出露的石炭纪花岗岩大岩基带较远,矿集区仅有少量花岗岩类小侵入体,因而成为觉罗塔格成矿带内寻找斑岩型铜矿的较理想地段。矿集区内已发现有土屋-延东-延西大型—超大型斑岩型铜(钼)矿床、三岔口小型斑岩型铜钼矿床及赤湖斑岩型铜钼矿等。此外,区内发现有企鹅山铜矿化点、大草滩铜矿化点、南湖海豹滩镍矿化点、企鹅山及垅西金矿等。

2)黄山-镜儿泉铜、镍、钼、稀有金属矿集区

黄山-镜儿泉铜、镍、钼、稀有金属矿集区位于矿带东段北部,产于黄山-镜儿泉超壳深大断裂带。主体长180 km,宽10~20 km,该带西延至红岭镍矿,东延甘肃省红石山。矿集区内为拉张阶段下石炭统双峰式火山岩建造及汇聚阶段上石炭统下部复理石-中—酸性火山岩建造,较多石炭纪花岗岩类,分布土墩-黄山-镜儿泉镁铁—超镁铁岩带,矿集区内多数镁铁—超镁铁岩体均有矿化。矿集区内以铜镍矿为主,并有金、钼、稀有金属矿等。铜镍矿床类型多数为镁铁—超镁铁岩型,岩体均有矿化,西段已有黄山、黄山东、香山、土墩、黄山南等铜镍矿,特别是黄山矿田达到超大型规模。东段已发现镁铁—超镁铁岩体共约20个,其中,图拉尔根、葫芦为大中型。此外,区内还有白山大型钼(铼)矿、香山钛铁矿、夹白山铜钼矿、三岔口和三岔口东斑岩铜矿、镜儿泉北山稀有金属矿及多处金矿。

三、区域成矿规律

(一)西天山矿集区

西天山木札尔特岩群一套角闪岩相中深变质岩系作为古元古代基底,中元古末期古大陆裂解后,在新元古代早期发生汇聚,响应全球罗迪尼亚大陆聚合(刘振涛,2014;朱志新,2007),新元古代晚期再次发生裂解而形成广阔的古亚洲洋盆,并伴随着中酸性岩浆活动。古亚洲洋盆打开之前,在中元古代碳酸岩台地及边缘裂谷形成了以哈尔达坂、托克赛、四台海泉为代表的碳酸盐岩型铅锌矿床(成勇等,2015;高荣臻,2021)成矿环境主要为古大陆边缘的碳酸盐裂陷盆地。最早在晚寒武世Terskey开始向北俯冲(Xu et al.,2003),中奥陶世北天山洋开始向南俯冲,即北天山洋盆向南部的赛里木微地块俯冲,南北两侧的俯冲作用一直持续到早石炭世(杜开明,2021;黄广文,2018;章永梅等,2016),并在中晚泥盆世—早石炭世期间形成了喇嘛苏、赛博、莱历斯高尔等斑岩型铜(钼)矿床(张东阳等,2009;Zhu et al.,2011;Zhan et al.,2018)以及萨海、式可布台、铁木里克等火山沉积型铁矿,晚石炭世为弧后伸展的裂谷环境(宋梦莹,2019;闫晓兰,2014),形成了备战、敦德、智博等海相(次)火山岩型叠加矽卡岩型铁矿床

(Jiang et al.,2014;Zhang et al.,2015)以及阿希、加曼特等浅成低温热液型金矿和阿尔恰勒等碳酸盐岩型铅锌矿。早二叠世以后进入后造山调整阶段,主体为伸展拉张环境,发育双峰式火山岩建造。后期区域上进入板内沉积演化阶段(图 2-65)。

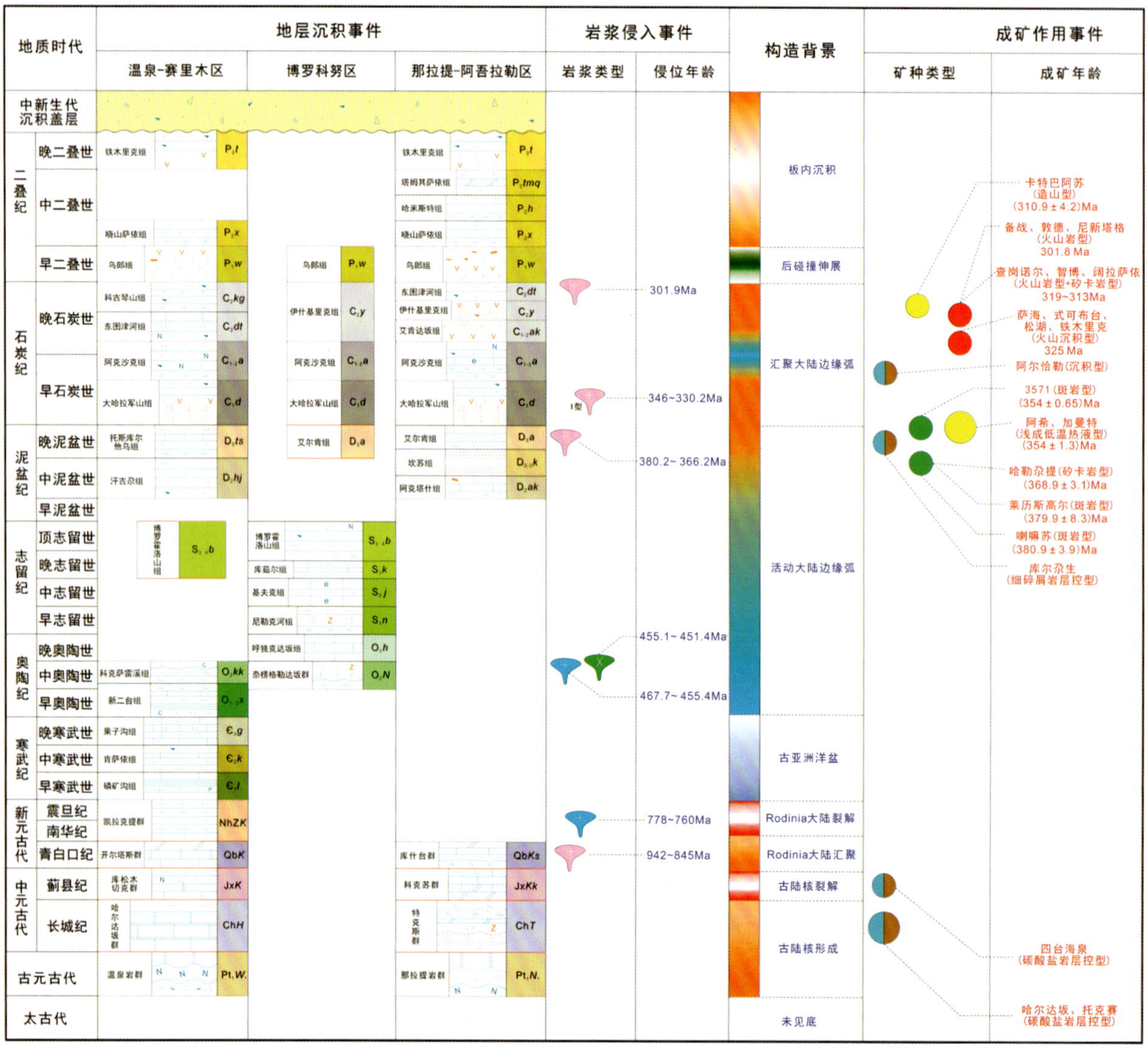

图 2-65　西天山地区构造岩浆演化与成矿时空结构图

（二）东天山矿集区

东天山前寒武纪构造岩浆演化与西天山具有相似性,在中元古界长城系星星峡岩群和蓟县系平头山组的碳酸盐岩建造中,形成了以彩霞山、宏远、清白山为代表的铅锌矿床(何跃,2023;Gao et al., 2020),成矿环境主要为古大陆边缘的碳酸盐裂陷盆地。新元古代末期南天山洋盆打开后(李平等,2018),寒武纪在清白山以及北部地区分布有形成深海相的硅质岩沉积建造,形成了沉积变质型铁矿、铁锰矿。奥陶纪晚期—泥盆纪晚期阶段,主要为活动大陆边缘环境,即康古尔洋盆向北部的准噶尔地块俯冲碰撞形成哈尔里克-大南湖不成熟岛弧,在康古尔塔格—卡拉塔格一带形成了大面积的火山岩,并在卡拉塔格地区形成了一套相对完整的成矿系统,主要有玉带斑岩型铜矿、红海 VMS 型铜锌矿以及西二区矽卡岩型铁铜金矿(毛启贵等,2010)。

早石炭世—早二叠世阶段,随着康古尔洋盆南北双向俯冲,在阿齐山-雅满苏岛弧带形成了火山岩建造。同期形成的矿床主要有百灵山、雅满苏等火山岩型铁矿(李厚民等,2014;Hou et al.,2014;Zhang et al.,2018),阿齐山火山岩型铅锌矿(夏冬等,2018;邓莉明等,2019),小热泉子火山岩型铜锌矿(张小军,2018),土屋-延东斑岩型铜矿(王云峰等,2016;Wang et al.,2001)。早二叠世随着康古尔洋盆的俯冲闭合,东天山地区转入后碰撞松弛阶段,在伸展环境下大量幔源物质上涌,形成了一大批岩浆型铜镍硫化物矿床(邓小华,2023;张照伟,2022;王旋,2021)(图2-66)。同时在西段地区形成了与韧性剪切带有关的金矿床(Muhtar et al.,2020)。中晚三叠世期间,受板内伸展作用影响,在觉罗塔格构造带形成了白山、东戈壁斑岩型钼矿(杨富全,2020;叶龙翔,2017),在尾亚形成了岩浆型钒钛磁铁矿(王玉往等,2008)。

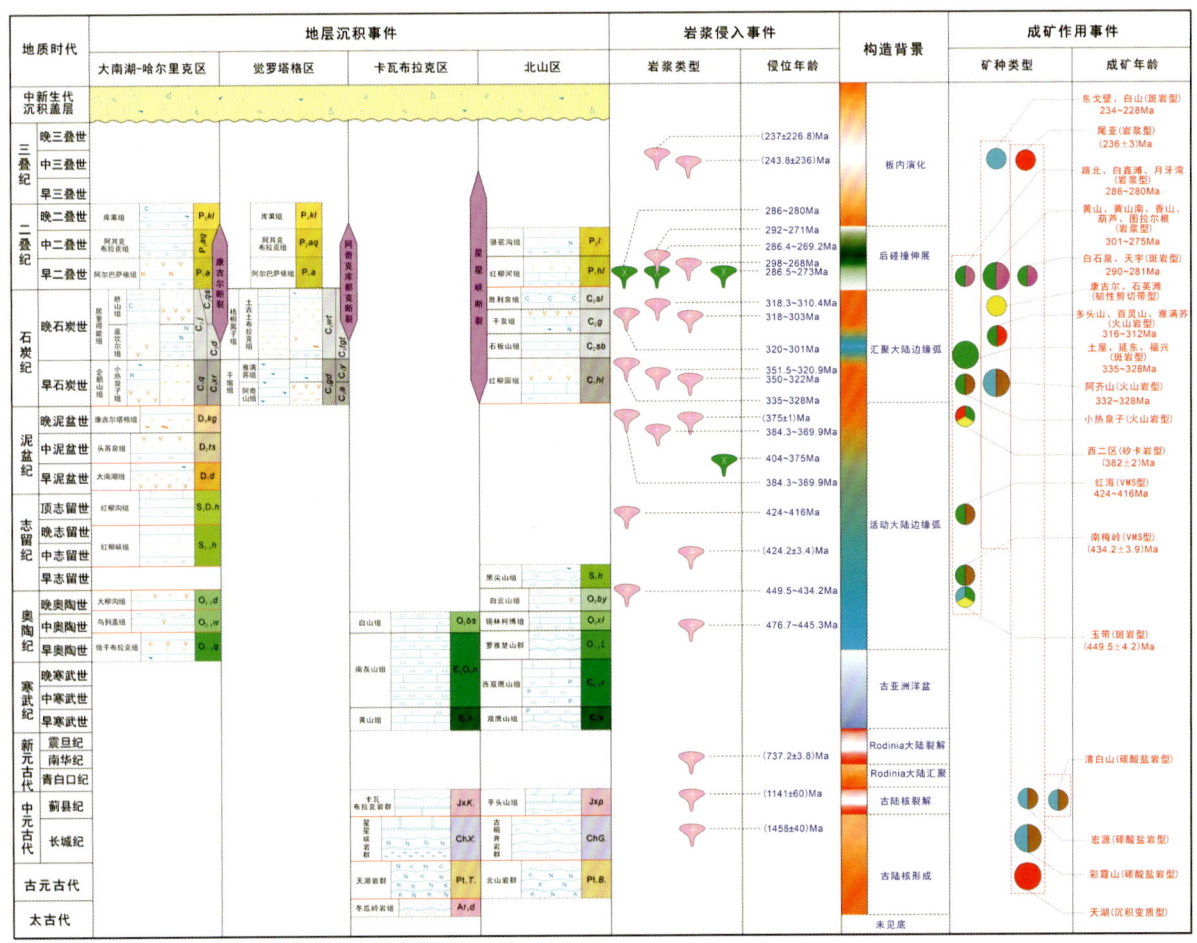

图 2-66 东天山地区构造岩浆演化与成矿时空结构图

(三)白鑫滩矿集区

1. 空间分布规律

白鑫滩矿集区空间上受康古尔-黄山大断裂、沙泉子大断裂、红柳河大断裂控制,呈近东西带状展布。由北到南在卡拉塔格—大草滩一带主要分布次火山岩型铜金矿(卡拉塔格金、大草滩铜);在康古尔塔格—黄山—镜儿泉一带则形成与韧性剪切带有关的金矿、斑岩型铜钼矿、岩浆熔离-贯入型铜镍矿;在阿齐山—雅满苏—沙泉子一带则形成与火山岩有关的以铁为主的铁、铜、铅、锌、锰多金属矿;在中天山地块则形成与基性—超基性岩有关的贯入型铜镍矿、钒钛磁铁矿,与蓟县系卡瓦布拉克群有关的层控型铅锌银矿、铁矿,热液脉型钨矿、金矿等。

2. 时间分布特征

斑岩型铜钼矿（白山钼矿、土屋-延东铜矿、赤湖铜钼矿、东戈壁钼矿）、火山岩型铁矿（雅满苏铁矿、沙泉子铜铁矿）、热液型铜多金属矿均赋存于觉罗塔格晚古生代沟弧带泥盆纪—石炭纪火山岩、侵入岩，成矿时代为海西中晚期。

铅锌银矿产于前寒武纪—石炭纪不同时代地层中，但从成矿时间来看，主要为海西期。此外，在蓟县系卡瓦布拉克群发现了具有较好找矿前景的矽卡岩型沙东铁钨矿，其成矿与海西中晚期中酸性侵入岩活动有密切联系。西部阿齐山一带雅满苏组地层中新发现阿齐山矽卡岩型铅锌矿，该项找矿成果为区域找矿提供了新的思路。

基性—超基性岩型铜镍矿主要产于黄山-镜儿泉基性—超基性岩带及白石泉基性—超基性岩带中。两个超基性岩带侵位年龄为 300～250 Ma，成矿时间为海西晚期。

3. 区域矿产分布特征

康古尔塔格深大断裂和大草滩深大断裂之间的企鹅山石炭纪岛弧型中酸性岩浆岩带具备形成铜、金矿产的岩石构造条件，尤其是火山构造发育部位的中酸性浅成侵入体（次火山岩）常形成具有工业价值的斑岩型铜矿床。

雅满苏断裂两侧多形成以金为主的金、铜多金属矿产；阿其克库都克断裂附近多形成以铁为主的成矿带。雅满苏断裂南侧-阿其克库都克断裂北侧之间分布的石炭纪中酸性岛弧型岩浆岩带具备形成铜、金矿产的岩石构造条件。地球化学背景也显示亲铜前缘元素广泛发育，铜元素异常呈串珠状分布，且其浓度分带明显的特点。该带还是康古尔金-多金属成矿带的东延部分。

第三章 矿床地质特征及成矿模式

第一节 矿区地质条件

一、矿床地质

矿区在区域上处于塔里木古陆缘地块与准噶尔南缘活动带结合部位。以康古尔塔格大断裂为界，以北划为准噶尔地层区哈尔里克地层小区，以南划为北天山地层区秋格明塔什-黄山地层小区。白鑫滩铜镍矿区主要位于哈尔里克地层小区内。哈尔里克地层小区自奥陶纪开始至泥盆纪早期，广泛发育岛弧型火山岩；中泥盆世—晚石炭世转为陆相火山岩-碎屑岩沉积，出现"北温带型"植物安加拉羊齿、西伯利亚巴尔扎斯木；二叠纪中期发育裂谷型火山岩，晚期为陆相碎屑岩。构造运动频繁，岩浆活动强烈。区域出露地层主要有奥陶系、泥盆系、石炭系、侏罗系、古近系、新近系及第四系。

白鑫滩铜镍矿区出露地层主要为中—下奥陶统恰干布拉克组、上石炭统脐山组、下侏罗统八道湾组，以及第四系上更新统新疆群（表3-1）。

（一）中—下奥陶统恰干布拉克组

恰干布拉克组是白鑫滩铜镍矿区出露的最老地层。其上被中—上志留统红柳峡组和上泥盆统康古尔塔格组不整合覆盖，被泥盆纪侵入岩侵入，其下被第四系覆盖，未见底，出露厚度2 484.80 m。恰干布拉克组分布于矿区中北部，占矿区面积近一半。

1. 岩石组合、岩石学特征

1）火山岩岩石学特征

中—下奥陶统恰干布拉克组为一套海相火山岩建造，以喷溢相为主，火山活动连续，且强烈，以裂隙式喷发为主要形式。该组火山岩为钙碱性系列岩石，以富钠为特征，岩石组合为玄武岩、安山岩、英安岩、流纹岩组合，与近洋一侧的岛弧火山岩组合类型相似。

2）碎屑岩岩石学特征

该组碎屑岩分布极少，以单层或透镜体存在于火山熔岩与火山碎屑岩之间，走向上常与火山角砾岩、凝灰岩成相变关系。碎屑岩中岩屑含量占绝对优势，平均值达73.83%，岩屑成分主要为安山岩、辉石安山岩，其次为闪长岩、闪长玢岩和凝灰岩，多呈次棱角—次圆状，少数棱角状，分选性极差，岩屑中含有较多砾石（2%～35%）；长石为单一的斜长石，次棱角—棱角状，双晶较发育，部分呈弯曲状，粒径0.23～0.91 mm，属中粒砂屑，从砂岩中普遍含有少量辉石碎屑来看，斜长石主要来源于安山岩；石英少量—微量，粒径0.13～0.45 mm，以次圆状为主，推测来源于闪长岩。胶结物含量为22%，普遍含有少量细凝灰物质,蚀变后以绿帘石、绿泥石集合体为主,其次为隐晶质集合体、凝灰质、玻屑和白钛石,胶结形式为孔隙式-接触式胶结。

表 3-1 地层单元划分一览表

年代地层		地层分区	
		天山兴蒙地层大区、北疆地层区	
		南准噶尔北天山地层区	
系	统	秋格明塔什-黄山地层小区	哈尔里克地层小区
第四系	全新统	冲洪积等堆积物(Qh^{apl})	
	上更新统	新疆群(Qp_3X)	新疆群(Qp_3X)
	下更新统	西域组(Qp_1x)	西域组(Qp_1x)
新近系	上新统		葡萄沟组(N_2p)
	中新统		
古近系	渐新统	桃树园组(E_3N_1t)	桃树园组(E_3N_1t)
侏罗系	下侏罗统		三工河组(J_1s)
			八道湾组(J_1b)
石炭系	上石炭统		底坎儿组(C_2d)
			梧桐窝子岩组(C_2w) / 脐山组(C_2qs)
	下石炭统	干墩岩组($C_1g.$)	
泥盆系	上泥盆统		康古尔塔格组(D_3k)
奥陶系	中奥陶统		
	下奥陶统		恰干布拉克组($O_{1-2}q$)

综上所述,该组碎屑岩骨架成分石英含量甚微,以裴蒂庄(1957)成分成熟度指数公式计算,成熟度指数趋近于零。从砂屑棱角状—次圆状磨圆度、分选性差—极差的特征又可看出,该组碎屑岩成熟度极低,表明其物源区未经受长期的物理、化学风化作用改造,近源搬运,快速沉积而成。

2. 沉积环境及构造背景分析

该组为一套海相火山岩建造,以喷溢相为主,岩石组合为玄武岩、安山岩、英安岩、流纹岩组合,以中酸性火山岩最发育,与近洋一侧的岛弧火山岩组合类型相似。使用硅-碱图及 AFM 三角图判别结果,该组火山岩属钙碱性系列火山岩,岩石化学显示低铝、钛,富钠贫钾的特征。根据里特曼-戈蒂尼图投点,样点均落入造山带火山岩区,即岛弧及活动大陆边缘区。从大区域上看,中奥陶世时该区属准噶尔板块(吐哈地块)南缘活动带。

从碎屑岩骨架成分平均含量及岩石学特征可以看出,大柳沟组内分布的极少碎屑岩属贫石英杂砂岩类火山岩屑-蛇纹岩亚类,其构造环境为未切割岛弧。结合区域构造条件分析,该碎屑岩的砂屑应来源于岛弧自身,是火山喷发间断期岛弧火山岩经简单物理风化就近搬运堆积的产物。碎屑岩的沉积环境与火山岩的构造背景是吻合的。

（二）上石炭统脐山组

上石炭统脐山组分布于矿区西南区域，出露面积较小，呈西大东小楔形分布。北部与中—下奥陶统恰干布拉克组为断层接触，南部与下侏罗统八道湾组亦为断层接触。

1. 岩石组合、岩石学特征

岩性主要为灰色、绿灰色、灰绿色不等粒长石岩屑砂岩、含砾不等粒长石岩屑砂岩、砂质千糜岩为主，夹复成分砂质砾岩、沉凝灰岩。

2. 沉积环境、构造背景分析

该组正常碎屑岩以（含砾）不等粒长石岩屑砂岩为主，从剖面上看属于非旋回性层序类型，显示近源快速堆积的特征。

（三）下侏罗统八道湾组

下侏罗统八道湾组分布于矿区西南部，北部与中—下奥陶统恰干布拉克组、下侏罗统八道湾组为断层接触，南部被第四系上更新统新疆群覆盖。

岩石组合、岩石学特征主要为灰色、灰紫色、灰褐色砾岩、砂岩、砂砾岩，向上逐渐变细为粉砂岩、粉砂质泥岩夹薄煤层、煤线及菱铁矿层。该组底部砾岩多为石英质砾岩，砾石成分多为石英砾石，砾石磨圆度较好，且有一定分选，孔隙式-接触式胶结。

（四）第四系上更新统新疆群

第四系上更新统新疆群分布于矿区南部，以砂土为主，少量碎石堆积。

二、侵入岩

矿区内侵入岩分布面积达 45% 左右，位于矿区中北部的二叠纪含铜镍的基性—超基性杂岩体最为重要，铜镍矿体主要赋存在该杂岩体中。矿区中南部分布有泥盆纪花岗闪长岩、二长花岗岩，东北部分布有石炭纪石英闪长岩和闪长玢岩及二叠纪钾长花岗岩。岩体与围岩都有明显的界线，呈侵入接触关系。

（一）基性—超基性岩

1. 岩体规模、形态、产状及岩相分异

基性—超基性杂岩体为矿区内主要含矿岩体，岩体地表平面上呈葫芦状，中部较窄，两侧较宽。长 2800 m，最宽 760 m，最窄 250 m，面积约 1.5 km²，岩体走向 60°。剖面上，该岩体在 07 号勘查线以西，岩体倾向北西，倾角为 30° 左右，空间上为一个向北缓倾伏的单斜岩体。岩体围岩为奥陶系恰干布拉克组和泥盆纪二长花岗岩，接触界面清楚，普遍有热变质形成的角岩。

该岩体岩相分异较好，主要分为辉石橄榄岩相、角闪橄榄辉石岩相、橄榄辉长岩（角闪橄榄辉长岩）

相、辉长岩（角闪辉长岩）相。

平面岩相分异由北向南表现为辉长岩→橄榄辉长岩→辉石橄榄岩→角闪橄榄辉石岩。在勘查线剖面的垂向分异总体表现为辉长岩→橄榄辉长岩→橄榄辉石岩→角闪橄榄辉石岩→角闪橄榄辉长岩或角闪辉长岩。具体岩相分布见图3-1，表3-2。

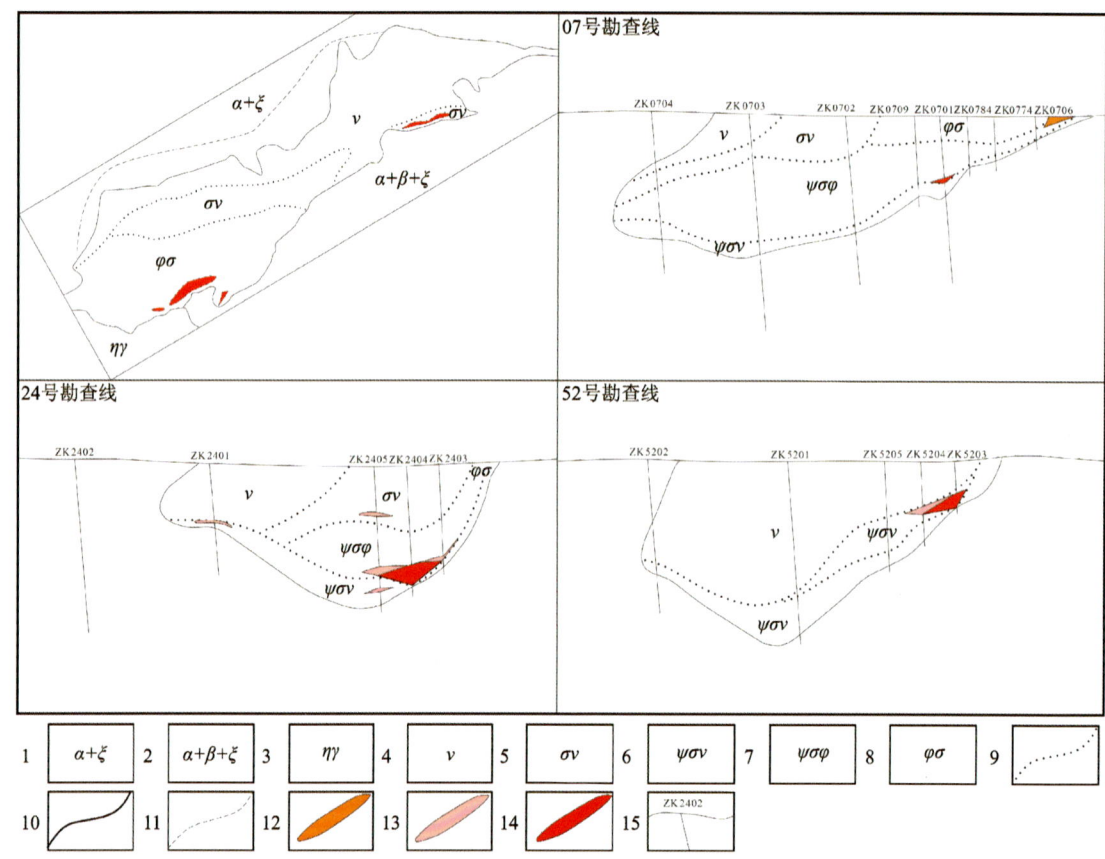

1.灰色英安岩、灰褐色安山岩；2.灰色英安岩、灰褐色安山岩、灰色玄武岩；3.浅肉红色二长花岗岩；4.灰色辉长岩；5.灰褐色橄榄辉长岩；6.灰绿色角闪橄榄辉长岩；7.灰黑色角闪橄榄辉石岩；8.红褐色辉石橄榄岩；9.岩相界线；10.侵入界线；11.杂岩体深部边界地表投影；12.氧化矿体；13.低品位矿体；14.工业矿体；15.钻孔位置及编号

图 3-1 地表水平岩相分布及不同剖面垂直岩相分布示意图

表 3-2　各岩相分布范围及赋矿一览表

岩相	分布范围及形态	含矿性
辉石橄榄岩相（$P\varphi\sigma$）	该岩相主要分布在杂岩体的西南部,23号勘查线西至26号勘查线之间,沿走向长约1400 m,13号勘查线处最宽,约400 m,向东西两侧变窄至尖灭。剖面上,沿倾向呈南东薄北西厚的单斜状分布,沿走向呈西厚东薄的不规则鱼尾状	不含矿
角闪橄榄辉石岩相（$P\psi\sigma\varphi$）	该岩相在地表主要分布范围较小,西部出露于15号勘查线至02号勘查线之间,沿走向长约410 m,宽度为20～50 m之间,被辉石橄榄岩包围；东部出露于52号勘查线至68号勘查线之间,沿走向长约330 m,宽度在10～50 m之间。深部及剖面于杂岩体西段分布于23号勘查线至36号勘查线之间,沿走向长约1430 m,厚度在13～156 m之间；深部及剖面于杂岩体东段分布于44号勘查线东至68号勘查线之间,沿走向长约510 m,厚度在9～46 m之间；该岩相深部沿倾向呈透镜状分布,沿走向呈梭形分布	主要赋矿岩相

续表 3-2

岩相	分布范围及形态	含矿性
橄榄辉长岩(角闪橄榄辉长岩)相 (Pσυ)	该岩相矿区西段分布于杂岩体中部 15 号勘查线至 42 号勘查线之间，沿走向长约 1470 m；东段分布于 52 号勘查线至 70 号勘查线之间，沿走向长约 520 m。该岩相在剖面上呈两段分布，上段出露于地表，两侧与辉长岩相和辉石橄榄岩相呈相变接触，沿走向呈带状分布，沿倾向呈南薄北厚的楔形分布；下段分布于杂岩体底部，角闪石含量相对较多，定名为角闪橄榄辉长岩，为次要赋矿岩相，顶部与主要赋矿岩相角闪橄榄辉石相接触，底部与围岩恰干布拉克组接触，沿倾向表现带状特征，沿走向呈似层状分布	次要赋矿岩相
辉长岩(角闪辉长岩)相 (Pυ)	辉长岩相分布于 23 号勘查线至 90 号勘查线之间，沿走向长约 2930 m，在 66 号勘查线处最宽约 740 m，向东西两侧逐渐变窄尖灭。剖面上，辉长岩相在 58 号勘查线上厚度最大，为 108 m，向东西两侧逐渐变薄至尖灭。矿区东部辉长岩内角闪石含量相对较高，部分定名为角闪辉长岩。呈南东薄北西厚的单斜状分布	不含矿

矿区内主要赋矿岩性为角闪橄榄辉石岩，分异于杂岩体中部，地表出露部分均已风化蚀变呈浅黄褐色，土状；深部岩芯呈深绿灰色，块状特征，其顶部岩相为辉石橄榄岩相，底部岩性为角闪橄榄辉长岩相。矿区主要厚大矿体均赋存于此岩性中，呈现底悬浮特征。

次要赋矿岩性为角闪橄榄辉长岩，位于杂岩体底部，地表未出露，宏观呈浅灰绿色，具绿泥石蚀变，靠近地层部分发生褪色蚀变，其顶部岩相为角闪橄榄辉石岩相(矿区主要赋矿岩相)，底部与中—下奥陶统恰干布拉克组呈侵入接触；矿体具有底部富集或分布不均的特征，均为小薄矿体。

2. 岩石学特征

1) 辉石橄榄岩($P_{\varphi\sigma}$)

辉石橄榄岩具极强风化与蚀变，地表已几乎无法分辨原岩，岩石色调为浅褐红色。岩石具残余粒状结构，块状构造，主要由橄榄石、辉石组成(图 3-2)。经强蚀变作用，均蚀变成透闪石、葡萄石、蛇纹石集合体，析出部分尘点状铁质，部分残余橄榄石形态，橄榄石粒径 0.3~3.6 mm，杂乱分布；透闪石含量约 10%，葡萄石含量约 60%，蛇纹石含量约 25%，铁质含量约 5%。岩石碳酸盐化发育，多呈膜状分布，脉宽 1~5 mm，个别达 1 cm。

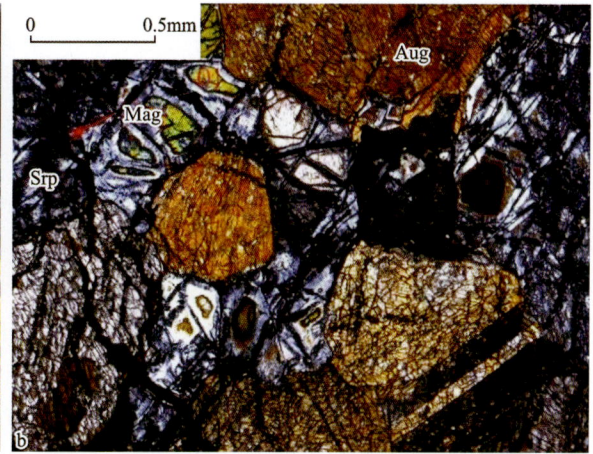

Ol. 橄榄石；Srp. 强蛇纹石；Mag. 磁铁矿，沿其裂理分布；Aug. 普通辉石

图 3-2　纯橄榄岩(a)和单辉橄榄岩(b)显微照片

2）角闪橄榄辉石岩（Pψσφ）

角闪橄榄辉石岩为矿区主要含矿岩相。由于岩石中辉石含量较高，故该岩相宏观表现为深黑色、深灰黑色，地表岩石均已风化为粒状，地表矿体均赋存于该岩相中，钻孔中该岩相表现为稠密浸染状矿石，由橄榄石、普通辉石、角闪石、斜长石、金属矿物构成（图3-3）。岩石具中粒结构，块状构造。辉石呈柱状、粒状，粒径0.5～2.0 mm，无色，具辉石式解理，可见蛇纹石化，含量约50%；橄榄石呈粒状，粒径0.4～1.6 mm，无色，部分蛇纹石化，形成网格状，含量约30%；普通角闪石呈他形柱状，粒径0.8～2.8 mm，黄色—褐色，多色性显著，具闪石式解理，可见阳起石化，含量约10%；斜长石呈他形粒状，粒径0.5～2.0 mm，可见聚片双晶，轻度泥化，含量约7%。金属矿物中磁黄铁矿呈他形粒状，粒径0.2～2.4 mm不等，乳黄色微带玫瑰棕色反射色，具强非均质性，稀疏浸染状分布，含量约10%；镍黄铁矿呈半自形—他形粒状，粒径0.08～0.35 mm，淡黄色反射色，反射率高，伴随磁黄铁矿分布，含量约占1%；黄铜矿呈不规则粒状，粒径0.15～1.4 mm不等，铜黄色反射色，与磁黄铁矿共生分布，含量约1%。岩石长石含量多呈缓慢增长趋势，但总体含量少于10%，自身蚀变以弱蛇纹石化、滑石化为主，矿化则以稠密浸染状姜黄色黄铜矿化，共生灰褐色镍黄铁矿化、磁黄铁矿化。矿化分布均匀。

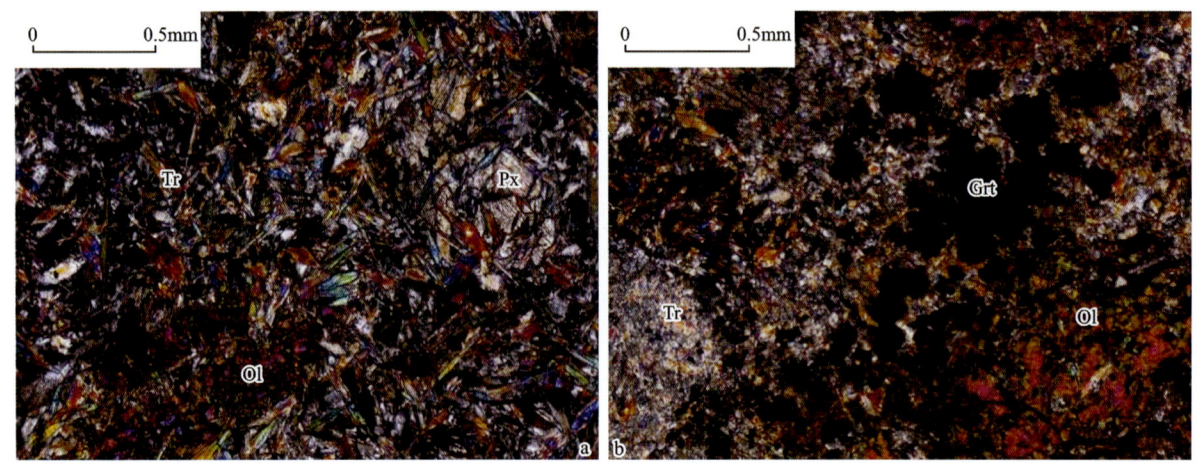

Tr. 透闪石；Px. 辉石；Ol. 橄榄石；Grt. 石榴石
图3-3　透闪石化橄榄辉石岩（a）和矽卡岩化橄榄辉石岩（b）

3）橄榄辉长岩（Pσν）

橄榄辉长岩岩石色调呈灰褐色，具半自形粒状结构，块状构造，由角闪石、辉石、橄榄石、斜长石组成（图3-4）。斜长石呈半自形板状，粒径（0.4×0.2）～（1.6×1.0）mm，可见聚片双晶，普遍存在中强度碳酸盐化、绢云母化、葡萄石化，部分仅残留形态，杂乱分布，含量约40%；普通角闪石呈半自形长柱状，粒径0.6～4.0 mm，多色性显著，浅褐黄色—深褐色，闪石式解理完全，部分晶体见包裹自形浑圆状橄榄石构成包橄结构，含量约10%；辉石呈柱状、粒状，粒径0.5～2.0 mm，无色，具辉石式解理，可见蛇纹石化，含量约25%；橄榄石呈粒状，粒径0.4～1.6 mm，无色，部分蛇纹石化，形成网格状，含量约25%。

4）辉长岩（Pν）

辉长岩为杂岩体中分布最广的岩相，南部与橄榄辉长岩相为相变接触关系。岩石由斜长石、辉石以及少量角闪石组成（图3-4），辉长结构、辉绿辉长结构，块状构造。斜长石30%，多呈半自形板状，轻微葡萄石化，隐晶帘化。辉石45%，呈他形—半自形柱状，发育辉石式解理。岩石强纤闪石化，部分角闪含量可达20%，半自形长柱状，多色性明显，部分具阳起石化。

该岩体东部局部分布辉长岩中见有辉绿辉长结构，推测为岩体边部处于冷却较快的情况下生成，故其结构与浅成条件下形成的辉绿岩相似。

Pl. 斜长石；Cpx. 单斜辉石；Ol. 橄榄石；Hb. 角闪石

图 3-4 橄榄辉长岩（a）和辉长岩（b）

3. 岩石化学特征

根据区内主量元素样品分析结果显示，矿区超基性岩（主要为角闪橄榄辉石岩与辉石橄榄岩）中 SiO_2 含量在 16.75%～40.85% 之间，为超镁铁岩。样品中 Na_2O（0.30%～1.51%）、K_2O（0.15%～0.63%）、Al_2O_3（4.23%～10.07%）、P_2O_5（0.05%～0.10%）含量低。TFe_2O_3（13.89%～55.81%）、MgO（1.8%～28.31%）含量高、变化大，TFe_2O_3+MgO 总量较稳定，位于 30.40%～57.61% 之间，m/f 值为 0.03～1.72，平均值为 0.70，属富铁质超基性岩。岩石样品中 Cu、Ni 含量与 TFe_2O_3 含量成线性正相关，与 SiO_2 含量成线性负相关。

4. 稀土微量特征

根据区内稀土微量元素样品分析结果显示，各样品中稀土总量 ΣREE 为 25.02×10^{-6}～51.19×10^{-6}，平均值为 34.93×10^{-6}，轻稀土 LREE 总量为 14.76×10^{-6}～30.43×10^{-6}，平均值为 20.66×10^{-6}，重稀土 HREE 总量为 4.19×10^{-6}～8.17×10^{-6}，平均值为 5.61×10^{-6}。球粒陨石标准化后，图中曲线向右倾斜，轻重稀土比值为 4.19～8.17，平均值为 3.66，$(Ce/Yb)_N$ 比值为 1.81～2.34，平均值为 2.06，显示出稀土分异较强，轻稀土弱富集，δEu 值为 0.99～1.09 之间，平均值为 1.03，δEu 不具异常，表现出无结晶分异特征。

微量元素蛛网图中各样品曲线形态基本一致，均表现出高场强元素 Nb、Ti 的亏损，大离子亲石元素 K、Th、La 的富集特征。

岩体中 $(Nb/La)_N$ 比值介于 0.62～1.01 之间，以小于 1 为主，Th/Nb（0.21～0.58）、Th/Ta（10.7～42.7）比值较高，$(Rb/Yb)_N$ 比值为 1.29～5.08，平均值为 2.60，表明岩浆来自受俯冲体交代的幔源区。Nb 异常值为 0.32×10^{-6}～0.61×10^{-6}，平均值为 0.45×10^{-6}；Ti 异常值为 0.50×10^{-6}～0.65×10^{-6}，平均值为 0.57×10^{-6}，以及 LREE 的弱富集特征、大离子亲石元素的富集，表现出岩浆同化混染较强。

5. 构造环境分析

白鑫滩岩体与塔里木大火成岩省镁铁—超镁铁质侵入岩的地球化学特征有显著区别，由塔里木地幔柱岩浆活动形成的可能性较小，白鑫滩岩体具有许多与岛弧火山岩和俯冲环境有关的岩体（如阿拉斯加型岩体）相似的地球化学特征，但并不是岛弧环境形成的岩体。白鑫滩岩体形成于早二叠世，晚于蛇绿岩带发育的年龄（503～336 Ma），也晚于该地区岛弧中酸性侵入岩年龄（334～316 Ma）和岛弧火山岩年龄（334～300 Ma）。沉积建造证明吐哈盆地及周围地区在早二叠世以伸展构造为主。在白鑫滩北侧的大南湖西剖面上和吐哈盆地北侧的车枯辘泉群,下二叠统紫红色底砾岩与石炭纪地层呈不整合接触。由此可见,该地区在早二叠世已经发生了剧烈的隆升,并发育了陆相盖层沉积。这些区域地质特征说明东天山地区的俯冲碰撞事件结束于晚石炭世,二叠纪该地区已进入碰撞后伸展阶段,因此确定白鑫滩含矿岩体形成于后碰撞伸展环境。

6. 岩体时代讨论

参照自然资源部岩浆作用成矿与找矿重点实验室王亚磊同志对白鑫滩岩体中赋矿岩性角闪橄榄辉石岩中锆石(La-ICP-MS)U-Pb定年的研究(王亚磊等,2015),岩体中锆石多呈短柱状,长 $50\sim100~\mu m$,无色透明(图3-5),与大多数镁铁—超镁铁岩体中锆石特征一致,锆石阴极发光显示锆石生长环带不明显。锆石U、Th含量分别介于 $233\times10^{-6}\sim3011\times10^{-6}$、$239\times10^{-6}\sim7704\times10^{-6}$ 之间,Th/U比值为 $0.36\sim2.56$,多数都大于1,表明锆石为岩浆成因。锆石 $^{206}Pb/^{238}U-^{207}Pb/^{235}U$ 谐和年龄为 $(276.6\pm4.4)Ma$(表3-3),$^{206}Pb/^{238}U$ 加权平均年龄为 $(277.9\pm2.6)Ma$(图3-6),说明白鑫滩杂岩体形成于早二叠世,与东天山地区黄山东、黄山、香山等典型铜镍矿床及镁铁—超镁铁岩体形成时代一致。

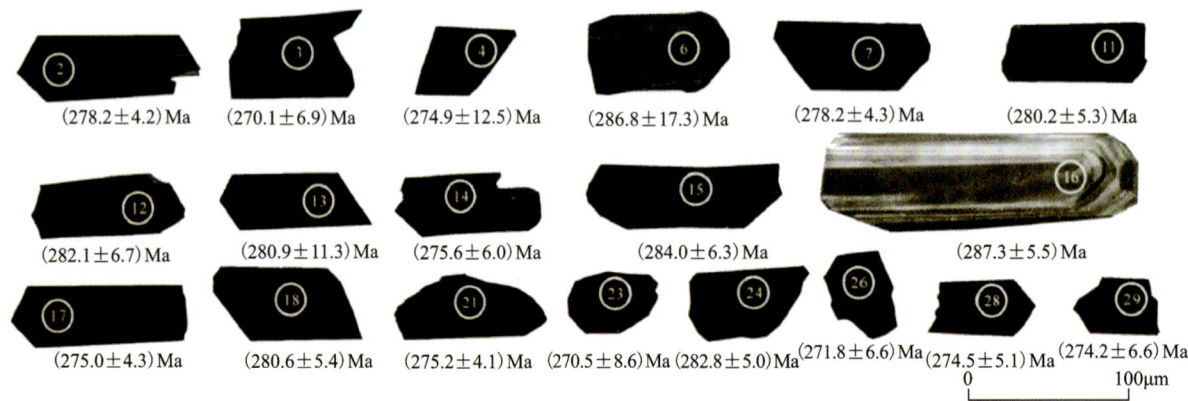

图3-5 岩体锆石阴极发光图像

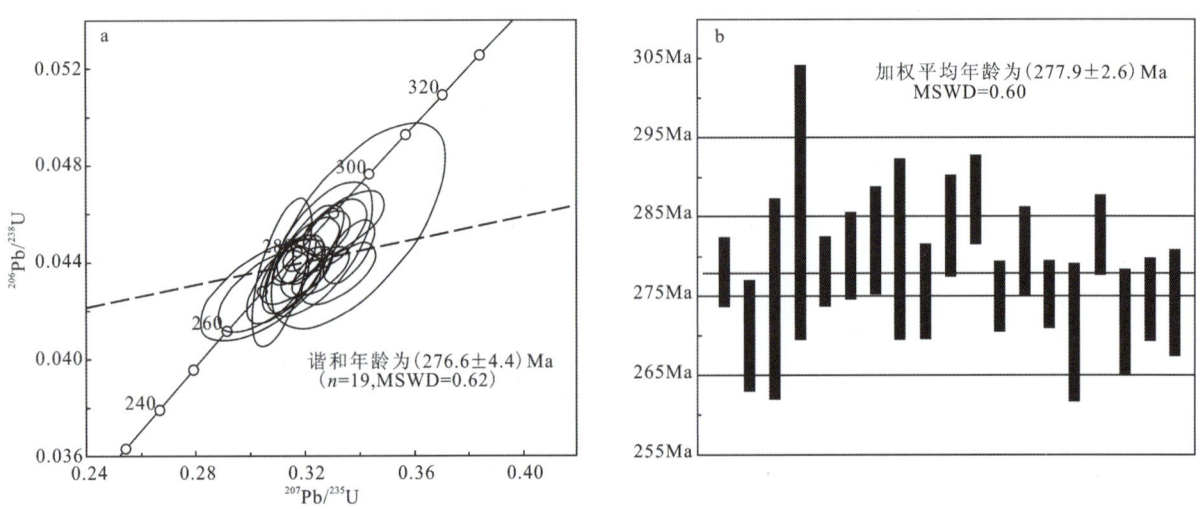

a.锆石 $^{206}Pb/^{238}U-^{207}Pb/^{235}U$ 谐和年龄图解;b.$^{206}Pb/^{238}U$ 加权平均年龄图解

图3-6 白鑫滩岩体中锆石U-Pb年龄图解

表 3-3 白鑫滩含长橄榄辉石岩锆石（La-ICP-MS）U-Pb 年龄测定结果

分析点号	Th/×10⁻⁶	U/×10⁻⁶	Th/U	同位素比值 ²⁰⁷Pb/²⁰⁶Pb	1σ	²⁰⁶Pb/²³⁸U	1σ	²⁰⁷Pb/²³⁵U	1σ	表面年龄/Ma ²⁰⁷Pb/²⁰⁶Pb	1σ	²⁰⁶Pb/²³⁸U	1σ	²⁰⁷Pb/²³⁵U	1σ
2	4940	2373	2.08	0.052 16	0.000 65	0.318 18	0.004 88	0.044 10	0.000 68	300.1	27.8	278.2	4.2	280.5	3.8
3	1370	874	1.57	0.051 37	0.001 45	0.305 14	0.010 98	0.042 79	0.001 12	257.5	64.8	270.1	6.9	270.4	8.5
4	4556	1801	2.53	0.052 21	0.002 21	0.311 63	0.007 17	0.043 57	0.002 03	294.5	96.3	274.9	12.5	275.4	5.6
6	255	709	0.36	0.054 59	0.001 77	0.339 67	0.021 09	0.045 50	0.002 81	394.5	78.7	286.8	17.3	296.9	16.0
7	5453	2315	2.36	0.051 85	0.000 69	0.316 41	0.005 24	0.044 10	0.000 69	279.7	26.9	278.2	4.3	279.1	4.0
11	1978	1056	1.87	0.054 72	0.000 94	0.336 24	0.006 19	0.044 42	0.000 87	466.7	38.9	280.2	5.4	294.3	4.7
12	2020	1505	1.34	0.052 21	0.000 97	0.323 22	0.007 42	0.044 73	0.001 08	294.5	47.2	282.1	6.7	284.4	5.7
13	1387	868	1.60	0.052 71	0.001 45	0.325 45	0.012 92	0.044 53	0.001 84	316.7	67.6	280.9	11.3	286.1	9.9
14	2171	1077	2.02	0.052 11	0.001 07	0.315 28	0.007 62	0.043 68	0.000 96	300.1	50.9	275.6	6.0	278.3	5.9
15	915	473	1.93	0.053 07	0.001 67	0.329 14	0.008 93	0.045 04	0.001 02	331.5	104.6	284.0	6.3	288.9	6.8
16	239	233	1.03	0.053 50	0.001 76	0.334 57	0.009 82	0.045 57	0.000 88	350.1	80.5	287.3	5.5	293.1	7.5
17	3328	2122	1.57	0.052 96	0.000 89	0.320 67	0.006 29	0.043 59	0.000 69	327.8	38.9	275.0	4.3	282.4	4.8
18	2175	1493	1.46	0.052 01	0.001 24	0.320 93	0.007 91	0.044 50	0.000 88	287.1	53.7	280.6	5.4	282.6	6.1
21	3225	1360	2.37	0.053 79	0.001 02	0.325 83	0.007 00	0.043 61	0.000 67	361.2	42.6	275.2	4.1	286.4	5.4
23	6403	2583	2.48	0.052 37	0.002 99	0.305 49	0.015 50	0.042 85	0.001 39	301.9	131.5	270.5	8.6	270.7	12.1
24	2234	1311	1.70	0.052 03	0.001 26	0.324 13	0.008 27	0.044 84	0.000 81	287.1	55.6	282.8	5.0	285.1	6.3
26	2584	1496	1.73	0.052 29	0.001 32	0.310 50	0.007 58	0.043 06	0.001 07	298.2	57.4	271.8	6.6	274.6	5.9
28	4900	2417	2.03	0.055 04	0.001 20	0.332 26	0.009 10	0.043 50	0.000 83	413.0	48.1	274.5	5.1	291.3	6.9
29	7704	3011	2.56	0.053 18	0.001 43	0.316 00	0.007 64	0.043 46	0.001 07	344.5	63.0	274.2	6.6	278.8	5.9

(二) 中酸性侵入岩

中酸性侵入体主要包括泥盆系钙碱性花岗岩系列、石炭系石英闪长岩、二叠系钾长花岗岩。

(1) 泥盆系钙碱性花岗岩主要为花岗闪长岩-二长花岗岩-钾长花岗岩系列。花岗闪长岩($D\gamma\delta$): 主要分布在矿区中部及西部, 块状构造, 花岗结构, 岩石由斜长石、钾长石、石英、暗色矿物组成。斜长石巨片双晶发育, 普遍中度绿帘石化、高岭土化, 杂乱分布。岩石中有少量不规则状微裂隙, 内充填葡萄石、石英, 宽 $0.1\sim1.2$ mm。花岗闪长岩北部侵入恰干布拉克组, 南部与二长花岗岩及钾长花岗岩渐变过渡接触。二长花岗岩($D\eta\gamma$): 分布于矿区内中南部, 大草滩断裂以北地区, 主要侵位于恰干布拉克组。二长花岗岩形状近似于"L"形, 长约 3.4 km, 最宽处约 1.4 km。岩石具花岗结构, 块状构造。岩石由斜长石、钾长石、石英、黑云母组成。斜长石(30%)普遍中轻度绢云母化、高岭土化。钾长石(47%)他形粒状, 粒径 $0.5\sim2.0$ mm, 具稀疏条纹结构。石英(20%)他形粒状, 波状消光, 分布不均匀, 该岩体西北部被含矿的基性—超基性杂岩体侵入。钾长花岗岩($D\xi\gamma$): 分布于矿区内东南部, 部分侵位于恰干布拉克组。西部与二长花岗岩渐变过渡接触, 东部与花岗闪长岩渐变过渡接触。

(2) 石炭系石英闪长岩($C\delta o$): 分布于矿区东北区域, 向西侵入恰干布拉克组, 北部被二叠系钾长花岗岩侵入, 南部侵入泥盆系酸性岩体。岩石具粒状结构, 块状构造。岩石主要由斜长石、角闪石及石英组成。斜长石(60%)半自形板粒状, 泥化较强, 密集分布; 普通角闪石(20%)与斜长石镶嵌分布; 石英(15%)他形粒状, 填隙分布于斜长石间; 黑云母(5%)稀疏分布于斜长石之间。

(3) 二叠系钾长花岗岩($P\xi\gamma$): 分布于矿区东北部, 主要侵位于石炭系石英闪长岩及恰干布拉克组地层, 形成期次较晚。

(三) 脉岩

矿区内脉岩主要有辉绿岩脉(ν)、花岗岩脉(γ)、花岗斑岩脉($\gamma\pi$)等。

辉绿岩脉分布最广, 在各期次的岩体及地层中均有分布。主要呈近东西向分布, 走向 $60°\sim90°$, 岩脉一般长 $100\sim300$ m, 宽 $10\sim20$ m。

花岗岩脉和花岗斑岩脉比较少见, 主要侵入恰干布拉克组地层中, 呈近东西向分布。

综上所述, 白鑫滩铜镍矿矿区内岩浆岩十分发育, 主要有 4 期岩浆, 最早的为泥盆系的酸性岩体, 以二长花岗岩为主, 第二期为石炭系的石英闪长岩, 第三期为二叠系钾长花岗岩, 最后一期为含矿的基性—超基性岩体。

三、构造

(一) 构造单元划分

区域构造单元属天山兴蒙造山系(Ⅰ), 矿区北部属准噶尔弧盆系(Ⅰ-3)、哈尔力克-大南湖古生代岛弧(Ⅰ-3-3)、哈尔力克-大南湖晚古生代岛弧(Ⅰ-3-3²); 南部属准噶尔-吐哈地块(Ⅰ-4)、觉罗塔格晚古生代沟弧带(Ⅰ-4-4)、康古尔海槽(Ⅰ-4-4²)(图 3-7, 表 3-4)。铜镍矿主体位于哈尔力克-大南湖晚古生代岛弧(Ⅰ-3-3²)内。

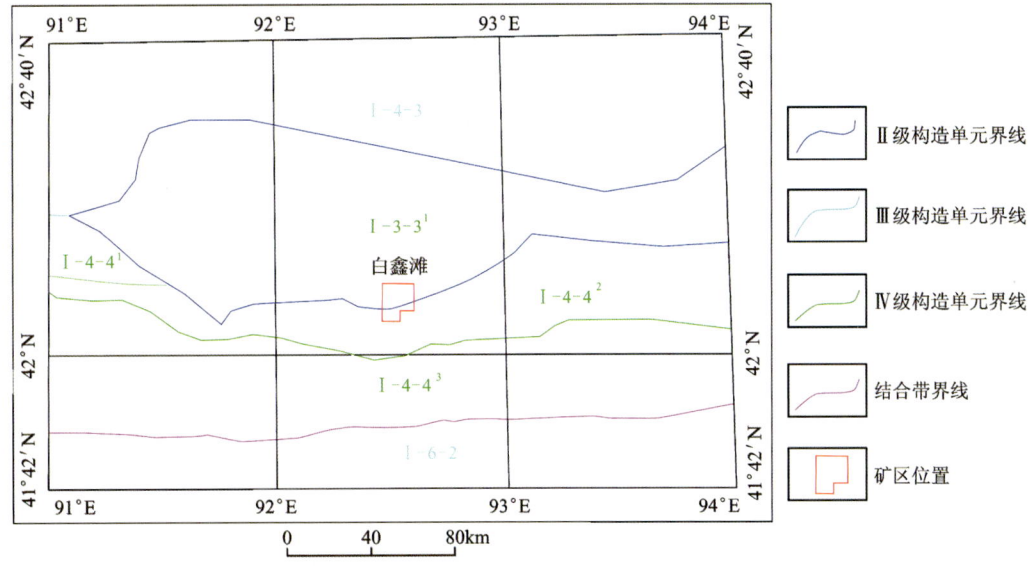

图 3-7 大地构造单元划分图

表 3-4 区域构造单元划分表

Ⅰ级构造单元	Ⅱ级构造单元	Ⅲ级构造单元	Ⅳ级构造单元	备注
天山兴蒙造山系（Ⅰ）	准噶尔弧盆系（Ⅰ-3）	哈尔力克-大南湖古生代岛弧（Ⅰ-3-3）	哈尔力克-大南湖晚古生代岛弧（Ⅰ-3-3^2）	工作区
	准噶尔-吐哈地块（Ⅰ-4）	觉罗塔格晚古生代沟弧带（Ⅰ-4-4）	康古尔海槽（Ⅰ-4-4^2）	区外
			雅满苏边缘火山岩带（Ⅰ-4-4^3）	
			小热泉子边缘火山岩带（Ⅰ-4-4^1）	

（二）断裂

区域大地构造位置处于准噶尔板块南缘和塔里木板块北缘碰撞对接部位。板块缝合带是超基性岩发育的有利区域，对于寻找基性—超基性岩类型的铜镍矿十分有利。区域大断裂主要有康古尔塔格深大断裂、大草滩大断裂等。

1. 康古尔塔格深大断裂

该断裂为准噶尔微型板块和塔里木板块分界断裂。区域上西端在托克逊之南归并于博罗霍洛断裂带，向东经恰特卡尔塔格—康古尔塔格—赤湖—土墩—香山—梧桐窝子泉—镜儿泉一带，经甘肃进入蒙古国境内，全长约 700 km。在兰新铁路以西基本上呈近东西向延伸，兰新铁路以东偏转为北东东向，总体为略向南呈弧形突出的近东西向，与中天山地体的北界-阿其克库都克-沙泉子断裂带（中天山北缘断裂带）基本平行。该断裂宏观上分布有串珠状、不等距分布的超基性杂岩、糜棱岩带，航片中显示呈韧、刚性地质体的界线。区域重力、航磁场中均可见高梯度变化（或梯级）带。其西段恰特卡尔塔格、康古尔塔格一带已发现多处铜、镍、铬等元素含量接近工业品位的镁铁—超镁铁杂岩体，库姆塔格沙垄西侧赤湖一带也有镁铁—超镁铁岩体显示，东段土墩—香山-黄山地区已发现 20 余个大小不一的含铜、镍、钴元素的镁铁—超镁铁杂岩体。

断裂总体沿东西向延伸，向南陡倾，倾角 70°～75°，宏观上分布有串珠状、不等距分布的超基性杂

岩、糜棱岩带。断裂带内糜棱岩化、绿帘石化、绿泥石化、硅化发育，构造角砾岩、糜棱岩、石英脉、花岗细晶岩脉等沿断裂带广泛分布。韧性变形标志有变质分异条带、拉伸线理、石香肠、剪切褶皱、揉皱、片理、劈理等。

2. 大草滩大断裂

该断裂为秋格明塔什-黄山韧性剪切影响带的北部边界。大草滩断裂位于康古尔大断裂北侧，两者相距通常为数千米至数十千米。其浅表呈南倾，倾角50°～80°，断面宽30～100 m，宏观标志有线性糜棱岩带，中基性脉岩发育，斜切北部构造线。沿断裂带石英脉、辉绿岩脉、细晶岩脉、糜棱岩化岩石、构造角砾岩、劈理、构造透镜体等成带状广泛分布。断裂经历了由北向南的仰冲推覆、晚期走滑剪切以及后期脆性活动。据航磁、重力研究认为，该断裂深部推断为北倾，这可能是本区增生带形成的条件之一。

（三）秋格明塔什黄山韧性剪切带

强变形带位于康古尔格深大断裂以南，以北与大草滩深大断裂之间为其影响带。该剪切带是两大板块的对接缝合带，至少经历了4个不同变形期次。第一期变形发生在两大板块对接碰撞初期，属地壳较深部构造层次的压扁剪切变形机制；第二期变形形成于碰撞聚合中期，为逆冲推覆简单剪切机制；第三期变形发生在水平走滑阶段，为简单剪切变形机制；第四期变形形成于碰撞闭合末期，属地壳浅部构造层次中的塑-脆性变形机制。区域上包括土屋、延东铜矿在内的大—中型铜、金等矿床均受韧性剪切影响带的控制。

（四）矿区内构造分布

矿区位于大草滩断裂以北，区内构造线以近东西向为主，区内自北向南规模较大断层依次为 F_1、F_2、F_3。

F_1 断裂分布在矿区北部，呈近东西走向，在区内全长约1.9 km，主要分布中—下奥陶统恰干布拉克组中，是基性—超基性杂岩体与中—下奥陶统恰干布拉克组的界线，走向65°～90°。断层附近地质体碎裂岩化作用普遍，碎裂程度不一。岩石中褐铁矿化强烈发育，该断裂控制了基性—超基性杂岩体侵入边界，对矿体无控制与破坏作用。

F_2 断层位于矿区内西南部，走向近90°，为中—下奥陶统恰干布拉克组与上石炭统底坎儿组界线。规模较小，长1.2 km左右，破碎带内褐铁矿化强烈，向两侧褐铁矿化变弱。该断裂对超基性杂岩体和矿体无控制与破坏作用。

F_3 断层东部位于中—下奥陶统恰干布拉克组与八道湾组的界线接触带上，西部位于上石炭统底坎儿组与八道湾的接触带上，走向为75°～90°，断层长约4 km，破碎带内岩石褐铁矿化强烈发育呈薄膜状分布。该断裂具明显的线性形态，断层陷落明显，为大草滩深大断裂的一部分，区域上控制了基性—超基性杂岩体的侵入及就位，但对矿体分布及形态变化无控制作用。

四、变质作用及变质岩

区内变质岩主要为区域变质岩、接触变质岩和动力变质岩。区内地质体区域变质作用弱，变质相为绿片岩相以下，以动力变质、接触变质为主，区域变质作用不明显。

接触变质岩：主要分布于岩体内外接触带。石炭纪侵入岩和二叠纪侵入岩与地层的接触带有角岩带。角岩带的接触变质岩为黑云母长英质角岩，变质矿物组合为黑云母＋石英＋绿泥石＋钠长石，为绿帘石角岩相。

动力变质岩：主要分布于东西向及北东向断裂带中，岩石包括构造角砾岩、碎裂岩、碎裂岩化岩石、糜棱岩、混合岩。

第二节　矿体地质

一、矿体特征

白鑫滩铜镍矿床产于大草滩断裂北侧基性—超基性杂岩体中，杂岩体总体为向北西侧伏的缓倾单斜，矿体形态及分布受杂岩体分异及岩相分布控制。赋矿岩相为角闪橄榄辉石岩相与角闪橄榄辉长岩相，其中角闪橄榄辉石岩相为矿区主体赋矿岩相。矿体多呈似层状、楔板状产出，在矿区西部，矿体由南西向北东方向侧伏，埋深逐渐变大；矿区东部矿体由东向西侧伏，厚度及埋深变大。矿区地表出露矿体均已剥蚀到底，矿体主要厚大部分均侧伏于深部。

矿区矿体主要分布于 15—68 号勘查线之间，地表西部出露于 TC15—TC02 之间，东部出露于 TC52～TC68 之间，控制最大斜深 200 m，见矿海拔标高 570～755 m，见矿相对垂距 185 m。其中，矿区西段共圈定矿体 10 条，矿区东段共圈定矿体 2 条，编号分别为 I_2、II_1（以 36 号勘查线作为矿区东西段分界线）。矿区主要矿体为 I_2 号矿体，次要矿体为 II_1 号矿体，其余均为小矿体。主要与次要矿体分述如下。

（一）I_2 号矿体特征

该矿体分布于矿区西段，为矿区最主要矿体，赋矿岩相为深灰绿色角闪橄榄辉石岩，顶板岩性主要为辉石橄榄岩、橄榄辉长岩以及不够品位的角闪橄榄辉石岩，底板岩性主要为角闪橄榄辉长岩以及不够品位的角闪橄榄辉石岩。

1. 矿体规模

矿体主要分布于 13—34 号勘查线之间，沿走向长约 1100 m，其中在 11—00 线之间出露于地表，由 14 条探槽控制，长度 325 m。00 号勘查线以东至 30 号勘查线之间隐伏于地下，隐伏矿体长度 775 m。矿体深部由 49 个见矿钻孔控制，控制矿体最大垂深 167 m，见矿标高 585～753 m 之间。矿体厚度大部分集中于 00—30 号勘查线之间，控制矿体最大斜深 200 m。00 号勘查线以西至 11 号勘查线之间矿体剥蚀程度较深，延深较小，沿倾向延伸多在 25～75 m 之间。

2. 矿体形态及产状

受剥蚀程度影响，矿体沿走向形态变化较大，11—00 号勘查线之间矿体剥蚀程度较深，出露于地表，深部延深较小，整体呈楔形。01—08 号勘查线之间，矿体呈较稳定的层板状，似层状；10—20 号勘查线之间，矿体形态变化较大，厚大部延深较短，呈不规则长锥状；22—30 号勘查线之间，矿体呈中间厚、两边薄的长轴状纺锤形。矿体总体由南西向北东侧伏，埋深逐渐加大，随赋矿岩相形态变化而变化（图 3-8～图 3-10）。

矿体不同矿段产状有一定差异，但整体产状较缓，产状在 (323°～355°)∠(3°～37°) 之间，矿体总体产状 330°∠25°。

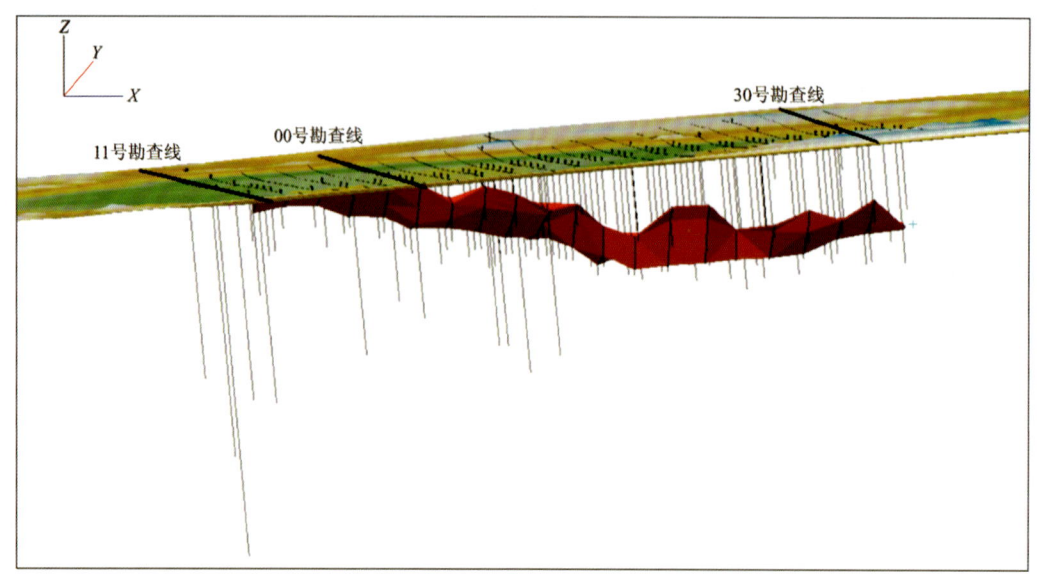

图 3-8　I_2 号主矿体空间三维示意图(据韩建华等,2022)

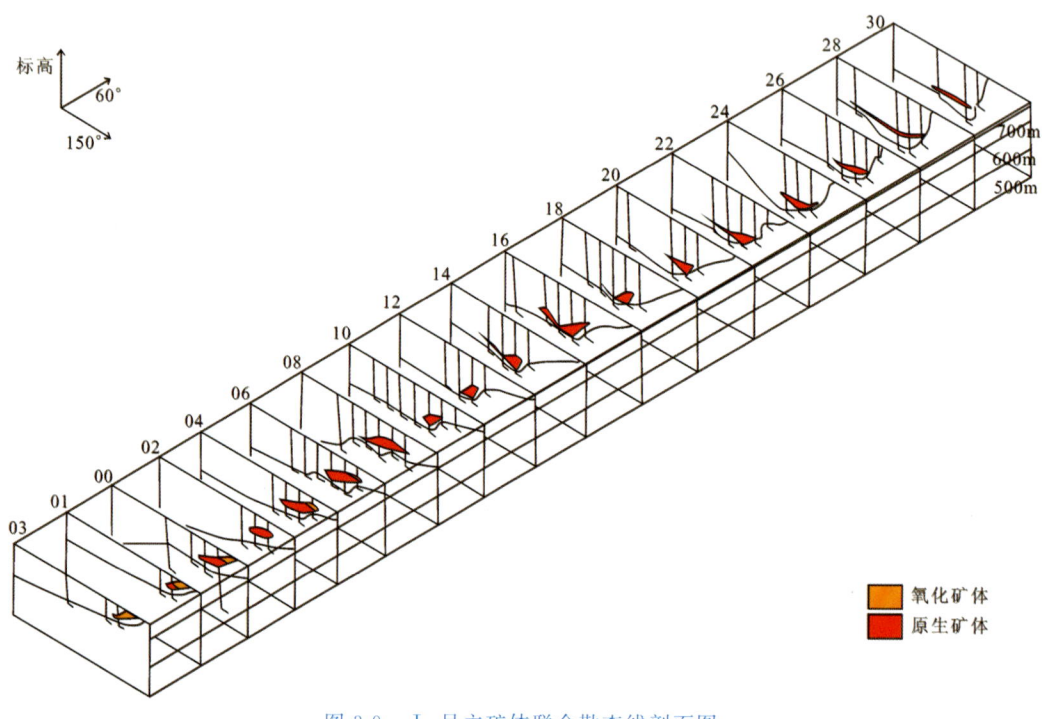

图 3-9　I_2 号主矿体联合勘查线剖面图

3. 矿体厚度变化特征

矿体由 60 个单工程控制,厚度在 1.73～49.25 m 之间,平均厚度为 17.10 m。其中,地表出露矿体最大厚度 28.79 m(TC05),最小厚度 8.48 m(TC00),平均厚度为 18.61 m;钻孔中控制矿体最大厚度 49.25 m(ZK1405),最小厚度 1.73 m(ZK1101),平均厚度为 16.56 m。

矿体厚度变化系数为 69.46%(50%<V_m<100%),属厚度变化较稳定的矿体。

在走向上厚度变化总体表现为西段薄(11—00 号勘查线)、东段(02—26 号勘查线)厚度较均匀的特征,厚度大部分延伸稳定。在倾向整体呈现为由南东向北西方向厚度逐渐变薄的趋势。具体变化特征见图 3-11。

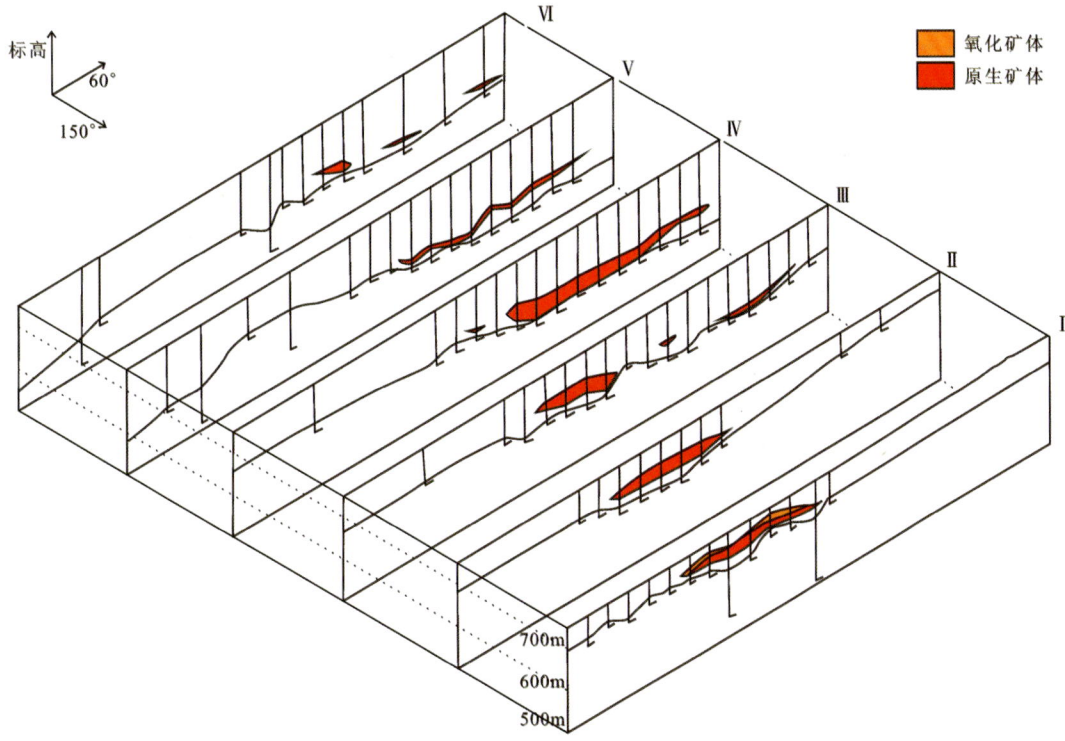

图 3-10　I_2 号主矿体联合纵切剖面图

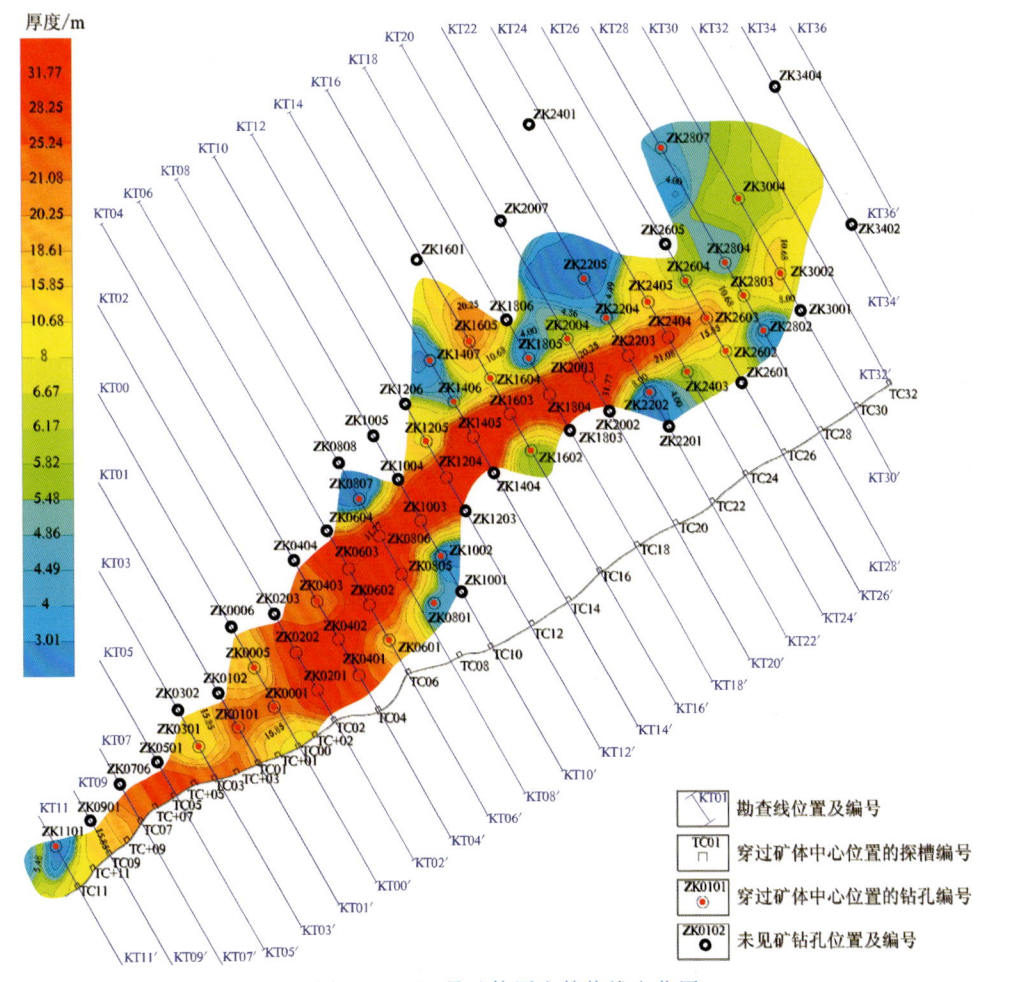

图 3-11　I_2 号矿体厚度等值线变化图

4. 矿体品位变化特征

矿体中 Cu 平均品位为 0.84%，Ni 平均品位为 0.59%。参与资源量估算的基本分析样品数为 649 件。其中，单样 Cu 最高（ZK0601-12）品位为 2.66%，一般品位分布在 0.6%～1.2% 之间，占比达 60.55%；单样 Ni 最高（ZK0603-17）品位为 1.70%，一般品位分布在 0.3%～0.8% 之间，占比达 74.42%（表 3-5、表 3-6，图 3-12、图 3-13）。

表 3-5 I₂ 号矿体 Cu 样品各品位段占比表

序号	样品区间	样品数量（频数）	频率占比/%
1	0.2% 以下	4	0.62
2	0.2%～0.4%	54	8.32
3	0.4%～0.6%	65	10.02
4	0.6%～0.8%	120	18.49
5	0.8%～1.0%	154	23.73
6	1.0%～1.2%	119	18.33
7	1.2%～1.4%	94	14.48
8	1.4%～1.6%	27	4.16
9	1.6% 以上	12	1.85

表 3-6 I₂ 号矿体 Ni 样品各品位段占比表

序号	样品区间	样品数量（频数）	频率占比/%
1	0.3% 以下	59	9.09
2	0.3%～0.5%	187	28.81
3	0.5%～0.6%	105	16.18
4	0.6%～0.8%	191	29.43
5	0.8%～1.0%	65	10.02
6	1.0%～1.2%	25	3.85
7	1.2% 以上	17	2.62

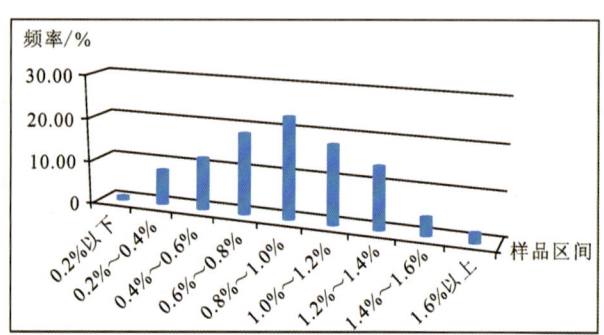

图 3-12 Cu 样品频率分布直方图

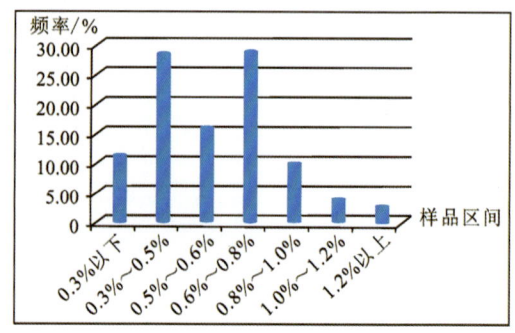

图 3-13 Ni 样品频率分布直方图

经数据统计分析，Cu 品位变化系数为 37.72%（0%＜V_m＜60%），变化均匀。Ni 品位变化系数 42.32%（0%＜V_m＜50%）变化均匀。矿体厚度与品位总体成正相关关系，矿体厚度越大，则品位相对越高。Cu、Ni品位也成正相关关系,铜高则镍也高,反之也成立。镍、铜具体品位变化特征见图3-14、图3-15。

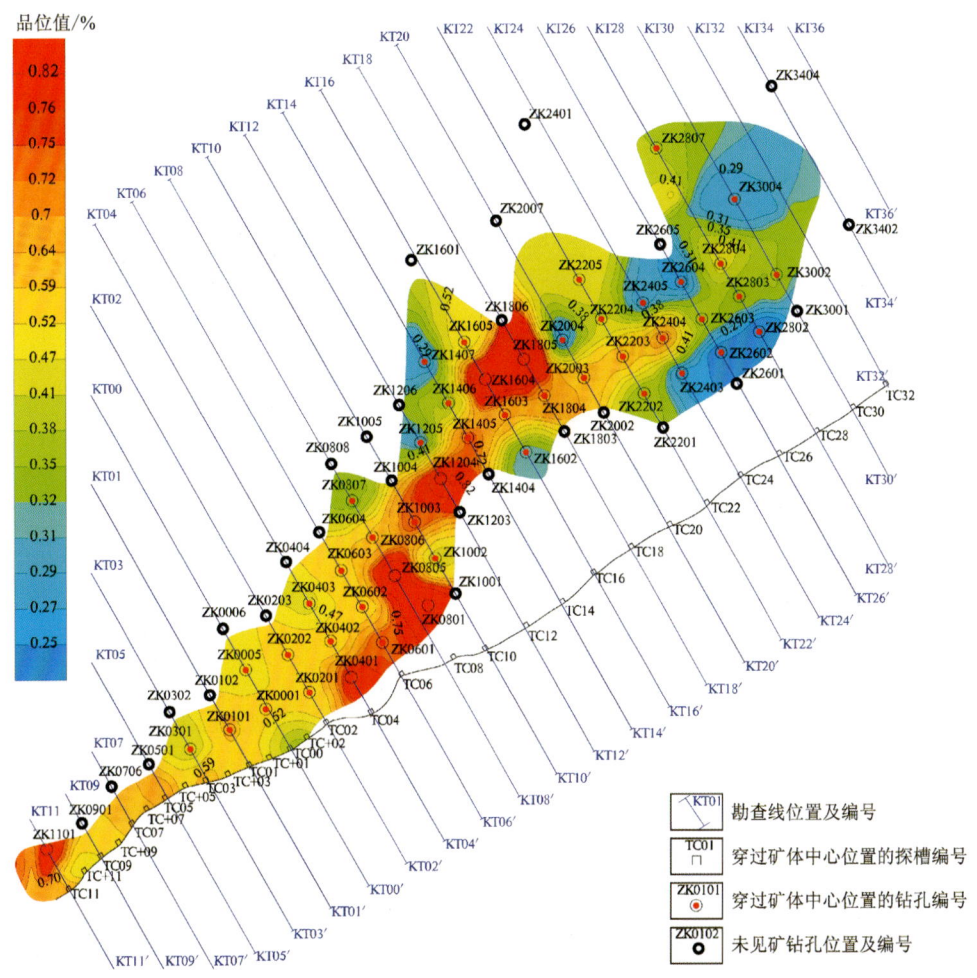

图3-14　I₂号矿体镍品位等值线变化图

5. 氧化矿特征

I₂号矿体氧化矿主要分布在11—06号勘查线之间,沿走向延伸490 m,氧化带深度在27.8～53.0 m之间,氧化矿平均深度为36 m,平均厚度为15.41 m,Cu平均品位为0.97%,Ni平均品位为0.60%,具有明显的铜高镍低的特征。其中,11—03号勘查线之间,矿体剥蚀程度较深,氧化矿在倾向上延伸较短,呈楔形分布,01—06号勘查线之间,氧化矿体位于原生矿顶部,呈似层状分布。

6. 原生矿特征

I₂号矿体原生矿主要分布在01—30号勘查线之间,呈似层状、楔板状,沿走向延伸875 m,控制最大斜深为200 m,平均厚度为16.27 m,Cu平均品位为0.83%,Ni平均品位为0.60%。

7. 矿体资源量特征

I₂号矿体原生矿铜资源量43 027t(控制资源量34 918t,推断资源量8109t),镍资源量30 970t(控制资源量25 012t,推断资源量5958t);氧化矿铜资源量4618t,镍资源量2838t。I₂号矿体铜资源量占矿区80.87%,镍资源量占矿区73.61%。

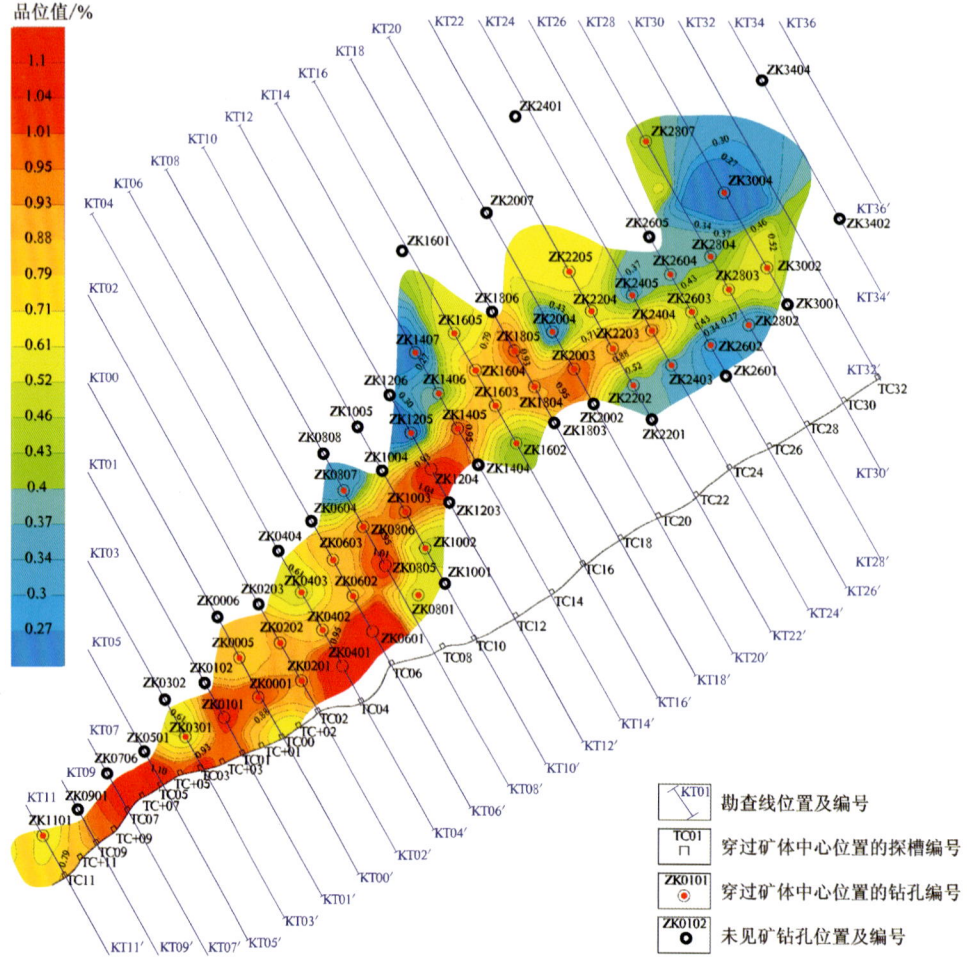

图 3-15　I_2 号矿体铜品位等值线变化图

（二）II_1 号矿体特征

该矿体分布于矿区东段，为矿区次要矿体，赋矿岩相为深灰绿色角闪橄榄辉石岩，顶板岩性主要为橄榄辉长岩以及不够品位的角闪橄榄辉石岩，底板岩性主要为角闪辉长岩及不够品位的角闪橄榄辉石岩。

1. 矿体规模

该矿体主要分布于 46—66 号勘查线之间，长度 530 m，其中在 54—66 号勘查线之间出露于地表，由 7 条探槽控制，长度 330 m。54 号勘查线以西至 46 号勘查线之间隐伏于地下，隐伏矿体长度 350 m。矿体深部由 9 个见矿钻孔控制，控制矿体最大垂深 94 m，见矿标高在 660~755 m 之间。矿体厚大部分主要集中于 46—54 号勘查线之间，控制矿体最大斜深 155 m。54 号勘查线以东矿体剥蚀程度较深，延深较小，沿倾向延伸多在 25~50 m 之间。

2. 矿体形态及产状

受剥蚀程度影响，矿体沿走向形态变化较大，54—66 号勘查线矿体剥蚀程度较深，出露于地表，深部延深较小，整体呈楔形。42—54 号勘查线之间，矿体呈较稳定的楔板状、似层状。矿体整体产状较缓，产状在（303°~350°）∠（20°~40°）之间，矿体整体向正西方向侧伏，在 54 号勘查线以西侧伏于地下呈隐伏状态延伸。矿体总体产状 340°∠34°。

3. 矿体厚度变化特征

该矿体由15个见矿工程控制，单工程控制矿体厚度为2.85～23.70 m之间，平均厚度为10.62m。其中，地表出露矿体最大厚度为14.93 m(TC64)，最小厚度为2.57 m(TC60)，平均真厚度为8.32 m；钻孔中控制矿体最大厚度为23.70 m(ZK5401)，最小厚度为2.85 m(ZK5403)，平均厚度为13.33 m。

矿体厚度变化系数为55.70%(50%＜V_m＜100%)，属厚度变化较稳定的矿体。

矿体在走向上厚度变化总体表现中间厚(54—50号勘查线之间)，两边薄的特征；在倾向上表现为由南向北厚度由厚变薄的趋势。Ⅱ₁号矿体厚度等值线变化见图3-16。

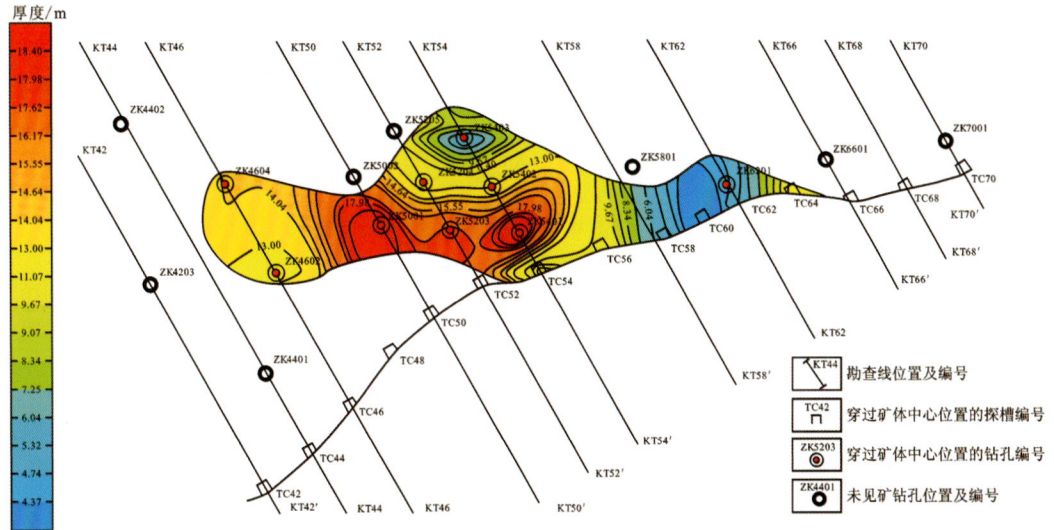

图3-16　Ⅱ₁号矿体厚度等值线变化图

4. 矿体品位变化特征

矿体中Cu平均品位为0.68%，Ni平均品位为0.68%。参与资源量估算的样品数为110件，其中单样Cu最高(ZK5203-9)品位为1.86%，一般品位分布在0.4%～1.0%之间，占比43.29%；单样Ni最高(TC62～5)品位为3.30%，一般品位分布在0.4%～1.0%之间，占比45.98%。

经数据分析，Cu品位变化系数为94.74%(60%＜V_m＜150%)，变化较均匀，样品地质平均品位为0.84%。Ni品位变化系数为75.51%(50%＜V_m＜100%)，变化较均匀，样品地质平均品位为0.75%。矿体厚度与品位总体成正相关关系，矿体厚度越大，则品位相对越高。Cu、Ni品位也成正相关关系，铜高则镍也高，反之也成立。Ⅱ₁号矿体Ni、Cu品位等值线变化见图3-17、图3-18。

5. 氧化矿特征

Ⅱ₁号矿体氧化矿主要分布在62—54号勘查线之间，沿走向延伸275 m，氧化带平均深度为36 m，氧化矿平均厚度为9.53 m，Cu平均品位为0.93%，Ni平均品位为0.97%。其中，66—54号勘查线之间，矿体剥蚀程度较深，在倾向上延伸较短，探槽及62号勘查线浅部钻孔控制的均为氧化矿，呈楔形分布。54号勘查线上氧化矿位于原生矿顶部。

6. 原生矿特征

Ⅱ₁号矿体原生矿主要分布在46—54号勘查线之间，呈似层状、楔板状，沿走向延伸200 m，控制最大斜深为155 m，平均厚度为12.37 m，Cu平均品位为0.61%，Ni平均品位为0.58%。

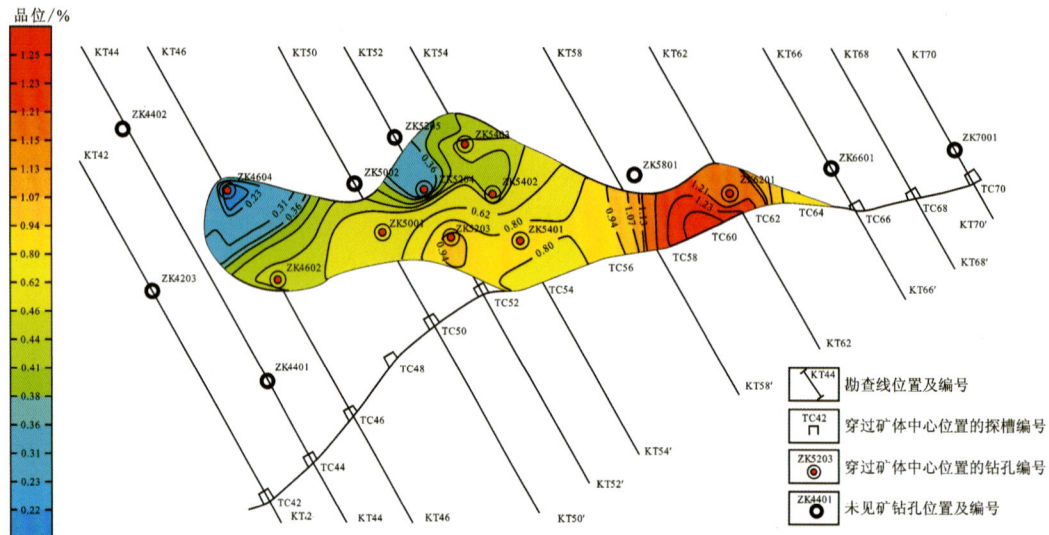

图 3-17　Ⅱ₁ 号矿体 Ni 品位等值线变化图

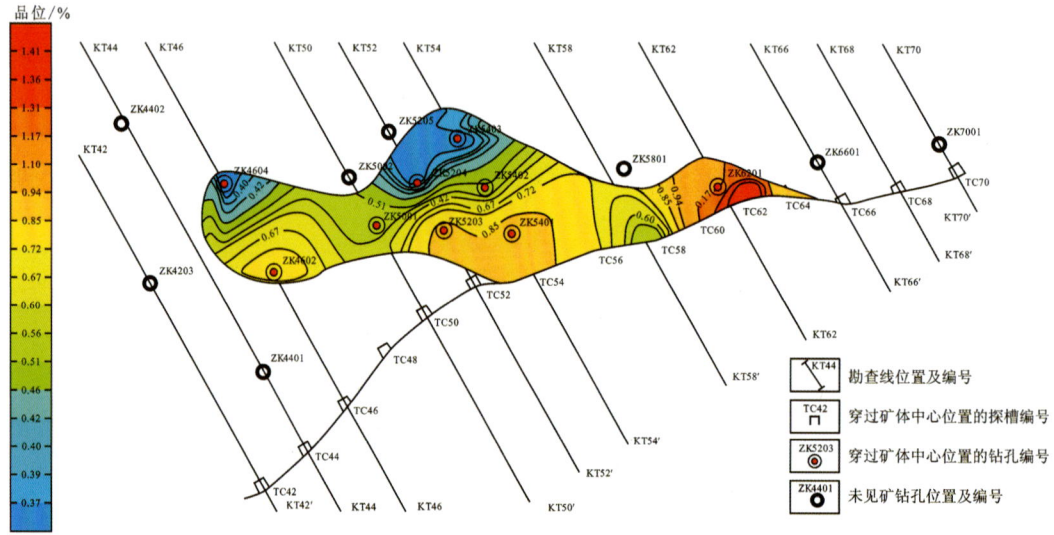

图 3-18　Ⅱ₁ 号矿体 Cu 品位等值线变化图

7. 矿体资源量特征

Ⅱ₁ 号矿体原生矿铜资源量 4074t（控制资源量 1448t，推断资源量 2626t），镍资源量 3857t（控制资源量 1491t，推断资源量 2366t）；氧化矿铜资源量 1685t，镍资源量 1759t。Ⅱ₁ 号矿体铜资源量占矿区 9.77%，镍资源量占矿区 12.23%。

（三）其他小矿体特征

矿区其他小矿体主要有分布于西段的 Ⅰ₂₋₁、Ⅰ₃、Ⅰ₄、Ⅰ₅、Ⅰ₆、Ⅰ₇、Ⅰ₈、Ⅰ₉、Ⅰ₁₀ 号矿体以及分布于矿区东段的 Ⅱ₂ 号矿体。其中，Ⅰ₂₋₁、Ⅰ₇、Ⅰ₈ 号矿体产于角闪橄榄辉石岩内部，其顶底板岩性均为角闪橄榄辉石岩。Ⅰ₄、Ⅰ₅、Ⅰ₉、Ⅰ₁₀ 号矿体产于杂岩体底部，顶板岩性为角闪橄榄辉长岩，底板岩性主要为英安岩，部分为角闪橄榄辉长岩。Ⅰ₆ 号矿体顶板岩性为角闪橄榄辉石岩，底板岩性为角闪橄榄辉长岩。Ⅰ₃ 号矿体顶底板岩性均为辉石橄榄岩。Ⅱ₂ 号矿体顶板岩性为角闪橄榄辉石岩，底板岩性为英安岩。小矿体具体特征见表 3-7。

表 3-7 白鑫滩铜镍矿区小矿体特征表

矿体编号	赋存范围		延展规模/m		倾向∠倾角	矿体形态	厚度/m	厚度变化系数/%	品位/%		品位变化系数/%		控制工程数量/个
	探线区间	标高区间/m	走向长	倾斜深					Cu	Ni	Cu	Ni	
I$_{2-1}$	17~11	693~753	100	100	(315°~338°)∠(25°~30°)	长板状	3.39~8.40 (5.94)	42.19	0.52~0.87 (0.68)	0.36~0.52 (0.65)	22.80	24.26	7
I$_3$	03~02	717~753	100	50	(330°~345°)∠(30°~65°)	楔形	3.56~7.42 (5.49)	49.72	0.55~0.57 (0.55)	0.71~0.72 (0.71)	23.96	25.26	4
I$_4$	05~09	600~662	50	115	330°∠(3°~20°)	似层状	2.34~3.07 (3.15)	19.08	0.38~0.43 (0.40)	0.56~0.64 (0.59)	7.13	26.28	5
I$_5$	05~18	584~700	450	50~160	330°∠(3°~30°)	似层状	1.41~9.11 (3.02)	65.27	0.20~1.22 (0.49)	0.15~1.57 (0.88)	58.95	65.46	32
I$_6$	02~08	646~689	100	50	330°∠32°	似层状	3.58~6.46 (5.02)	40.57	0.30~0.39 (0.36)	0.34~0.67 (0.55)	46.18	71.16	8
I$_7$	04~24	612~673	450	50~100	330°∠(5°~14°)	层状	2.00~24.63 (7.73)	79.05	0.23~0.38 (0.29)	0.23~0.36 (0.28)	29.45	21.47	26
I$_8$	04~10	635~661	100	50	330°∠(7°~23°)	层状	2.43~8.68 (5.56)	79.56	0.22~0.50 (0.44)	0.25~0.44 (0.40)	50.84	30.94	8
I$_9$	08~12	621~635	50	100	330°∠5°	透镜状	2.40~13.70 (8.05)	99.26	0.33~0.59 (0.55)	0.51~1.28 (0.62)	54.08	59.33	6
I$_{10}$	14~30	570~618	350	50~165	330°∠(2°~22°)	似层状	2.20~21.97 (7.11)	77.24	0.20~1.90 (0.71)	0.24~2.22 (0.75)	121.66	138.35	22
II$_2$	58~70	734~755	139	25	(330°~350°)∠(30°~36°)	楔板形	1.08~8.61 (3.29)	108.62	0.33~0.97 (0.71)	0.53~1.24 (0.75)	50.87	30.83	6

注：I$_{2-1}$号矿体为I$_2$号矿体尖灭再现的西延部分，因与I$_2$号矿体存在连接断开的情况，作为I$_2$号矿体的子矿子以命名；（ ）表示平均值。

二、赋矿岩相

矿体的赋矿岩相主要为一套含水镁铁—超镁铁质侵入岩,由矿体顶部向下延伸,依次为灰黑色辉石橄榄岩(较少)、灰黑色橄榄辉石岩、灰色(黑云母)橄榄辉长岩、灰色(黑云母)辉长岩(图3-19)。在矿体底板为一套浅灰色的凝灰岩、(角岩化)英安岩等(图3-20)。

(一)橄榄辉石岩

橄榄辉石岩呈灰黑色,主要由辉石(70%)、长石(15%)、橄榄石(5%)组成。辉石呈灰黑色,半自形—自形短柱状结构,粒径3~4 mm;斜长石呈白色,细粒,半自形—自形板状结构,粒径为1~2 mm;橄榄石呈草绿色,细粒,半自形—自形粒状结构,粒径为1~2 mm,块状构造。

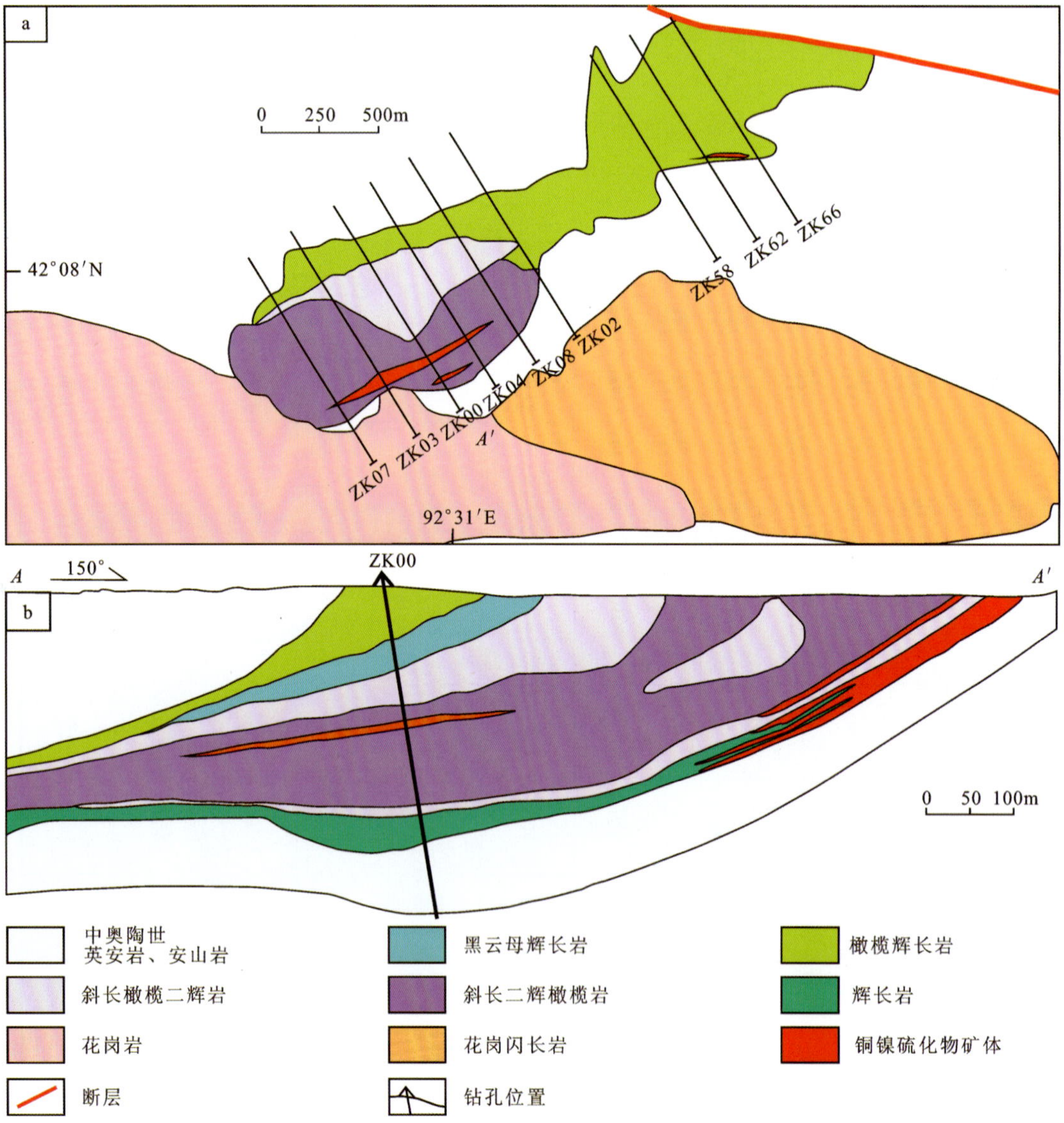

a.矿区平面地质图;b.0号勘查线剖面图
图3-19 白鑫滩矿床矿区地质图

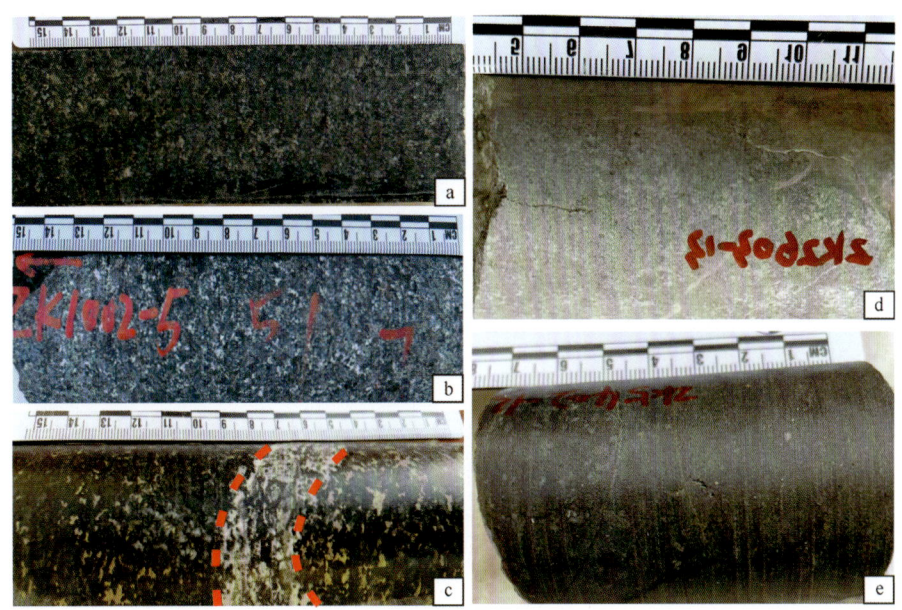

a. 橄榄辉石岩；b. 橄榄辉长岩；c. 角闪黑云母辉长岩（图框范围）；d. 角岩化英安岩；e. 凝灰岩

图 3-20　白鑫滩铜镍矿矿体岩相

（二）（黑云母）橄榄辉长岩

黑云母橄榄辉长岩呈灰色，由辉石（40%）、黑云母（5%）、斜长石（40%）、橄榄石（5%）等组成。橄榄石呈草绿色，细粒，半自形—自形粒状结构，粒径为 1～2 mm；黑云母为灰褐色、细粒，半自形片状结构，粒径为 2～3 mm；辉石呈灰黑色，细粒半自形—自形短柱状结构，粒径为 2～3 mm；斜长石为白色，细粒，自形—半自形板状晶体，粒径为 1～2 mm，块状构造，橄榄石和辉石常发生蚀变。

（三）（角闪）辉长岩

角闪辉长岩呈灰色，由辉石（60%）、斜长石（35%）、橄榄石（5%）等组成。辉石呈灰黑色，细粒半自形—自形短柱状结构，粒径为 2～3 mm；斜长石呈白色，细粒自形—半自形板状晶体，粒径为 1～2 mm；橄榄石呈草绿色，细粒半自形—自形粒状结构，粒径为 1～2 mm，块状构造。

三、矿石质量

（一）矿石物质组成

1. 原生矿矿石矿物组成

1）金属矿物及特征

矿石中金属矿物主要为磁黄铁矿、黄铜矿，其次为磁铁矿、镍黄铁矿、褐铁矿，微量及少见矿物为赤铁矿、钛铁矿、紫硫镍矿、黄铁矿、辉砷镍矿、红砷镍矿和铜蓝。

（1）磁黄铁矿。磁黄铁矿为矿石中含量最高，分布最广的金属矿物，双目镜下呈古铜黄色、灰黑色，金属光泽，条痕呈灰黑色，呈厚板状、不规则致密块状产出，其粒径为 0.1～0.7 mm，平均粒径为 0.3 mm（人工重砂),含量最高可达8%,分布不均匀,局部富集,其电子探针能谱分析结果表明,被黄铁矿交代的磁黄铁矿Fe含量为60.86%,S含量为39.14%;单矿物的Fe含量为58.45%,S含量为38.61%,Ni含量为2.94%。

磁黄铁矿主要为半自形粒状(图3-21e),少量为他形粒状,解理发育,部分沿其解理被黄铁矿交代(图3-21f),被黄铁矿交代的磁黄铁矿约占总量的40%,少量已完全被黄铁矿取代。其嵌布方式为:①呈单晶粒状分布于透明矿物粒间或其粒中,粒径多细小,其粒径多小于0.1 mm,此种分布形式的磁黄铁矿约占总量的8%;②与黄铜矿、镍黄铁矿或磁铁矿呈连晶状分布(图3-21g),粒径较粗大,其粒径多在0.3~0.7 mm之间,最大者可达2.0 mm,此种分布形式的磁黄铁矿约占总量的90%;③交代磁铁矿,呈叶片状、乳滴状包裹于磁铁矿中,粒径细小,其粒径多在0.002~0.005 mm之间,此种分布形式的磁黄铁矿约占总量的2%。

(2)黄铜矿。黄铜矿是主要的金属矿物之一,含量不高,分布广泛,双目镜下呈黄铜色,表面带锈色,金属光泽,粉末绿黑色,性脆,呈不规则棱角—次棱角状碎块状,粒径为0.1~0.6 mm,平均粒径为0.3 mm(人工重砂),其含量最高可达5%,分布不均匀,局部富集,其电子探针能谱分析结果表明,黄铜矿中Cu含量为34.87%,S含量为34.29%,Fe含量为30.84%;单矿物的Cu含量为38.86%,Fe含量为34.40%,S含量为26.74%。

黄铜矿半自形粒状、他形粒状,少量被铜蓝交代(图3-21h),部分交代磁铁矿(图3-21i)。其嵌布方式为:①与磁黄铁矿、镍黄铁矿、磁铁矿呈连晶状分布(图3-21j),粒径多粗大,其粒径多在0.1~0.5 mm之间,个别可达1.28 mm,此种分布形式的黄铜矿约占总量的70%;②呈单晶粒状、连晶状分布于透明矿物粒间或其粒中,粒径多细小,其粒径多在0.003~0.03 mm之间,个别粒径粗大者可达0.12 mm,此种分布形式的黄铜矿约占总量的26%;③交代磁铁矿,呈乳滴状、叶片状包裹于磁铁矿中,粒径细小,其粒径多在0.002~0.01 mm之间,此种分布形式的黄铜矿约占总量的4%。

(3)磁铁矿。磁铁矿为该区常见的金属矿物之一,含量较高,分布广泛,双目镜下颜色为黑色,呈不规则粒状,金属光泽,粉末为黑色,粒径为0.1~0.3 mm,平均粒径为0.2 mm(人工重砂),其含量最高为4%,分布较均匀,未见明显富集,其电子探针能谱分析结果表明,磁铁矿中FeO含量为99.20%,MgO含量为0.80%;单矿物含量为100%。

磁铁矿半自形粒状,他形粒状,少量被磁黄铁矿、黄铜矿交代。其嵌布方式为:①半自形粒状,呈单晶粒状、连晶状分布于透明矿物粒间或其粒中,为岩浆期生成,粒径跨度较大,其粒径多在0.1~0.3 mm之间,此种分布形式的磁铁矿约占总量的60%;②他形粒状,沿暗色矿物(橄榄石、斜方辉石)裂理分布,为暗色矿物蚀变析出,粒径细小,难以区分其颗粒间界线,此种分布形式的磁铁矿约占总量的20%;③他形粒状,与黄铜矿、磁黄铁矿呈连晶状分布,粒径跨度大,其粒径多在0.05~0.4 mm之间,此种分布形式的磁铁矿约占总量的15%;④他形粒状,被磁黄铁矿、黄铜矿交代,此种分布形式的磁铁矿约占总量的5%。

(4)镍黄铁矿。镍黄铁矿是镍的主要工业矿物,也是该区主要金属矿物之一,含量较低,分布较广泛,双目镜下颜色为浅铜黄色,金属光泽,条痕浅黄色,呈不规则块状,粒径为0.1~0.7 mm,平均粒径为0.3 mm(人工重砂),其含量最高为3%,分布不均匀,未见明显富集,其电子探针能谱分析结果表明,镍黄铁矿中Ni含量为36.00%,S含量为33.01%,Fe含量为27.94%,Er含量为3.05%;单矿物中Fe含量为37.26%,S含量为33.39%,Ni含量为29.35%。

镍黄铁矿为半自形—他形粒状,与磁黄铁矿、黄铜矿呈连晶状分布,晶粒解理发育,沿其解理多可见磁铁矿分布(图3-21k),沿边缘及解理被紫硫镍矿交代,被紫硫镍矿交代者约占总量的40%。

(5)紫硫镍矿。紫硫镍矿是镍的主要工业矿物,也是该区主要的目标矿物之一,含量低,其含量最高为4%,分布不均匀,局部有富集现象,为交代镍黄铁矿生成,其电子探针能谱分析结果表明,紫硫镍矿中S含量为38.41%,Ni含量为36.73%,Fe含量为23.07%,Co含量为1.79%;单矿物中Ni含量为40.92%,S含量为36.71%,Fe含量为15.18%,Cu含量为5.07%,Co含量为2.11%。

(6)辉砷镍矿。辉砷镍矿为镜下可见含镍矿物之一,含量极低,分布不均匀,他形粒状,与黄铜矿呈连晶状分布(图3-21l),其电子探针能谱分析结果表明,辉砷镍矿中As含量为46.32%,Ni含量为33.71%,S含量为18.51%,Fe含量为1.46%。

(7)红砷镍矿。红砷镍矿为镜下可见含镍矿物之一,含量极低,分布不均匀,他形粒状,包裹于辉砷镍矿中(图3-21l),其电子探针能谱分析结果表明,红砷镍矿中As含量为55.97%,Ni含量为42.93%,Fe含量为0.77%,S含量为0.33%。

(8)黄铁矿。黄铁矿含量较低,分布不均匀,局部有富集现象,双目镜下颜色为浅铜黄色,呈立方体状,金属光泽,粉末浅黄色,粒径为0.1~0.5 mm,平均粒径为0.2 mm,含量最高为1%,半自形—他形粒状,其嵌布方式为:①他形粒状,为交代磁黄铁矿生成,此种分布形式的黄铁矿约占总量的80%,其电子探针能谱分析结果表明,黄铁矿中Fe含量为50.87%,S含量为41.97%,O含量为7.16%;②半自形粒状,呈单晶粒状、连晶状分布于透明矿物间,此种分布形式的黄铁矿约占总量的12%,其电子探针能谱分析结果表明,黄铁矿中S含量为52.95%,Fe含量为43.72%,Co含量为3.33%;③半自形粒状,与黄铜矿、磁黄铁矿呈连晶状分布(图3-21 m),此种分布形式的黄铁矿约占总量的8%。人工重砂中挑选出两粒黄铁矿单矿物,其电子探针能谱分析结果表明,黄铁矿中S含量为53.80%,Fe含量为46.20%;单矿物中S含量为52.29%,Fe含量为47.71%。

(9)赤铁矿。赤铁矿含量较低,分布不均匀,仅局部可见,双目镜下颜色为褐红色、灰黑色,呈不规则粒状,金属光泽,粉末樱红色,粒径为0.1~0.5 mm,平均粒径为0.25 mm(人工重砂),含量最高为4%,半自形—他形粒状,呈集合体球粒状分布于方解石脉中或呈连晶状、聚粒状分布于透明矿物间或分布于磁铁矿周边,为磁铁矿蚀变产物。

(10)钛铁矿。钛铁矿含量较低,分布不均匀,仅局部可见,双目镜下颜色为黑色,呈板状,金属光泽,粉末灰黑色。粒径为0.1~0.3 mm,平均粒径为0.2 mm(人工重砂),含量最高为2%,半自形板状,呈单晶粒状、连晶状分布于透明矿物粒间(图3-21 n)。

(11)铜蓝。铜蓝为含铜矿物之一,交代黄铜矿生成,少见。

(12)褐铁矿。褐铁矿含量较低,分布较广泛,双目镜下颜色为褐色,呈不规则粒状,金属光泽,粉末褐黄色,粒径为0.1~0.5 mm,平均粒径为0.25 mm,他形粒状,呈细条带状或单晶粒状分布,偶见其交代黄铁矿、黄铜矿。

2)脉石矿物及特征

矿石中脉石矿物种类多,主要为斜长石、斜方辉石、单斜辉石和橄榄石,次为角闪石和黑云母,具体参见表3-8。

表3-8 脉石矿物特征表

主要矿物	斜长石、斜方辉石、单斜辉石、橄榄石
次要矿物	角闪石、黑云母
蚀变矿物	磷灰石、重晶石以及滑石、蛇纹石、绿泥石、皂石、帘石、次闪石、方解石、石英等

(1)斜长石。斜长石为拉-中长石,半自形板状、长板状,常见其简单双晶,帘石化、方解石化、泥化,分布于斜方辉石、单斜辉石间或包裹于斜方辉石、单斜辉石中,部分粒径较大者还可见其内包裹橄榄石、斜方辉石、单斜辉石等暗色矿物(图3-21a)。

(2)斜方辉石。斜方辉石为紫苏辉石和古铜辉石,半自形柱粒状,蚀变强烈,蛇纹石化、滑石化(图3-21b)、次闪石化,以蛇纹石化占主导,滑石化次之,次闪石化较少见,常见其已完全被蚀变矿物取代保留其外形,分布形式多样,斜长石粒间或其粒中、单斜辉石中、角闪石中及边缘均可见其分布(图3-21c)。

(3)单斜辉石。单斜辉石主要为普通辉石,半自形柱状,蚀变不明显,偶见其绿泥石化、次闪石化,多与斜方辉石、斜长石分布在一起。

a. 包含结构[50倍,正交偏光,斜长石(Pl)中包裹橄榄石(Ol)、斜方辉石(Opx)、单斜辉石(Cpx)等暗色矿物]

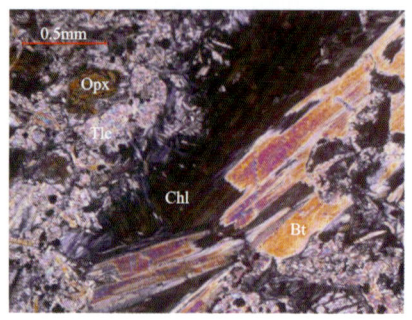

b. 滑石化、绿泥石化[50倍,正交偏光,斜方辉石(Opx)滑石(Tlc)化、黑云母(Bt)绿泥石(Chl)化]

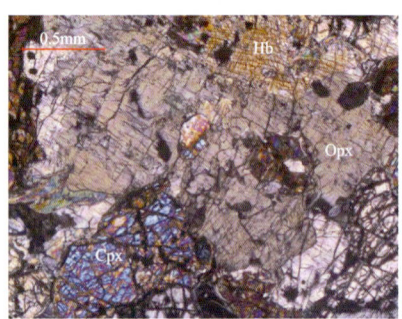

c. 斜方辉石-单斜辉石-角闪石[50倍,正交偏光,斜方辉石(Opx)与单斜辉石(Cpx)、角闪石(Hb)分布在一起]

d. 蛇纹石化[50倍,正交偏光,橄榄石(Ser)强蛇纹石化,已完全被蛇纹石取代保留其半自形粒状外形]

e. 磁黄铁矿[50倍,单偏光,半自形粒状磁黄铁矿(Po)呈单晶粒状、连晶状分布于透明矿物间]

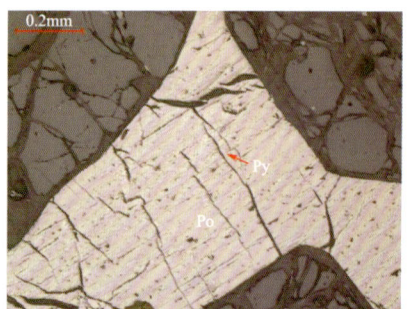

f. 黄铁矿-磁黄铁矿[100倍,单偏光,黄铁矿(Py)沿解理交代磁黄铁矿(Po)]

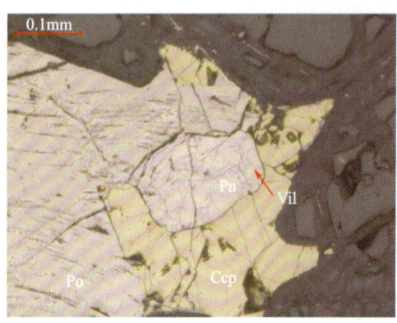

g. 黄铜矿-镍黄铁矿-磁黄铁矿[200倍,单偏光,磁黄铁矿(Po)与黄铜矿(Ccp)、镍黄铁矿(Pn)呈连晶状分布,其中镍黄铁矿被紫硫镍矿(Vil)交代]

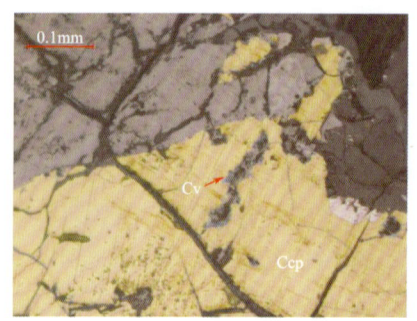

h. 铜蓝-黄铜矿[200倍,单偏光,铜蓝(Cv)交代黄铜矿(Ccp)]

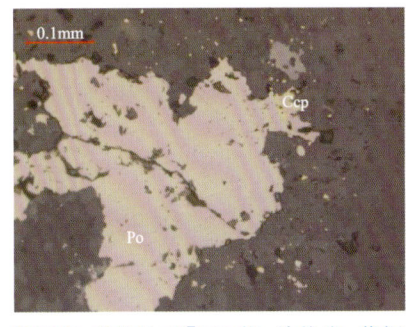

i. 黄铜矿-镍黄铁矿-磁铁矿［100 倍，单偏光，黄铜矿（Ccp）交代磁铁矿（Mag），与镍黄铁矿（Pn）呈连晶状分布］

j. 黄铜矿-磁黄铁矿［200 倍，单偏光，黄铜矿（Ccp）与磁黄铁矿（Po）呈连晶状分布］

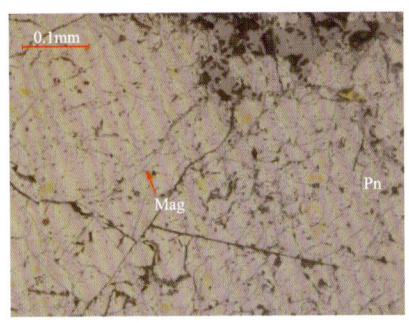
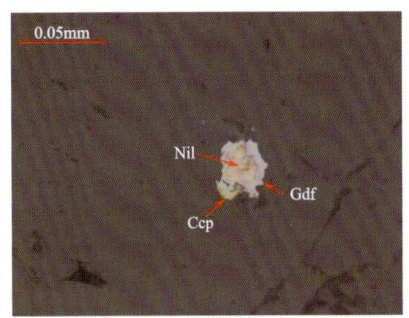

k. 磁铁矿-镍黄铁矿［200 倍，单偏光，磁铁矿（Mag）沿镍黄铁矿（Pn）裂理分布］

l. 黄铜矿-辉砷镍矿-红砷镍矿［500 倍，单偏光，辉砷镍矿（Gdf）与黄铜矿（Ccp）呈连晶状分布，其内包裹红砷镍矿（Nil）］

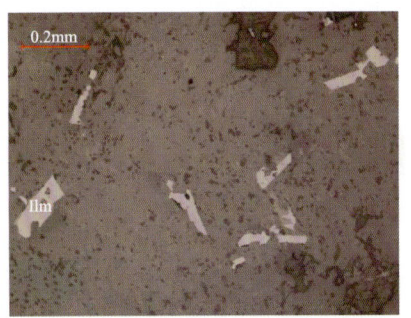

m. 黄铁矿-磁黄铁矿［200 倍，单偏光，黄铁矿（Py）分布于磁黄铁矿（Po）间］

n. 钛铁矿［100 倍，单偏光，钛铁矿（Ilm）半自形板状，分布于透明矿物间］

o. 反应边结构［100 倍，正交偏光，斜方辉石（Opx）与角闪石（Hb）构成反应边结构］

p. 包含结构［50 倍，正交偏光，斜长石（Pl）中包含斜方辉石（Opx）和单斜辉石（Cpx）］

图 3-21　白鑫滩矿石镜下照片

(4)橄榄石。橄榄石双目镜下颜色为无色,透明,呈不规则碎粒状,玻璃光泽,粉末白色,粒径为0.1~0.6 mm,平均粒径为0.25 mm(人工重砂),半自形粒状,蚀变强烈,多已完全被蚀变矿物蛇纹石、滑石、皂石取代保留其外形,偶可见其残留,以蛇纹石化、滑石化占主导(图3-21d),皂石化次之,分布于辉石粒间、粒中或包裹于斜长石中。

(5)角闪石。角闪石双目镜下颜色为褐红色,呈短柱状,玻璃光泽,粉末白色,呈针柱状,粒径为0.1~0.4 mm,平均粒径为0.2 mm(人工重砂),半自形柱状,未见明显蚀变,两组相交解理常见,其内常见辉石分布。

(6)黑云母。黑云母呈片状,片径较大,部分有弯曲变形,绿泥石化(图3-21b)。

(7)磷灰石。磷灰石呈半自形粒状,呈单晶粒状分布,分布较广泛。

(8)重晶石。重晶石呈半自形粒状,呈单晶粒状、连晶状分布于斜方辉石粒间,镜下并不常见,人工重砂鉴定过程中挑选出单矿物,其电子探针能谱分析结果表明,重晶石中 BaO 含量为 63.77%,SO_3 含量为 35.03%,MgO 含量为 1.20%。

(9)滑石。滑石为主要蚀变矿物之一,呈鳞片状,为斜方辉石和橄榄石蚀变产物,以橄榄石为主。滑石沿斜方辉石、橄榄石边缘对其进行交代蚀变,部分橄榄石已完全被滑石取代。

(10)蛇纹石。蛇纹石主要蚀变矿物之一,片状、鳞片状、纤维状是斜方辉石和橄榄石蚀变产物(图3-21d),部分斜方辉石被蛇纹石完全取代形成绢石。电子探针能谱分析结果表明,蛇纹石中 MgO 含量为 46.60%,SiO_2 含量为 53.40%;单矿物中 MgO 含量为 39.13%,K_2O 含量为 2.58%,SiO_2 含量为 56.34%。

(11)绿泥石。绿泥石双目镜下颜色为浅灰绿色,呈鳞片状,珍珠光泽,粉末白色,粒径为0.1~0.3 mm,平均粒径为0.2 mm(人工重砂),片状、鳞片状,主要为黑云母蚀变产物,偶见其交代单斜辉石,其电子探针能谱分析结果表明,绿泥石中 MgO 含量为 26.03%,FeO 含量为 17.51%,Al_2O_3 含量为 17.18%,FeO 含量为 17.51%,SiO_2 含量为 39.28%;单矿物中 MgO 含量为 39.32%,FeO 含量为 10.71%,Al_2O_3 含量为 9.13%,SiO_2 含量为 40.83%。

(12)皂石。皂石呈鳞片状,为橄榄石蚀变产物,沿边缘及裂理交代橄榄石,部分已完全取代橄榄石保留其外形。

(13)帘石。帘石为绿帘石和黝帘石,他形粒状,为斜长石蚀变产物,以黝帘石为主。绿帘石双目镜下颜色为浅绿色,呈不规则粒状,玻璃光泽,粉末白色,粒径为0.1~0.4 mm,平均粒径为0.2 mm(人工重砂)。

(14)次闪石。次闪石为阳起石和透闪石,以阳起石为主,纤柱状,为斜方辉石、单斜辉石蚀变产物。

(15)方解石。方解石可细分为两种:一种为斜长石蚀变产物,半自形—他形粒状,少见;另一种为后期热液叠加蚀变,该种可形成大理岩,此种情况下形成的方解石多为半自形粒状,粒径较粗大,其粒径多在 0.2~0.5 mm 之间。

(16)石英。石英半自形粒状,少见,为后期热液(硅化)叠加蚀变产物。

2. 氧化矿矿石矿物组成

1)金属矿物及特征

金属矿物主要为褐铁矿,少量为磁铁矿、硅孔雀石、孔雀石、黄铜矿,微量为紫硫镍矿、镍黄铁矿、钛铁矿、磁黄铁矿等。主要金属矿物特征如下。

(1)铜矿物。铜矿物主要为氧化铜,包括孔雀石、硅孔雀石,硫化铜偶见黄铜矿、铜蓝。

孔雀石分布较为普遍,常呈纤维晶簇状,粒状单晶较少,多具有偏胶体的性质,呈肾状、葡萄状、皮壳状、充填脉状、粉末状、土状等集合体,有时和褐铁矿互层。

硅孔雀石单独出现的很少,多与孔雀石共生。硅孔雀石多呈胶状、皮壳状、土状等。

黄铜矿仅在硫化矿石中可见,充填于脉石粒间,形成海绵陨铁结构,偶见被磁铁矿包裹。粒径较细,一般小于 0.10 mm,黄铜矿发生蚀变,蚀变从边部向中心扩散,程度强的已经转变为褐铁矿。

铜蓝多产出于黄铜矿的边部,形成反应边结构。

(2)褐铁矿。褐铁矿含量约占矿物总量的 5.0%,含硅、铝、铜、镍等元素,水的含量变化较大。褐铁矿是黄铁矿、黄铜矿等的次生矿物,是由针铁矿、水针铁矿等形成的混合物,颗粒细小难以区分,经常混杂孔雀石。产出形态有两种:一种交代黄铁矿、黄铜矿,保留有黄铁矿、黄铜矿的残体,形成交代残余结构;另外一种褐铁矿呈不均匀分布,形态复杂,呈团块状、不规则脉状、胶状、放射状、纤维状、粉末状集合体,产出在矿石裂隙中形成充填脉状构造。

(3)磁铁矿。磁铁矿含量约占矿物总量 1.5%。矿相显微镜下灰色带棕色调,均质,具强磁性。磁铁矿形成过程分为两期:早期磁铁矿多呈自形、半自形单晶零星浸染状分散在脉石中;晚期磁铁矿为硅酸盐矿物橄榄石、辉石及角闪石等。磁铁矿中可见黄铜矿的包体。磁铁矿氧化不严重,只是边部或者粒间隙赤铁矿化,形成格状。还有一些磁铁矿磁赤铁矿化,这种蚀变是沿着磁铁矿中心进行,磁铁矿、磁赤铁矿物性接近,两者没有明显的界线。

(4)黄铁矿、磁黄铁矿。黄铁矿、磁黄铁矿含量约占矿物总量的 0.3%,大部分呈星散浸染状均匀分布于矿石中。黄铁矿主要为镍黄铁矿,大部分颗粒被褐铁矿交代呈残体,形态不规则,粒径微细,小于 0.02 mm。磁黄铁矿呈星散浸染状分布于脉石中,几乎完全变成褐铁矿,形成缺席构造。

(5)紫硫镍矿。紫硫镍矿微量,仅仅在硫化矿石中,为交代镍黄铁矿的产物,部分被脉石浸蚀,蚀变沿着解理进行。

2)脉石矿物及特征

脉石矿物主要为绿泥石、蛇纹石、滑石、角闪石、辉石、橄榄石、碳酸盐,少量斜长石、钠黝帘石、蛇纹石、滑石、纤闪石、绿泥石、绢云母、碳酸盐、绿帘石、白钛石等蚀变矿物,另外还有黑云母、金云母、榍石、锆石等。主要脉石矿物特征如下。

(1)辉石:为斜方辉石和单斜辉石,粒径为 1~2 mm,发生强烈的纤闪石和绿泥石化,局部可见角闪石反应边。

(2)角闪石:褐色,呈半自形—他形长柱状,粒径为 2~4 mm,其中包裹橄榄石,有些包裹辉石形成反应边结构,局部发生强烈的纤闪石化、绿泥石化,不含镍。

(3)橄榄石:主要造矿矿物,呈他形粒状或者浑圆状,粒径为 0.5~1.0 mm,沿其边部或者裂隙有粉尘状磁铁矿析出,并且发生强烈的滑石化、蛇纹石化,早期结晶的橄榄石被后结晶的角闪石、斜长石或辉石包裹形成包橄结构。

(4)斜长石:他形—半自形板柱状,粒径 0.2~1 mm,斜长石包裹橄榄石形成包橄结构,并发生强烈钠黝帘石化和绢云母化、高岭土化。高岭土中吸附铜等金属元素。

(5)绿泥石:鳞片状集合体,为辉石、角闪石的蚀变产物,其中含铁、镍,有些颗粒含铜,是镍的主要载体矿物。

(6)蛇纹石、滑石:鳞片状集合体,为镁橄榄石蚀变产物,其中不含镍。

3)矿物含量

氧化矿石主要矿物含量见表 3-9。

表 3-9 氧化矿石主要矿物含量一览表　　　　　　　　　　　　　　　　　　　单位:%

矿物名称	含量	矿物名称	含量
褐铁矿	5	钛铁矿、榍石、白钛石	0.2
孔雀石、硅孔雀石	1.2	紫硫镍矿	0.1
黄铁矿、镍黄铁矿、磁黄铁矿	0.3	橄榄石、绿泥石、滑石等	50
黄铜矿、铜蓝	0.2	角闪石等其他脉石	41.5
磁铁矿、磁赤铁矿、赤铁矿	1.5	合计	100

(二)矿石结构、构造

1. 原生矿石结构、构造

1)矿石结构

矿石的结构较复杂,常见的结构为辉长结构、反应边结构、包含结构、包橄结构、含长结构、半自形粒状结构、他形粒状结构。辉长结构是苏长岩、辉长苏长岩、橄榄苏长岩和辉长岩中的常见结构,为辉石与斜长石呈半自形粒状相间分布。反应边结构常见为橄榄石-辉石反应边,辉石(斜方辉石、单斜辉石)-角闪石反应边(图3-21 o)、斜方辉石-单斜辉石反应边。海绵陨铁结构是他形粒状的金属硫化物集合体充填在较自形的硅酸盐矿物颗粒间而形成的矿石构造,是该区主要的矿石构造,分布于角闪橄榄辉石岩、角闪橄榄辉长岩中。

包含结构常见为辉石(单斜辉石、斜方辉石)中包裹橄榄石,单斜辉石中包裹斜方辉石,角闪石中包裹橄榄石或辉石(单斜辉石、斜方辉石),斜长石中包裹橄榄石或辉石(单斜辉石、斜方辉石)(图3-21 p),磁铁矿中包含磁黄铁矿、黄铜矿。

包橄结构是包含结构的一种,主要为斜长石中包裹橄榄石。

含长结构是包含结构的一种,主要为辉石(单斜辉石、斜方辉石)或角闪石中包裹斜长石。

半自形粒状结构是该区常见结构之一,前文中所述矿物大部分可见该结构,以橄榄石、辉石、角闪石、斜长石、磁铁矿中最为常见。

他形粒状结构是该区常见结构之一,在磁黄铁矿、黄铜矿、镍黄铁矿等中均可见。

2)矿石构造

常见的构造有星点浸染状构造、星散浸染状构造和稀疏浸染状构造,块状构造相对较少。

星点浸染状构造、星散浸染状构造和稀疏浸染状构造均为金属矿物呈单晶粒状、连晶状和聚粒状分布于硅酸盐矿物晶粒间,区别是3种构造的金属矿物含量不同。该区以星散浸染状(金属矿物含量10%~20%)最为常见,星点浸染状构造次之(金属矿物含量小于5%),稀疏浸染状构造最少(金属矿物含量20%~30%)。

块状构造表现为金属硫化物集合体呈块状与硅酸盐矿物相互胶结,(金属矿物含量>40%)。该种类型矿石为极少量,仅在零星几个钻孔中可见到,分布于岩体底部的角闪橄榄辉长岩中。

2. 氧化矿石结构、构造

1)矿石结构

矿石结构以交代结构、海绵陨铁结构为主,其次有自形—半自形中细粒状结构、他形粒状结构、填隙结构、包含结构等。

交代结构:交代结构在矿石中很普遍,褐铁矿交代黄铁矿,孔雀石交代黄铜矿,角闪石交代辉石,蛇纹石交代橄榄石等形成交代残余结构、交代假象结构等。

海绵陨铁结构:磁黄铁矿等金属矿物呈他形粒状集合体胶结自形、半自形的橄榄石、辉石等造岩矿物。

2)矿石构造

矿石构造主要有浸染状构造、斑点状构造等,局部有块状和团块状构造。

浸染状构造:金属矿物在脉石中分布没有方向性,含量在25%~50%之间,分布较为均匀,呈稠密浸染状分布;有的金属矿物含量不足25%,分布不均匀,呈稀疏浸染状构造;有的金属矿物与脉石大致沿一个方向相间排列,形成条带稠密浸染状构造。

斑点状构造:在脉石矿物基质中,金属矿物呈斑点状或点子状分布。若斑点的大小不一,且分布不均匀,则称为斑杂状构造。

(三)矿石化学成分

1. 原生矿石化学成分

据矿石化学全分析结果(表3-10),矿石的主要化学成分为 SiO_2、MgO、Fe_2O_3,次要化学成分为 CaO、Al_2O_3、S,主要有用元素为 Cu、Ni。据矿石的组合样分析结果,矿石伴生有益元素为 Co、Ag、S(表3-11)。按照混合浮选-铜镍分离工艺进行矿石选冶,精矿中有害杂质 MgO、Pb、Zn、F、Cd、Hg 符合《重金属精矿产品中有害元素的限量规范》(GB 20424—2006)限量要求。

表 3-10 原生矿石全分析结果表

元素/指标	单位	19KQ$_{22}$-ZK0805-3	19KQ$_{22}$-ZK1405-5	19KQ$_{22}$-ZK2603-8	20KQ$_{22}$-ZK5401-3	20KQ$_{22}$-ZK0402-3	20KQ$_{22}$-ZK5201-3
SiO_2	10^{-2}	33.93	32.24	16.75	21.38	30.88	30.98
Al_2O_3	10^{-2}	5.84	5.28	4.53	4.23	10.07	7.27
Fe_2O_3	10^{-2}	24.03	27.03	55.81	30.2	22.1	24.1
CaO	10^{-2}	3.13	2.86	2.35	2.03	6.02	3.14
MgO	10^{-2}	20.74	20.92	1.8	12.6	8.3	11.1
K_2O	10^{-2}	0.32	0.27	0.53	0.15	0.44	0.5
Na_2O	10^{-2}	1.16	1.38	0.96	0.3	1.54	0.98
MnO	10^{-2}	0.15	0.16	0.1	0.11	0.1	0.13
Ti_2O_3	10^{-2}	0.34	0.32	0.17	0.17	0.45	0.52
CO_2	10^{-2}	0.37	0.07	0.19	—	—	—
P_2O_5	10^{-2}	0.074	0.062	0.055	0.05	0.1	0.1
灼矢量	10^{-2}	7	6.92	9.7	11.53	8.1	9.37
H_2O	10^{-2}	0.32	0.23	0.02	—	—	—
Cu	10^{-2}	1.02	0.95	2.79	2.4	1.7	0.65
Ni	10^{-2}	0.73	0.79	2.86	2.56	1.15	1.02
Zn	10^{-2}	0.018	0.032	0.03	99	85.86	148.5
Cr	10^{-2}	0.13	0.14	0.036	918	489.6	824.5
S	10^{-2}	7.12	8.05	27.04	17.38	12.44	13.19
Pb	10^{-6}	43.15	50.4	35.1	20.49	24.86	18.97
Ag	10^{-6}	6.4	6.8	8.2	8.02	8.56	4.45
Au	10^{-6}	0.01	0.01	0.01	—	—	—
Co	10^{-6}	442	772	1472	1071	632.7	597.6
Mo	10^{-6}	1.84	2.45	3.51	2.63	1.4	3.52
As	10^{-6}	3.5	2.12	8.5	9.3	15.5	871.5
W	10^{-6}	1.45	1.9	2.21	0.23	0.3	0.43
Sn	10^{-6}	2.26	1.11	1.4	2.2	2.4	2

续表 3-10

元素/指标	单位	19KQ$_{22}$-ZK0805-3	19KQ$_{22}$-ZK1405-5	19KQ$_{22}$-ZK2603-8	20KQ$_{22}$-ZK5401-3	20KQ$_{22}$-ZK0402-3	20KQ$_{22}$-ZK5201-3
Sb	10^{-6}	0.031	0.031	0.034	0.62	0.39	0.95
Bi	10^{-6}	3.34	7.04	3.47	2.38	3.02	1.17

注：样品 19KQ$_{22}$-ZK0805-3、19KQ$_{22}$-ZK1405-5、20KQ$_{22}$-ZK5401-3、20KQ$_{22}$-ZK0402-3、20KQ$_{22}$-ZK5201-3 为灰黑色稠密浸状角闪橄榄辉石岩；样品 19KQ$_{22}$-ZK2603-8 为银灰色块状铜镍矿石。

表 3-11 原生矿石组合分析平均含量结果表

元素	单位	平均值	伴生下限值
Ag	10^{-6}	3.54	1
Au	10^{-9}	24.64	50～100
Pt	10^{-9}	17.73	30
Pd	10^{-9}	12.93	30
Ru	10^{-9}	8.08	20
Rh	10^{-9}	3.39	20
Os	10^{-9}	3.2	20
Ir	10^{-9}	2.8	20
S	10^{-2}	5.92	1
Co	10^{-2}	0.03	0.01
Se	10^{-6}	5.94	6
Te	10^{-6}	0.81	2

2. 氧化矿石化学成分

氧化矿石的主要成分是 SiO_2、MgO、Fe，次要成分为 Al_2O_3、CaO，矿石中主要有价元素为铜、镍，伴生少量金(表 3-12)。

表 3-12 氧化矿石多元素分析结果表

元素	单位	含量	元素	单位	含量
Cu	10^{-2}	0.89	SiO_2	10^{-2}	36.83
Ni	10^{-2}	0.55	Al_2O_3	10^{-2}	6.44
Fe	10^{-2}	14.8	As	10^{-2}	0.05
S	10^{-2}	0.25	Cr	10^{-2}	0.18
CaO	10^{-2}	4.5	Co	10^{-2}	0.01
MgO	10^{-2}	25.54	Mn	10^{-2}	0.15
Au	10^{-6}	0.16	Ag	10^{-6}	0.09

(四)矿石中有益有害组分赋存状态及相互关系

1. 主要有益组分赋存状态

根据基本化学分析及矿石全分析确定,矿床中主要有益组分为铜、镍。

1) 原生矿铜镍赋存状态

铜的赋存状态:以黄铜矿为主,铜蓝含量较低。

镍的赋存状态:硫化镍占比约83%,主要赋存于镍黄铁矿、紫硫镍矿中,辉砷镍矿、红砷镍矿含量极低。硅酸镍占比约16%,主要赋存于镍绿泥石中。氧化镍占比约1%,主要赋存于绿镍矿中。

矿石矿物间镶嵌关系简单,大多数磁黄铁矿、黄铜矿、镍黄铁矿呈不混溶连晶状分布,且三者粒径多数较大(其粒径多大于0.1 mm),有利于单体解离。

2) 氧化矿铜镍赋存状态

铜的赋存状态:铜呈孔雀石、硅孔雀石等氧化铜的形式产出,少量硫化铜。氧化铜矿物形成时期较晚,常产出于矿石裂隙中,或与褐铁矿、绿泥石等混杂在一起。孔雀石和硅孔雀石分布不均匀,粒径不等,部分和褐铁矿共生,有些混杂于绿泥石、高岭土中。

镍的赋存状态:该矿石镍赋存形式比较复杂,除偶尔见到镍黄铁矿和紫硫镍矿外,镍主要呈分散状态赋存于绿泥石中,少量赋存于褐铁矿中。绿泥石呈微细粒鳞片状集合体,分布不均匀,和其他脉石矿物混杂在一起。

2. 伴生有益组分赋存状态及与主组分的相互关系

依据组合分析结果,确定矿床的主要伴生有益组分为钴、银、硫。

钴:镜下未见到单独的钴矿物,经电子探针分析测得紫硫镍矿分别含钴1.76%和2.11%,黄铁矿含钴3.33%。钴以类质同象替代的方式赋存于紫硫镍矿与黄铁矿中。

银:镜下未见到单独的银矿物,经电子探针分析确定银以类质同象替代的方式赋存于黄铜矿中。

硫:主要赋存于黄铁矿、黄铜矿中。

经原生矿选矿试验结果证明,硫在铜精矿、镍精矿、铜镍混合精矿中均有富集。钴主要在镍精矿、铜镍混合精矿中富集,说明其含量与镍含量成正相关关系。银主要在铜精矿中富集,说明其含量与铜含量成正相关关系。

(五)风(氧)化带特征

氧化带地表风化极为强烈,已发生全蚀变,呈粉末状,碳酸盐化、褐铁矿化强烈,可见浸染状孔雀石化发育。钻孔中氧化带特征表现为高岭土化、褐铁矿化、伊丁石化、孔雀石化发育,碳酸盐化呈脉状分布,且岩芯破碎强烈。宏观表现见图3-22。

据岩矿鉴定与野外观察判断,以矿床主矿种镍为评价对象,结合铜氧化程度,采集物相样品72件,按照《矿产资源工业要求参考手册》(2014修订版)规定镍矿石(SNi/TNi)小于45%为氧化矿,45%~70%为混合矿,大于70%为原生矿。经计算确定矿区氧化带深度在26.10~52.30 m之间,氧化带在走向上具体不同深度见示意图3-23,氧化带计算过程见表3-13,计算结果显示矿床平均氧化深度为36 m。

由表3-13可知,矿床混合带几乎不甚发育,仅在ZK0101、ZK0201、ZK0601钻孔中零星发育,其余钻孔中均不发育混合带,氧化带之下即为原生矿石。参照选矿试验结果,在当前技术条件下,混合矿选冶工艺按照原生矿处理,故不再对混合带进行划分,将零星混合矿划入原生矿进行处理。

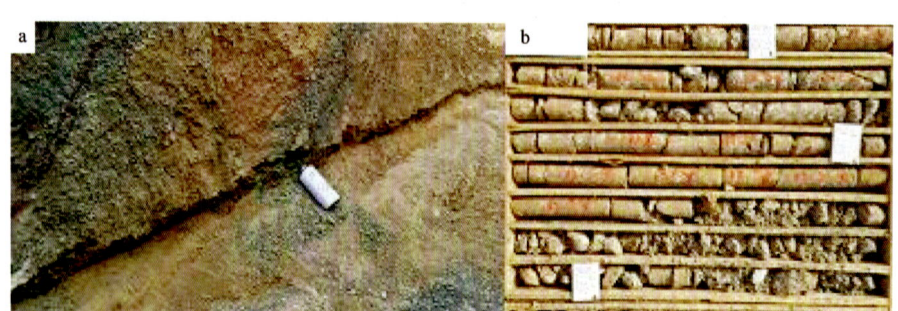

a.地表探槽中氧化带；b.钻孔浅部氧化带

图 3-22 地表和浅部氧化带特征图

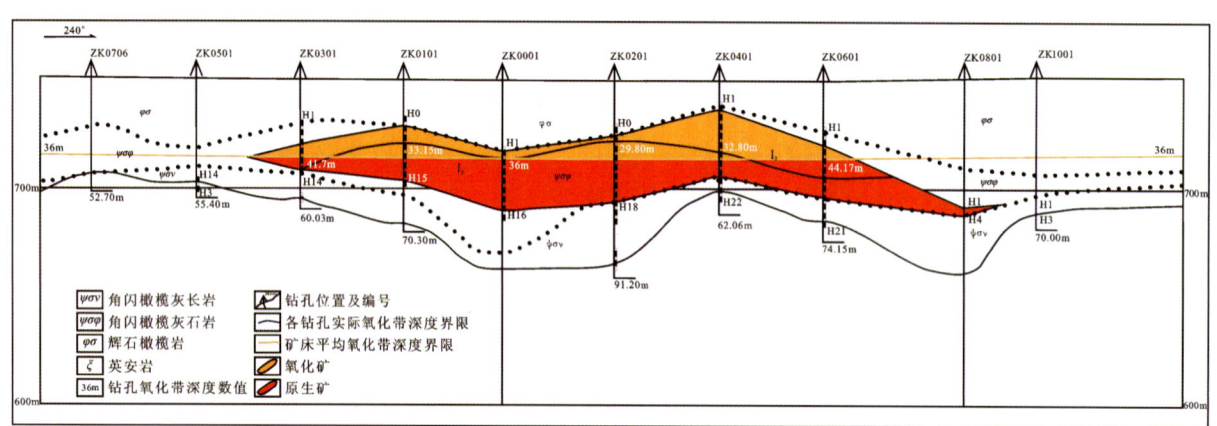

图 3-23 矿床氧化带划分示意图

（六）矿石类型和品级

1. 矿石自然类型

（1）根据矿石的主要构造特征可划分为星散浸染型矿石、稀疏浸染型矿石、稠密浸染型矿石，以及块状矿石（图3-24）。

星散浸染型矿石：金属硫化物含量5%～10%，有用矿物呈星点浸染状分布在脉石矿物中，形成硫化镍低品位矿石。

稀疏浸染型矿石：金属硫化物含量10%～30%，有用矿物呈稀疏浸染状分布在脉石矿物中，形成硫化镍工业品位矿石。

稠密浸染型矿石：金属硫化物含量30%～50%，有用矿物稠密浸染，多见海绵陨铁结构，形成矿区主要工业硫化镍矿石。

块状矿石：金属硫化物含量大于50%，有用矿物呈细粒密集产出，形成矿区高品位硫化镍矿石，仅在极少数钻孔中可见到。

（2）依据含矿岩石类型可划分为角闪橄榄辉石岩型矿石、角闪橄榄辉长岩型矿石。

角闪橄榄辉石岩型矿石：角闪橄榄辉石岩型矿石，为基性—超基性岩中的硫化物经熔离作用形成的矿石。矿体分布在岩相的中、下部或底部，以星散—稀疏浸染状矿石为主，局部见稠密浸染及准块状矿石，金属硫化物含量较多时呈陨铁结构。

角闪橄榄辉长岩型矿石：角闪橄榄辉长岩中形成的矿石，品位较低且变化较大。矿石多见细脉浸染状和斑点状构造。

表 3-13 氧化带深度计算表

序号	样品编号	采样深度/m 起始深度	采样深度/m 终点深度	分析项目/% 硫化物镍	分析项目/% 镍	分析项目/% 次生硫化铜	分析项目/% 铜	分析项目/% 原生硫化铜	硫化物镍/镍 /%	硫化物铜/铜 /%	矿石性质	氧化带深度/m
1	19WX22-TC07-1	地表探槽		0.02	0.49	0.02	1.16	0.02	4.08	3.45	氧化	
2	19WX22-TC64-1	地表探槽		0.02	0.37	0.01	0.58	0.03	5.41	6.9	氧化	
3	19H22-ZK0401-4	14.8	16.8	0.04	0.66	0.02	1.02	0.02	6.06	3.92	氧化	
4	19H22-ZK0401-5	16.8	18.8	0.05	0.64	0.02	0.78	0.01	7.81	3.85	氧化	
5	19H22-ZK0401-6	18.8	20.8	0.04	0.63	0.02	0.93	0.01	6.35	3.23	氧化	
6	19H22-ZK0401-7	20.8	22.8	0.04	0.75	0.02	1.28	0.03	5.33	3.91	氧化	
7	19H22-ZK0401-8	22.8	24.8	0.06	0.76	0.02	1.18	0.14	7.89	13.56	氧化	
8	19H22-ZK0401-9	24.8	26.8	0.1	1.11	0.04	1.45	0.07	9.01	7.59	氧化	
9	19H22-ZK0401-10	26.8	28.8	0.15	0.87	0.25	1.35	0.31	17.24	41.48	氧化	
10	19H22-ZK0401-11	28.8	30.8	0.23	0.76	0.3	1.25	0.19	30.26	39.2	氧化	
11	19H22-ZK0401-12	30.8	32.8	0.24	0.8	0.45	1.64	0.21	30	40.24	氧化	32.8
12	19H22-ZK0401-13	32.8	34.8	0.7	0.87	0.05	1.27	1.13	80.46	92.91	原生	
13	19H22-ZK5401-5	16.8	18.8	0.01	0.74	0.04	1.17	0.12	1.35	13.68	氧化	
14	19H22-ZK5401-6	18.8	20.8	0.01	0.76	0.03	1.33	0.09	1.32	9.02	氧化	
15	19H22-ZK5401-7	20.8	22.8	0	0.81	0.03	1.26	0.09	0	9.52	氧化	
16	19H22-ZK5401-8	22.8	24.1	0.03	1.19	0.08	1.43	0.35	2.52	30.07	氧化	
17	19H22-ZK5401-9	24.1	26.1	0.72	1.66	0.36	1.95	1.3	43.37	85.13	混合	
18	19H22-ZK5401-10	26.1	28.1	1.19	1.78	0.2	1.51	1.1	66.85	86.09	混合	26.1
19	19H22-ZK5401-11	28.1	30.1	0.7	1.01	0.87	1.02	0.09	70.31	94.12	原生	

续表 3-13

序号	样品编号	采样深度/m 起始深度	采样深度/m 终点深度	分析项目/% 硫化物镍	分析项目/% 镍	分析项目/% 次生硫化铜	分析项目/% 铜	分析项目/% 原生硫化铜	硫化物镍/镍/%	硫化物铜/铜/%	矿石性质	氧化带深度/m
20	19H22-ZK0101-2	21.15	23.15	0.04	0.44	0.03	0.7	0	9.09	4.29	氧化	
21	19H22-ZK0101-3	23.15	25.15	0.04	0.49	0.03	0.74	0.07	8.16	13.51	氧化	
22	19H22-ZK0101-4	25.15	27.15	0.2	0.69	0.37	0.95	0.22	28.99	62.11	氧化	
23	19H22-ZK0101-5	27.15	29.15	0.22	0.67	0.54	0.91	0.16	32.84	76.92	氧化	
24	19H22-ZK0101-6	29.15	31.15	0.21	0.61	0.42	1.05	0.36	34.43	74.29	氧化	
25	19H22-ZK0101-7	31.15	33.15	0.46	0.74	0.45	1.19	0.56	62.16	84.87	混合	33.15
26	19H22-ZK0101-8	33.15	35.15	0.48	0.7	0.54	1.21	0.5	70.12	85.95	原生	
27	19H22-ZK0101-9	35.15	37.15	0.36	0.75	0.33	1.1	0.34	48	60.91	混合	
28	19H22-ZK0101-10	37.15	39.15	0.21	0.26	0.01	0.27	0.24	80.77	92.59	原生	
29	19H22-ZK0101-11	39.15	41.15	0.26	0.32	0.02	0.37	0.34	81.25	97.3	原生	
30	19H22-ZK0101-12	41.15	43.15	0.3	0.45	0.75	1.06	0.15	66.67	84.91	混合	
31	19H22-ZK0101-13	43.15	44.8	0.3	0.5	0.86	1.06	0.08	60	88.68	混合	
32	19H22-ZK0201-2	23.66	25.66	0.02	0.24	0.01	0.37	0.02	8.33	8.11	氧化	
33	19H22-ZK0201-3	25.66	27.8	0.1	0.4	0.12	0.58	0.16	25	48.28	氧化	
34	19H22-ZK0201-4	27.8	29.8	0.24	0.4	0.25	0.64	0.28	60	82.81	氧化	29.8
35	19H22-ZK0201-5	29.8	31.8	0.27	0.36	0.08	0.66	0.53	75	92.42	原生	
36	19H22-ZK0201-6	31.8	33.8	0.45	0.62	0.05	0.8	0.72	72.58	96.25	原生	
37	19H22-ZK0202-3	25.66	27.8	0.21	0.35	0.04	0.56	0.49	60	94.64	原生	
38	19H22-ZK0202-4	27.8	29.8	0.19	0.33	0.07	0.5	0.36	57.58	86	混合	25.66
39	19H22-ZK0202-5	29.8	31.8	0.28	0.46	0.06	0.56	0.45	60.87	91.07	原生	

续表 3-13

序号	样品编号	采样深度/m		分析项目/%					硫化物镍/镍/%	硫化物铜/铜/%	矿石性质	氧化带深度/m
		起始深度	终点深度	硫化镍	镍	次生硫化铜	铜	原生硫化铜				
40	19H22-ZK0202-6	31.8	33.8	0.26	0.48	0.06	0.58	0.48	54.17	93.1	原生	
41	19H22-ZK0202-7	33.8	35.8	0.44	0.56	0.76	0.83	0.03	78.57	95.18	原生	
42	19H22-ZK0202-8	35.8	37.8	0.39	0.57	0.85	0.92	0.03	68.42	95.65	原生	
43	19H22-ZK0202-9	37.8	39.8	0.49	0.67	0.86	0.95	0.05	73.13	95.79	原生	
44	19H22-ZK0202-10	39.8	41.8	0.58	0.74	0.94	1.06	0.05	78.38	93.4	原生	
45	19H22-ZK0601-6	31.62	33.22	0.02	0.3	0.01	0.57	0.01	6.67	3.51	氧化	
46	19H22-ZK0601-7	33.22	34.82	0.02	0.24	0.01	0.47	0.03	8.33	8.51	氧化	
47	19H22-ZK0601-8	34.82	36.82	0.03	0.44	0.02	0.92	0	6.82	2.17	氧化	
48	19H22-ZK0601-9	36.82	38.82	0.05	0.71	0.02	1.14	0	7.04	1.75	氧化	
49	19H22-ZK0601-11	40.82	42.82	0.19	0.51	0.23	0.87	0.17	37.25	45.98	氧化	
50	19H22-ZK0601-12	42.82	44.82	0.32	0.8	1.51	2.79	0.48	40	71.33	氧化	44.82
51	19H22-ZK0601-13	44.82	46.82	0.96	1.66	1.03	1.42	0.18	57.83	85.21	混合	
52	19H22-ZK0601-14	46.82	48.82	0.11	0.24	0.03	0.49	0.41	45.83	89.8	混合	
53	19H22-ZK0901-3	33	35	0.05	0.3	0.03	0.35	0.01	16.67	11.43	氧化	
54	19H22-ZK0901-4	35	37	0.06	0.38	0.07	0.53	0.01	15.79	15.09	氧化	
55	19H22-ZK1504-3	37.4	39.2	0.08	0.5	0.08	0.36	0.01	16	25	氧化	
56	19H22-ZK1504-4	39.2	41	0.06	0.35	0.02	0.31	0.01	17.14	9.68	氧化	
57	19H22-ZK1504-5	41	43	0.08	0.39	0.02	0.37	0.03	20.51	13.51	氧化	
58	19H22-ZK1504-6	43	45	0.34	1.26	0.27	0.55	0.17	26.98	80	氧化	
59	19H22-ZK1504-7	45	47	0.2	0.44	0.22	0.56	0.08	45.45	53.57	混合	
60	19H22-ZK1504-8	47	49	0.06	0.29	0.06	0.34	0.02	20.69	23.53	氧化	

续表 3-13

序号	样品编号	采样深度/m		分析项目/%					硫化物镍/镍/%	硫化物铜/铜/%	矿石性质	氧化带深度/m
		起始深度	终点深度	硫化物镍	镍	次生硫化铜	铜	原生硫化铜				
61	19H22-ZK0402-3	40.1	41.75	0.03	0.18	0.02	0.32	0.01	16.67	9.38	氧化	41.75
62	19H22-ZK0402-4	41.75	43.75	0.3	0.39	0.05	0.83	0.72	76.92	92.77	原生	
63	19H22-ZK0402-5	43.75	45.75	0.35	0.44	0.06	0.78	0.68	79.55	94.87	原生	
64	19H22-ZK5203-4	44.3	46.3	0.45	0.56	0.6	0.64	0.02	80.36	96.88	原生	
65	19H22-ZK5203-5	46.3	48.3	1.13	1.45	1.22	1.28	0.03	77.93	97.66	原生	
66	19H22-ZK5203-6	48.3	50.3	1.43	1.94	1.65	1.74	0.05	73.71	97.7	原生	
67	19H22-ZK5203-7	50.3	52.3	0.98	1.14	1.03	1.11	0.04	85.96	96.4	原生	
68	20W22-ZK0805-2	49.5	51.5	0.54	0.6	0.05	0.84	0.76	90	96.43	原生	52.3
69	20W22-ZK2603-15	155.4	157.4	2.04	2.16	0.11	1.6	1.45	94.44	97.5	原生	
70	19H22-ZK0005-2	50.3	52.3	0.08	0.37	0.1	0.42	0.06	21.62	38.1	氧化	36
71	19H22-ZK0005-3	52.3	54.3	0.29	0.38	0.04	0.49	0.41	76.32	91.84	原生	
72	19H22-ZK0005-4	54.3	56.3	0.22	0.51	0.04	0.77	0.7	43.14	96.1	原生	

注：氧化带平均深度是各个钻孔氧化带深度的平均值，各钻孔氧化带深度是依据(SNi/TNi)比值大于70%的样品深度来确定。

(3) 依据氧化程度可划分为氧化矿石、原生矿石。

氧化矿石：主要分布于地表及钻孔浅部，受淋滤及自身矿物成分影响，发生强蚀变的矿石，铜以孔雀石、硅孔雀石的形式存在，镍以镍绿泥石形式存在。

原生矿石：主要分布于钻孔控制的地表一定深度（36 m）以下，铜以黄铜矿形式存在，镍主要赋存于镍黄铁矿、紫硫镍矿中。

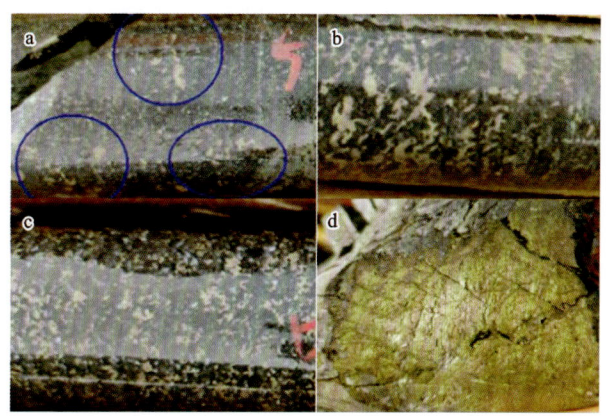

a.星散浸染型矿石；b.稀疏浸染型矿石；c.稠密浸染型矿石；d.块状矿石

图 3-24　不同矿石类型照片

2. 矿石工业类型

地表氧化矿工业类型：超基性岩风化壳型铜镍矿。

原生矿工业类型：超基性岩硫化铜镍矿石。

3. 矿石品位区间分布

全矿区参加资源量估算的样品数为 1004 件。其中，镍品位大于 0.3% 的样品 835 件，占 83.17%，镍品位小于 0.3% 的样品 169 件，占 16.83%，镍品位为 0.3%～0.5% 的样品 291 件，占 28.98%，镍品位 0.5%～0.7% 的样品 258 件，占 25.70%，镍品位为 0.7%～1.0% 的样品 196 件，占 19.52%，镍品位为 1.0%～3.0% 的样品 86 件，占 8.57%，镍品位大于 3.0% 的样数 4 件，占 0.40%。其中，铜品位大于 0.2% 的样品 975 件，占 97.11%，铜品位小于 0.2% 的样品 29 件，占 2.89%，铜品位为 0.2%～0.4% 的样品 190 件，占 18.92%，铜品位为 0.4%～0.6% 的样品 139 件，占 13.84%，铜品位为 0.6%～0.8% 的样品 163 件，占 16.23%，铜品位为 0.8%～1.0% 的样品 186 件，占 18.53%，铜品位为 1.0%～2.0% 的样品 287 件，占 28.69%，铜品位大于 2.0% 的样数 10 件，占 1.00%。具体见表 3-14，图 3-25、图 3-26。

表 3-14　铜镍样品区间分段占比一览表

Ni 品位区间	样品数量/件	占比/%	Cu 品位区间	样品数量/件	占比/%
0.3% 以下	169	16.83	0.2% 以下	29	2.89
0.3%～0.5%	291	28.98	0.2%～0.4%	190	18.92
0.5%～0.7%	258	25.70	0.4%～0.6%	139	13.84
0.7%～1.0%	196	19.52	0.6%～0.8%	163	16.23
1.0%～3.0%	86	8.57	0.8%～1.0%	186	18.53
3.0% 以上	4	0.40	1.0%～2.0%	287	28.59
			2.0% 以上	10	1.00

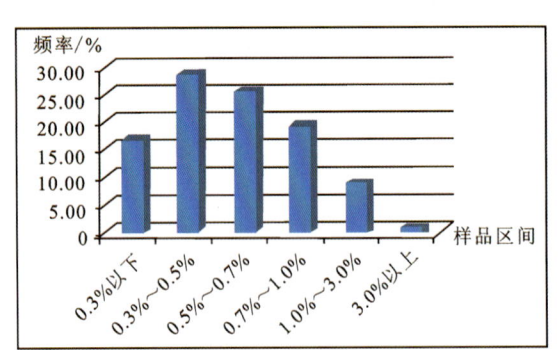
图3-25 镍样品频率分布直方图

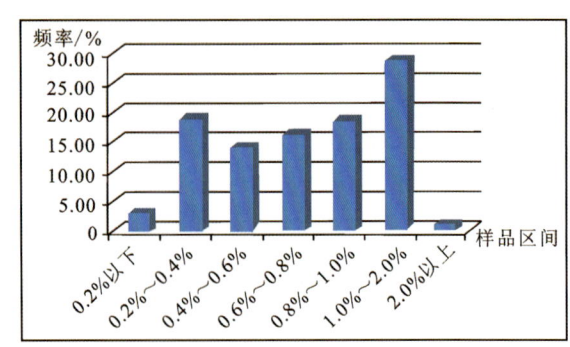
图3-26 铜样品频率分布直方图

（七）矿体围岩和夹石

矿区铜镍矿体主要产于基性—超基性杂岩体中，I_2、II_1号主矿体顶板岩性主要为辉石橄榄岩、橄榄辉长岩、角闪橄榄辉石岩（赋矿岩相，不够品位），底板岩性主要为角闪橄榄辉长岩、角闪橄榄辉石岩。I_1、I_7、I_8号矿体产于角闪橄榄辉石岩内部，其顶底板岩性均为角闪橄榄辉石岩。I_4、I_5、I_9、I_{10}号矿体产于杂岩体底部，顶板岩性为角闪橄榄辉长岩，底板岩性主要为英安岩，部分为角闪橄榄辉长岩。I_6号矿体顶板岩性为角闪橄榄辉石岩，底板岩性为角闪橄榄辉长岩。I_3号矿体顶底板岩性均为辉石橄榄岩。II_2号矿体顶板岩性为角闪橄榄辉石岩，底板岩性为英安岩。矿体围岩普遍发育不同程度的蛇纹石化、绿泥石化，局部可见碳酸盐化。15—06号勘查线之间主矿体顶板氧化带发育，可见蛇纹石化、滑石化、伊丁石化、褐铁矿化、碳酸盐化、强泥化。矿体顶底板均可见零星矿化，主要呈极少量的星点浸染状黄铁矿（镍黄铁矿）化与黄铜矿化，未达到工业利用标准。

矿体圈定过程中不存在夹石现象。

（八）共（伴）生矿产

白鑫滩铜镍矿按照矿床规模划分属中型镍矿（>2万t），小型铜矿（<10万t），按照市场价值估算，目前矿床镍资源价值远大于铜资源价值，确定矿区主矿种为镍，共生矿种为铜。通过系统组合分析取样，确定矿床伴生有益元素为钴、银、硫。由于白鑫滩铜镍矿属铜镍同体共生矿床，不存在单独的铜矿体或单独的镍矿体。因此，共生矿种的形态规模、分布规律、矿石特征、控制程度均与主矿种一致。伴生矿产在原生矿石中分布较为均匀，组合分析单样结果均大于伴生要求的下限值。经原生矿选矿试验证明：硫在铜精矿、镍精矿、铜镍混合精矿中均有富集。钴主要在镍精矿、铜镍混合精矿中富集，说明其含量与镍含量成正相关关系。银主要在铜精矿中富集，说明其含量与铜含量成正相关关系。

四、矿山开采现状

（一）矿山开采情况

1. 消耗资源量

白鑫滩铜镍矿床自2021年6月21日取得采矿证，于2022年开展矿区基建工作，进行露天剥离，2023年达产，完成45万t/a开采规模。截至2023年12月31日，矿区累计采出矿石量$5.67×10^5$t，镍金属量3 057.70t,铜金属量5084t。

2. 保有资源量

1）资源量

（控制＋推断）资源量：矿石量6.035×10^6t,镍金属量37 198.9t,平均品位为0.62%；铜金属量46 563.8t,平均品位为0.77%。其中,控制资源量：矿石量4.215×10^6t,镍金属量26 035.4t,平均品位为0.62%；铜金属量33 808.7t,平均品位为0.80%。推断资源量：矿石量1.82×10^6t；镍金属量11 163.5t,平均品位为0.61%；铜金属量12 755.1t,平均品位为0.70%。

2）储量

保有储量：矿石量4.005×10^6t,镍金属量24 733.6t,铜金属量32 118.3t。

可信储量（KC）：矿石量4.005×10^6t；镍金属量24 733.6t,铜金属量32 118.3t。

3）伴生资源量

保有伴生元素资源量：矿石量6 035 469t,银金属量21 365.6kg,钴金属量1 810.6t,硫矿物量357 299.8t。

（二）探采对比

矿山自开发建设以来,仅动用了I_2号矿体,以《新疆哈密市白鑫滩铜镍矿详查报告》（新自然资储备字〔2020〕31号）为对比的基础,对涉及的I_2铜镍矿体部分块段矿体特征、矿石质量等与详查报告进行对比。

1. 矿体厚度对比

矿区动用涉及KZ1、KZ2、KZ4、KZ6、KZ9、KZ12、TD1、TD2、TD3共9个块段。详查报告圈定矿体垂直厚度为8.91～26.29 m。本次经探槽工程采样控制,动用块段矿体垂直厚度为9.90～41.26 m。

经对比KZ4、KZ6、KZ9、KZ12块段矿体厚度变化较大,变化范围为＋0.96～＋19.65 m。矿山实际动用块段开采矿体未揭穿矿层,实际开采矿体垂直厚度为5.00～21.00 m（表3-15）。

表3-15　2023年度动用范围矿体厚度变化情况一览表

矿体编号	标高（中段）/m	动用块段编号	原块段矿体垂厚/m	动用块段矿体垂厚/m	厚度变化/m
I_2	690～710	采-KZ1	20.01	20.96	＋0.95
		采-KZ2	23.19	24.95	＋1.76
		采-KZ4	26.29	33.36	＋7.07
		采-KZ6	24.71	36.15	＋11.44
		采-KZ9	21.61	41.26	＋19.65
		采-KZ12	12.14	20.50	＋8.36
		采-TD2	8.91	9.90	＋0.99
		采-TD3	14.35	19.68	＋5.33

2. 矿石品位对比

通过探槽工程采样监测,开采后的块段品位与详查报告品位相比较,总体开采品位有所降低（表3-16、表3-17）。

表 3-16 2023 年度动用范围矿体镍品位变化情况一览表

矿体编号	标高(中段)/m	动用块段编号	原块段矿体品位/%	动用块段矿体品位/%	品位变化/%
I₂	690～710	采-KZ1	0.54	0.47	−0.07
		采-KZ2	0.55	0.60	＋0.05
		采-KZ4	0.58	0.52	−0.06
		采-KZ6	0.62	0.55	−0.07
		采-KZ9	0.74	0.64	−0.10
		采-KZ12	0.87	0.57	−0.30
		采-TD2	0.50	0.55	＋0.05
		采-TD3	0.50	0.50	0

表 3-17 2023 年度动用范围矿体铜品位变化情况一览表

矿体编号	标高(中段)/m	动用块段编号	原块段矿体品位/%	动用块段矿体品位/%	品位变化/%
I₂	690～710	采-KZ1	0.97	0.79	−0.18
		采-KZ2	0.93	0.93	0.00
		采-KZ4	0.93	0.86	−0.07
		采-KZ6	0.99	0.96	−0.03
		采-KZ9	1.07	0.85	−0.22
		采-KZ12	0.96	0.75	−0.21
		采-TD2	0.90	0.80	−0.10
		采-TD3	0.92	0.78	−0.14

Ni 品位变化范围为−0.30%～＋0.05%。其中，KZ1、KZ4、KZ6、KZ9、KZ12 块段矿体品位降低了−0.30%～−0.06%；KZ2、TD2 块段矿体品位提高了 0.05%。Cu 品位总体降低，变化范围为−0.22%～−0.03%。

本次动用及保有块段资源量计算，品位参数采用本次勘查工程参与计算的块段平均品位。

3. 其他对比

1）矿体形态对比

地表开采范围 3～8 号勘查线 I₂ 矿体呈北东向展布，矿体长约 350 m，隐伏于地下。矿体呈较稳定的层板状、似层状。总体由南西向北东侧伏，埋深逐渐加大。矿体整体产状较缓，倾向 308°～338°，倾角 20°～45°。基本与详查报告一致。

2）矿体面积对比

由于动用矿体形态未发生变化，因而动用块段的面积没有发生变化，与详查报告面积一致。

3）矿石质量类型对比

通过对采坑工作面观察对比，矿床矿石类型没有变化，均为硫化物铜镍矿石，与详查报告相比，无新增类型。矿石质量方面，从块段矿石品位比较表中可以看出，矿石品位有所降低。

4）赋矿围岩对比

矿体顶板岩性主要为辉石橄榄岩、橄榄辉长岩、角闪橄榄辉石岩(赋矿岩相，不够品位)，底板岩性主要为角闪橄榄辉长岩、角闪橄榄辉石岩。矿体围岩无变化，与详查报告一致。

5)构造对比

矿区处于区域性大草滩断裂北侧,受其影响,区内次级断裂、裂隙相对较为发育,岩石较为破碎。本次露天采坑地表岩石受构造及风化作用影响,地表岩石裂隙发育,岩石较为破碎,多呈碎块、粉末状,与详查报告一致。

6)开采技术条件对比

(1)水文地质条件对比。

矿区属沙漠戈壁和丘陵低山地带,地形平坦,总体地势北高南低。地貌形态以坡度缓、比高小的孤立残山和垄岗状山脊为主,次为树枝状、长条状冲沟及洼地。

矿区无地表径流及其他水体,矿床充水来源一是大气降水,二是矿体中的断裂带脉状水。其中,矿体中的脉状裂隙水为采坑充水的主要来源,但仅有静储量,对采矿不会产生大的影响。矿区地下水水位变幅不大,地下水的动态变化与降水量关系不密切,说明地下水循环交替极差,基本上处于停滞状态。遇到时暴雨时,少量地表水入渗至地下,大部分随地势由高向低径流,最后汇集至低洼地带。确定矿区属以裂隙充水为主的水文地质条件简单的矿床。

详查报告首采区 560 m 标高水平的矿坑涌水量采用大井法预测计算结果为 1069 m^3/d,$q<0.1$ $L/s \cdot m$,属富水性弱的、矿坑排水量小的矿区。根据矿山矿坑涌水量观察,其涌水量约 750 m^3/d,属富水性弱的、矿坑排水量小的矿区,与详查报告一致。

矿山采坑外围建有土质挡水坝,以防洪水流入采坑,影响矿山正常生产。通过对矿山开采现状的水文地质条件与详查报告对比,水文地质条件基本无变化。

(2)工程地质条件对比。

矿区地形地貌条件简单,岩性主要为橄榄岩、安山岩、英安岩、花岗岩,岩体结构以块状结构为主,地层岩性较单一,地质构造简单,岩石强度较高,稳定性好,岩体较完整,不易发生矿山工程地质问题。确定矿区属以块状岩类为主的工程地质条件简单的矿床,与原详查报告相比较无变化。

(3)环境地质条件对比。

矿区位于荒无人烟的低山丘陵区,周围无居民点,地表无植被,自然生存环境较差。目前矿山开采为露天开采,开拓面积不断扩大,未来所产生的废石、废渣等会增多,可能对自然环境造成一定程度的破坏。针对这些问题,矿山采取一系列预防措施,建立健全各种规章制度,对废石和废渣进行分片治理,使废石和废渣堆放区达到堆放稳定,因此对环境的影响不大。

矿山开采造成地形地貌上的改变,但对地质环境影响不大,露天采场没有发生过崩塌、滑坡等地质灾害。区内无重大污染源,无热害,无放射性污染,矿石和废石化学成分基本稳定,无其他环境地质隐患。因此,矿区地质环境质量良好。

矿区水文地质、工程地质条件简单,地质环境质量良好,属开采技术条件简单的矿床。矿山开采须采取相应的预防措施,一般不会引发较大的地质灾害。

综上,矿山动用了 I_2 矿体 3~8 号勘查线 +690 m~+710 m 原生矿资源量,通过实地调查对比矿体特征、水文地质条件、工程地质条件、开采技术条件等,与详查报告基本相符(表 3-18)。详查报告对矿区勘查工作技术方法、手段及勘查工程间距的选择都较合理。

表 3-18 I_2 矿体原生矿动用块段探采情况对比表

对比基础	对比内容	《新疆哈密市白鑫滩铜镍矿详查报告》(新自然资储备字〔2020〕31号)	开采后确定现状	备注
I_2	长度/m	350	350	一致
	延深/m	30	30	一致
	平均厚度/m	21.08	23.65	基本一致

续表 3-18

	对比基础 对比内容	《新疆哈密市白鑫滩铜镍矿详查报告》 （新自然资储备字〔2020〕31 号）	开采后确定现状	备注
I₂	厚度稳定性	稳定	较稳定	基本一致
	厚度变化系数	33.39	37.45	基本一致
	形态及复杂程度	中等	中等	一致
	有用组分平均品位	Ni 为 0.61%，Cu 为 0.94%	Ni 为 0.57%，Cu 为 0.86%	略有变贫
	有用组分均匀度	均匀	均匀	一致
	品位变化系数	Ni 为 7.79%，Cu 为 3.48%	Ni 为 8.79%，Cu 为 3.23%	基本一致

第三节　围岩蚀变与分带

　　基性—超基性杂岩体的围岩蚀变主要是接触变质现象，角岩化、局部硅灰石化、透辉石化；杂岩体自变质现象表现为超基性岩中滑石-绿泥石化、蛇纹石化、石棉化、碳酸盐化。其中，矿物蚀变有橄榄石的蛇纹石化、伊丁石化、透闪石化，辉石的纤闪石化、滑石化，角闪石的次闪石化。在基性岩中的斜长石发生绿泥石化。

　　由于本矿床为岩浆熔离型矿床，体现为熔融条件下岩浆内部的重力分异，除杂岩体自身变质蚀变外，矿体内无明显的蚀变分带和一般意义上的热蚀变分带。

第四节　矿床成因机理及成矿模式

一、岩石地球化学特征

（一）橄榄石地球化学特征

　　选取白鑫滩超基性岩体中各种形态的橄榄石进行了电子探针的分析测试，测试结果见表 3-19。白鑫滩矿床超基性岩体中橄榄石的 SiO_2、MgO、FeO 以及 NiO 的平均含量分别为 39.54%、44.08%、15.87% 和 0.19%（表 3-19）。橄榄石 Fo 值的范围为 81.28%～84.46%，均属于高镁的贵橄榄石（Su et al.，2012）。橄榄石的 Ni 含量随着 Fo 值的降低，而急剧下降，表明在橄榄石结晶分异时伴随着硫化物的熔离作用（图 3-27）。其中，嵌晶橄榄石的 Fo 值较稳定，而 Ni 的含量的范围却很广泛，包橄形态的橄榄石（被辉石或角闪石包裹）以及与硫化物共生的橄榄石 Fo 值和 Ni 含量范围都较广泛（图 3-27）。3 种形态的橄榄石的 Fo 值和 Ni 含量都有从核部向边部逐渐降低的趋势（图 3-27）。

　　同时，对白鑫滩岩体中的嵌晶橄榄石进行了 LA-ICP-MS 微量元素的分析测试，测试结果见表 3-20。

表 3-19 白鑫滩镁铁质—超镁铁质岩体中橄榄石组分

样品编号	橄榄石种类	橄榄石组分/%							Fo值/%	Ni含量/ $\times 10^{-6}$
		SiO_2	MgO	MnO	CaO	FeO	NiO	总计		
bxt-71-1	与硫化物共生型橄榄石	39.46	43.05	0.27	0.03	17.62	0.21	100.70	81.33	1642
bxt-71-2	与硫化物共生型橄榄石	39.01	42.76	0.28	0.05	17.56	0.26	99.94	81.28	2020
bxt-71-3	与硫化物共生型橄榄石	38.72	43.04	0.24	0.04	17.57	0.23	99.88	81.37	1807
bxt-71-4	与硫化物共生型橄榄石	39.30	42.76	0.27	0.02	17.26	0.18	99.85	81.54	1446
bxt-71-5	与硫化物共生型橄榄石	38.93	43.03	0.22	0.00	17.50	0.19	99.89	81.42	1517
bxt-79-1	与硫化物共生型橄榄石	40.14	44.72	0.25	0.14	14.94	0.17	100.44	84.22	1359
bxt-79-2	与硫化物共生型橄榄石	39.67	44.67	0.24	0.15	14.84	0.19	99.85	84.29	1509
bxt-79-3	与硫化物共生型橄榄石	39.58	44.85	0.28	0.09	14.89	0.16	99.98	84.30	1265
bxt-79-4	与硫化物共生型橄榄石	39.53	44.65	0.20	0.12	15.00	0.13	99.73	84.14	982
bxt-79-5	与硫化物共生型橄榄石	39.57	44.72	0.26	0.12	15.04	0.15	99.94	84.13	1155
bxt-70-1	嵌晶橄榄石	39.54	43.14	0.28	0.09	16.89	0.22	100.19	81.99	1737
bxt-70-2	嵌晶橄榄石	39.49	43.60	0.26	0.08	16.55	0.17	100.26	82.44	1367
bxt-70-3	嵌晶橄榄石	39.44	43.88	0.24	0.08	16.05	0.21	99.99	82.98	1619
bxt-70-4	嵌晶橄榄石	39.80	43.96	0.24	0.11	16.14	0.22	100.55	82.92	1737
bxt-70-5	嵌晶橄榄石	39.68	44.03	0.26	0.14	16.08	0.25	100.49	83.00	1996
bxt-79-1	嵌晶橄榄石	39.38	44.44	0.23	0.05	15.54	0.20	99.94	83.60	1587
bxt-79-2	嵌晶橄榄石	39.63	44.33	0.23	0.05	15.52	0.19	100.05	83.59	1454
bxt-79-3	嵌晶橄榄石	39.73	44.50	0.25	0.08	15.66	0.21	100.54	83.52	1642
bxt-79-4	嵌晶橄榄石	39.87	44.86	0.25	0.08	15.65	0.18	100.95	83.63	1430
bxt-79-5	嵌晶橄榄石	39.67	44.67	0.25	0.10	15.37	0.14	100.27	83.82	1124
bxt-68-1	包橄橄榄石	39.59	44.05	0.26	0.12	15.56	0.20	99.94	83.46	1564
bxt-68-2	包橄橄榄石	39.66	43.80	0.29	0.13	15.82	0.22	99.95	83.15	1689

续表 3-19

样品编号	橄榄石种类	橄榄石组分/%						Fo值/%	Ni含量/×10⁻⁶
		SiO_2	MgO	MnO	CaO	FeO	NiO	总计		
bxt-68-3	包橄橄榄石	39.72	43.68	0.25	0.10	15.92	0.20	99.96	83.03	1532
bxt-68-4	包橄橄榄石	39.42	44.10	0.25	0.11	15.92	0.21	100.05	83.16	1642
bxt-68-5	包橄橄榄石	39.64	43.75	0.27	0.09	15.90	0.22	99.93	83.09	1721
bxt-81-1	包橄橄榄石	39.50	44.85	0.28	0.15	15.00	0.15	99.99	84.20	1202
bxt-81-2	包橄橄榄石	39.22	45.10	0.26	0.13	14.79	0.15	99.73	84.46	1187
bxt-81-3	包橄橄榄石	39.61	44.45	0.24	0.20	15.13	0.17	99.90	83.96	1320
bxt-81-4	包橄橄榄石	39.94	44.21	0.23	0.15	15.05	0.15	99.77	83.97	1179
bxt-81-5	包橄橄榄石	39.69	44.63	0.23	0.12	15.23	0.17	100.16	83.93	1352

注：$Fo = 100\% \times [Mg^{2+}/(Mg^{2+}+Fe^{2+})]$。

表 3-20 白鑫滩镁铁质-超镁铁质岩体嵌晶橄榄石微量元素含量表

元素/氧化物	单位	81c1ol1	81c1ol2	81c1ol3	81c1ol4	81c1ol5	70c2ol1	70c2ol2	70c2ol3	70c2ol4	70c2ol5	69c2ol1	69c2ol2	69c2ol3	69c2ol4
Sc	10⁻⁶	7.65	6.47	7.21	4.35	7.10	3.81	3.08	3.65	4.46	4.10	2.36	4.29	4.22	4.00
V	10⁻⁶	6.87	5.91	5.37	3.53	5.29	2.21	2.03	3.02	3.84	3.73	2.47	3.79	4.40	9.67
Cr	10⁻⁶	132.16	128.29	131.17	96.77	138.64	65.06	60.10	102.57	128.09	98.81	29.26	70.35	75.85	878.16
Mn	10⁻⁶	2 831.03	2 252.42	2 355.48	1 554.19	2 393.69	1 468.39	1 544.35	1 523.87	1 661.89	1 461.78	1 528.56	1 996.88	2 208.84	1 505.55
Co	10⁻⁶	200.69	164.72	174.28	111.80	172.21	124.35	130.32	129.45	139.68	121.67	126.77	170.91	180.10	136.51
NiO	%	0.20	0.24	0.20	0.20	0.19	0.27	0.17	0.17	0.11	0.14	0.14	0.09	0.14	0.18
Zn	10⁻⁶	151.82	120.03	119.88	79.26	123.09	86.63	95.25	90.05	96.80	82.39	84.26	113.52	119.31	94.75
La	10⁻⁹	0.64	0.53	0.56	0.37	0.58	—	—	—	—	1.57	0.44	—	—	0.92
Ce	10⁻⁹	—	—	0.99	—	0.61	—	—	—	0.45	—	0.76	1.05	1.50	2.88
Pr	10⁻⁹	—	—	—	—	—	—	—	—	—	—	—	—	—	0.45
Ta	10⁻⁹	0.12	1.12	—	—	1.22	—	—	1.44	—	0.54	—	—	0.91	—

续表 3-20

元素/氧化物	单位	81c1ol1	81c1ol2	81c1ol3	81c1ol4	81c1ol5	70c2ol1	70c2ol2	70c2ol3	70c2ol4	70c2ol5	69c2ol1	69c2ol2	69c2ol3	69c2ol4
Nd	10^{-9}	6.15	—	—	—	—	2.13	2.22	0.39	2.39	—	—	—	—	—
Nb	10^{-9}	—	0.74	0.78	—	—	—	—	—	0.12	1.82	0.61	—	—	—
Sm	10^{-9}	—	—	—	—	9.87	2.49	2.61	5.20	—	—	—	6.79	4.85	3.40
Eu	10^{-9}	—	—	2.59	0.10	—	1.30	—	0.68	0.73	—	—	0.87	—	1.31
Ba	10^{-9}	21.17	12.06	4.22	2.77	4.37	—	—	10.56	—	3.93	58.75	26.96	—	214.91
Tb	10^{-9}	3.27	0.00	2.46	0.31	0.99	0.75	0.07	0.07	0.42	1.10	0.37	1.02	1.46	1.53
Th	10^{-9}	0.71	—	0.73	—	—	0.09	—	1.01	—	1.69	1.42	—	—	—
U	10^{-9}	10.29	0.44	—	0.61	—	0.36	—	0.38	0.82	0.42	—	—	—	0.49
Pb	10^{-9}	3.69	0.18	—	2.23	0.39	0.15	1.04	0.00	3.20	1.50	4.30	—	1.01	13.06
Sr	10^{-9}	5.69	1.59	5.21	4.73	—	4.03	0.59	2.93	0.97	—	32.45	—	—	125.09
Rb	10^{-9}	7.49	6.66	8.05	1.37	1.87	201.56	—	5.84	0.82	—	3.76	11.49	—	42.68
Dy	10^{-9}	29.14	24.15	15.64	7.71	24.35	12.33	1.90	5.11	8.66	21.49	9.10	16.76	20.97	18.90
Gd	10^{-9}	7.29	6.05	1.13	2.10	1.18	7.61	—	5.30	2.85	2.94	2.46	10.20	—	—
Ho	10^{-9}	7.99	7.10	5.99	0.98	8.30	1.78	1.31	0.82	2.29	5.47	4.25	4.90	3.06	2.68
Er	10^{-9}	58.17	26.43	30.49	18.14	21.39	24.06	9.79	8.58	10.29	17.30	12.44	25.01	46.95	34.49
Tm	10^{-9}	7.50	10.22	6.25	3.55	6.82	3.71	0.84	3.87	1.25	3.66	3.65	7.06	6.50	7.60
Yb	10^{-9}	101.17	90.00	71.85	31.41	87.26	34.35	30.26	23.10	25.21	38.55	63.94	71.81	126.05	103.63
Lu	10^{-9}	26.11	9.98	13.78	9.06	13.91	3.50	5.77	5.35	6.56	8.81	14.11	22.68	21.90	16.96
Y	10^{-9}	252.50	140.30	166.98	98.59	170.84	82.94	66.37	63.39	82.57	111.68	106.88	174.43	201.87	165.74
Zr	10^{-9}	74.41	22.45	29.58	16.55	34.13	20.08	20.22	32.11	31.94	23.38	37.12	51.31	63.94	57.15

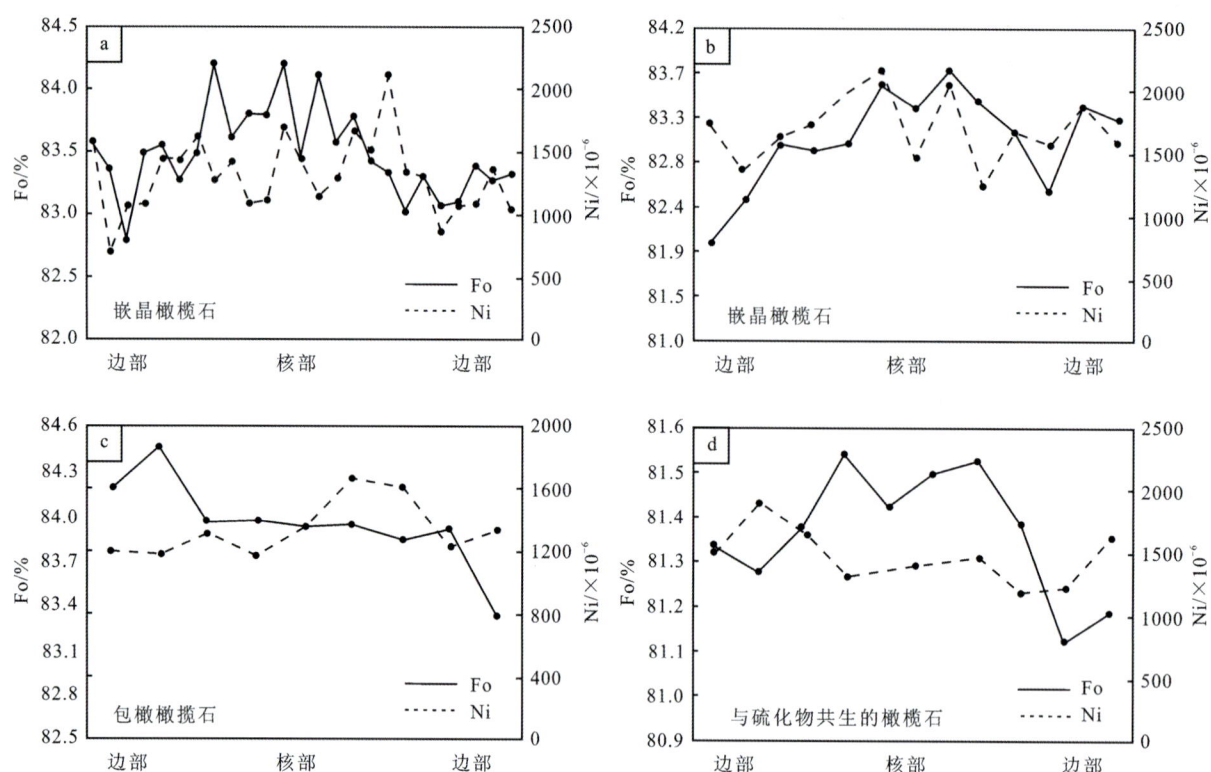

a. 嵌晶橄榄石(一)Fo 值和 Ni 值；b. 嵌晶橄榄石(二)Fo 值和 Ni 值；c. 包橄橄榄石 Fo 值和 Ni 值；d. 与硫化物共生的橄榄石 Fo 值和 Ni 值

图 3-27 橄榄石 Fo 值与 Ni 含量核幔边分布图

白鑫滩岩体中嵌晶橄榄石的 Sc、Mn、Zn、Co、Cr、V、Zr 的平均含量分别为 $5.12×10^{-6}$、$2024.10×10^{-6}$、$110.18×10^{-6}$、$161.10×10^{-6}$、$183.72×10^{-6}$、$4.99×10^{-6}$、$0.07×10^{-6}$，且含量变化范围较广。图 3-28 为白鑫滩岩体中嵌晶橄榄石的球粒陨石稀土元素配分图和原始地幔微量元素蛛网图，所有样品具有相似的稀土元素配分模式，富集重稀土元素，亏损轻稀土元素，为典型的嵌晶橄榄石的稀土元素特征。白鑫滩岩体中的嵌晶橄榄石普遍具有富集高场强元素，如 Th、Pb、U 等，亏损大离子亲石元素，如 Ba、Sr 等(图 3-28)。

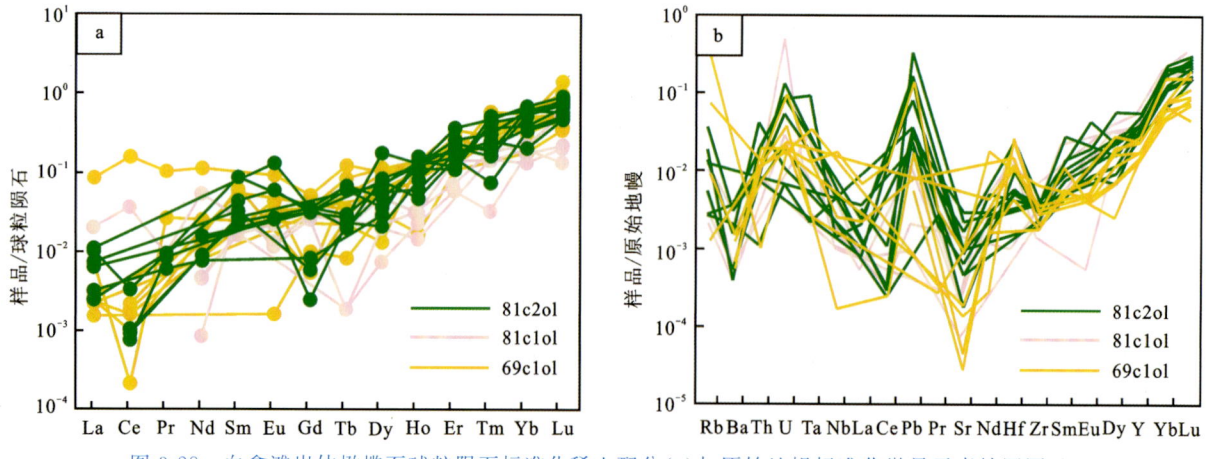

图 3-28 白鑫滩岩体橄榄石球粒陨石标准化稀土配分(a)与原始地幔标准化微量元素蛛网图(b)
注：标准化数据引自 McDonough and Sun(1995)和 Barnes and Maier(1999)。

(二)主、微量和稀土地球化学特征

白鑫滩岩土样品主量元素数据见表3-21。数据结果表明,SiO_2、Al_2O_3、CaO、$NaO+K_2O$和TiO_2的含量随着MgO含量的降低而增加,而TFe_2O_3含量与MgO含量呈正相关(图3-29)。归一化数据表明,不同的岩相起源于一个共同母岩浆的分离结晶。

表3-21 白鑫滩岩体样品主量元素数据表 单位:%

岩石类型	样品编号	SiO_2	Al_2O_3	CaO	TFe_2O_3	FeO	K_2O	MgO	MnO	Na_2O	P_2O_5	TiO_2	LOI
二辉橄榄岩	ZK0003-1	42.05	6.53	3.67	11.91	8.44	0.36	30.82	0.17	1.01	0.08	0.35	3.47
	ZK0003-2	41.66	6.39	3.33	11.97	7.94	0.37	31.25	0.17	1.02	0.07	0.33	4.10
橄榄二辉岩	ZK0003-3	43.30	8.14	4.38	11.25	7.51	0.61	26.69	0.17	1.36	0.10	0.51	3.35
	ZK0003-4	42.83	7.73	4.27	12.02	8.82	0.63	26.09	0.17	1.42	0.10	0.45	3.28
	ZK0003-5	41.57	7.11	4.00	13.38	11.48	0.56	26.32	0.16	1.33	0.09	0.45	3.10
	ZK0003-6	42.21	7.38	4.23	12.55	11.19	0.53	26.63	0.16	1.42	0.11	0.46	3.11
	ZK0003-7	42.47	7.38	4.39	11.83	9.54	0.58	26.74	0.17	1.30	0.10	0.52	3.27
	ZK0003-9	43.99	9.93	4.53	10.82	7.29	0.45	22.14	0.14	1.00	0.12	0.65	5.57
闪长玢岩	ZK0003-8	60.51	17.48	3.72	6.20	4.71	1.68	2.18	0.09	4.16	0.24	0.67	2.56
	ZK0003-11	60.87	17.50	2.57	6.14	4.35	2.75	2.04	0.08	3.36	0.14	0.73	3.13
辉长岩	ZK6602-1	44.35	14.33	7.69	9.91	8.39	0.39	15.80	0.12	1.84	0.07	0.48	4.05
	ZK6602-2	42.86	12.69	7.16	10.92	9.47	0.50	17.58	0.12	1.64	0.07	0.45	3.71
	ZK6602-4	43.99	14.49	7.92	8.77	6.77	0.55	16.65	0.12	1.89	0.07	0.44	4.53
	ZK6602-5	44.91	14.3	7.45	8.79	6.70	0.46	16.86	0.13	1.84	0.08	0.46	4.26
	ZK6602-6	43.93	13.03	7.44	9.51	7.67	0.53	17.92	0.13	1.75	0.07	0.48	4.27
	ZK6602-7	44.58	13.78	7.75	8.78	5.95	0.59	16.48	0.13	1.96	0.10	0.50	4.57
橄榄辉长岩	ZK0704-7	42.76	8.09	4.45	11.30	8.08	0.40	27.08	0.17	1.25	0.08	0.42	3.61

图3-30为白鑫滩岩体的球粒陨石稀土元素配分图和原始地幔微量元素蛛网图。所有样品具有相似的稀土元素配分模式,富集轻稀土元素,亏损重稀土元素,为典型的嵌晶橄榄石的稀土元素特征。白鑫滩岩体中普遍具有亏损高场强元素,如Nb、Ta、Zr等,富集大离子亲石元素,如Ba、Sr等(图3-30b)。全岩样品的微量结果与嵌晶橄榄石完全相反,表明它们存在互为消长的关系。

(三)亲铜元素地球化学特征

白鑫滩岩体的矿化样品的亲铜元素(Cu、PGE、Ni、S)测试数据见表3-22。矿化样品都已重新计算为100%的硫化物(Barnes and Lightfoot,2005),结果显示出类似的Ni、Cu和PGE模式。在这些样品中,所有的铂族元素相对于Ni和Cu都是贫化的。以2000℃的熔点为界,PGE可分为两组:高于2000℃的为IPGE(Os、Ir、Ru)、低于2000℃的为PPGE(Rh、Pt、Pd)。白鑫滩岩体的矿化样品中IPGE相对于PPGE是相对贫化的(图3-31)。浸染状硫化物矿石的PGE含量(100%硫化物)远高于星点状矿石(图3-31)。

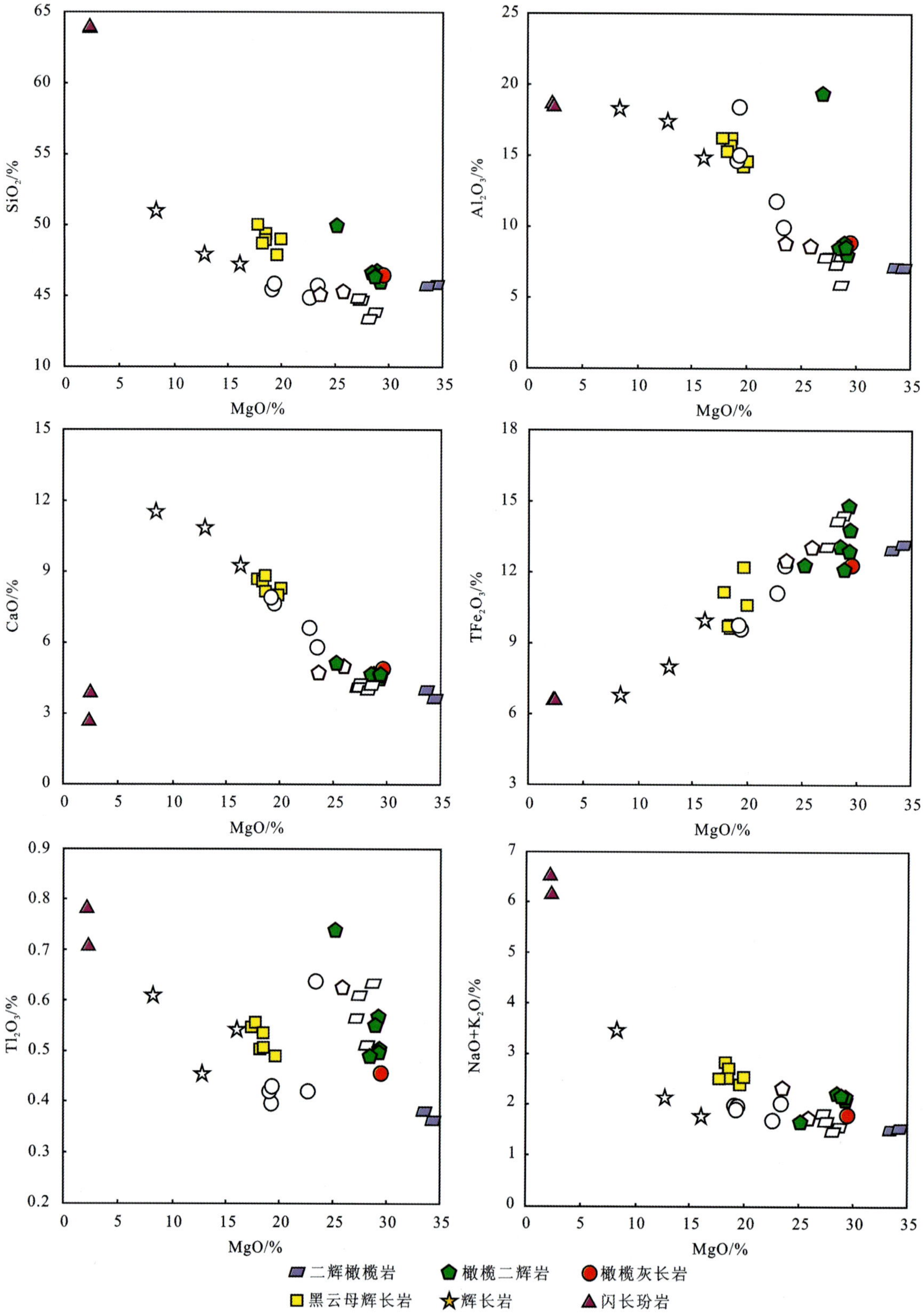

图 3-29 白鑫滩岩体全岩主量元素哈克图解（灰色点位数据据 Feng et al.，2018）

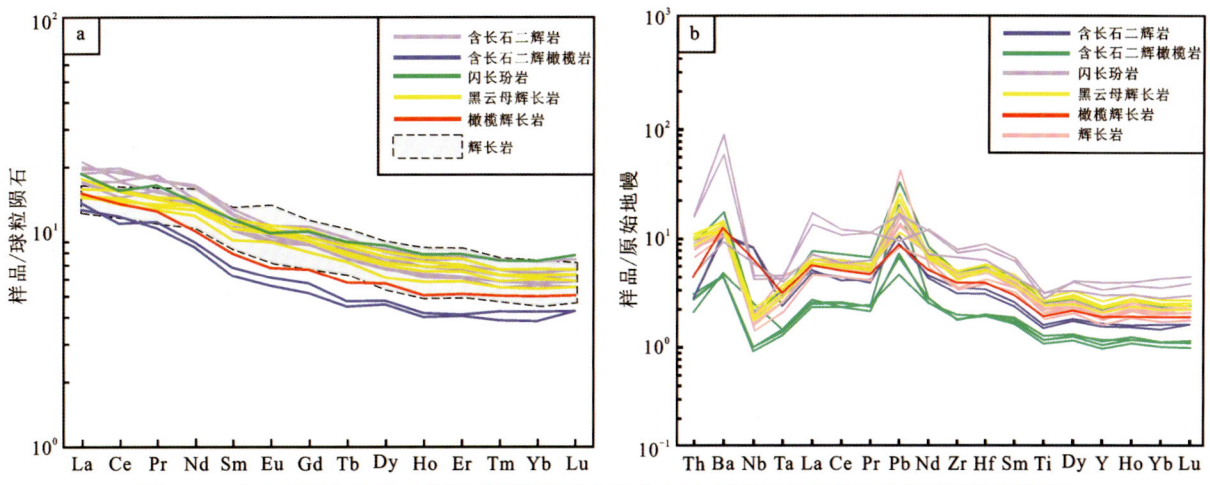

图3-30　白鑫滩岩体全岩球粒陨石标准化稀土配分(a)与原始地幔标准化微量元素蛛网图(b)

注：标准化数据引自McDonough and Sun(1995)和Barnes and Maier(1999)。

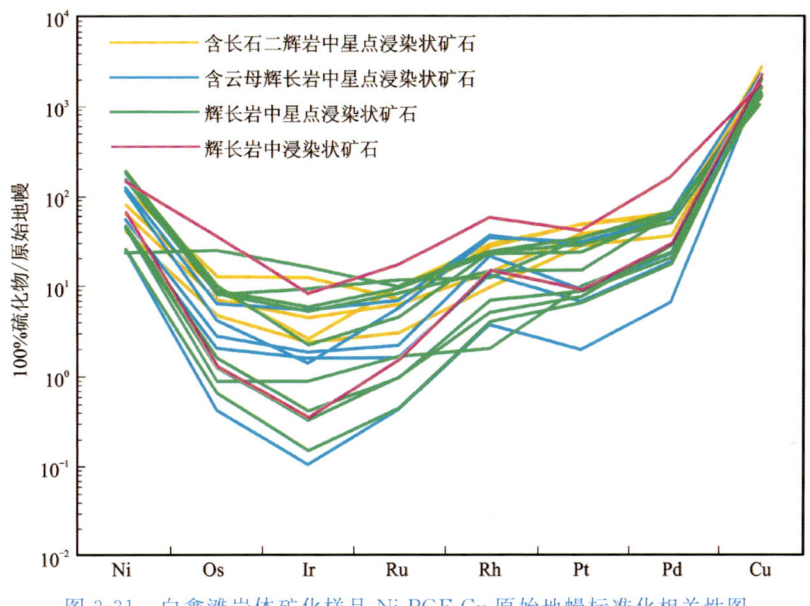

图3-31　白鑫滩岩体矿化样品Ni-PGE-Cu原始地幔标准化相关性图

(四)Cu同位素

白鑫滩矿床Cu同位素选取了覆盖整个矿区的矿化样品，Cu/Fe值的变化范围限制在0.70～1.13之间，与黄铜矿标准成分的Cu/Fe值一致。白鑫滩矿化样品的δ^{65}Cu值总体范围为−1.44‰～−0.31‰，在俄罗斯Noril'sk Ni-Cu-PGE矿床的δ^{65}Cu值范围内(−2.3‰～1.0‰；Malitch et al.，2014)。

样品类型以浸染状矿石和珠滴状矿石为主，还有海绵陨铁状矿石、网脉状矿石和块状矿石。其中，浸染状矿石的δ^{65}Cu值为−0.85‰～−0.35‰，平均值为−0.66‰；海绵陨铁状矿石的δ^{65}Cu值为−1.10‰～−0.52‰，平均值为−0.72‰；珠滴状矿石的δ^{65}Cu值为−1.05‰～−0.56‰，平均值为−0.76‰；网脉状矿石的δ^{65}Cu值较稳定，范围为−0.44‰～−0.35‰，平均值为−0.40‰；块状矿石的δ^{65}Cu值为−1.17‰～−0.63‰，平均值为−0.90‰。除成矿环境较不稳定形成的网脉状矿石外，随着硫化物含量的升高，δ^{65}Cu值也越来越轻。此外，为防止单一样品发生Cu同位素的分馏，还选取了2个单一矿化样品分别得出了4、5个Cu同位素(表3-22)，δ^{65}Cu值都非常稳定，都在−0.50‰左右(图3-32)。

表 3-22 白鑫滩矿床矿化岩体亲铜元素(Ni、Cu、PGE、S)组分

岩石类型	样品编号	Ni/%	Os/×10⁻⁶	Ru/×10⁻⁶	Rh/×10⁻⁶	Pt/×10⁻⁶	Pd/×10⁻⁶	Cu/%	S/%	矿石构造
橄榄二辉岩	ZK0003-4	1233	0.24	0.39	0.22	2.68	1.91	477	0.28	星点状矿石
	ZK0003-5	2059	0.41	0.39	0.24	5.10	3.72	1707	0.96	星点状矿石
	ZK0003-6	1820	0.35	0.46	0.20	3.94	2.96	1198	0.53	星点状矿石
	ZK0003-7	1249	0.23	0.19	0.14	1.83	1.39	355	0.18	星点状矿石
黑云母辉长岩	ZK6602-2	1426	0.04	0.06	0.10	0.39	0.75	1645	1.08	星点状矿石
	ZK6602-4	688	0.06	0.07	0.13	0.41	0.59	400	0.26	星点状矿石
	ZK6602-5	475	0.03	0.06	0.07	0.46	0.48	100	0.07	星点状矿石
	ZK6602-6	753	0.06	0.07	0.11	0.41	0.64	420	0.33	星点状矿石
	ZK6602-7	560	0.05	0.08	0.08	0.46	0.60	156	0.08	星点状矿石
辉长岩	ZK0704-1	1183	0.04	0.07	0.13	0.58	1.10	613	0.34	星点状矿石
	ZK0704-2	1531	0.09	0.08	0.11	1.02	1.38	808	0.63	星点状矿石
	ZK0704-3	2747	0.12	0.12	0.21	2.52	3.86	3287	2.10	浸染状矿石
辉长岩	ZK0804-1	3153	5.80	3.38	1.58	16.42	17.01	2133	2.63	浸染状矿石
	ZK0804-2	727	0.31	0.22	0.14	0.74	1.66	131	0.09	星点状矿石

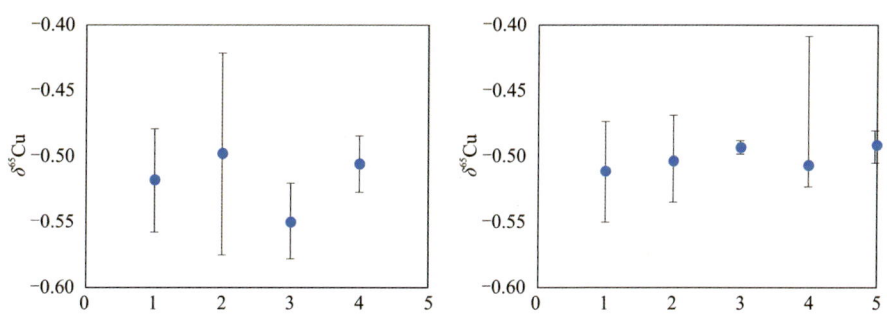

图 3-32　白鑫滩单一矿化样品 Cu 同位素分馏图（数据来源于 ZK1204 和 ZK1003）

（五）硫化物微量元素面扫

选取了白鑫滩岩体矿化样品（矿石矿物组合）做了硫化物 LA-ICP-MS 原位微量元素面扫的测试分析。图中显示黄铜矿富集 Cu、S、Cd、Ag、Zn 元素，Fe、Co、Ni、Mo 元素含量极少；磁黄铁矿中元素富集不均匀，但相对富集 Fe、Co、Ni、S 元素，Ca、Mg、Al、Si 等元素含量极少；镍黄铁矿富集 Co、Ni、Te 元素，其余元素含量极少；同时，Mg、Al、Si、Mn 元素之间以及 Co、Ni 元素之间具有强相似性，Ti、V、Cr、Mn、Se、Mo 等元素在 3 种金属矿物中的分布都很均匀，没有明显相对富集（图 3-33）。

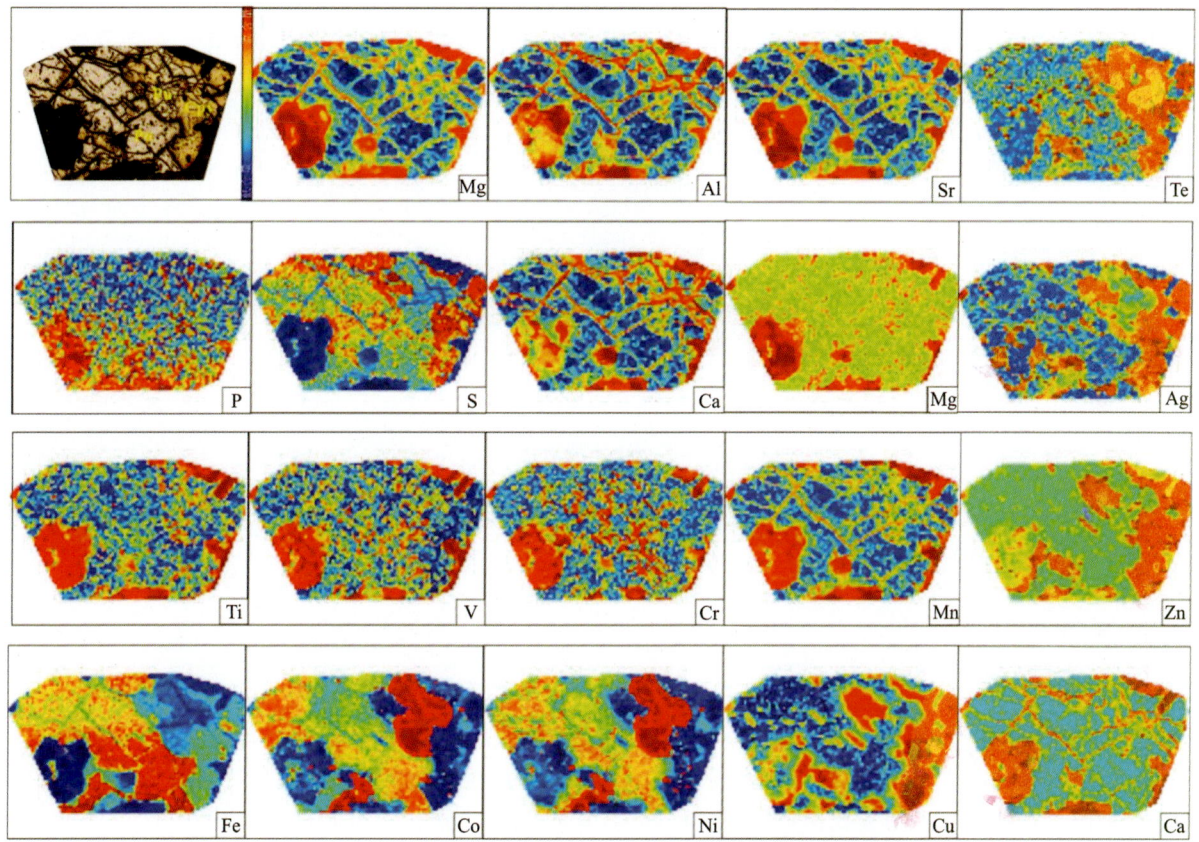

图 3-33　白鑫滩金属硫化物微量元素 LA-ICP-MS 面扫图

二、矿床形成时代

王亚磊等(2015)选取了钻孔 ZK0703 铜镍矿化斜长辉石橄榄岩进行锆石测年,所测定 19 个有效点的锆石 U、Th 含量分别介于 $233×10^{-6}$~$3011×10^{-6}$、$239×10^{-6}$~$7704×10^{-6}$ 之间,Th/U 比值为 0.36~2.56,多数都大于1,表明锆石为岩浆成因,锆石 $^{206}Pb/^{238}U$-$^{207}Pb/^{235}U$ 谐和年龄为(276.6±4.4)Ma,$^{206}Pb/^{238}U$ 加权平均年龄为(277.9±2.6)Ma。冯延清等(2017)选取了钻孔中新鲜的橄榄辉长岩用于锆石 U-Pb 测年,锆石 Th/U 比值为 1.52~2.31,且微量元素 U/Yb 比值在 0.44~1.45,表明所测定的锆石属于岩浆锆石,锆石 U-Pb 谐和年龄为(284.8±0.91)Ma,加权平均年龄为(285.6±1.9)Ma。由此表明,白鑫滩铜镍矿成矿时代与东天山地区黄山、黄山东、香山等典型铜镍矿床及镁铁质岩体形成时代一致(图 3-34)。

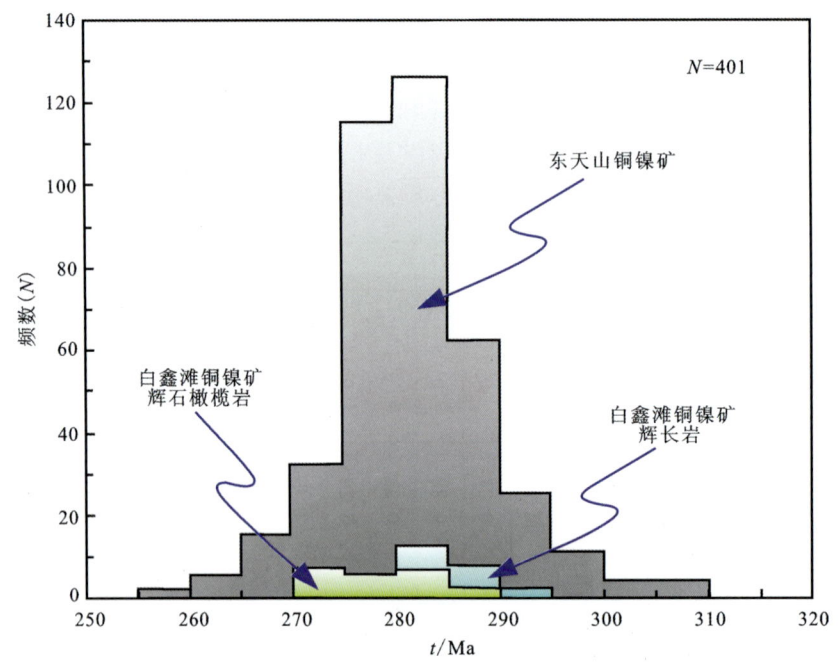

图 3-34　东天山铜镍矿成岩成矿时代直方图

注:测年数据引自冯延清等,2017;王亚磊等,2015;任明浩等,2013;孙涛等,2010;三金柱等,2010;Han et al.,2014;肖庆华等,2010;李德东等,2012;毛启贵等,2006;唐冬梅等,2009;陈继平等,2013;Qi et al.,2004;韩宝福等,2004;吴华等,2005;垄西、路北、海豹滩东数据来源于未发表数据。

三、白鑫滩岩体岩相划分

岩浆型铜镍矿床岩相的正确、科学划分对总结成矿规律、指导地质找矿至关重要。在前人工作的基础上,平面上对前人完成的大比例尺填图进行修测,垂向上对重要钻孔岩芯进行系统观察。以 ZK2203 为例,该钻孔深度约 149 m,从浅部到深部,岩相依次为氧化风化岩体→橄榄辉石岩→角闪橄榄辉石岩→角闪橄榄辉长岩→橄榄辉长岩→英安岩、凝灰岩地层,在辉长岩相下还夹杂有薄层的辉石岩(图 3-35)。将 ZK2203 的岩相与矿石构造综合描绘,以更清晰地还原矿石赋存位置,在 ZK2203 钻孔约 100 m 处出现了大量地角闪石、黑云母等含水矿物,表明有地壳俯冲带来的物质混染现象,除此之外岩体也广泛发生绿泥石、绿帘石化等的蚀变,因此岩体在灰黑色、灰色的基础上出现了绿色(图 3-35d)。

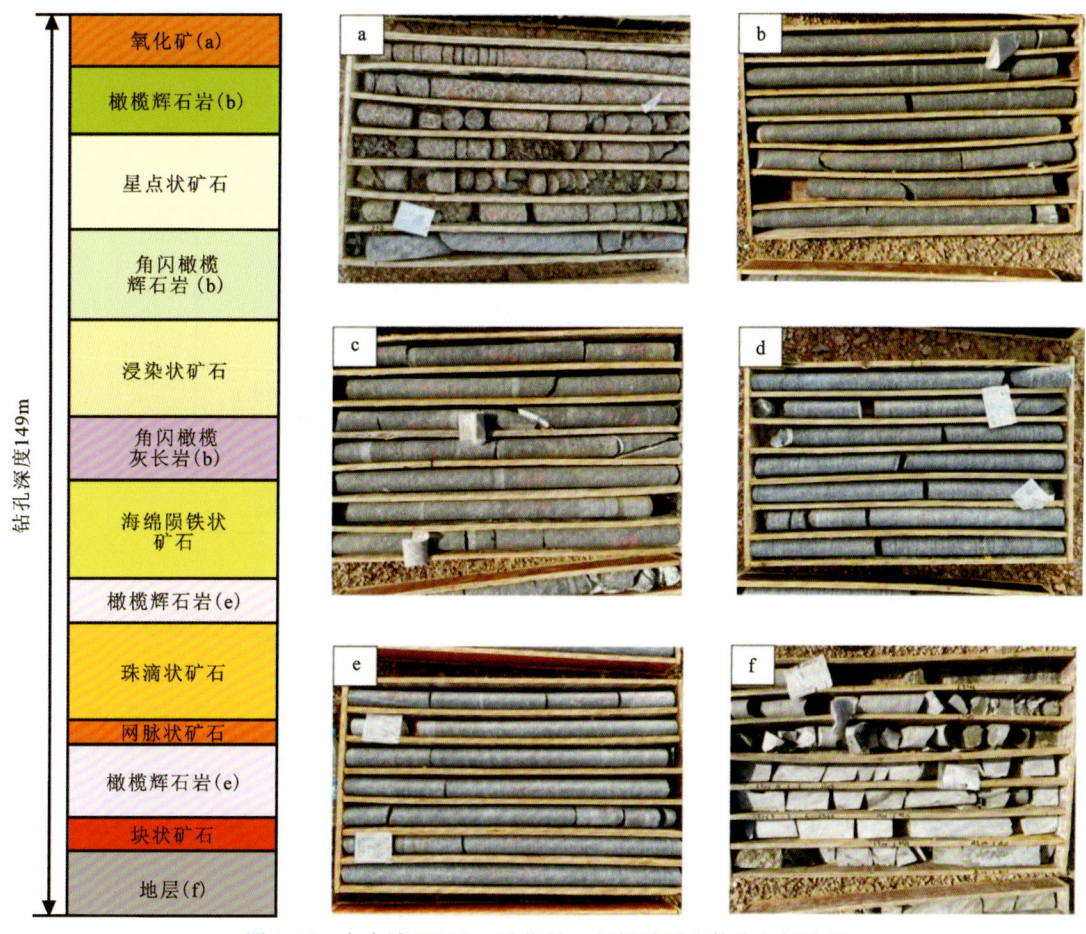

图 3-35 白鑫滩 ZK2203 孔镁铁—超镁铁质岩体岩相划分图

四、地幔源区及母岩浆性质

(一)地幔源区性质

白鑫滩岩体富集大离子亲石元素(Th、Ba 等),高场强元素元素富集程度不高,Nb、Ta 出现明显的负异常,这种现象出现的原因有:①加入了大量的地壳物质,显示地壳源区的性质;②地幔源区被俯冲物质析出的流体所交代。在 Th/Yb 与 Nb/Yb 比值图(图 3-36)中,大多数白鑫滩样品位于全球火山弧玄武岩(VAB)内(图 3-36),与俯冲交代地幔源相当(Gao and Zhou,2013;Mao et al.,2008;Su et al.,2012;Zhou et al.,2004)。白鑫滩矿化岩体的侵位发生在碰撞后环境中的(286.0±1.6) Ma(Feng et al.,2018;Zhou et al.,2004;Gao and Zhou,2013)。在后碰撞环境中,可推断白鑫滩岩体的源区为被俯冲作用带来的物质所交代的亏损地幔,形成镁铁—超镁铁质岩体,其地球化学特征与俯冲过程产生的岩体相似(Deng et al.,2014;Yan et al.,2022)。因此,白鑫滩岩体源自俯冲改造但仍亏损的地幔源。

(二)母岩浆性质

由中等程度的地幔部分熔融形成的高镁玄武岩岩浆富含亲 Cu 元素,尤其是 Ni、Cu 和 PGE(Naldrett,2010;Barnes et al.,2015)。在 Pd/Ir 与 Ni/Cu 比值的关系图(图 3-37)中,大多数样品属于

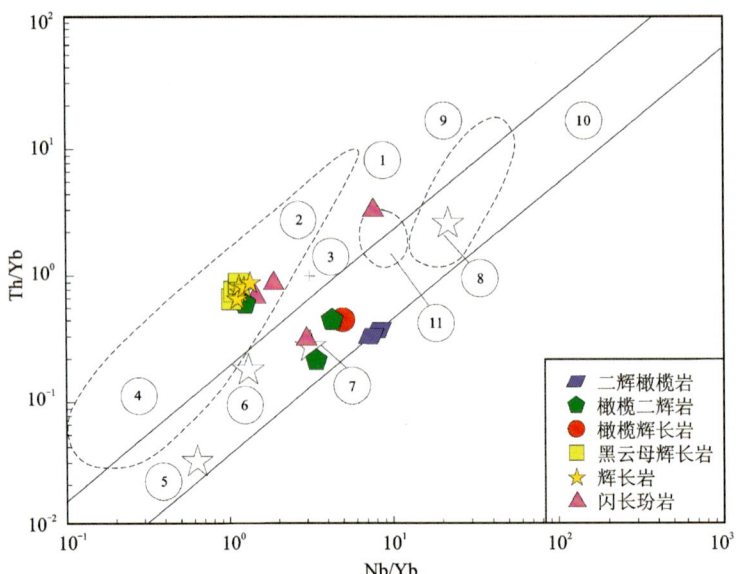

①②③上、中、下地壳；④全球火山玄武岩；⑤亏损洋中脊玄武岩；⑥原始地幔；⑦富集洋中脊玄武岩；⑧洋岛玄武岩；⑨相关超基性岩墙；⑩MORB-OIB；⑪相关超基性岩墙二叠纪塔里木玄武岩

图 3-36　白鑫滩岩体 Th/Yb 与 Nb/Yb 比值图

高镁玄武岩区域。此外，根据 Li 和 Ripley（2011）的方法，使用了两个无硫化物的二辉橄榄岩样品来估算母岩浆成分，其中包含丰富的嵌晶橄榄石和包橄结构的橄榄石。使用这两个样品的平均成分，并选择其中最原始的橄榄石（被单斜辉石包裹的橄榄石，Fo 值为 84.46%）。Roeder 和 Emslie（1970）提出的橄榄石液体交换系数$(FeO/MgO)_{Ol}/(FeO/MgO)_{Li}$ 为 0.3，液体的假定 $FeO/(FeO+Fe_2O_3)$ 比为 0.97。白鑫滩岩体母岩浆中估计的 MgO 含量为 9.14%，属于高镁玄武岩岩浆的范围（MgO 大于 9%）。

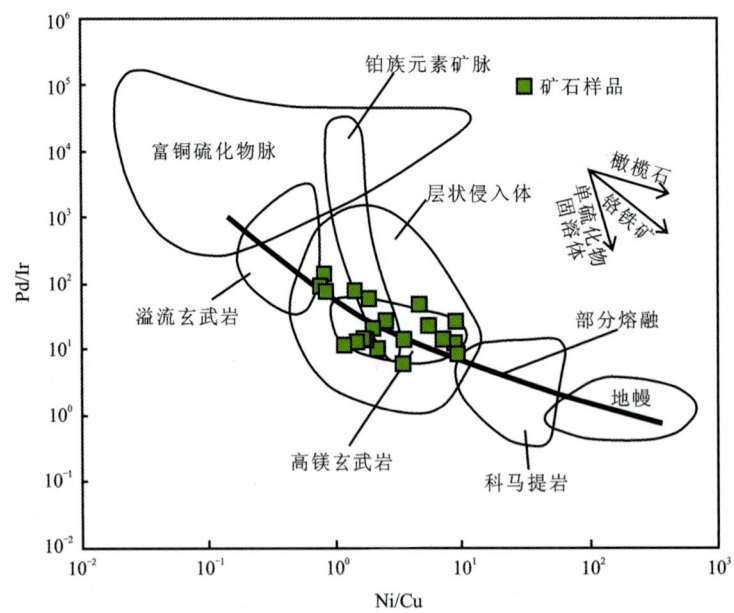

图 3-37　白鑫滩矿石 Pd/Ir 与 Ni/Cu 比值图（底图据 Barnes and Lightfoot，2005）

白鑫滩岩体中嵌晶橄榄石的微量元素中 Sc、Mn、Zn 等过渡族金属元素可以从微观的角度追踪橄榄石的结晶分异过程（McKibbin et al.，2013；Bussweiler et al.，2015），从而反映岩浆涌动特征，在白鑫滩岩体嵌晶橄榄石 Sc-Mn-Zn 元素核幔边图中（图 3-38），嵌晶橄榄石样品都显示不稳定（动荡）的含量特征，且 3 种元素相关性极强，有周期性的特点，推测随着橄榄石的结晶分异，Sc、Mn、Zn 等元素都将会被

消耗,但随着向上涌入的新鲜岩浆的注入,Sc、Mn、Zn等元素的含量同时又得到了补给,因此白鑫滩岩体母岩浆可能发生了岩浆的多期次涌动。

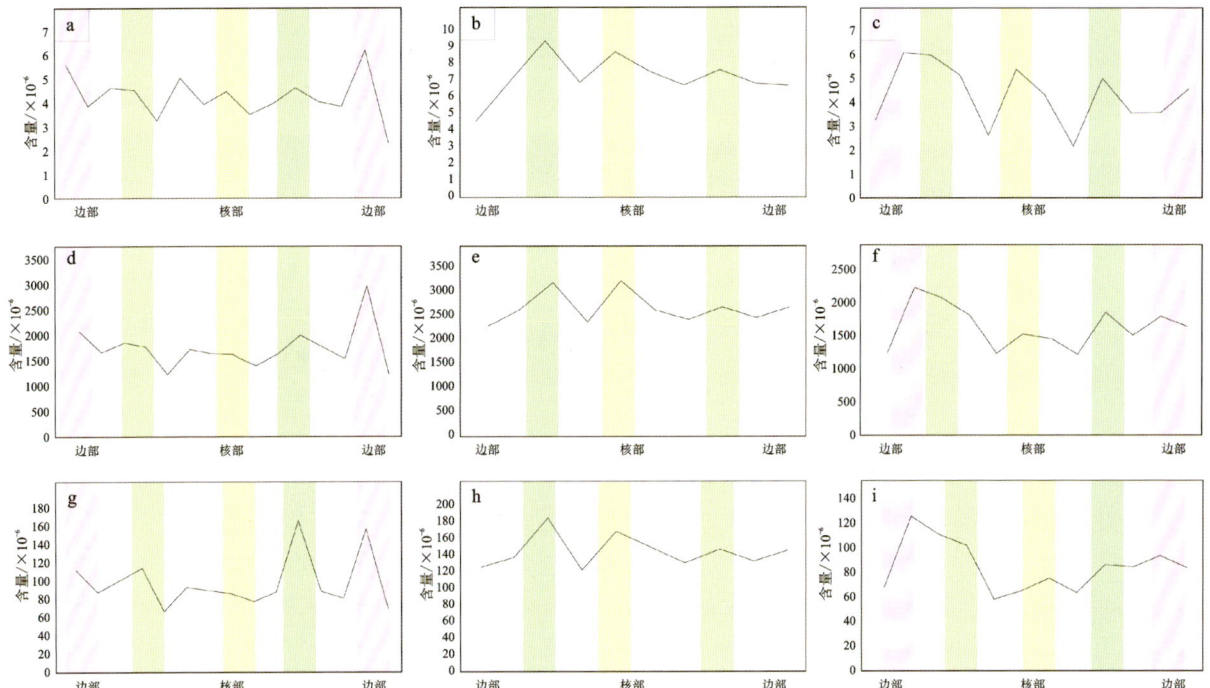

a. bxt-71号样品核幔边Sc分布;b. bxt-81号样品核幔边Sc分布;c. bxt-69号样品核幔边Sc分布;d. bxt-71号样品核幔边Mn分布;e. bxt-81号样品核幔边Mn分布;f. bxt-69号样品核幔边Mn分布;g. bxt-71号样品核幔边Zn分布;h. bxt-81号样品核幔边Zn分布;i. bxt-69号样品核幔边Zn分布

图3-38 嵌晶橄榄石核幔边微量元素分布图

五、橄榄石结晶分异与硫化物熔离过程

控制橄榄石成分的主要因素有:①母岩浆性质与成分;②岩浆结晶分异和硫化物熔离;③橄榄石与硅酸盐岩浆和硫化物熔体的反应(Li et al.,2007;Deng et al.,2012)。橄榄石与硅酸盐岩浆和硫化物熔体的反应将分别导致Fo值降低和Fo值与Ni含量之间成反比关系(Li et al.,2007),这两者都与白鑫滩矿床中橄榄石Fo值和Ni含量从核部到边缘的降低不一致(图3-39)。橄榄石的Fo值和Ni含量可用于追踪硫化物分离和岩浆演化(Naldrett et al.,1984)。假设Ni在橄榄石和玄武质岩浆中的分配系数为7,Ni在硫化物熔体和硅酸盐岩浆之间的分配系数为500,从而模拟了白鑫滩岩体的橄榄石成分(图3-39)。

白鑫滩岩体中的大多数橄榄石都低于橄榄石结晶曲线,Ni含量随着Fo值的降低而迅速降低。瑞利分馏方程被用来描述形成二辉橄榄岩和橄榄二辉岩的母岩浆演化模型。计算表明,母岩浆经历了约2%的橄榄石结晶,然后演化的岩浆变得硫化物饱和(曲线Ⅲ,图3-39)。分离的橄榄石(嵌晶橄榄石)和熔离的硫化物按橄榄石/硫化物等于25:1的比率计算;随后,在橄榄石结晶约5%时加入来自地壳硫的S元素后,演化岩浆再次变得硫化物饱和(曲线Ⅱ,图3-39)。结晶橄榄石颗粒(与硫化物相关的橄榄石)和熔离的硫化物熔体的比例为橄榄石/硫化物等于200:1。

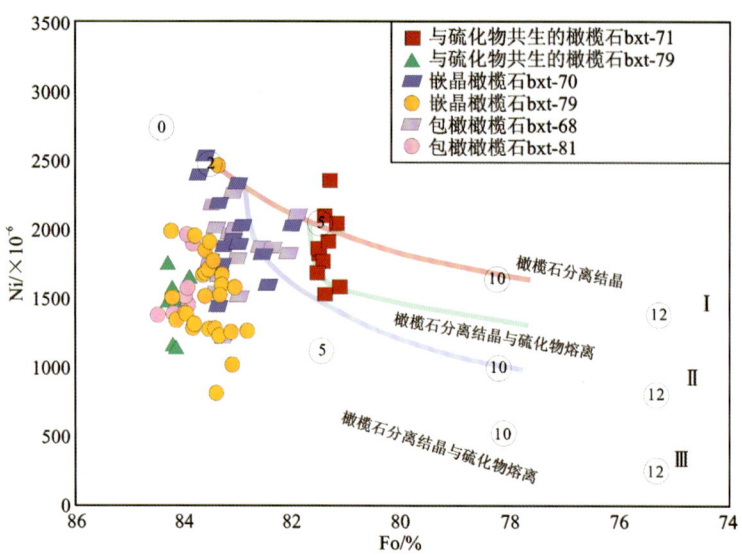

图 3-39　白鑫滩岩体橄榄石分离结晶 Ni 含量/Fo 值图

六、白鑫滩矿床成矿过程

Pd(>10 000)在硫化物熔体和硅酸盐岩浆之间的分配系数比 Cu 高出两个数量级以上(Barnes and Lightfoot,2005;Ji cheol Kwon et al.,2012)。如果硫化物的熔离发生在岩浆上升过程中,母岩浆中的 Pd 将相对于 Cu 显著耗尽。白鑫滩岩体的 Cu/Pd 比值在 79 000～2 190 000 之间,远高于地幔范围(Barnes and Maier,1999;图 3-40)。因此,在原生岩浆上升过程中发生了早期硫化物的熔离。

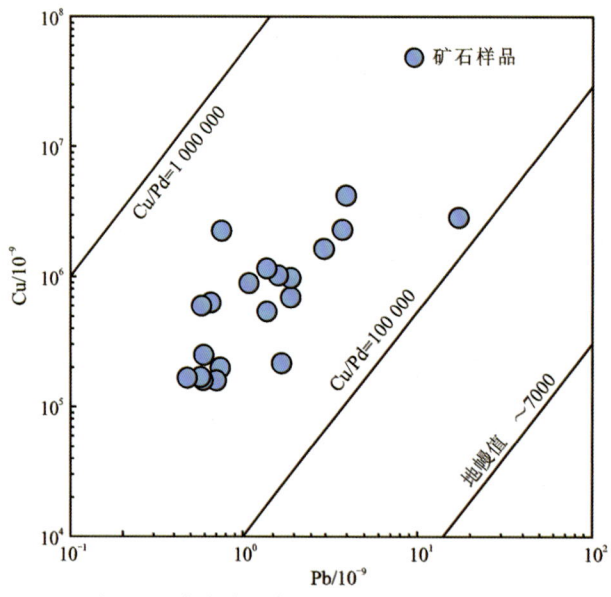

图 3-40　白鑫滩矿床矿石 Cu/Pd 比值范围图

如上所述,白鑫滩岩体的母岩浆成分可能为高镁玄武质岩浆,假设 PGE 不亏损的原始岩浆成分为 $5×10^{-9}$ Pd 和 $450×10^{-6}$ Ni,与东天山葫芦矿床($500×10^{-6}$ Ni 和 $6×10^{-9}$ Pd;Zhao et al.,2016b)和黄山东矿床($250×10^{-6}$ Ni 和 $6×10^{-9}$ Pd;Gao et al.,2013)的母岩浆相似。根据瑞利方程(Barnes and Lightfoot,2005)计算源区岩浆上升过程中熔离的硫化物量。模拟计算表明,原生岩浆在上升过程中经历了小于 0.017% 的硫化物熔离(图 3-41)。

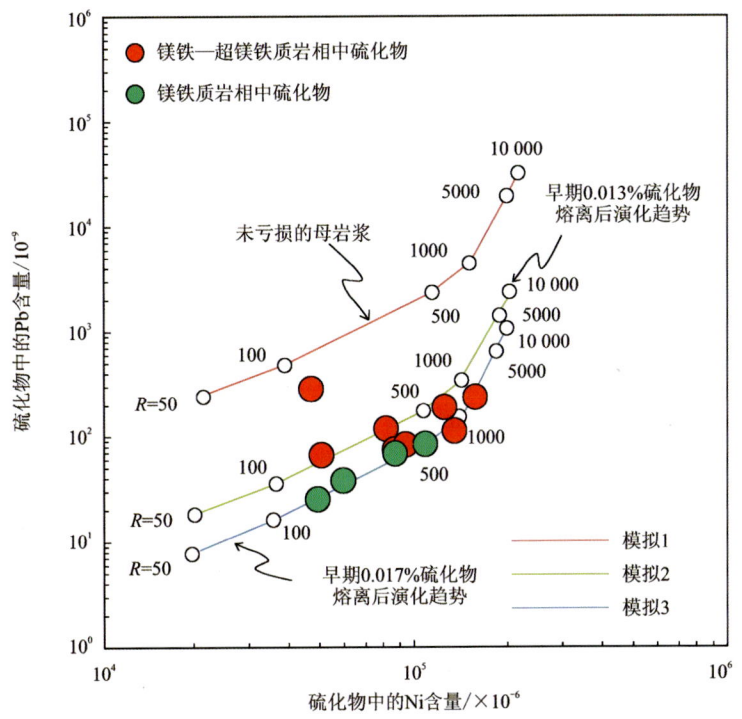

图 3-41 白鑫滩矿床硫化物早期熔离模拟图

$$C_e = C_i \times F^{(D-1)} \tag{3-1}$$

式中，C_e 和 C_i 分别代表演化岩浆和初始岩浆中元素 i 的含量；F 是硫化物熔体熔离的质量；D 是元素 i 在硫化物和岩浆之间的分配系数。

由于地壳混染（Queffurus and Barnes，2015）和分离结晶（Deng et al.，2020），演化的岩浆再次发生硫化物的饱和。在硫化物熔离过程中，所有 PGE 都会显著进入硫化物熔体（Barnes and Lightfoot，2005；Naldrett，2010，2011）。内部硫化物分馏导致 IPGE 和 PPGE 分别在单硫化物固溶体（MSS）熔体和残余硫化物液体中富集（Li et al.，1996；Barnes and Lightfoot，2005；Naldrett，2010，2011）。白鑫滩矿床中的 PGE 的正相关性极强（图 3-42），这表明硫化物熔离作用明显，没有明显的 MSS 结晶。

根据质量平衡 R 因子方程（式 3-2，Campbell and Naldrett，1979），可以进一步模拟白鑫滩岩体的成矿过程。

$$C_{\text{sul }i} = C_{\text{sil }i} \times D_i \times (R+1)/(R+D_i) \tag{3-2}$$

式中，$C_{\text{sul }i}$ 和 $C_{\text{sil }i}$ 分别代表硫化物熔体和硅酸盐岩浆中元素 i 的含量；D_i 是元素 i 在硫化物熔体和硅酸盐岩浆之间的分配系数；R 是硅酸盐岩浆和硫化物熔体的质量比。

计算分别使用了 Pd 为 20 000 和 Ir 为 30 000 的 D_i 进行数值模拟。结果表明，白鑫滩岩体的镁铁质单元（北东部）和镁铁—超镁铁质单元（南西部）的形成包含 0.1×10^{-9} 和 0.01 Ir，R 因子分别为 $-100 \sim 500$ 和 $-200 \sim 4000$，这同样表明了岩浆的多期次涌入（图 3-43）。

七、矿床成因及成矿模式

结合区域熔离型铜镍矿床的成矿环境与成矿构造的对比研究，认为白鑫滩矿床作为硫化物熔离型矿床，母岩浆在深部岩浆房发生过早期熔离，沿区域性大草滩次级断裂上侵，经中间岩浆房的液态分异，形成上轻下重的熔体，首先侵位的是上部基性岩浆，就位后随温度下降，结晶分异出辉长岩相、橄榄辉长

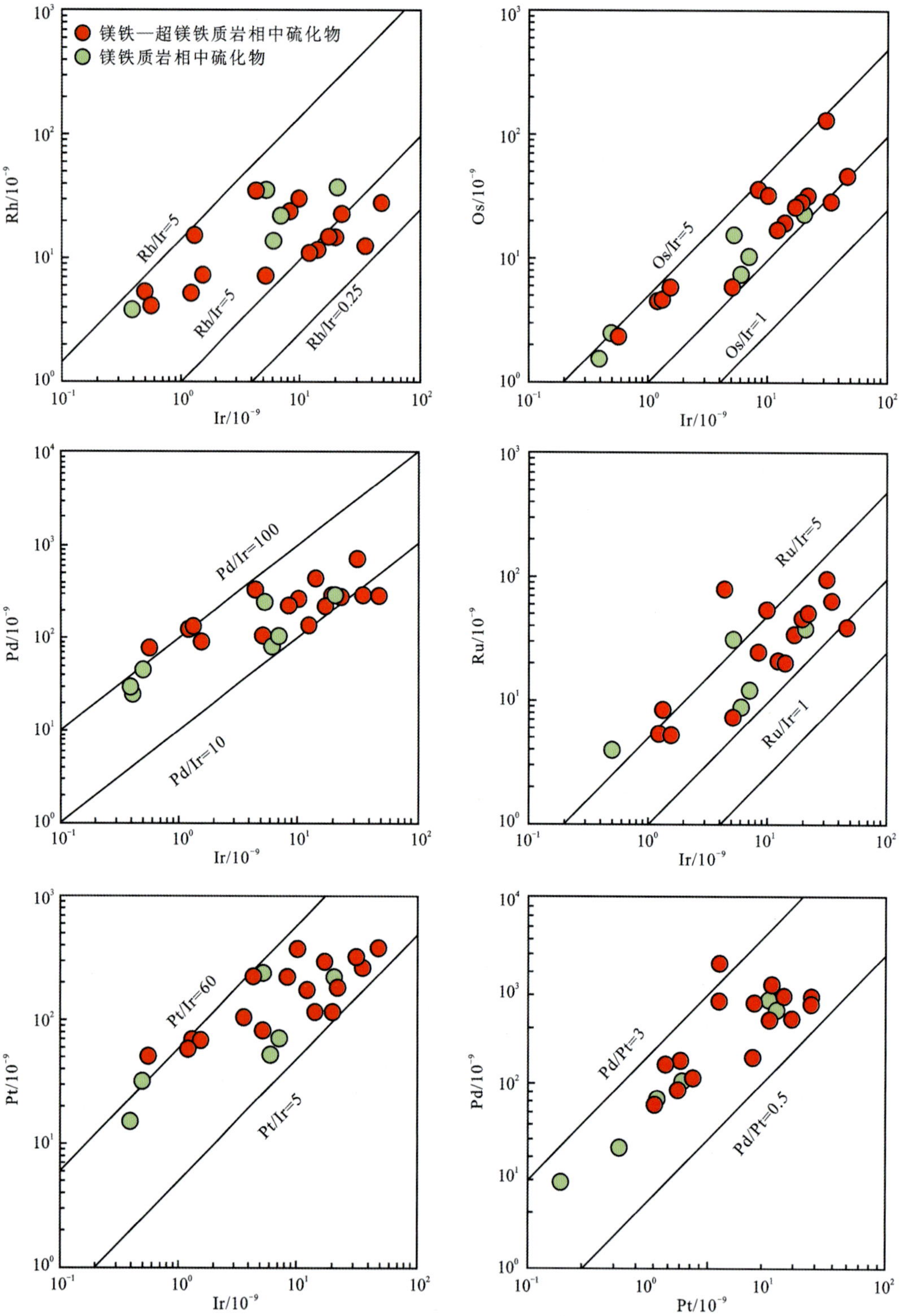

图 3-42 白鑫滩矿床矿石 PGE 相关性图解

岩。此时中间岩浆房的重岩浆受重力作用影响,由迷散状向珠滴状运动,逐步形成原始的矿浆。深部原始岩浆基性岩浆侵位后,与周围岩层地应力不同产生了裂隙,其底部通道附近,裂隙更大些,为重岩浆的侵位创造条件。早期含矿浆的超基性岩,沿上述裂隙贯入,侵位并在基性岩的底部形成"花托"状的规模相对较大的超基性岩,该条件下在侵位处产生分异作用,形成就地熔离的大型矿体(图 3-44),表现为在超基性岩体中下部低凹处,堆积了均匀稠密浸染状矿段。中后期残余含熔离体矿浆的基性岩浆,沿早期

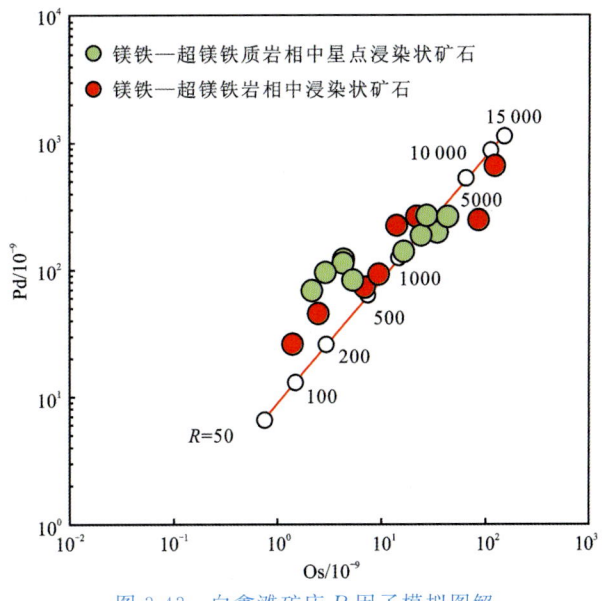

图 3-43 白鑫滩矿床 R 因子模拟图解

岩体的裂隙、构造薄弱带贯入,形成杂岩体底部与地层接触带上的小富矿体或矿化不均匀矿体。成岩成矿后期,经历了不同的构造活动,岩体受到剥蚀与氧化,使地表及浅部的矿体遭氧化,形成氧化矿体,深部矿体倾伏于地下,成为隐伏矿。

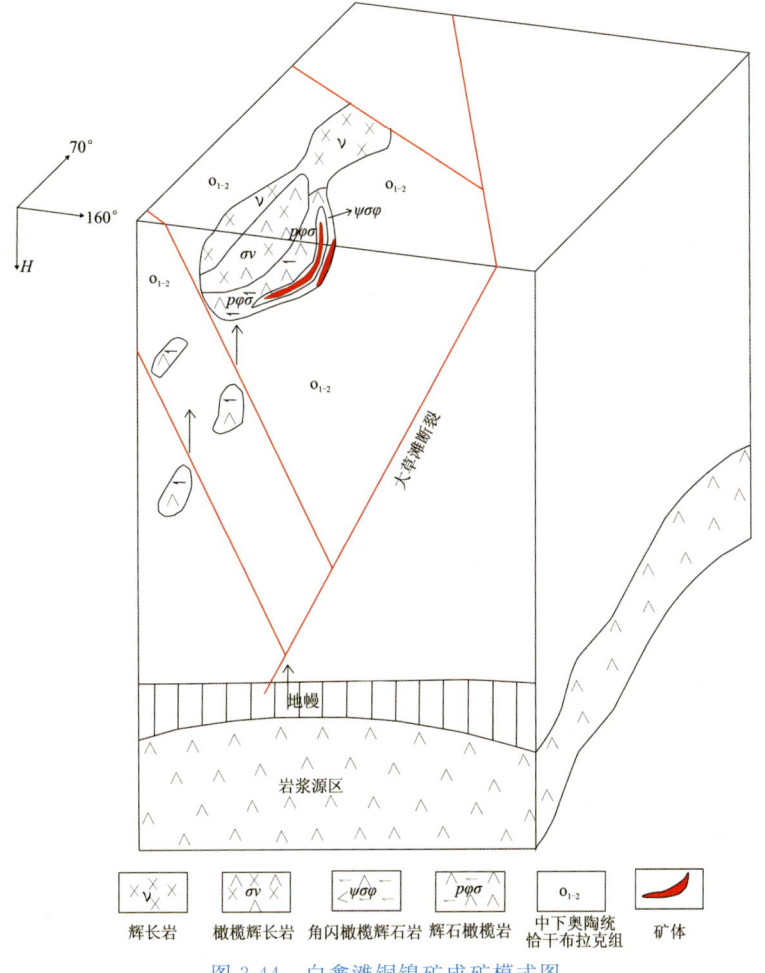

图 3-44 白鑫滩铜镍矿成矿模式图

第四章 矿床地球物理特征及地质-地球物理模型

第一节 矿区岩石物性特征

1977—1980年地质矿产部第二综合物探大队在吐哈盆地以南开展1:20万区域重力面积工作;1997—1998年,航空物探遥感中心物探部902队开展了1:5万航空物探(磁、电、放)勘查。以上工作为总结矿区地球物理找矿规律与圈定靶区奠定了基础。

一、矿区岩(矿)石物性特征

(一)密度特征

矿区岩矿石密度特性具有一定的规律,沉积岩砂岩密度最小,平均值为2.65×10^3 kg/m^3,可能与砂岩的疏松程度有关;火山岩类凝灰岩、安山岩、英安岩、玄武岩平均密度值稍大,在$2.64\times10^3\sim2.72\times10^3$ kg/m^{3}之间,其中凝灰岩密度值最小,英安岩最大,安山岩、玄武岩介于两者之间;侵入岩类平均密度值相对较大,在$2.67\times10^3\sim3.04\times10^3$ kg/m^3,其中花岗岩平均密度值最小为2.67×10^3 kg/m^3,二长花岗岩和花岗闪长岩平均密度值稍大,分别为2.71×10^3 kg/m^{3}和2.75×10^3 kg/m^3,闪长岩和辉长岩平均密度值分别为2.76×10^3 kg/m^{3}和2.98×10^3 kg/m^3,辉石橄榄岩平均密度值最大,达到了3.04×10^3 kg/m^3,最大值为3.27×10^3 kg/m^3。实际中,辉石橄榄岩密度在$2.79\times10^3\sim2.97\times10^3$ kg/m^3,充分说明了辉石橄榄岩是赋矿岩石。

测区岩矿石遵循以下规律,从岩石成因类型来看,按沉积岩→火山岩→侵入岩的顺序密度值逐渐增大的特点;从岩石性质方面看,按基性→中性→酸性的顺序密度值依次降低;从岩浆作用方式看,有喷出岩→浅成侵入岩→深成侵入岩的层次密度值逐次增大的特点。

(二)磁性特征

根据物性分析,测区属于以岩浆岩为主的中低磁场环境,出现高磁场与辉长岩和辉石橄榄岩相关,出现的中等磁场与闪长岩、火山岩相关,出现的低磁场与沉积岩、酸性侵入岩相关(表4-1)。

矿区内采集到的沉积岩为砂岩,均表现为弱磁性,磁化率平均值为100×10^{-6} 4πSI,在测区属于低磁岩石。火山岩主要有凝灰岩和玄武岩、安山岩及英安岩等次火山岩,凝灰岩属于弱磁性岩石,磁化率平均值为300×10^{-6} 4πSI,次火山岩磁性较强,磁化率平均值为$1300\times10^{-6}\sim1500\times10^{-6}$ 4πSI,可引起跳跃变化的局部磁异常,测区部分局部磁异常即为该类岩石引起的。侵入岩主要有花岗岩、二长花岗岩、花岗闪长岩、闪长岩、辉长岩、辉石橄榄岩,整体上遵循了从酸性→中性→基性→超基性磁性逐渐变强的规律。花岗岩、二长花岗岩、花岗闪长岩在测区属于微弱磁性—弱磁性岩石，磁化率平均值为200×10^{-6} 4πSI；闪长岩在测区属于中等—强磁性岩石，磁化率平均值为2000×10^{-6} 4πSI，在测区可引起跳跃变化的局部磁异常；辉长岩、辉石橄榄岩在测区属于强磁赋矿岩石，铜镍矿产于辉石橄榄岩内，磁化率平均值可达3000×10^{-6} 4πSI以上。由磁性特征可以看出，成矿岩体与围岩有明显磁性差异。

表 4-1 矿区岩（矿）石物性测量成果表

岩性	块数	磁化率/×10^{-6} 4πSI			密度/×10^3 kg·m^{-3}			电阻率/Ω·m			极化率/%		
		最小值	最大值	平均值	最小值	最大值	平均值	最小值	最大值	平均值	最小值	平均值	最大值
砂岩	230	121	186	135	2.51	2.82	2.65	31	2421	689	0.13	3.28	1.52
凝灰岩	118(40)	182	856	350	2.63	2.74	2.64	58	1003	710	0.27	3.53	1.68
安山岩	52(18)	176	2136	1437	2.50	2.78	2.66	158	3986	859	0.31	2.87	0.99
英安岩	26(21)	112	1858	1566	2.63	2.94	2.72	231	737	453	0.55	1.66	1.35
玄武岩	76(22)	132	3180	1353	2.67	2.91	2.71	867	3856	2907	0.15	4.33	1.12
橄榄辉长岩	43(20)	1371	6153	3692	2.85	3.27	3.04	89	718	298	1.16	8.43	4.49
辉长岩	20	983	4139	3021	2.89	3.04	2.98	255	2382	772	0.49	2.81	1.83
闪长岩	39	152	2479	1926	2.41	2.81	2.76	134	1567	989	0.97	1.76	1.23
花岗闪长岩	32	74	398	164	2.38	3.09	2.75	562	1236	1068	1.02	1.39	1.26
二长花岗岩	118(20)	11	194	134	2.62	2.89	2.71	231	3234	1118	0.26	3.12	1.28
花岗岩	20	89	153	112	2.33	2.89	2.67	838	2773	1327	0.38	1.29	0.96

注：（ ）中的数字表示收集的标本数量。

（三）电性及极化性特征

矿区岩矿石极化性大致可分为低、中、高3个等级，花岗岩类、火山岩类及闪长岩属于低极化岩石，极化率在0.1%~1.4%之间，凝灰岩、砂岩、辉长岩属于中极化岩石，极化率在1.5%~2.0%之间，辉石橄榄岩（赋矿岩石）极化率平均值为4.49%，极大值为8.43%。导电性可分为4个等级，玄武岩具有较高阻抗特性，且导电性跳跃性较大，电阻率范围为867~3856 Ω·m；花岗岩、二长花岗岩、花岗闪长岩、闪长岩具有高阻抗特性，导电性跳跃性较大，电阻率范围为231~3234 Ω·m；辉长岩、安山岩、凝灰岩、砂岩具有中阻抗特性，电阻率范围为31~3986 Ω·m；橄榄辉长岩、英安岩具有低阻特性，电阻率范围为89~737 Ω·m。由以上极化性和电阻率特性可以看出，不同岩性之间常见值有一定的差异，但极化性和导电性也有一定的交叉，为后面的解释推断带来了一定的干扰性，要认真区分对待。

二、地球物理场特征描述

（一）重力场及布格重力异常特征

1∶20万布格重力场可划分出4个重力场特征带（区）（图4-1）。矿区位于雅尔帕克-平顶包重力高异常区（Ⅱ）。该异常区总体呈中部向北凸出的近东西向弧形带状，中部膨大，两端缩小，且布格重力异常强度也具有中间高、向两端逐渐降低特点。异常带西起小热泉子铜矿西，东至黄山铜镍矿。带长 450 余千米，宽 20～35 km，布格重力值为 $-130\times10^{-5}\sim-120\times10^{-5}$ m/s^2，最高位于康古尔塔格（-115×10^{-5} m/s^2）。北部以不同场型与沙尔湖-南湖-庙尔沟重力高值带（Ⅰ）相接，南界以康古尔塔格重力梯度带与阿齐山重力高（Ⅲ）相连。沿该带南部边界-康古尔重力梯度带是该区重要的铜矿分布带，小热泉子铜矿、土屋、延东铜矿、黄山铜镍矿集中区均分布于该带。异常带主要出露石炭系、泥盆系中基性火山-沉积建造夹正常沉积岩，中酸性—基性、超基性岩侵入岩较为发育。

矿区所处的重力梯级带总体呈微向南弧形弯曲的近东西向展布，区域上与康古尔大断裂（韧性剪切）带相对应，重力值南北向变化急骤，北部为重力高，南邻为平缓重力低背景区，构成鲜明的梯度场界线。由此可知白鑫滩、土墩、黄山、黄山东等铜镍矿区均产自区域性梯级带中的局部变形重力梯级带中（图 4-1）。

剩余重力异常从时间上主要突出了中、新生代构造运动形成的产物，主要反映局部地质构造成矿体剩余质量的影响。剩余重力异常从全区来看，主要反映地层组合间两个主要密度界面，以及中性—酸性岩体与基底岩性间的差异。全区整体位于剩余重力高背景场中，异常值变化范围在 $-19.99\times10^{-5}\sim 22.03\times10^{-5}$ m/s^2 之间；受断裂构造的影响，剩余重力异常在图中形成明显的重力高异常带，自东向西，呈北东向展布，在三岔口处分叉成南北两条近东西向的剩余重力高异常带；其余地区剩余重力有正负相间排列、局部重力高、局部重力低等异常，长轴走向多变，展布形态各异。从图 4-1 中可看出，铜矿、铜镍矿集中分布在剩余重力高异常带上或两侧重力梯级带中，该剩余重力高异常带在空间上基本与觉罗塔格铜镍铁锰金银钼钨成矿带重合，因此该剩余重力高异常带是成矿带在重力测量上的体现，异常带的形态、走向及延伸基本与成矿带一致。

勘查区北部位于剩余重力高带中，南部则位于剩余重力梯级带中，等值线密集，向北同向扭曲，主要对应中性—酸性侵入岩由南向北呈似"△"形产出的特征，另在等值线扭曲部位已发现土屋斑岩型铜矿和白鑫铜镍矿，说明该区铜矿和铜镍矿的区域重力找矿标志与剩余重力梯级带中的扭曲部位密切相关；白鑫滩铜镍矿区整个工作区包含在剩余重力高带中，地表出露泥盆纪和奥陶纪地层，局部发育辉绿岩，剩余重力高异常有明显的高值中心，长轴近东西向，剩余重力等值线由中间的重力极值向四周逐渐减弱，异常极大值 11.94×10^{-5} m/s^2，主要反映高密度岩层形成的穹窿或短背斜等构造特征；海豹滩铜镍矿区位于剩余重力高带北侧的重力梯级带内，异常值由北向南逐渐升高，由 -7×10^{-5} m/s^2 增至 9×10^{-5} m/s^2，等值线由南向北逐渐密集，并向南同向扭曲，地表主要出露奥陶纪和泥盆纪地层，部分被第四系覆盖，重力梯级带主要反映了该区两种不同密度的岩体陡直接触带。

（二）航磁场特征

1∶20 万航磁分布趋势清晰，正、负磁场区带交替出现、特征差异明显（图 4-2）。划分有雅尔帕克-平顶包高磁异常区（Ⅰ）、秋格明塔什-高独包低负磁异常区（Ⅱ）、红云滩-尾亚高磁异常带（Ⅲ）、独秀山-红柳井正、负磁异常区（Ⅳ）共 4 个磁场分区。矿区位于雅尔帕克—平顶包高磁异常区（Ⅰ）内。东天山北部雅尔帕克—恰特卡尔—康古尔塔格北—平顶包—镜儿泉一带，东西延伸 600 km，南北宽 30～50 km，中部最宽 70 km。在区域正磁背景场上叠加了杂乱高磁异常，其中叠加了少量负磁异常带。局部磁异常形态各异，以东西走向为主，西段北东走向异常也有分布，异常强度为 300～400 nT。在极化处理并进行向上延拓 20 km 基础上，该异常带划分为 4 个高磁异常区。该磁场带主要与广泛分布的中基性火山沉积岩建造及侵入岩分布关系密切，异常区南侧与秋格明塔什-高独包低负磁异常区的过渡带是重要的内生金属矿产小热泉子铜矿、土屋铜矿、黄山铜镍矿的分布区带。

矿区航磁 ΔT 等值线平面图显示（图 4-2），以正磁场为主，磁异常集中分布在南、北两侧，呈线性排列，形成南、北两个近北东东向的磁异常带。其中，北磁异常带与觉罗塔格铜、镍、铁、锰、金、银、钼、钨成矿带基本重合，勘查区位于北磁异常带的西部，以正磁场为主，总体呈中间低两边高的态势分布，异常极

第四章 矿床地球物理特征及地质－地球物理模型

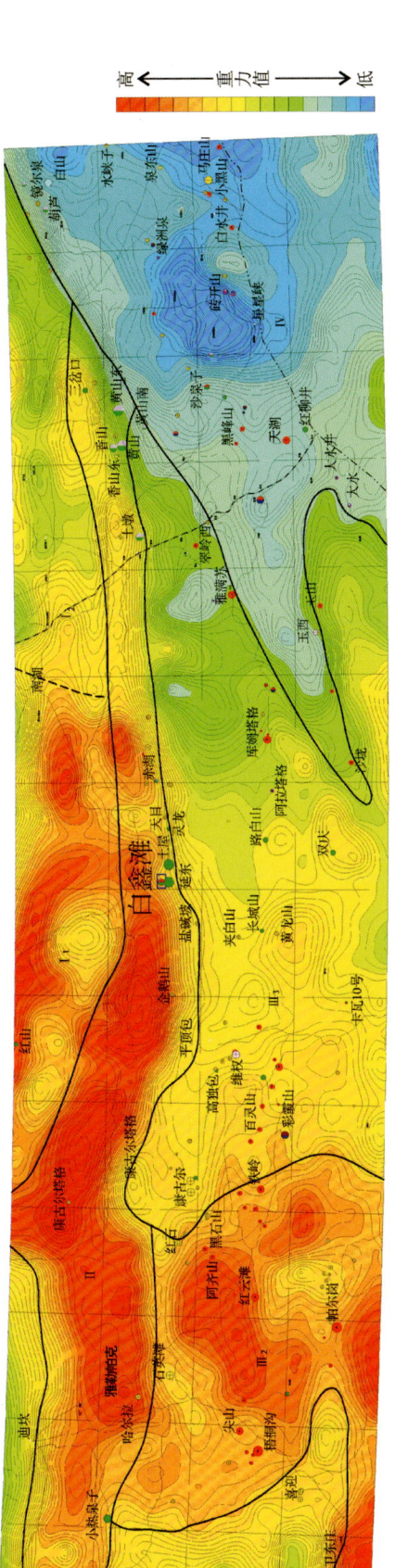

图 4-1 新疆哈密市白鑫滩一带布格重力异常示意图

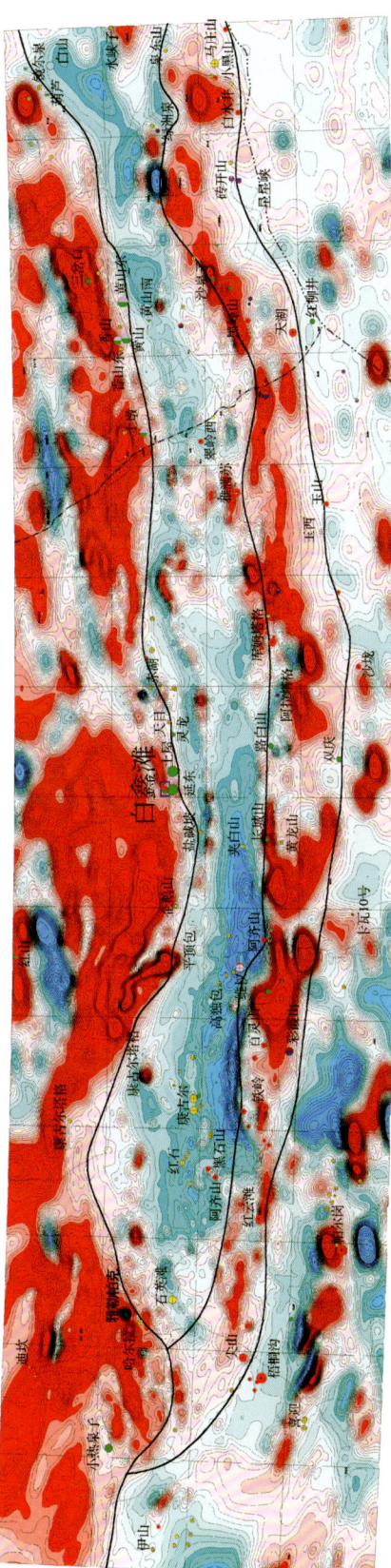

图 4-2 新疆哈密市白鑫滩一带航磁 ΔT 等值线示意图

大值为 425.64 nT,极小值为 110 nT;航磁分布及变化特征客观地反映了地层及侵入岩中磁性块体结构的基本轮廓,也就是现已固结地层及侵入岩中具有磁性块体的分布状况。白鑫滩铜镍矿区位于较平缓的正磁异常中,异常主体走向呈北东向,磁场值由东北往西南逐渐降低,从 425.64 nT 降至 300 nT,该磁场特征主要反映了中—下奥陶统恰干布拉克组岩石磁性分布趋势。白鑫滩西铜镍矿区位于磁异常梯度带中,等值线呈北东向排列,磁场值由西往东逐渐升高,从 110 nT 升高至 300 nT,主要反映了磁场由磁性较强的中—下奥陶统恰干布拉克组火山岩向磁性较低的上泥盆统康古尔塔格组火山沉积岩过度的磁场特征。海豹滩铜镍矿区以正磁异常为主,异常极大值中心位于该区的西部,异常长轴走向为北西西向,异常极大值约 310 nT;该磁场特征主要是该区地层岩石磁性体分布特征的反映:中—下奥陶统恰干布拉克组岩石磁性较高,下侏罗统三工河组和上泥盆统康古尔塔格组岩石磁性较低。

综上所述,区域重磁场处于复杂剧烈变化异常区,以康古尔塔格重力梯度带为界,南北异常分区明显,异常特征及分布差异显著,明确揭示了该区位于地壳结构及地质构造变化组合连接地段,具有重要的区域成矿找矿意义。

第二节　矿床地球物理特征

2013—2015 年白鑫滩铜镍矿区开展了 1∶1 万重力、磁法、时间域激发极化法(IP)面积性工作。2016—2022 年白鑫滩铜镍矿开展了 1∶2000 重力、磁法面积性工作以及时间域对称四极测深(AMNB)、可控源音频大地电磁测深(CSAMT)、瞬变电磁法(TEM)、三维电磁(EM3D)、地震频率谐振(SFRT)等剖面工作。以上工作对矿床地球物理特征与矿体的对应关系有了更加深入的认识与了解。

一、矿床岩(矿)石物性特征

(一)地面岩(矿)石物性特征

基性岩、超基性岩具有高磁、高密度、高阻、低极化特征,在物探上可引起高磁、高重力、高阻异常;中酸性岩具有低磁、低密度、中低阻、弱高极化特征,在物探上可引起低阻、弱高极化异常。另外地层与超基性岩之间电阻率值差异较小,不易区分,会给以视电阻率参数作为电法类观测方法的成果解释推断带来一定干扰(表 4-2)。

表 4-2　地面岩(矿)石物性参数统计表

标本名称	标本块数	磁化率/×10^{-6} 4πSI		电阻率/Ω·m		极化率/%		密度/×10^3 kg·m^{-3}	
		范围	均值	范围	均值	范围	均值	范围	均值
英安岩	5	7~162	40	70~1448	366	0.15~13.7	2.35	2.63~2.94	2.76
花岗岩	17	11~383	57	133~776	333	0.18~6.79	1.15	2.60~2.70	2.63
辉长岩	2	279~295	288	115~883	312	0.18~4.45	0.69	2.79~2.95	2.88
橄榄辉长岩	10	1111~2455	1924	336~720	528	0.54~0.72	0.63	2.86~2.89	2.88
橄榄辉石岩	5	1182~1382	1280	163~403	306	0.21~0.96	0.45	2.75~3.03	2.94
辉石橄榄岩	10	265~1435	888	190~1311	540	0.24~1.56	0.56	2.75~3.03	2.93

(二)钻孔岩(矿)石物性特征

铜镍矿石具有强磁性、高密度、低阻、高极化特征,与其他岩性差异明显;超基性岩(包含矿体)与基性岩具有磁性、极化性差异;深部英安岩、花岗岩具有低密度、低磁特征。其中,英安岩普遍发育黄铁矿,具有低阻高极化性;红褐色蚀变辉石橄榄岩分布在岩体南部,深度 50 m 以浅,具有极低密度、低阻特征(表 4-3)。

表 4-3 钻孔岩(矿)石物性参数统计表

标本名称	标本块数	磁化率/$\times 10^{-6}\ 4\pi SI$		剩磁/$\times 10^{-3}\ A \cdot m^{-1}$		电阻率/$\Omega \cdot m$		极化率/%		密度/$\times 10^3\ kg \cdot m^{-3}$	
		范围	均值	范围	均值	范围	均值	范围	均值	范围	均值
细粒辉长岩	5	762~1218	1017	28~204	99	1375~2428	1749	1.42~4.37	2.82	2.91~2.93	2.92
英安岩	17	59~820	337	14~382	111	387~2997	1509	2.21~4.20	3.03	2.64~2.83	2.73
黄铁矿化英安岩	2	162~242	202	444~612	528	685~982	834	8.77~8.92	8.87	3.13~3.24	3.18
橄榄辉长岩	10	278~1126	582	28~543	309	843~3065	1831	2.23~3.06	3.06	2.72~2.89	2.85
角闪橄榄辉石岩	5	1251~1626	1488	781~1030	913	1958~3161	2441	3.74~4.26	3.94	2.97~3.05	3.02
铜镍矿石	10	1939~9588	4303	1637~29 719	9802	16~818	282	3.11~44.31	16.81	2.96~3.16	3.06
橄榄辉石岩	10	462~2068	1137	707~3887	1645	1127~4311	2899	3.27~5.94	4.19	2.93~2.99	2.97
蚀变辉石橄榄岩	5	68~171	122	45~175	106	32~136	60	3.70~14.33	9.74	2.22~2.28	2.24
二长花岗岩	5	72~234	127	79~150	118	884~4298	1859	1.65~3.73	2.26	2.62~2.65	2.63

(三)物性综合特征

通过系统测定矿区地表及钻孔的物性,基性—超基性岩密度差变化较大,热液蚀变会使基性—超基性岩的镁铁比值减小从而导致密度降低。蚀变辉石橄榄岩这一特征尤为明显,加之超基性杂岩体因地表风化破碎严重,纵向厚度又较小,且杂岩体下伏为中酸性火山岩,综合导致在基性—超基性岩体上出现布格重力低异常。

综上所述:白鑫滩铜镍矿的基性—超基性杂岩体呈现布格重力低、高磁、高极化、低阻的综合物探异常特征,与沙垄以东黄山一带超基性杂岩体呈现布格重力高、高磁、高极化、低阻的异常特征存在明显差异。

二、地球物理场特征描述

(一)重力场及布格重力异常特征

根据 1∶1 万重力面积性工作成果,整个矿区位于布格重力梯级带中,由南往北总体呈低—高的趋势分布,由南部的 -0.77×10^{-5} m/s² 向北升至 21.54×10^{-5} m/s²,主要表现为工作区东南部为布格重力低异常,异常形态呈似椭圆形,西南面未封闭;异常值往北逐渐升高形成一个布格重力梯度带。根据布格重力分布特征,将工作区划分为两个区块。Ⅰ区为重力低异常区,异常形态呈椭圆形,西南面未封闭,长轴走向为北东东向,中心分布多个重力低异常峰值,异常极小值为 -0.77×10^{-5} m/s²。Ⅱ区为重力梯度带,由南往北逐渐升高,异常等值线总体呈北东东向线性排列,在基性岩体出露区等值线出现同向扭曲异常,异常值由南面的约 6×10^{-5} m/s^2 升至 21.54×10^{-5} m/s^2。矿区的铜镍矿主要产于Ⅱ区的梯度带内,根据布格重力异常等值线扭曲、变化等特征,结合工区地质资料,划分出布格重力异常带 1 条。布格重力异常带位于工作区的中部偏北,呈弧形,往东未封闭,有向东延伸的趋势,带长约 5.3 km,宽约 1 km,根据其异常特征以 X 坐标 1646200 线为界分为东异常带和西异常带两部分。西异常带等值线呈波浪形扭曲,线性排列明显,其西南部呈宽缓布格重力低异常,异常值在 $12.2\times10^{-5}\sim13\times10^{-5}$ m/s^2 之间变化,其东北部为等值线密集的梯度带,由南往北逐渐升高,异常值从 13×10^{-5} m/s^2 升至 16×10^{-5} m/s^2。东异常带布格重力场总体由南往北呈低—高趋势分布,异常值从 12.6×10^{-5} m/s^2 升至 16×10^{-5} m/s^2,但局部异常场变化较紊乱,局部形成多个峰值异常,等值线扭曲强烈。根据布格重力异常的形态,结合地质成果在布格重力异常带内圈定重力异常 5 个,分别为 Z1-1、Z1-2、Z1-3、Z1-4、Z1-5。

Z1-1 重力异常特征:Z1-1 剩余重力异常位于异常带西部,为重力低异常,由南往北呈高—低—高趋势分布(即中间低两边高),呈似葫芦形,异常长轴走向为北东东向,长轴长约 1.4 km,宽约 0.65 km。剩余重力值多在 $-0.4\times10^{-5}\sim-0.2\times10^{-5}$ m/s^2 之间变化,异常极小值位于异常中心偏北约 100 m,其值为 -0.48×10^{-5} m/s^2。Z1-1 布格重力异常等值线呈北西向同向扭曲,布格重力值由南往北逐渐升高,异常南部呈宽缓的布格重力低异常,布格重力值在 $12.2\times10^{-5}\sim13\times10^{-5}$ m/s^2 之间变化;往北异常值急剧升高,等值线密集,布格重力值由 13×10^{-5} m/s^2 急剧升至 14×10^{-5} m/s^2。综上所述,Z1-1 重力异常地表对应超基性岩体,在布格重力异常上显示等值线同向扭曲,形成局部剩余重力低异常。矿体出露于异常南部。经钻探验证该异常区的岩体南部向下延伸较浅,往北岩体变厚,矿体主要产于南部超基性岩体的底面向北缓倾,以及北部厚大岩体中部和岩体底部。

Z1-2 重力异常特征:Z1-2 剩余重力异常位于异常带中部,为重力低异常,由南往北呈高—低—高趋势分布(即中间低两边高),似椭圆形,其中心由两个东西向排列的局部峰值组成,长轴走向为北西向,长轴长约 0.8 km,短轴约 0.58 km,异常值多在 $-0.3\times10^{-5}\sim-0.2\times10^{-5}$ m/s^2 之间变化,东部的极小值位于中心长轴线偏北约 100 m,其值为 -0.3×10^{-5} m/s^2;西部极小值则位于中心长轴线上,其值为 -0.28×10^{-5} m/s^2。Z1-2 布格重力异常等值线向北同向扭曲,布格重力值由南往北逐渐升高,异常南部呈宽缓的布格重力低异常,异常值多在 $13\times10^{-5}\sim13.6\times10^{-5}$ m/s^2 之间变化,在其中心形成两个峰值中心,极大值分别为 13.19×10^{-5} m/s^2 和 13.49×10^{-5} m/s^2;往北异常值升高,等值线由疏变密,布格重力值由 13.6×10^{-5} m/s^2 升至 15×10^{-5} m/s^2。综上所述,Z1-2 重力异常中心出露较小铜矿体,在布格重力异常上显示等值线同向扭曲,形成局部圈闭的剩余重力低异常。通过钻探验证,矿体往北倾伏,并且往北方向矿体逐渐增多、增厚。

Z1-3 重力异常特征:Z1-3 剩余重力异常位于异常带东北部,为重力低异常,呈似椭圆形,长轴长约 0.76 km,短轴长约 0.53 km,由南往北呈高—低—高趋势分布(即中间低两边高),异常值多在 $-0.3\times10^{-5}\sim-0.2\times10^{-5}$ m/s^2 之间变化,极小值位于中心长轴上,其值为 -0.30×10^{-5} m/s^2。Z1-3 布格重力异常等值线排列较紊乱,布格重力值由南往北逐渐升高,异常南部为宽缓布格重力低异常,往北等值线逐渐呈波浪形扭曲,形成两个弧形结构,其锐角指向总体为北西向。异常值多在 $14.4\times10^{-5}\sim16\times10^{-5}$ m/s^2 之间变化。综上所述,Z1-3 重力异常西部地表出露以辉长岩为主,往东发育北西向断层,地表出露中—下奥陶统恰干布拉克组,主要岩性为凝灰岩、砂岩。初步推断异常东部存在隐伏基性岩体,其岩体分布规律和 Z1-1、Z1-2 布格重力异常基本相同,岩体南、北边界成矿可能性较大。

Z1-4 重力异常特征:Z1-4 布格重力异常带位于异常的东南部,为重力低异常,形态呈似圆形,半径长约 0.63 km,由南往北呈高—低—高趋势分布(即中间低两边高),异常值多在 $-0.3\times10^{-5}\sim-0.2\times10^{-5}$ m/s^2 之间变化,异常极小值位于圆心内,其值为 -0.38×10^{-5} m/s^2。Z1-4 布格重力异常等值线向北同向扭曲,由南往北逐渐升高,异常值在 $13.0\times10^{-5}\sim13.9\times10^{-5}$ m/s^2 之间变化,在异常内部分布两个异常极大值,一个位于异常中心,极大值为 13.16×10^{-5} m/s^2;另一个位于异常东南部,极大值为 13.90×10^{-5} m/s^2。综上所述,Z1-4 重力异常地表出露地层中—下奥陶统恰干布拉克组,布格重力以及剩余重力异常特征与 Z1-1、Z1-2 布格重力异常基本相同,初步推测该异常存在隐伏基性岩体,但是否含矿有待验证。

Z1-5 重力异常特征:Z1-5 剩余重力异常位于异常带的东北部,为重力低异常,形态呈不规则形,向东未封闭,长轴走向为北西西向,长轴长约 0.83 km,短轴长约 0.63 km,呈中间低四周高的趋势分布,极小值位于异常中心北面约 160 m,其值为 -0.46×10^{-5} m/s²。Z1-5 布格重力异常等值线呈北东东同向扭曲,布格重力值由南往北逐渐升高,南部等值线较宽缓,往北等值线逐步加密,异常值在 $14.2 \times 10^{-5} \sim 16.2 \times 10^{-5}$ m/s² 之间变化。

综上所述,Z1-5 重力异常中间发育北西西向断层,断层南边地表出露石英闪长岩侵入岩;断层北边出露地层为中—下奥陶统恰干布拉克组;布格重力以及剩余重力异常特征与 Z1-1、Z1-2 布格重力异常相似,初步推测该异常北部存在隐伏侵入岩体,但是否是基性岩体,是否含矿还有待验证。

根据 1∶2000 重力面积性工作成果,矿床上布格重力表现为自南向北逐渐增大,幅值整体变化较大但变化较平稳,等值线与构造线方向基本一致,呈近北东走向。按强度及其分布规律可分为重力高值区(Ⅰ)、重力梯度带(Ⅱ)及重力低值区(Ⅲ)3 个场区(图 4-3)。

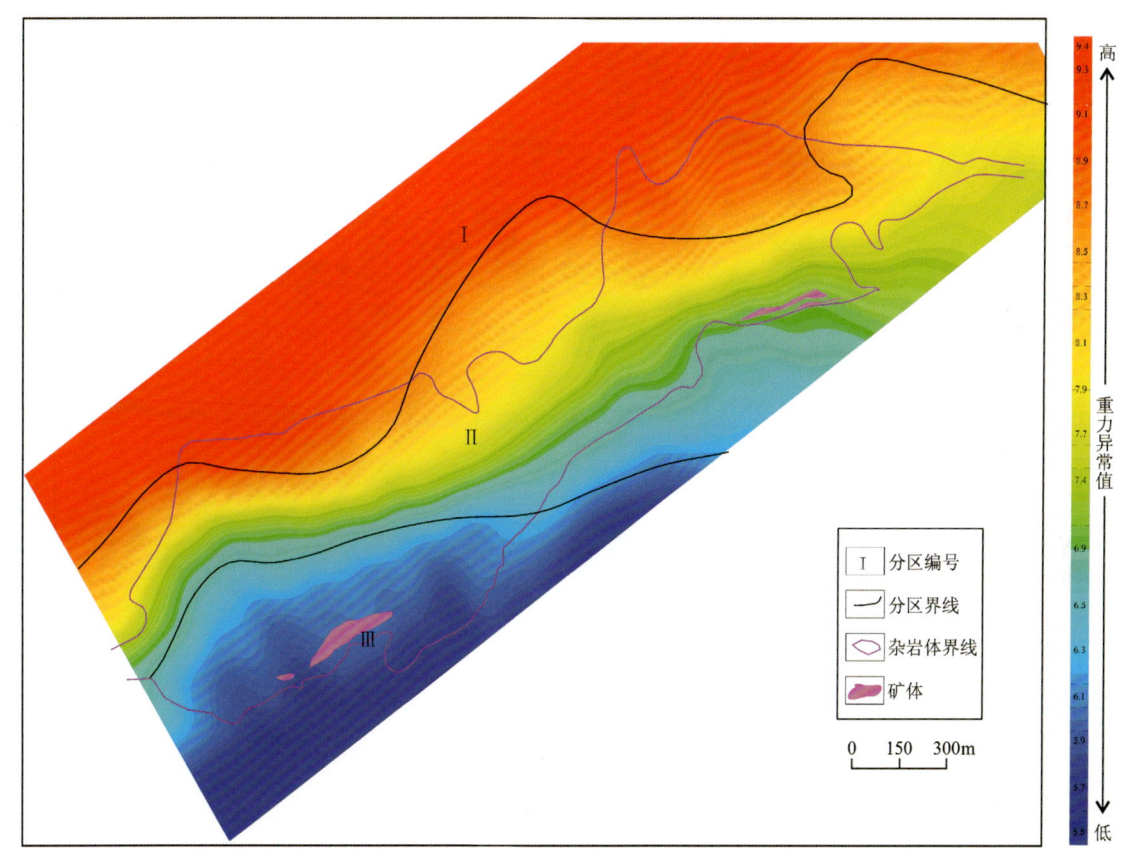

图 4-3 矿床布格重力异常等值线平面图

Ⅰ区位于工作区北部,向北未封闭,约占工作区总面积的 45%,背景值相对较高。主要由中—下奥陶统恰干布拉克组地层中的玄武岩、安山岩、英安岩等火山岩引起。Ⅱ区位于工作区中南部,约占工作区总面积 30%,背景值中等,因北临高背景值火山岩,南与低背景值酸性岩相接,所以幅值变化较大。地表对应于基性、超基性杂岩体,主要岩性为二叠纪辉长岩、辉石辉长岩、橄榄辉长岩及角闪橄榄辉石岩等,为本区主要赋矿岩性,Ⅱ₁ 矿体就产出于本区。Ⅲ区位于西南部,向南未封闭,占工作区总面积的 25%,等值线分布相对较为宽缓,局部发生多处同形扭曲,说明此处地质体分布较为复杂。本区低重力异常整体与北部的低密度蚀变辉石橄榄岩及南部泥盆纪酸性侵入岩相关。其中,角闪橄榄辉石岩为本区主要赋矿岩性,Ⅰ₂ 矿体就产出于本区同形扭曲区域的橄榄辉石岩中。通过向上 30 m、50 m、100 m 及

200 m 延伸,随着向上延伸深度的增加强度相应减小,向上延伸至 200 m 大部分布格异常消失,说明异常体厚度较薄。

(二)磁场特征

1∶1 万磁测面积性工作成果显示,区内圈定了一正负伴生磁异常带,该磁测异常带呈北东向展布,宽 160~600 m,长度约 3000 m,经钻孔验证该异常为矿致异常。在工作区北东部圈定出一个可进一步工作的重点找矿靶区。在白鑫滩铜镍矿普查区划分出线性异常带 2 条,所谓线性异常就是异常长度与宽度的比例在 10 倍以上。本区磁法异常幅值在－584.49~1 259.16 nT 范围内,即磁异常最大值为 1843 nT(图 4-4)。

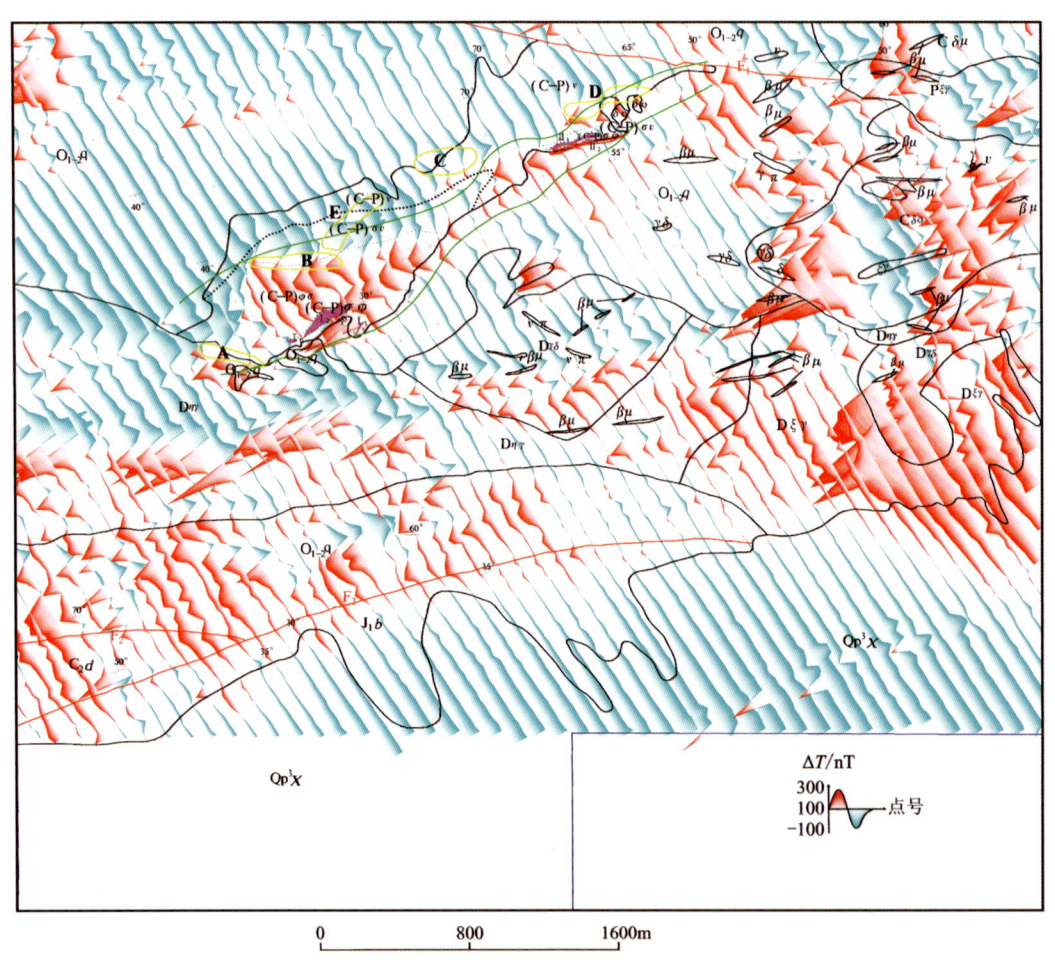

图 4-4 矿区磁测 ΔT 异常剖平图

海西晚期规模巨大的花岗岩体显示为磁性中等。物性测定的结果表明,海西期的花岗岩基本上是无磁性的,所以引起磁异常的岩石,并不是地表所见的这些岩石,它们至多只能引起一些叠加的次级异常。这种引起磁异常的原因推测是岩体下部存在古老的变质杂岩体,可能是海西晚期地质状态的不稳定导致发生的浅部重熔过程。经与区域上对比,发现在工作区西部,即南湖戈壁磁力高南半部磁异常最强的地区中,分布着大量的海西时期的花岗岩和花岗闪长岩,证实海西槽化区中发生过大规模地壳重熔,另外海西期的花岗岩具有期次越晚,磁性越强的特点,另一方面也说明磁性越强,则岩体中铁镁物质的含量越高。

一般花岗岩类侵入体的磁性差异较大,磁性较强的岩体常常显示为形态较规则的等轴状或呈似二度体的磁异常。地面地质资料及岩矿分析结果表明，一般中小型花岗岩体铁镁质含量都超过大型花岗岩体。

值得指出的是，在花岗岩体的内部及外围地区分布有局部磁异常，这些局部磁异常是大型花岗岩侵入体岩相带和一些小型的具有较强磁性的闪长岩类侵入体、基性侵入体（辉长岩、玄武岩）的反映，也有些磁异常是因与围岩接触带铁磁性物质局部富集引起的。

本区磁异常大致以线性特征为主，在北东部有正负伴生的串珠状异常分布。线性异常的走向长度是其宽度的5～10倍，线性特征最为明显。线性异常体走向为北东东向和北西向与构造线方向一致。说明这些磁异常体的产生与构造活动有关，并以岩体（脉）形式产出。结合异常区地质特征和化探异常信息，以及磁参数特征仅对有找矿意义的磁异常进行推断，各异常特征及推断如下：C-1号磁异常为该测区的重点矿致异常，该异常长约3 km，宽160～600 m。该异常带呈北东东向展布，负极大值为-584.49 nT，正极大值1 259.16 nT。综合地质特征和物性测定，确定异常是由基性—超基性杂岩体所引起。经地质钻孔验证，铜镍矿与基性—超基性杂岩体关系密切。所以后期在该区寻找类似基性—超基性杂岩体可作为寻找铜镍矿的首要条件。由于测区C-1号磁异常北、西、南3边已经封闭，铜镍矿体向该方向延伸的规模不会很大。结合磁测划定的F2断裂和C-1号磁异常北东端相隔较近，而在测区北东部有一系列与C-1号磁异常相似的磁异常，所以推断C-1号磁异常为一通道异常，而C-2号异常极有可能为C-1号磁异常类似的矿致异常，面积为1.5 km²左右。

1：2000磁测等值线平面示意图上（图4-5），磁异常整体呈北东向展布，与地质构造线方向一致。磁场由北到南逐渐增强，基本与基性—超基性杂岩体对应，局部出现伴生的南正北负磁异常。其中，Ⅰ、Ⅱ号矿体上均有明显高磁异常显示（>100 nT）。Ⅰ号矿体对应磁异常正负伴生，呈带状，正极值693 nT；Ⅱ号矿体为宽缓正磁异常，正极值407 nT。Ⅰ号矿体磁异常南正北负，极值正大负小，表明磁异常体向北缓倾，倾角小于有效磁化倾角62.6°。在1：2000磁测剖面示意图上（图4-6），Ⅱ号矿体磁异常南正北负，极值负大正小，表明磁异常体向北缓倾，倾角大于152.6°，近水平。

依据上述特征，圈定与矿致异常类似磁异常5处。A区23号勘查线高磁、高极化、低阻段宽度180 m，走向长度350 m。ZK2301孔见有含矿岩体角闪橄榄辉石岩。B区7号勘查线、2号勘查线高磁、高极化、低阻段宽度80 m，走向长度500 m。ZK702、ZK703孔已见有含矿岩体角闪橄榄辉石岩。C区30号勘查线高磁、高极化、低阻段宽度40 m，走向长度320 m。ZK3004孔已见有含矿岩体角闪橄榄辉石岩。D区66线高磁、高极化、低阻段宽度100 m，走向长度420 m，由两个正极值圈闭组成。在其走向方向54号勘查线ZK5403孔、52号勘查线ZK5205、ZK5201孔已见有含矿岩体角闪橄榄辉石岩。E区12号勘查线低磁、高重、高极化、高阻段宽度160 m，走向长度400 m，呈长条状负极值圈闭。在其走向方向16号勘查线ZK1601孔已见矿，8号勘查线ZK0802、ZK0803孔间已见有含矿岩体角闪橄榄辉石岩。

（三）电场及极化场特征

1：1万激电中梯成果显示，在测区中北部有一高极化带，该带北东向展布，长约3000 m，宽约1100 m，视极化率2.0%～7.0%，高视极化率部位基本对应测区北部奥陶系地表出露的安山岩、玄武岩和基性—超基性岩，推测与地层浅部含有黄铁矿等金属硫化物有关。除该高极化带外，工作区仅零星分布高极化率异常，大部视极化在2.0%以下属低极化区。视电阻的特征显得比较凌乱，规律性不强，这是由于在工作中发现该区盐碱壳厚大，对1：1万激电测量工作大部形成了高阻屏蔽效应，虽然测量过程中加大装置供电极距，供电电流等措施，但实际测量深度难以改变，数据质量欠佳，获得的视极化率和视电阻率仅能反映近地表的电性特征，因此激电中梯测量成果只能作参考。

1：2000视电阻率剖平图上以300 Ω·m为界，区内存在较为明显高低阻分界线，即低阻岩体与高阻地层界面，已知见矿钻孔均位于低阻区内（图4-7）。1：2000视极化率剖平图上异常较为零乱，地层显示为高极化率大于3%。已知见矿钻孔及矿体上，视极化率幅值在2%～3%之间，呈弱高极化显示（图4-8）。

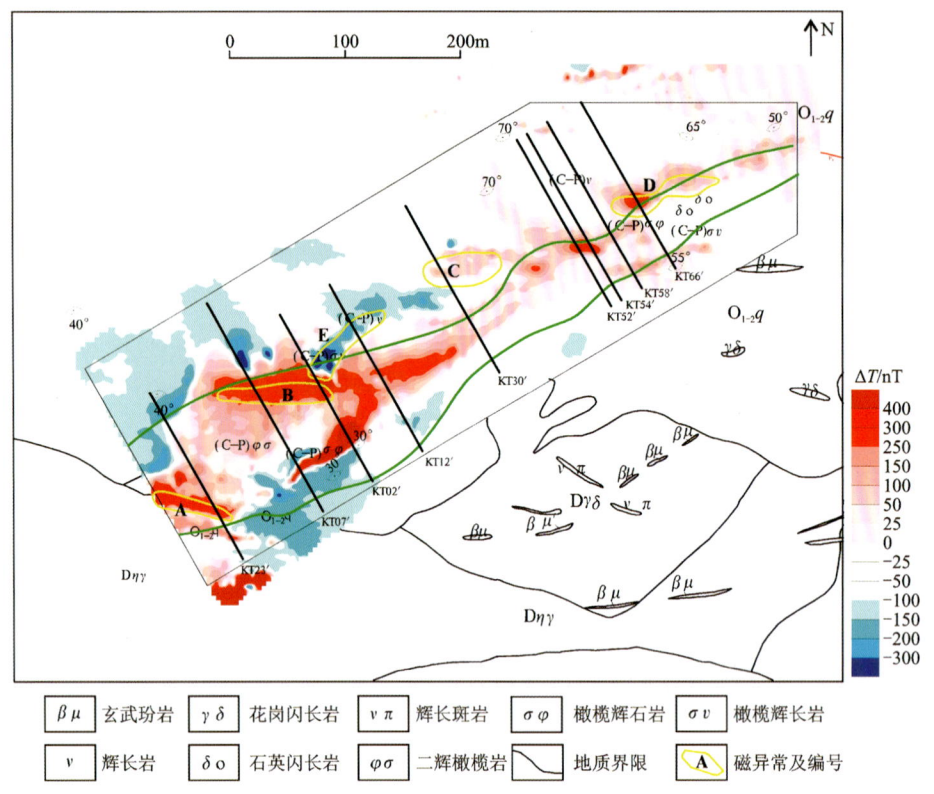

图 4-5 矿床磁测 ΔT 异常等值线平面示意图

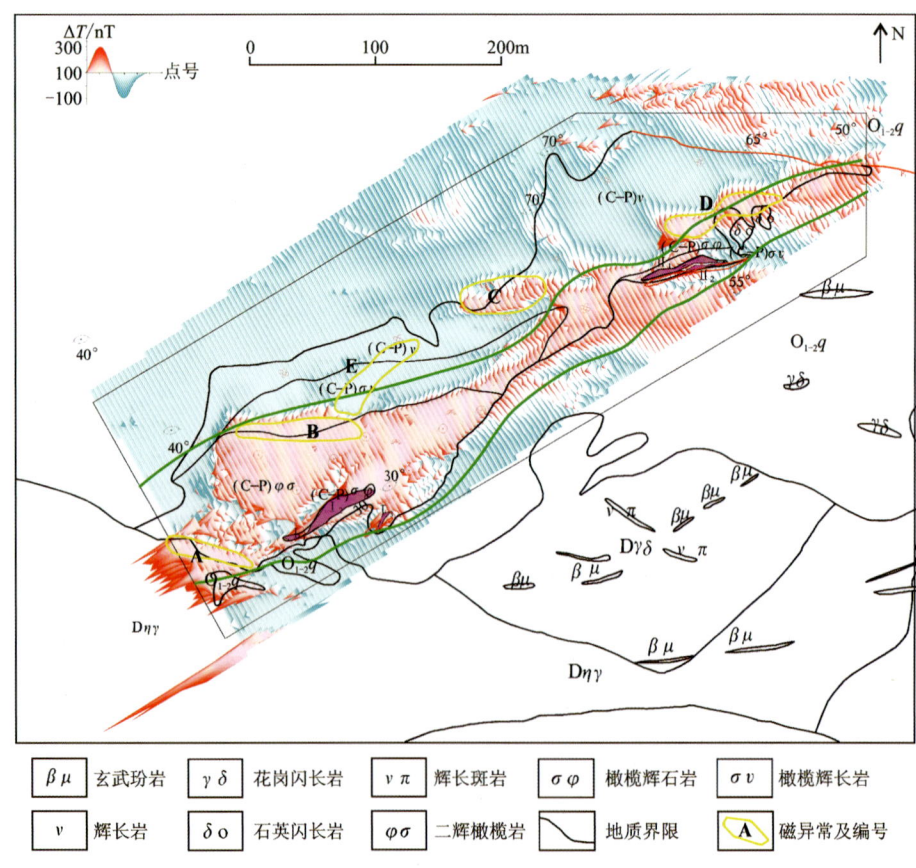

图 4-6 矿床磁测 ΔT 异常剖面示意图

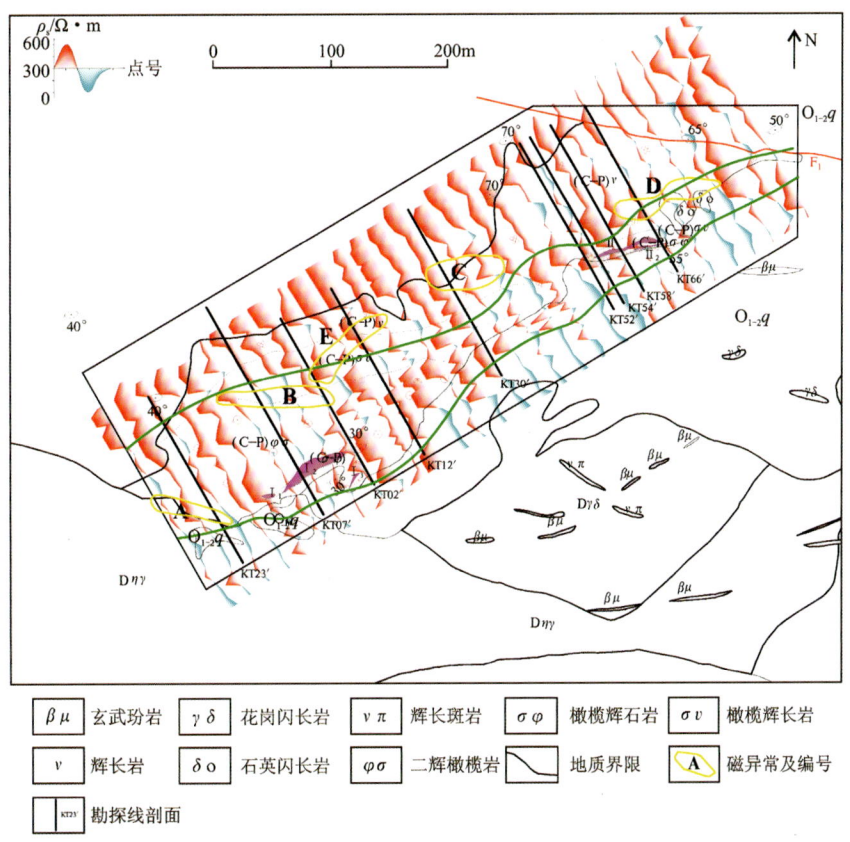

图 4-7 矿床视电阻率异常剖面示意图

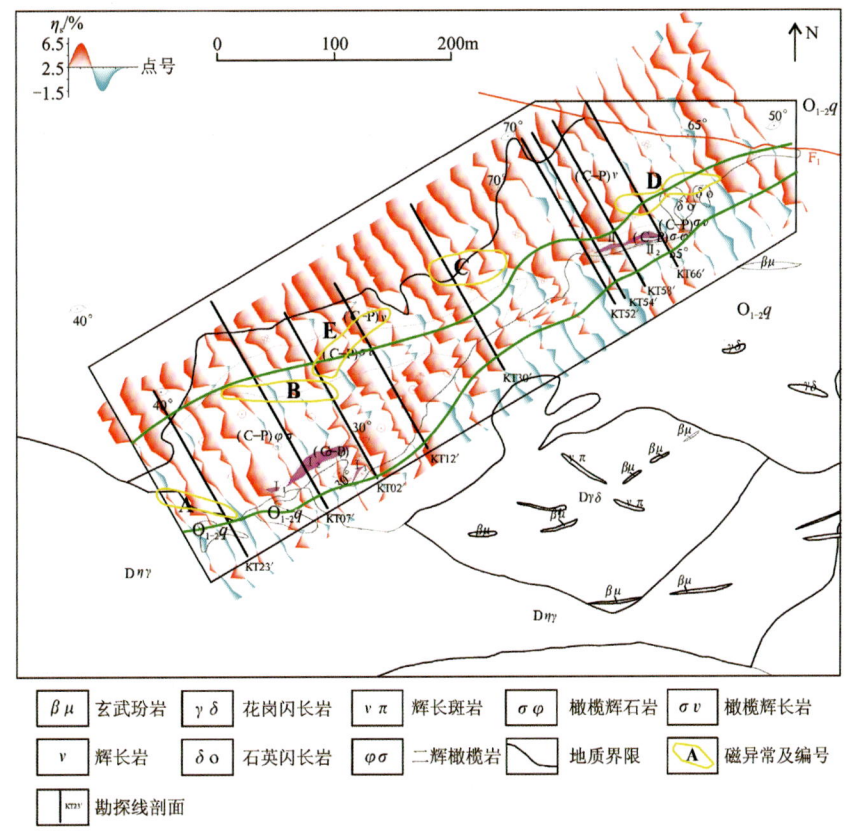

图 4-8 矿床视极化率异常剖面示意图

为了查明矿化体深部的产状及走向,对白鑫滩矿区开展了激电测深工作。从 7 号勘查线激电测深断面图来看,I 号矿体呈高磁、高重、高极化、低阻特征,对称四级测深断面上矿体处有明显高极化圈闭($>1‰$)(图 4-9)。12 号勘查线综合剖面显示,矿体呈高磁、高重、高极化、低阻特征,对称四级测深断面上矿体处有明显高极化圈闭($>1‰$)(图 4-10)。30 号勘查线综合剖面显示,矿体呈高磁、高重、高极化、低阻特征,对称四级测深断面上矿体处有明显高极化圈闭($>1‰$)(图 4-11)。

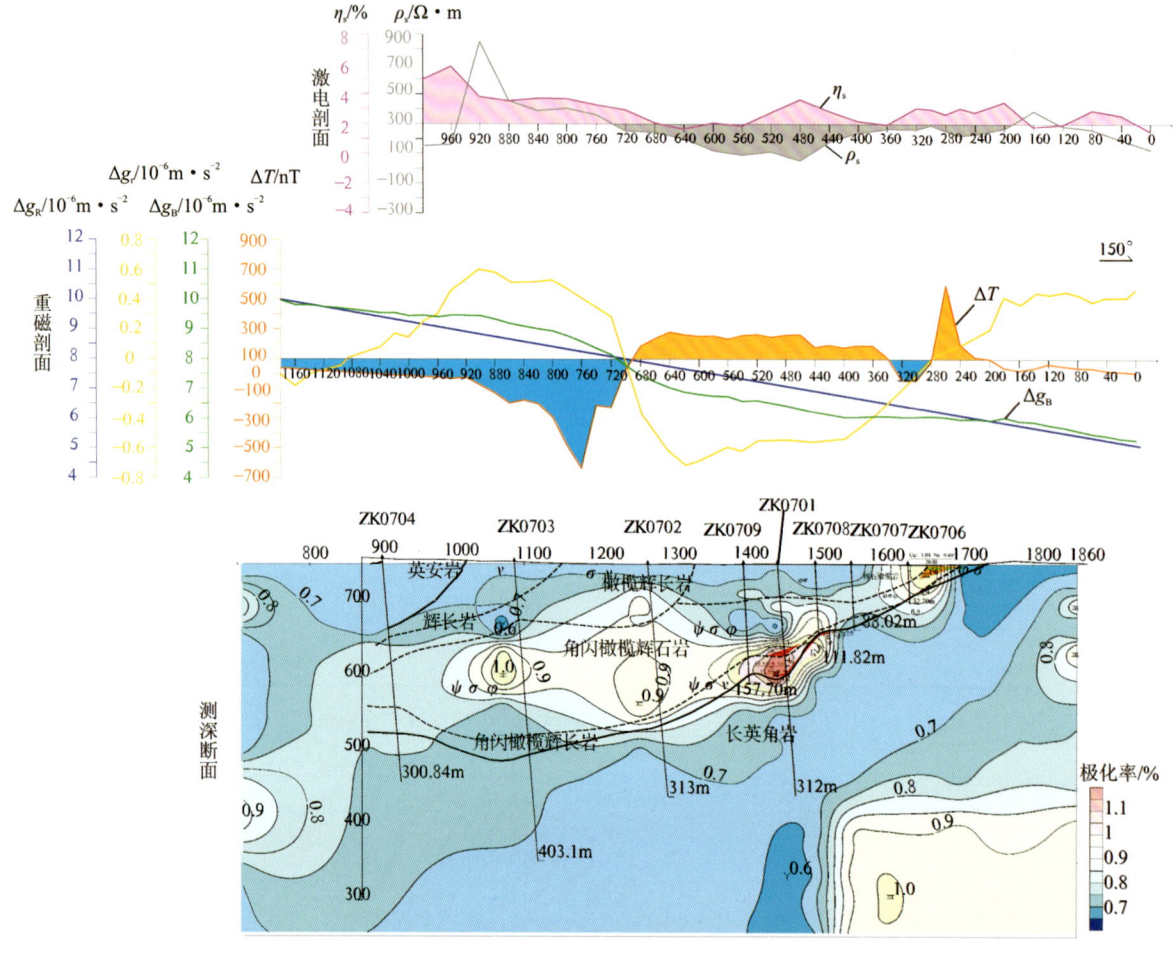

图 4-9 7 号勘查线激电测深综合断面图

综合以上 4 条对称四极测深剖面成果,认为第一层分界面深度为 50 m 左右,是基性岩(辉长岩/橄榄辉石岩)与超基性含矿岩体(角闪橄榄辉石岩)的分界面;第二层分界面深度在 100～150 m 之间,是超基性含矿岩体(角闪橄榄辉石岩)与中酸性岩体(英安岩)的分界面。

(四)电磁 EH4 特征

白鑫滩铜镍矿区内选择 2 条剖面(7 号勘查线、12 号勘查线)进行 EH4 电磁测量(王振宏等,2021)。7 号勘查线剖面长 800 m,方位 330°,贯穿 I_2 号矿体。结合钻孔 7 号勘查线资料,该剖面对验证白鑫滩矿区 I_2 矿体位置及矿体与围岩关系具重要意义。12 号勘查线剖面长 800 m,方位 330°,处于白鑫滩西段矿区中部。结合钻孔 12 号勘查线数据,可预测矿体深部形态,验证 EH4 电磁测深对含铜镍辉石橄榄岩的预测效果。

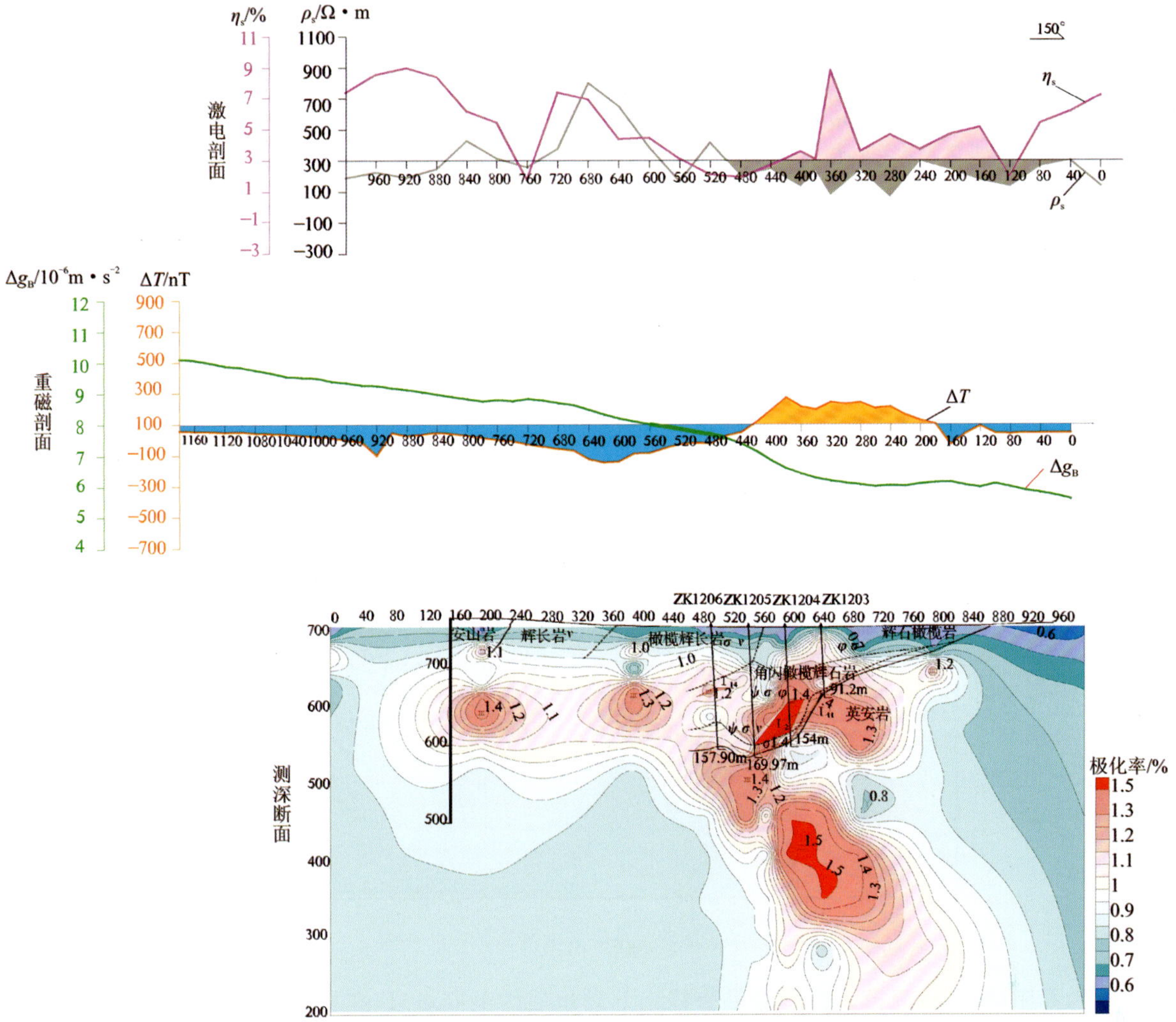

图 4-10　12 号勘查线激电测深综合断面图

1. 7 号勘查线剖面解析

Ⅰ号低阻异常体位于剖面 0～400 m 内，低阻中心小于 10 Ω·m，电阻率明显区别于边部中低阻体和底部高阻体，电阻率值差异逐渐升高，异常规模大，连续性好；0～50 m 地表出露碎裂英安斑岩，孔雀石化、黄铁矿化、黄铜矿化发育，品位较高；50～80 m 为 I_2 号铜镍矿体露头，见大量褐铁矿化和孔雀石化，矿石风化破碎，呈粉末状、松散状分布。80～400 m 地表由辉石橄榄岩露头向橄榄辉长岩过渡，符合电磁测深剖面电阻率变化。

Ⅱ号低阻异常体位于剖面 430～700 m 内，延深至 300 m，电阻率值为 5～200 Ω·m。结合钻孔 ZK702 和 ZK703 数据，有一板状近矿体赋存于地下约 150 m 深度中的辉石橄榄岩体中，产状平缓；430～600 m 地表出露辉长岩，600～700 m 地表出露英安斑岩，部分黄铁矿化、孔雀石化，物探显示为低磁、低重、低极化率、低电阻率的特征。结合 EH4 电磁测深剖面Ⅱ号低阻异常体附近有大范围花岗岩类高阻异常体，推测距地表 100～300 m 深度可能含有热蚀变角岩，使得 EH4 电磁测深剖面呈大范围低阻异常（图 4-12）。

2. 12 号勘查线剖面解析

12 号勘查线低阻异常体横跨整条剖面，距地表深 175 m 范围内，低阻中心小于 10 Ω·m，电阻率小

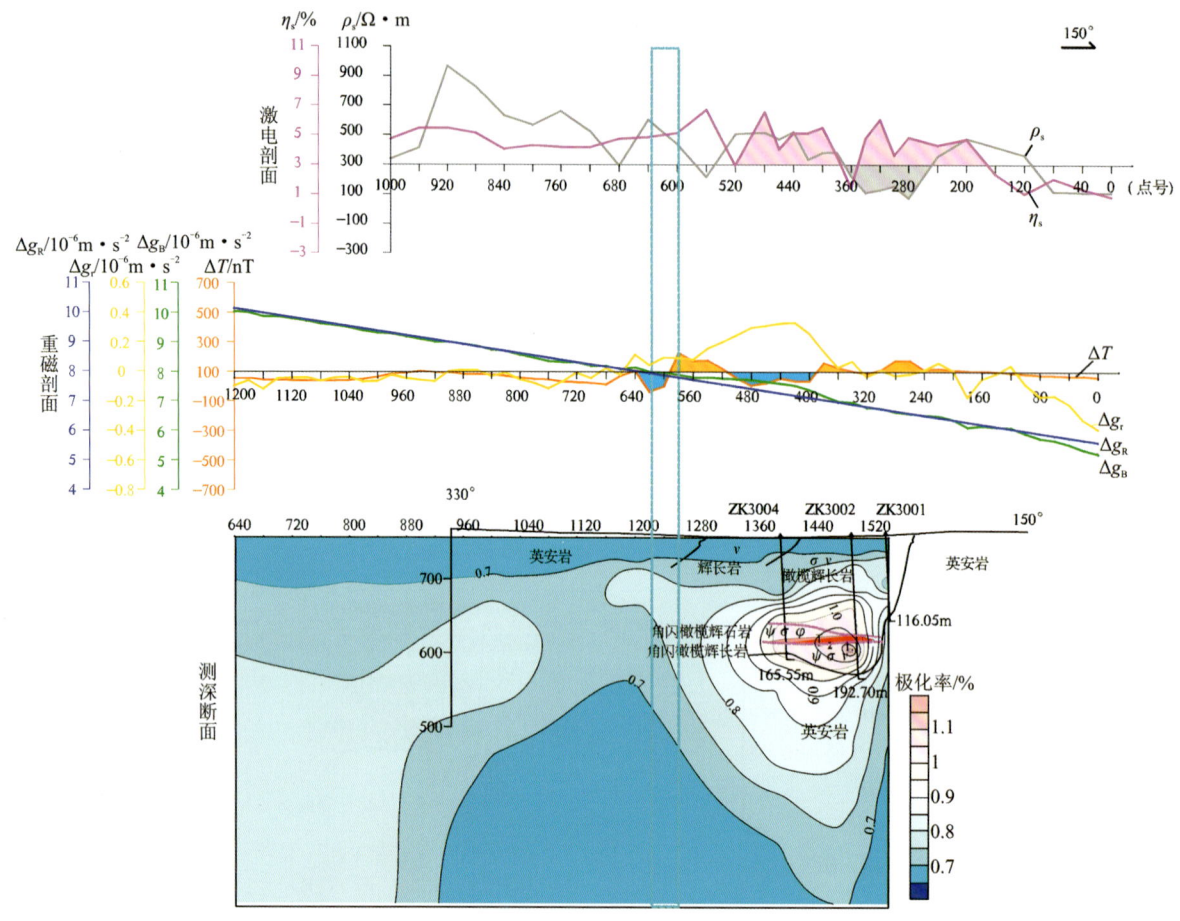

图 4-11 30 号勘查线激电测深综合断面图

于底部中、高阻体,异常规模大。12 号勘查线南北端地层为英安斑岩,在 EH4 电磁测深剖面上呈低阻异常,中间为辉石橄榄岩、橄榄辉长岩、辉长岩。据钻孔数据,ZK1203 钻孔见零星矿体,ZK1204、ZK1205、ZK1206 见中高品位铜镍矿。EH4 电磁测深剖面在约 130 m 深度表现出低阻值闭合条带状中低阻异常,且等值线分布密集,推断 F 为一条断层,影响矿体产状(图 4-13)。

推断解释中需要遵循以下原则:①铜镍矿体受铜镍矿富集影响,在反演电阻率拟断面图上多表现为连续低阻特征(电阻率 $0\sim500\ \Omega\cdot m$)。②断层(破碎带)因白鑫滩铜镍矿区气候干旱,视电阻率为 $150\sim1000\ \Omega\cdot m$,纵向分布,条带状延伸。反演电阻率断面图上为等值线同步下凹或低阻值闭合的条带状中低阻异常,等值线分布密集,与两侧地质体电性差异明显,视其宽度大小推断为断层(破碎带)。③在低—中低阻电性层中,局部地段形成的甚低阻封闭异常为本次研究重点,与容矿次级断裂构造电性上连通的电阻率值低于 $500\ \Omega\cdot m$ 的条带状异常推断为容矿有利部位。④矿区英安岩及超基性岩均属低阻体,对判断低阻异常体产生干扰,需结合物探资料,排除具低磁、低重、低极化率、低电阻率特征的英安岩。

应用效果评价:在 EH4 测试结果与钻探资料和地球物理异常显示较好的吻合度。排除表层电磁趋肤深度引起的地表异常,结合白鑫滩铜镍矿为岩浆熔离,矿体分布于含矿相底部,呈似凹面状形态及含矿岩体高磁、高密度、高极化、低电阻特征,认为 EH4 能清晰反演成矿岩体与围岩物性差异。白鑫滩岩体西段头部,$0\sim50\ m$ 深度低阻封闭异常为容矿有利部位,白鑫滩岩体西段中部,$100\sim150\ m$ 深度低阻封闭异常为容矿有利部位。需要注意的是,EH4 方法虽能圈定铜镍矿体范围和大致深度,但矿区若有其他低阻地层,则需结合地球物理信息其他特征对干扰项进行排除。

1. 橄榄辉长岩；2. 辉石橄榄岩；3. 辉长岩；

4. 英安斑岩；5. 角岩；6. 矿体

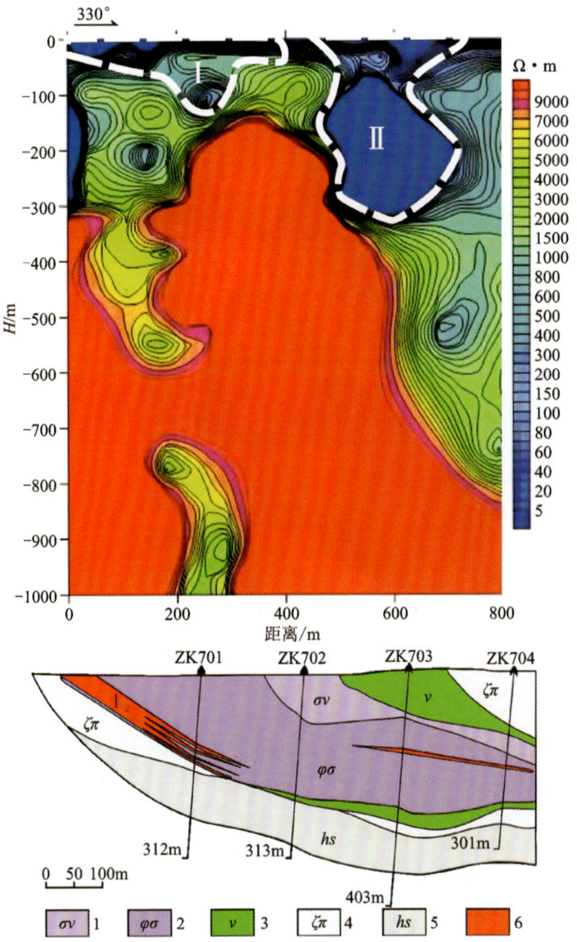

图 4-12　白鑫滩铜镍矿区 7 号勘查线 EH4 电磁测深剖面解译图

1. 橄榄辉长岩；2. 辉石橄榄岩；3. 辉长岩；

4. 英安斑岩；5. 角岩；6. 矿体

图 4-13　白鑫滩铜镍矿区 12 号勘查线 EH4 电磁测深剖面解译图

（五）三维电磁 EM3D 特征

1. 矿化体分布情况

三维电磁 EM3D 测量二维电阻率图经处理生成了三维剖析图显示（图 4-14），矿区除了 KT30 号勘查线、KT36 号勘查线以外，其余勘查线电阻率特征基本相似。即：中部表现为低阻异常；300～500 m 反映了含矿化体的超基性岩体；深部呈现高阻异常，推测为深部花岗岩引起的。

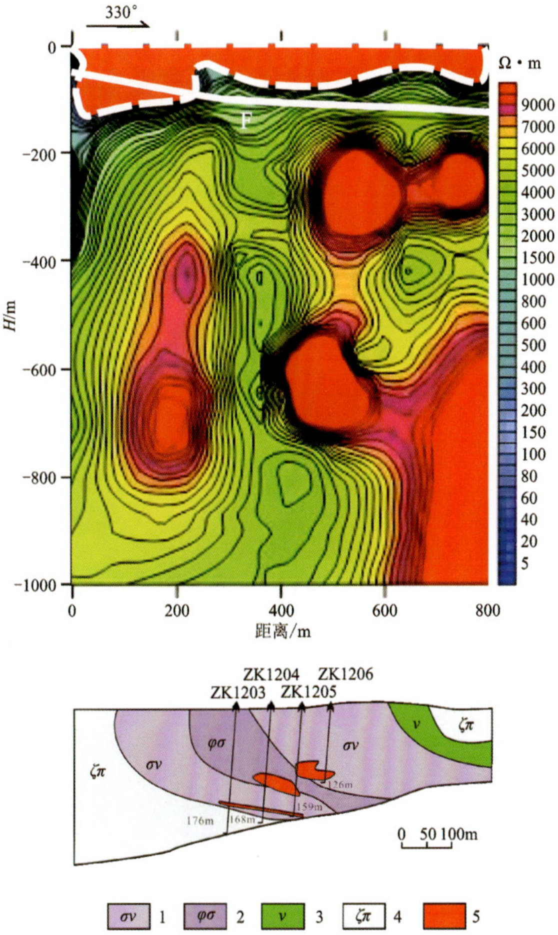

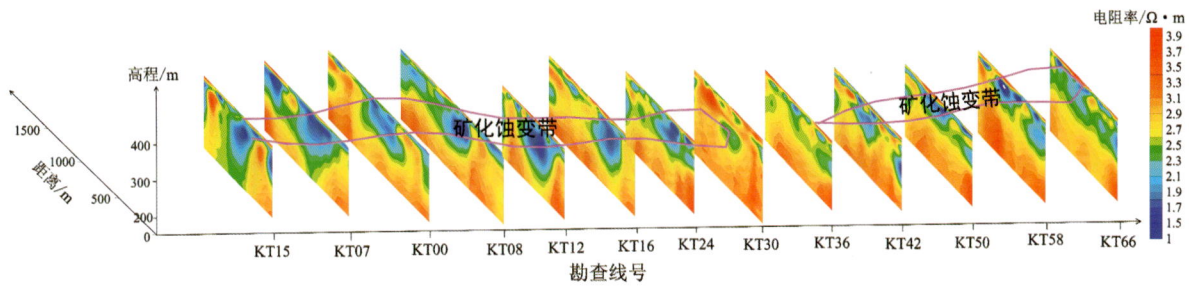

图 4-14　三维电磁 EM3D 测量断面图

根据130 m及350 m电阻率数据,分别形成浅层及深层电阻率平面图,依据深层电阻率特征推测深部找矿空间(图4-15)。其中8号勘查线、12号勘查线、16号勘查线中南部表现为宽180 m、长340 m的低阻异常区;东部表现为42号勘查线、50号勘查线中间圆形的低阻异常区域。

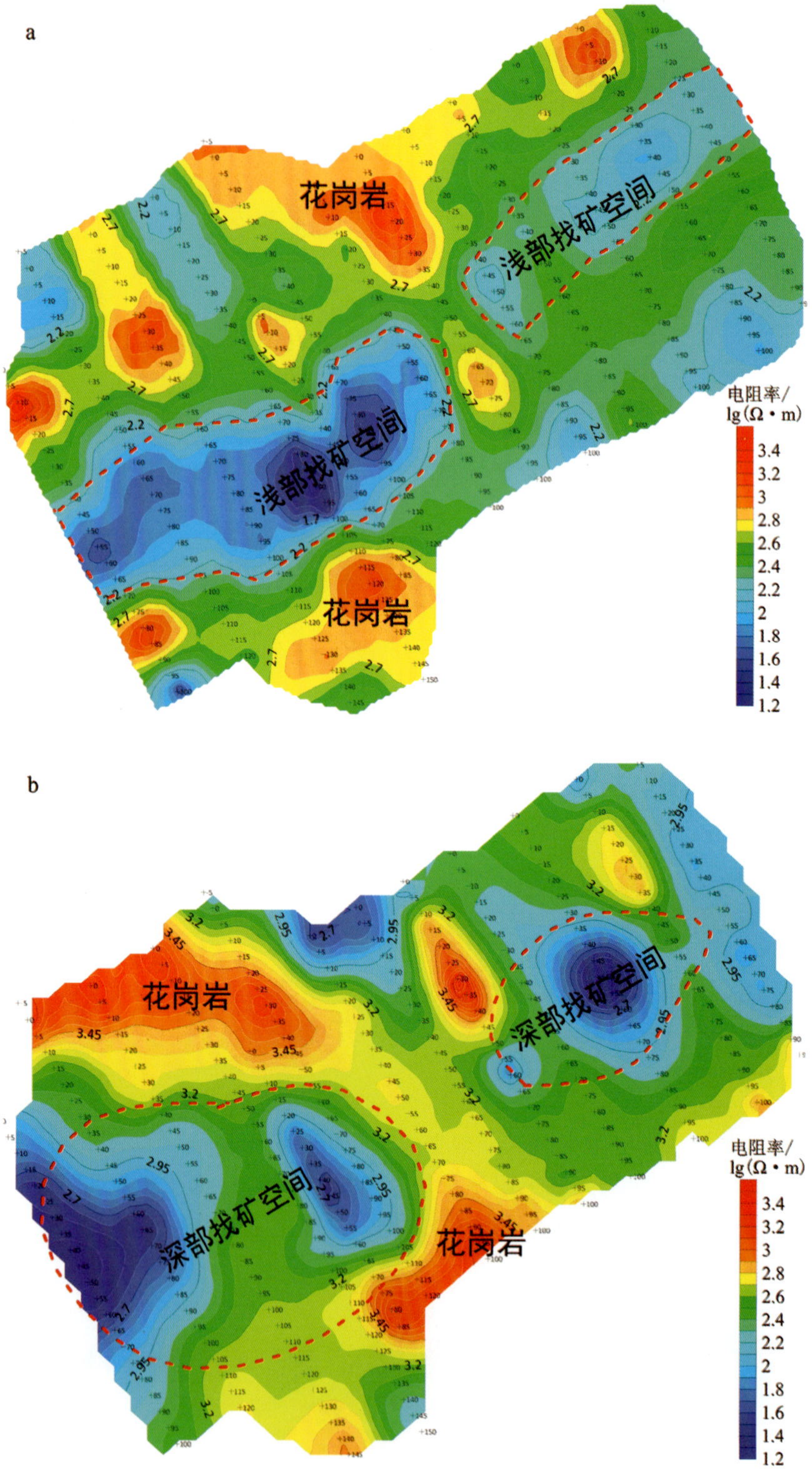

a. 130 m深平面等值线;b. 350 m深平面图

图4-15　EM3D找矿空间分析图

依据矿体和地层电性特征,矿区中部的低阻区域(电阻率10～150 Ω·m)划分为含矿超基性—基性岩分布空间,主要集中在矿区中浅部。根据钻孔资料可知,含矿纯橄岩主要在该等值面底部,后期应根据最新成果资料进一步划分成矿有利部位,为后期钻探提供资料。

根据物探数据分析中部超基性岩(橄榄辉石岩、橄榄辉长岩等)具有剩余重力低、高磁、低阻高极化特征,对应EM3D测深宽度大、深度大的低阻,Ⅰ、Ⅱ号矿体均位于其中。

走向上,超基性岩从西向东物探特征变化为:①南低北高形态的剩余重力异常连续,反映了南侧浅地表低密度的氧化蚀变岩体逐渐向深部高密度未蚀变岩体变化特征。②磁异常幅值逐渐减小,异常宽度变窄,在30号勘查线、36号勘查线出现分叉形成南北两个磁异常。③电阻率阻值逐渐变大、宽度变窄,从低阻逐渐变为中高阻。④高极化异常对应出露矿体或浅部含硫化物超基性岩。⑤EM3D测深断面上,超基性岩对应宽度大、深度大的低阻连续存在,只是低阻异常形态和中心深度发生变化。

在深度上,结合地质及钻孔分析,推断南北两侧高阻异常分别为上侵的酸性岩和火山岩。中部基性—超基性岩段深度上具有高阻—低阻—高阻的3层电性结构:上层高阻为基性岩或火山岩,中间低阻上部为超基性岩(含矿体),已验证;深部高阻推断为酸性岩体。因此,低阻中下部区域是深部找矿的重点部位。

2. 岩体空间分布情况

电磁测深剖面(EM3D)深部均具中高电阻率异常特征(电阻率变化范围为400～1000 Ω·m),根据前期地质矿产及重磁资料,推测高阻异常区域为泥盆纪钾长花岗岩、二长花岗岩,用褐色表面表示花岗岩在区内空间分布情况(图4-16)。

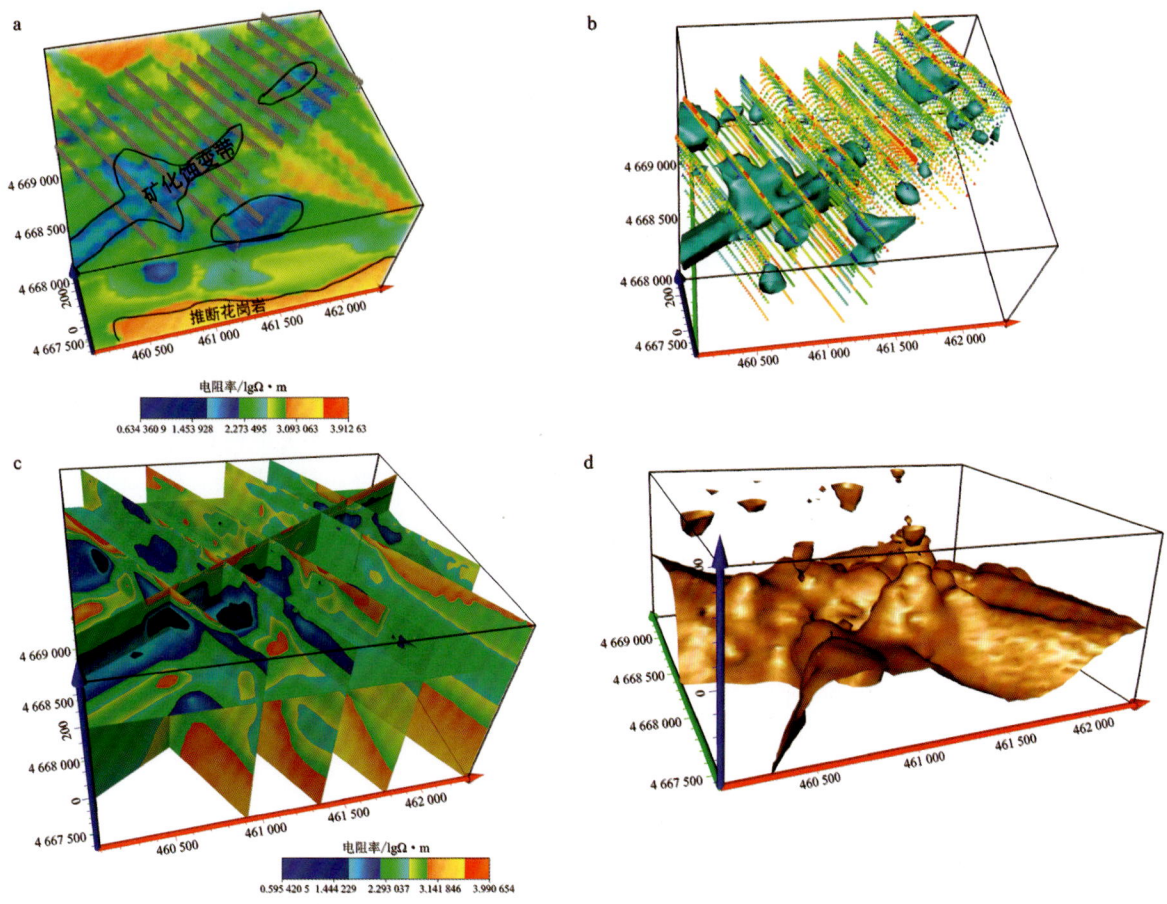

a. 三维电阻率图;b. 矿化体推断图;c. 三维切片图;d. 岩体推断图

图4-16　EM3D电磁测量三维推断图(单位为m)

3. 典型剖面特征

16号勘查线布格重力曲线自北向南呈下降趋势,中部有局部高值隆起。去除背景场后,剩余重力曲线出现南部宽大剩余重力高异常和北部剩余重力低异常,分别反映了南部高密度的基性—超基性岩体(含矿体、矿化蚀变带)、50 m以浅的低密度基性—超基性岩氧化带(图4-17)。

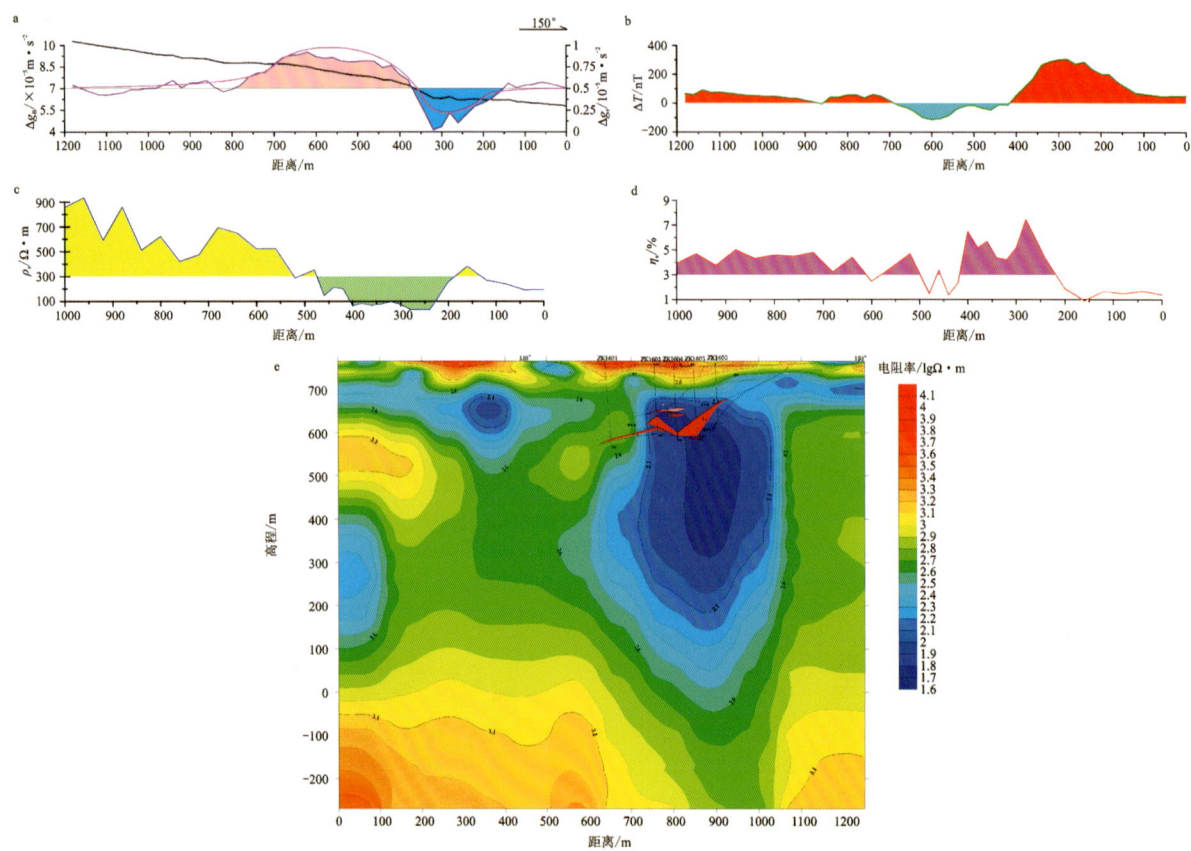

a.重力剖面;b.磁测剖面;c.电阻率剖面;d.极化率剖面;e.AMT测深断面

图4-17　16号勘查线地质-物探综合剖面图

磁测曲线在中部出现北负南正、正磁为主的正负伴生磁异常。该异常幅值大、宽度大、梯度带较宽,是向南缓倾的宽大磁性体引起,对应于基性—超基性杂岩体。视电阻率曲线呈两边高、中间低趋势。南、北两侧高阻异常反映恰干布拉克组火山岩,中间低阻异常反映了基性—超基性杂岩体。视极化率曲线呈北部—中部高、南部低的趋势。北部极化异常主要由恰干布拉克组黄铁矿化火山岩引起,中部极化异常则是由矿化的基性—超基性杂岩体引起,属矿致异常。

二维电阻率图显示,断面整体分为顶部高阻、中部低阻、底部高阻的3层电性结构。其中,顶部高阻对应浅层不均匀体,中部低阻对应上下叠置的基性—超基性岩体及恰干布拉克组地层,底部高阻对应酸性岩体。尤其600~1060点段中间低阻区,浅部对应于基性—超基性岩体,深部对应于凝灰岩、英安岩地层,说明该低阻异常是由岩体和地层共同引起的,不能有效分离;300~400点段低阻异常,则是由南部基性—超基性岩体向北缓倾延伸引起。

综上,中部基性—超基性岩体具有剩余重力高低值变化、正负伴生磁异常、中低阻、高极化特征,对应电磁测深低阻异常;激电异常指示了地表基性—超基性岩体位置;重磁异常则对应于基性—超基性岩体中心位置,与地表相对位置向北偏移;矿体则位于超基性岩体的底部,电磁测深低阻异常的上部。中部低阻异常,经钻探验证由恰干布拉克组地层英安岩、凝灰岩等引起,其中局部黄铁矿较为发育,多呈细脉状、团块状不均匀分布。

58号勘查线布格重力曲线自北向南呈逐步下降趋势，中部有局部高值隆起。去除背景场后，剩余重力曲线出现中部宽大剩余重力高异常和南部剩余重力低异常，分别反映了中部高密度的基性—超基性岩体（含矿体、矿化蚀变带）、南部50 m以浅的低密度基性—超基性岩氧化带（图4-18）。

磁测曲线中部出现北负南正、以正磁为主的正负伴生磁异常。南北正负尖峰状异常应为宽大磁性体南北界线。该异常具有幅值低、宽度大、梯度带宽的特点，对应规模较小的基性—超基性杂岩体。

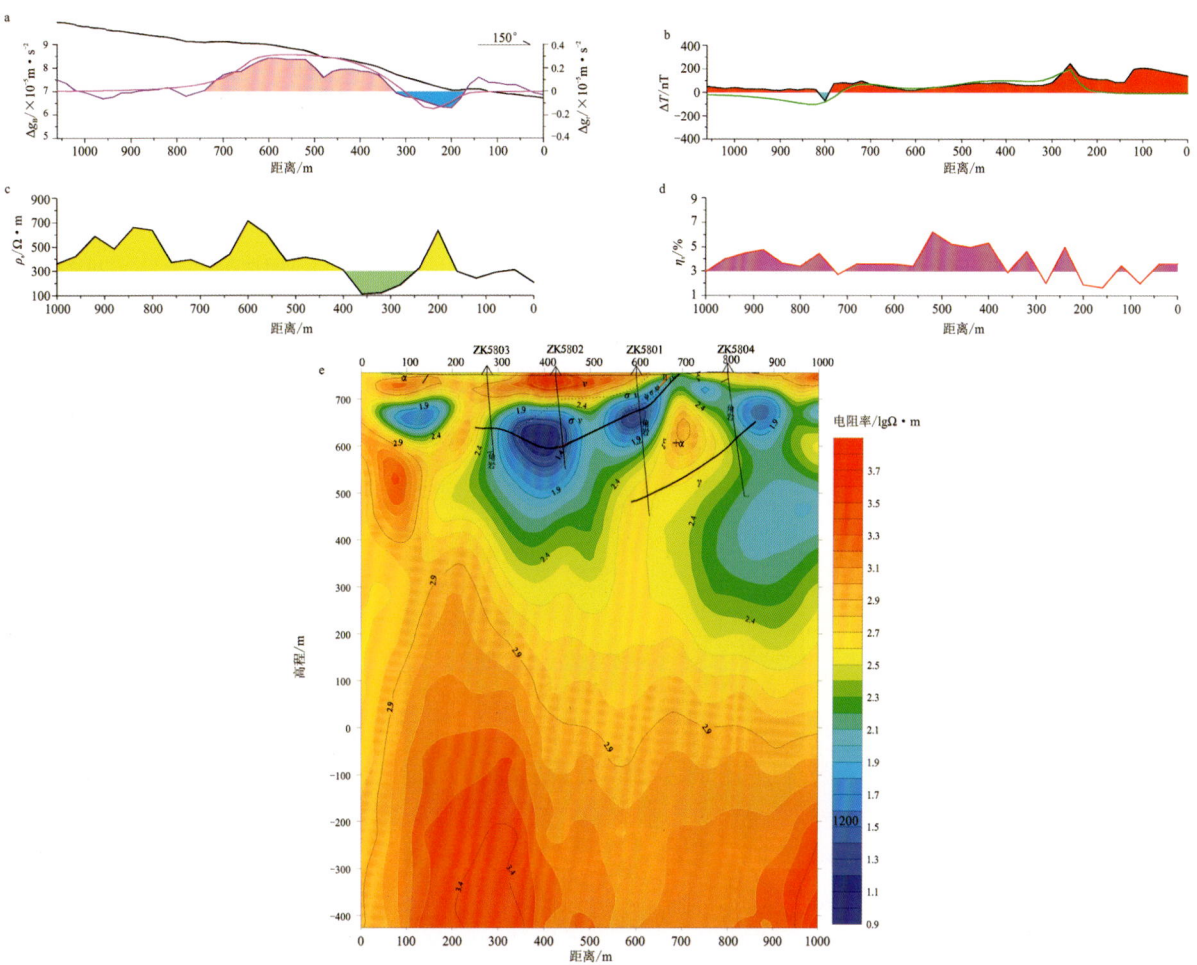

a. 重力剖面；b. 磁测剖面；c. 电阻率剖面；d. 极化率剖面；e. AMT测深断面

图4-18　58号勘查线地质-物探综合剖面图

视电阻率曲线呈两边高、中间低趋势。南北两侧高阻异常对应于恰干布拉克组火山岩地层和基性岩体，中间低阻异常对应于超基性岩体。

视极化率曲线呈北部、中部高，南部低的趋势。北部极化异常主要由黄铁矿发育的火山岩地层和蚀变基性岩体引起的，中部极化异常则是由矿化的超基性岩体引起的，属矿致异常。

电阻率断面整体分为顶部高阻、中部低阻、深部高阻的三层电性结构。其中，顶部高阻对应于恰干布拉克组地层和浅层蚀变基性岩，中部低阻对应超基性岩体，深部高阻对应酸性岩体。尤其在550～700点段中间低阻区，浅部对应于超基性岩的矿体氧化带，深部对应于角岩化火山岩，说明该低阻异常是由岩体和地层共同引起的；50～200点段出现低阻异常，则是由北部基性—超基性岩体向北缓倾延伸而引起的。

综上所述，中部超基性岩具有剩余重力高低值变化区、正负伴生磁异常、中高阻高极化特征，对应于电磁测深低阻异常。低阻高极化异常指示了地表超基性岩体位置,重磁异常则对应于基性—超基性岩体的中心位置,与地表岩体位置向北偏移;矿体则位于超基性岩体的南边部,电磁测深低阻异常的上部,深部高阻异常经钻探验证是由酸性岩体引起。

(六)谐振特征

1. 成果分析

在勘查线 C3、04 号、08 号、10 号分别探测到了白鑫滩深部隐伏体,分别位于 C3 勘查线的 1090～1270 测点、04 号勘查线的 1400～1560 测点、08 号勘查线的 1400～1580 测点、10 号勘查线的 1400～1570 测点。深度范围均在标高 -580～-220 m 之间,对应性较好,极大增加了白鑫滩深部"通道"相及隐伏体的可靠性(图 4-19)。

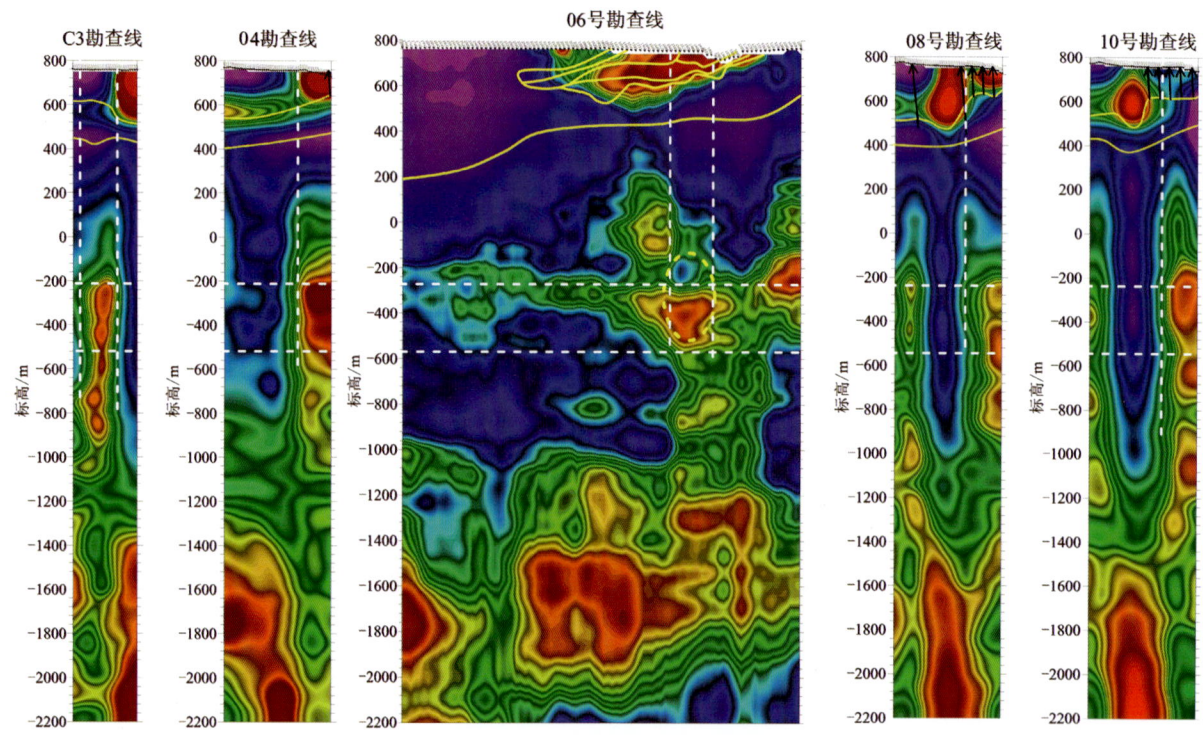

图 4-19　白鑫滩"通道"相成果图

本区的杂岩体在 04 号～10 号勘查线之间,物探测线东南(小号点)深部,上涌至地表。该隐伏体上升形态呈柱状,在标高 -400 m 有团状高密度体、较完整,推测为深部隐伏杂岩体,是较为良好的深部找矿空间。通过在地表对该隐伏体投影进行了圈定,似圆形,南北轴略大于东西轴。以往在该范围施工了 17 个钻孔,大多钻孔是在奥陶统恰干布拉克组中终孔。但是在 ZK0802、ZK0801 孔深部发现了辉长玢岩,也说明了在深部存在着杂岩体。

2. 典型剖面

06 号勘查线反演结果显示(图 4-20),中—下奥陶统恰干布拉克组表现为低波阻抗异常,主要分布区域位于剖面 1000～1160 测点与 1860～2800 测点之间,断面上标高 180 m 至地表之间。花岗岩显示为中波阻抗,位于中—下奥陶统恰干布拉克组以下。

本套和铜镍矿有关的杂岩体,在本区密度最高,波阻抗以高值为标定范围。地表与频率谐振图件吻合。通过3000 m解译图可见(图4-21),在深部标高-400 m、-1600 m均出现高波阻抗体。经综合研究,推断深部高波阻抗体为杂岩体。06号勘查线的图像显示,浅部杂岩体底部呈漏斗形态,深部高波阻抗连接后呈"脉动式"上涌形态,形似铜镍矿成矿模式。本区地质-化探成果也认为矿区岩浆岩流动方向应为06号勘查线附近向东西两侧延伸。综合分析,06号勘查线显示的高波阻抗体均可以标定为杂岩体。该范围杂岩体可能是深部"岩浆通道"所在位置。

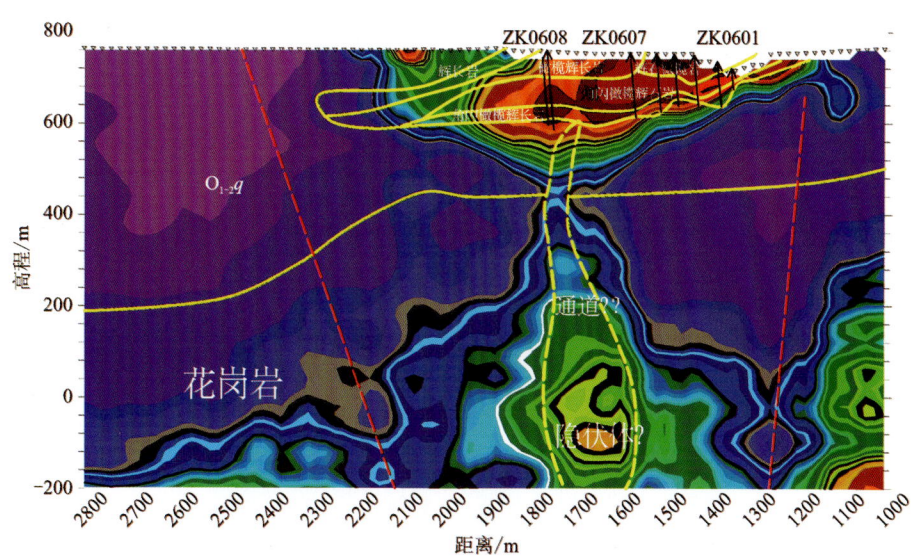

图4-20　06号勘查线频率谐振1000 m解译剖面

(七)典型剖面特征

1. KT00号勘查线剖面反演结果

对KT00号勘查线剖面进行反演拟合计算(图4-22)所采用的数据来源为1:2000实测重磁数据,结合地质剖面成果对异常进行综合解释。根据在该区采集的岩矿石密度参数统计,最终确定模型反演采用密度参数:辉长岩(ν)密度2.879×10^3 kg/m³,橄榄辉长岩($\sigma\nu$)岩密度2.938×10^3 kg/m³,辉石橄榄岩($\varphi\sigma$)、橄榄辉石岩($\psi\sigma\varphi$)密度2.926×10^3 kg/m³,英安岩(ξ)密度2.673×10^3 kg/m³。采用二度半正演拟合,从磁场上看,北侧发育的辉长岩磁性较弱,中部及南部发育的橄榄辉长岩与辉石橄榄岩磁性较强,磁异常区大体反映铜镍矿体的范围,磁场极大值基本对应深部的铜镍矿化体,磁场峰状异常两侧并不对称,推断异常体(图中红色区域)向北倾;从剩余重力场上看,北侧的剩余重力高基本对应发育的辉长岩区,在中部及南部虽对应密度较大的橄榄辉长岩与辉石橄榄岩区,但重力场表现为剩余重力值先降低后增加。反演结果显示,与橄榄辉长岩和辉石橄榄岩区厚度减小及更深部的英安岩有关。

通过进行重磁联合反演,反演一处磁性体,拟合曲线基本重合;该磁异常体其顶部埋深为15.942 m,截面积为6 708.23 m²,异常体延伸长度为400 m,体积为2 683 292 m³,异常体走向为北北西,其磁化强度为2640×10^{-3} A/m,剩余密度为3.1×10^3 kg/m³。该磁异常体为含铜镍矿化体,位于橄榄辉石岩内部,矿化体密度大于橄榄辉石岩,呈现局部高重高磁的异常特征。

从重磁联合反演及地质剖面综合剖析图可以看出,高磁异常对应铜镍矿体效果较为显著,但对矿体及矿化体的区分不是很明显,同时由于经验水平对小范围的铜镍矿体及矿化体未能推断出来,例如勘查线中部的I_5号铜镍矿体、南段I_3号铜镍矿体;对地质体层位推断有少许偏差,例如角闪橄榄辉石岩与英安岩地层中间的夹层辉长岩未曾推断出来。综合分析认为,重磁对该区具一定规模的铜镍矿体地球物理反应特征较为显著,但对小规模的矿(化)体反应较弱,对厚度较小的岩体也不能很好区分。

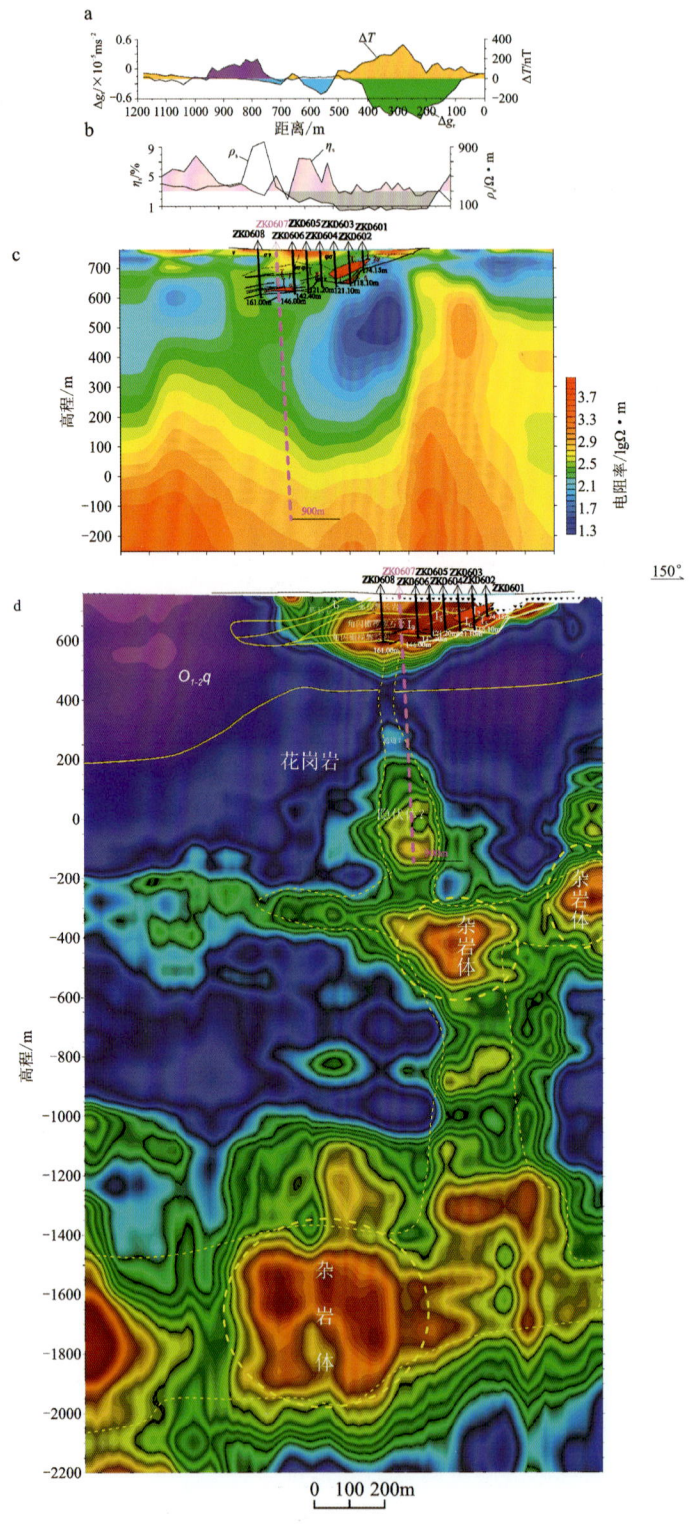

a. 重磁剖面图;b. 激电剖面图;c. EM3D 剖面图;d. 06 号勘查线 SFRT 成果图

图 4-21 06 号勘查线物探综合剖面图

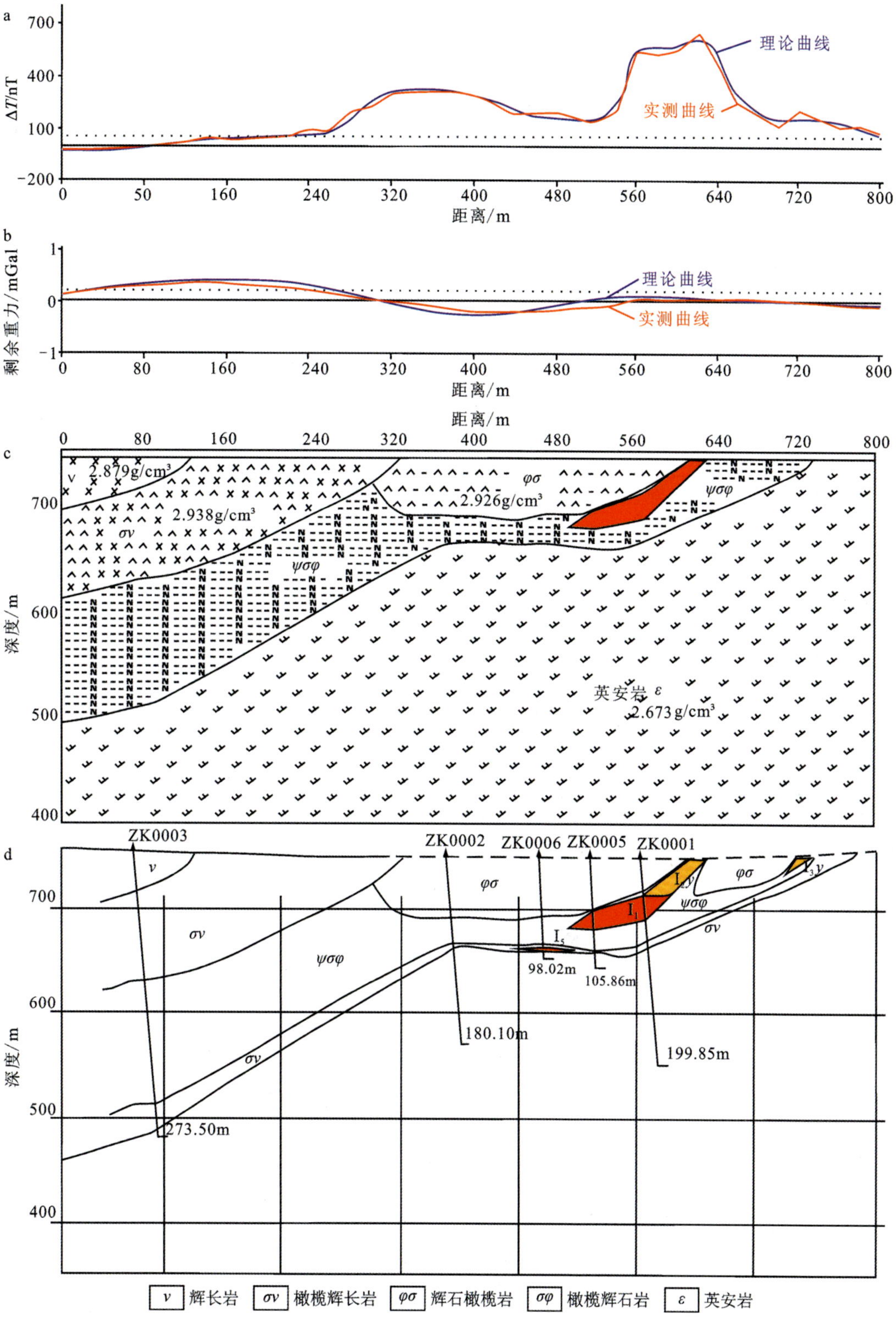

a.磁法拟合剖面；b.重力拟合剖面；c.重磁正演剖面；d.勘查线剖面

图 4-22　KT00 号勘查线重磁联合反演及地质剖面综合剖析图

2. KT08 号勘查线剖面反演结果

对 KT08 号勘查线剖面进行反演拟合计算(图 4-23)所采用的数据来源为 1∶2000 实测重磁数据,结合地质剖面成果对异常进行综合解释。根据在该区采集的岩矿石密度参数统计,最终确定模型反演采用密度参数:辉长岩(ν)密度 2.879×10^3 kg/m³,橄榄辉长岩($\sigma\nu$)密度 2.938×10^3 kg/m³,辉石橄榄岩($\varphi\sigma$)、橄榄辉石岩($\psi\sigma\varphi$)密度 2.926×10^3 kg/m³,英安岩(ξ)密度 2.673×10^3 kg/m³,二长花岗岩密度 2.634×10^3 kg/m³。采用二度半正演拟合,从磁场上看,北侧发育的辉长岩磁性较弱,中部及南部发育的橄榄辉长岩与辉石橄榄岩磁性较强,磁异常区大体反映铜镍矿体的范围,磁场极大值基本对应深部的铜镍矿化体,磁场峰状异常两侧并不对称,推断异常体(图中红色区域)向北倾;从剩余重力场上看,北侧

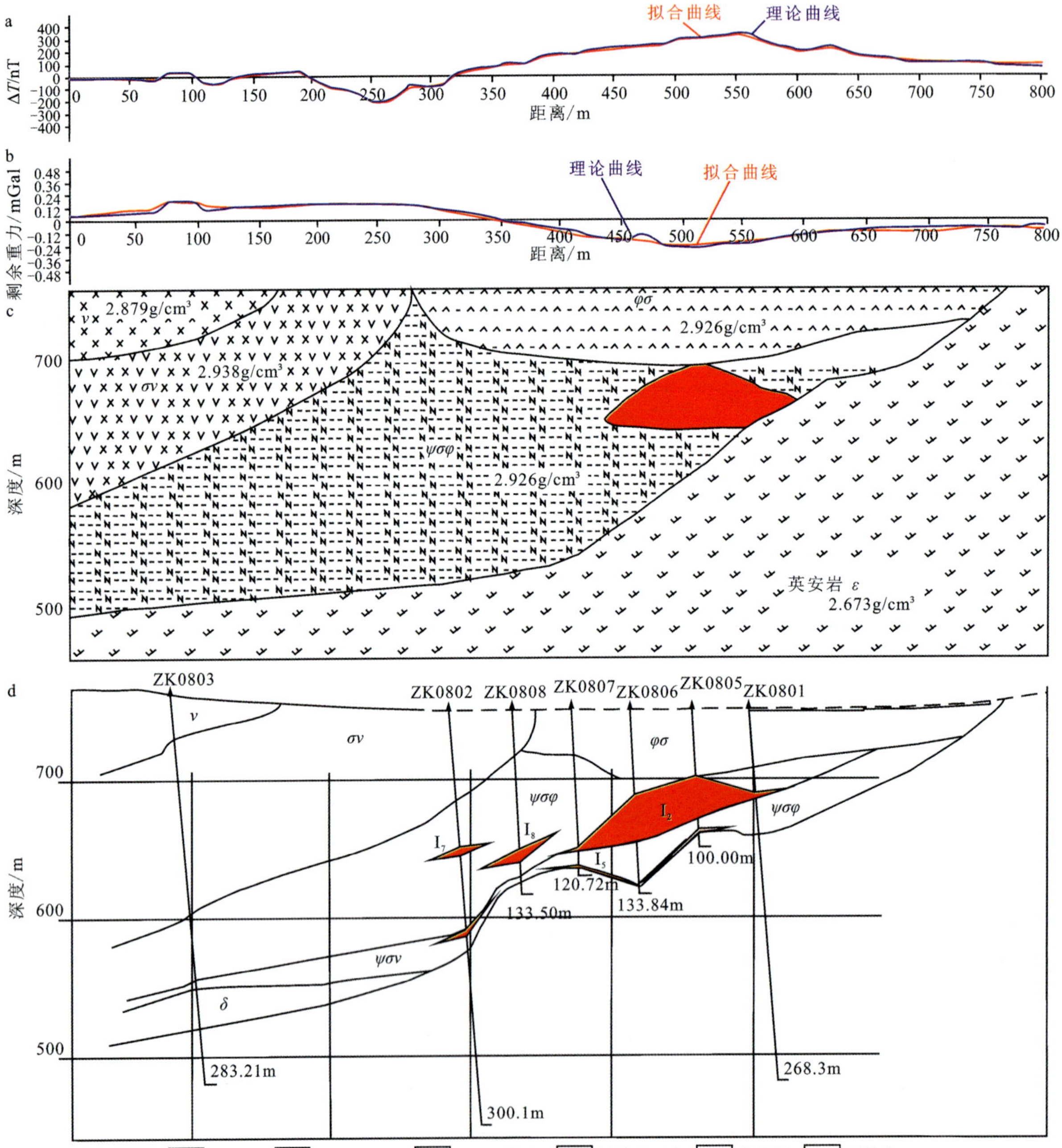

a. 磁法拟合剖面;b. 重力拟合剖面;c. 重磁正演剖面;d 勘查线剖面

图 4-23 KT08 号勘查线重磁联合反演及地质剖面综合剖析图

的剩余重力高基本对应发育的辉长岩区。随着辉长岩的厚度减小，剩余重力值逐渐降低，中部及南部虽对应密度较大的橄榄辉长岩与辉石橄榄岩区，重力场表现为剩余重力值先降低后增加，重磁场的这种特征变化与KT08号勘查线勘探剖面反演结果基本一致。反演结果显示，重磁场变化与橄榄辉长岩和辉石橄榄岩区厚度减小及深部发育密度较小的二长花岗岩有关。

通过进行重磁联合反演，反演一处磁性体，拟合曲线基本重合；该磁异常体其顶部埋深为49.23 m，截面积为3 256.37 m^2，异常体延伸长度为400 m，体积为1 302 548 m^3，异常体走向为北北西，其磁化强度为242×10^{-3} A/m，其剩余密度为3.07×10^3 kg/m^3。该磁异常体为铜镍矿体，位于橄榄辉石岩内部，矿化体密度大于辉石橄榄岩，呈现局部低重高磁的异常特征。

从重磁联合反演及地质剖面综合剖析图可以看出，高磁异常对应铜镍矿体效果较为显著，但对矿体及矿化体的区分不是很明显，同时由于经验水平对小范围的铜镍矿体及矿化体未能推断出来，例如勘查线中部的I$_5$、I$_7$、I$_8$号小规模铜镍矿体；对地质体层位推断有少许偏差，角闪橄榄辉石岩与英安岩地层中间的夹层角闪橄榄辉长岩及闪长岩脉未曾推断出来。综合分析认为，重磁对该区具有一定规模的铜镍矿体地球物理反应特征较为显著，但对小规模的矿（化）体反应较弱，对厚度较小的岩体也不能很好区分。

3. KT24号勘查线剖面反演结果

对KT24号勘查线剖面进行反演拟合计算（图4-24）所采用的数据来源为1∶2000实测重磁数据，结合地质剖面成果对异常进行综合解释。根据在该区采集的岩矿石密度参数统计，最终确定模型反演采用密度参数：辉长岩（ν）密度2.879×10^3 kg/m^3，橄榄辉长岩（$\sigma\nu$）密度2.938×10^3 kg/m^3，辉石橄榄岩（$\varphi\sigma$）、橄榄辉石岩（$\varphi\sigma\varphi$）密度2.926×10^3 kg/m^3，英安岩（ξ）密度2.673×10^3 kg/m^3。采用二度半正演拟合，从磁场上看，北侧发育的辉长岩磁性较弱，中部及南部发育的橄榄辉长岩与辉石橄榄岩磁性较强，磁异常区大体反映铜镍矿体的范围，磁场极大值基本对应深部的铜镍矿化体，磁场峰状异常，两侧并不对称，推断异常体（图中红色区域）向北倾；从剩余重力场上看，北侧的剩余重力高基本对应发育的辉长岩区。随着辉长岩的厚度减小，剩余重力值逐渐降低，中部及南部虽对应密度较大的橄榄辉长岩与辉石橄榄岩区，重力场表现为剩余重力值先降低后增加，重磁场的这种特征变化与KT24号勘查线勘探剖面反演结果基本一致。反演结果显示，重磁场变化与橄榄辉长岩和辉石橄榄岩区厚度减小及深部发育密度较小的二长花岗岩有关。

通过进行重磁联合反演，反演一处磁性体，拟合曲线基本重合；该磁异常体其顶部埋深为145.37 m，截面积为4 356.21 m^2，异常体延伸长度为400 m，体积为1 742 484 m^3，异常体走向为北北西，其磁化强度为242×10^{-3} A/m，其剩余密度为3.07×10^3 kg/m^3，该磁异常体为铜镍矿体，位于橄榄辉石岩内部，矿化体密度大于辉石橄榄岩，呈现局部高重高磁的异常特征。

从重磁联合反演及地质剖面综合剖析图可以看出，高磁异常对应铜镍矿体效果较为显著，该处磁异常强度偏小的原因为铜镍矿体埋深较大（150 m左右），ZK2403、ZK2404及ZK2405已验证。但对矿体及矿化体的区分不是很明显，同时由于经验水平对小范围的铜镍矿体及矿化体未能推断出来，例如勘查线中部的I$_{10}$号小规模的铜镍矿体；对地质体层位推断有少许偏差，角闪橄榄辉石岩与英安岩地层中间的夹层角闪橄榄辉长岩未曾推断出来。综合分析认为，重磁对该区具一定规模的铜镍矿体地球物理反应特征较为显著，但对小规模的矿（化）体反应较弱，对厚度较小的岩体也不能很好区分。

4. KT54号勘查线剖面反演结果

对KT54号勘查线剖面进行反演拟合计算（图4-25）所采用的数据来源为1∶2000实测重磁数据，结合地质剖面成果对异常进行综合解释。根据在该区采集的岩矿石密度参数统计，最终确定模型反演采用密度参数：辉长岩（ν）密度2.879×10^3 kg/m^3，橄榄辉长岩（$\sigma\nu$）密度2.938×10^3 kg/m^3，辉石橄榄岩（$\varphi\sigma$）、橄榄辉石岩（$\varphi\sigma\varphi$）密度2.926×10^3 kg/m^3，英安岩（ξ）密度2.673×10^3 kg/m^3。采用二度半正演拟

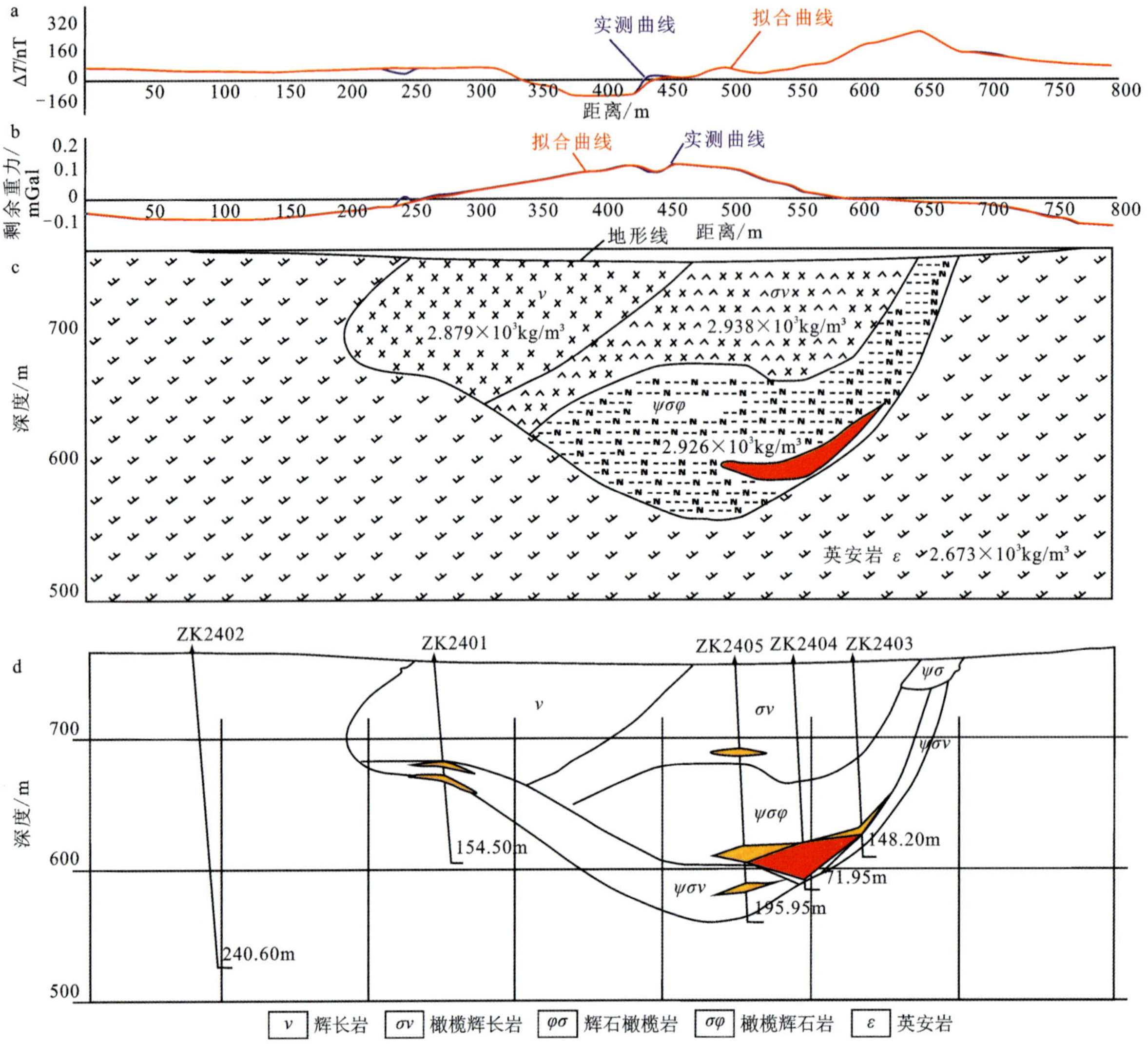

a. 磁法拟合剖面；b. 重力拟合剖面；c. 重磁正演剖面；d. 勘查线剖面
图 4-24　KT24 号勘查线重磁联合反演及地质剖面综合剖析图

合，从磁场上看，北侧发育的辉长岩磁性较弱，中部及南部发育的橄榄辉长岩与辉石橄榄岩磁性较强，磁异常区大体反映铜镍矿体的范围，磁场极大值基本对应深部的铜镍矿化体，磁场峰状异常，两侧并不对称，推断异常体（图中红色区域）向北倾；从剩余重力场上看，北侧的剩余重力高基本对应发育的辉长岩区，随着辉长岩的厚度减小，剩余重力值逐渐降低，中部及南部虽对应密度较大的橄榄辉长岩与辉石橄榄岩区，重力场表现为剩余重力值先降低后增加，重磁场的这种特征变化与 KT54 线勘探剖面反演结果基本一致。反演结果显示，重磁场变为与橄榄辉长岩和辉石橄榄岩区厚度减小有关。

通过进行重磁联合反演，反演一处磁性体，拟合曲线基本重合；该磁异常体其顶部埋深为 1.31 m，截面积为 2 715.5 m²，异常体延伸长度为 400 m，体积为 1 086 200 m³，异常体走向为北北西，其磁化强度为 $242×10^{-3}$ A/m，其剩余密度为 $3.07×10^3$ kg/m³。该磁异常体为铜镍矿体，位于橄榄辉石岩内部，矿化体密度大于辉石橄榄岩，呈现局部高重高磁的异常特征。

从重磁联合反演及地质剖面综合剖析图可以看出，高磁异常对应铜镍矿体效果较为显著，该处磁异常强度较大，与铜镍矿体埋深较浅有关；对地质体层位推断有少许偏差，角闪橄榄辉石岩与英安岩地层中间的夹层橄榄辉长岩未曾推断出来。综合分析认为，重磁对该区具一定规模的铜镍矿体地球物理反应特征较为显著，对厚度较小的岩性岩体不能很好区分。

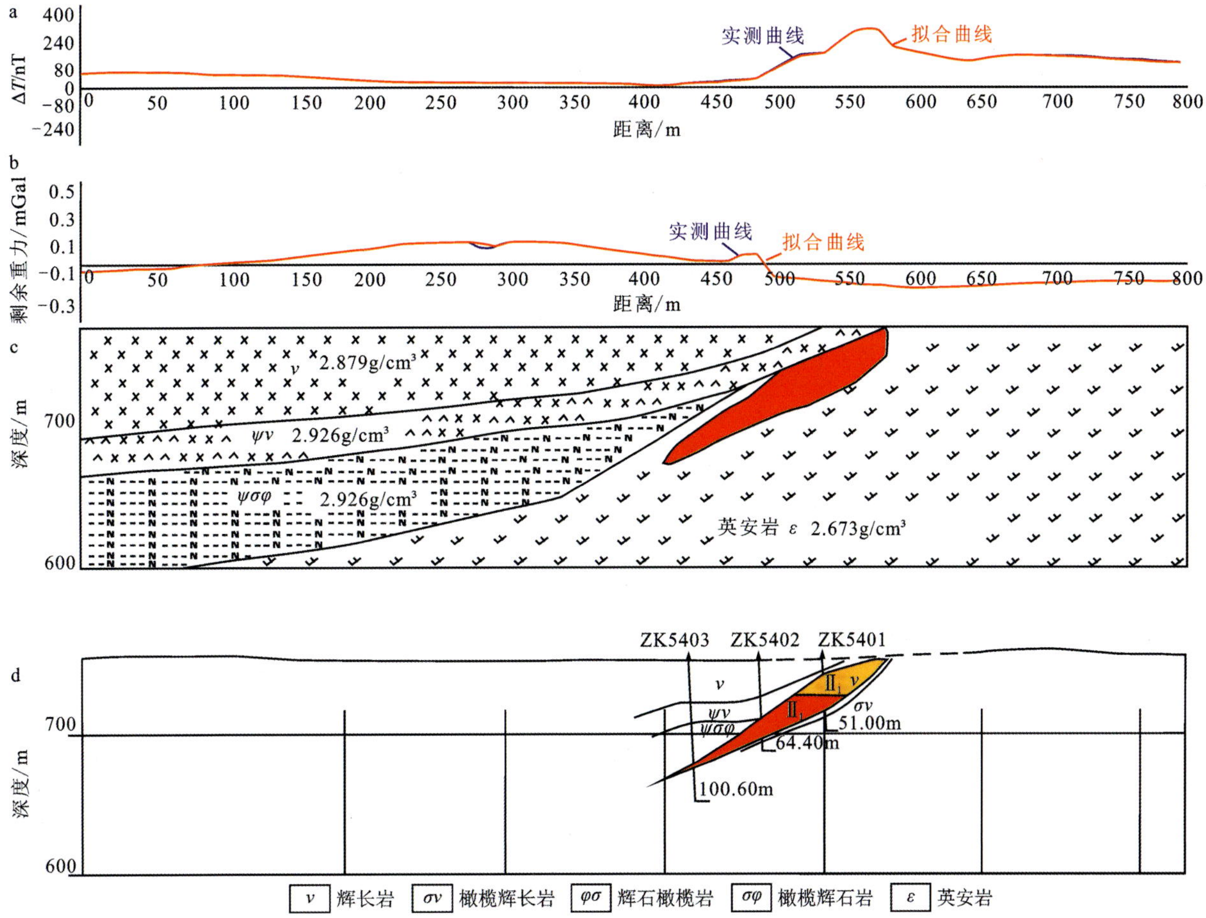

a. 磁法拟合剖面；b. 重力拟合剖面；c. 重磁正演剖面；d 勘查线剖面

图 4-25　KT54 号勘查线重磁联合反演及地质剖面综合剖析图

第三节　矿床地质-地球物理模型

根据白鑫滩矿区矿床地质特征和地球物理特征，总结了矿床地质、地球物理找矿标志（表 4-4），建立了矿床地质-地球物理模型（图 4-26）。主要包括以下几个方面。

（1）白鑫滩矿区位于准噶尔板块南缘和塔里木板块北缘的碰撞对接部位，矿区受大草滩断裂和 F_1 断层控制。

（2）主要赋矿岩石为角闪橄榄辉石岩和角闪橄榄辉长岩，矿化以铜矿化为主，次要为镍铁矿化。

（3）矿体主要赋存于角闪橄榄辉石岩中，具底悬浮特征，次要赋存于角闪橄榄辉长岩中。

（4）地表超基性岩球状风化、强褐铁矿化和孔雀石化是地表矿（化）体的直接找矿标志。

（5）矿区位于剩余重力高异常带上或两侧重力梯级带中，北磁异常带的西部，以正磁场为主。

（6）矿区以中低磁场环境为主，赋矿岩石具有高密度、高磁、低电阻率、低极化率的物性特征。

（7）干扰异常主要来源于海西期的高磁侵入体。

根据白鑫滩矿区的地质地球物理模型，总结找矿有效的地球物理方法有以下几种。

（1）重力和地震频率谐振测量：能够有效识别赋矿岩体高密度特征，尤其是结合重力异常分布可以圈定岩体位置和规模。

表 4-4　白鑫滩矿区地质-地球物理找矿标志表

分类		找矿标志或信息
地质成矿条件和标志	构造环境	处于准噶尔板块南缘和塔里木板块北缘碰撞对接部位。区域断裂主要有康古尔塔格断裂、大草滩断裂
	赋矿岩性	角闪橄榄辉石岩、角闪橄榄辉长岩
	矿床构造	大草滩断裂 F_3 从矿区北部穿过，F_1 断层控制基性—超基性杂岩体北东边界
	围岩蚀变	超基性杂岩体的围岩蚀变主要是接触变质现象，角岩化、硅灰石化、透辉石化；杂岩体自变质现象体现为超基性岩中滑石-绿泥石化、蛇纹石化、石棉化
	矿化特征	以铜矿化为主，镍铁次之。矿石结构为自形、他形和海绵陨铁结构。矿石构造主要为浸染状构造、脉状构造和斑点状构造等，局部见块状矿石
	赋矿部位	矿区主要矿体均赋存于角闪橄榄辉石岩中，具底悬浮特征。次要赋矿岩性为角闪橄榄辉长岩，位于杂岩体底部，顶部岩相为角闪橄榄辉石岩相，底部与中—下奥陶统恰干布拉克组呈侵入接触，矿体呈底部富集或分布不均的特征，均为小薄矿体
	主要矿石矿物	以磁黄铁矿、黄铜矿为主，次为磁铁矿、镍黄铁矿、褐铁矿，微量及少见矿物为赤铁矿、钛铁矿、紫硫镍矿、黄铁矿、辉砷镍矿、红砷镍矿和铜蓝
	直接找矿标志	地表超基性岩球状风化、强褐铁矿化、孔雀石化是地表矿（化）体露头的直接标志。充分分异且岩相较为完整的超基性杂岩体是寻找铜镍硫化物矿床的主要岩性标志
地球物理特征	区域地球物理场特征	全区整体位于剩余重力高背景场中，异常值变化范围在 $-19.99\times10^{-5} \sim 22.03\times10^{-5}$ m/s² 之间；铜矿、铜镍矿集中分布在剩余重力高异常带上或两侧重力梯级带中。铜矿和铜镍矿的区域重力找矿标志与剩余重力梯级带中的扭曲部位密切相关。工作区位于北磁异常带的西部，以正磁场为主，总体呈中间低两边高的态势分布，异常极大值为 425.64 nT，极小值约 110 nT
	矿区主要物性特征	矿区属于以岩浆岩为主的中低磁场环境，出现高磁场与辉长岩和辉石橄榄岩相关，出现的中等磁场与闪长岩、火山岩相关，出现的低磁场与沉积岩、酸性侵入岩相关。花岗岩类、火山岩类及闪长岩属于低极化岩石，极化率在 0.1%～1.4% 之间，凝灰岩、砂岩、辉长岩属于中极化岩石，极化率在 1.5%～2.0% 之间，辉石橄榄岩（赋矿岩石）极化率平均值为 4.49%，极大值 8.43%。花岗岩、二长花岗岩、花岗闪长岩、闪长岩具有高阻抗特性，导电性跳跃性较大，电阻率范围 231～3234Ω·m；辉长岩、安山岩、凝灰岩、砂岩具有中阻抗特性，电阻率范围为 31～3986Ω·m；橄榄辉长岩、英安岩具有低阻特性，电阻率范围为 89～737Ω·m。沉积岩砂岩密度最小，平均值为 2.65×10^3 kg/m³；火山岩类凝灰岩、安山岩、英安岩、玄武岩平均密度值稍大，在 $2.64\times10^3 \sim 2.72\times10^3$ kg/m³ 之间，其中凝灰岩密度值最小，英安岩最大，安山岩、玄武岩介于两者之间；侵入岩类平均密度值相对较大，在 $2.67\times10^3 \sim 3.04\times10^3$ kg/m³ 之间，其中花岗岩平均密度值最小为 2.67×10^3 kg/m³，二长花岗岩和花岗闪长岩平均密度值稍大分别为 2.71×10^3 kg/m³ 和 2.75×10^3 kg/m³，闪长岩和辉长岩平均密度分别为 2.76×10^3 kg/m³ 和 2.98×10^3 kg/m³，辉石橄榄岩平均密度值较大，达到了 3.04×10^3 kg/m³，最大值为 3.27×10^3 kg/m³
	探测目标体	赋矿杂岩体
	目标体物性特征	高密度：在 2.9×10^3 kg/m³ 左右；高磁：磁化率在 10000×10^{-5} SI 以上；中电阻率：300 Ω·m 左右；低极化率：小于 1%
	地表异常特征	高密度、高磁、低电阻率、高极化率
	干扰异常	海西期的高磁侵入体

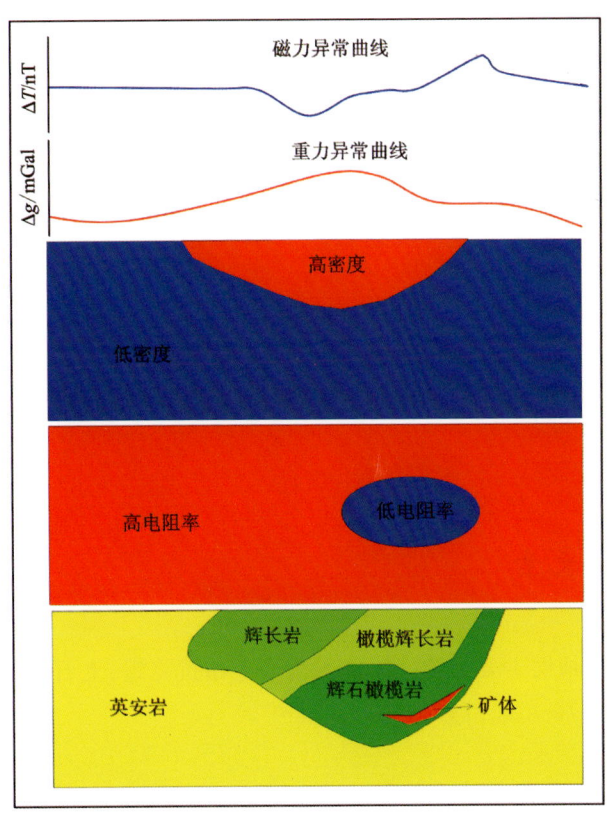

图 4-26　白鑫滩矿区地质-地球物理找矿模型示意图

(2) 磁法测量：磁异常可以识别磁性矿体，但在排除高磁异常的侵入岩体方面需要谨慎。

(3) 电法测量：电阻率法和极化率法可识别矿体与围岩的电阻率和极化率差异，显示矿体低电阻率和高极化率的特征。

(4) 综合物探方法：综合运用多种地球物理方法进行反演解释，可以降低多解性，提高解释精度。

第五章 矿床地球化学特征

第一节 矿区岩石微量元素

一、地层岩石微量元素

白鑫滩铜镍矿区出露的地层主要为中—下奥陶统恰干布拉克组、上石炭统底坎儿组、下侏罗统八道湾组及少量的第四系(表5-1)。

(一)中—下奥陶统恰干布拉克组

该组分布于矿区中北部,占矿区面积近一半,岩性主要为英安岩、安山岩、火山角砾岩、凝灰岩、沉凝灰岩夹含角砾岩屑砂岩。

该组为基性—超基性杂岩体的直接围岩,地表基岩出露情况一般,多被残积物或风尘砂土覆盖。直接与杂岩体接触的主要岩性为浅灰色—浅灰绿色英安岩,部分含角砾(受热侵位影响,靠近杂岩体边部见褪色现象,呈浅灰白色),远离杂岩体岩性渐变为灰绿色安山岩,两者无明显分界线,局部存在凝灰岩、沉凝灰岩夹层,夹层内含角砾岩屑砂岩。

相对全区,奥陶系富集 Cu、V、Fe_2O_3、Ti、MgO、Co、P、F 共 8 种元素,浓集系数在 1.67~1.2 之间,元素组合以铁族和矿化剂元素为主,Cu 在所有地层中的富集程度仅次于泥盆系和石炭系脐山组。贫化元素有 Be、K_2O、B、Sb、Au、Th、W、Pb、Bi 共 9 种,其中 W、Pb、Bi 的浓集系数小于 0.5。

奥陶系含量变化系数大于 0.5 的元素仅有 6 种,变化系数在 0.97~0.56 之间,从大到小依次为 Hg、Au、Ag、Th、Cu、Ni,其他 33 种元素含量变化相对稳定。以整体富集铁族元素 V、Fe_2O_3、Ti、Co 和矿化剂元素 P、F 为特征,反映了该地层内基性火山岩的分布及与酸性岩浆有关的热液作用。Cu 的富集程度和含量变化表明,在奥陶系内 Cu 为主要成矿元素。

(二)上石炭统底坎儿组

该组分布于矿区西南区域,出露面积较小,呈西大东小楔形分布,岩性主要为灰色、绿灰色、灰绿色不等粒长石岩屑砂岩、含砾不等粒长石岩屑砂岩、砂质千糜岩,夹复成分砂质砾岩、沉凝灰岩。

底坎尔组是石炭系富集元素最多的地层,富集元素(指标)有 As、Mo、Cu、V、B、Ag、MgO、Li、Ti、Cr、Co、Fe_2O_3、Sr、CaO、Hg 这 15 种,浓集系数在 1.51~1.2 之间。相对贫化元素有 Au、W、Th、Bi 这 4 种,其他元素与全区含量相当。

第五章 矿床地球化学特征

表 5-1 地层中 39 种元素区域地球化学参数统计表

元素/指标	参数	长城系 (Ch)	蓟县系 (Jx)	奥陶系 (O)	志留系 (S)	泥盆系 (D)	石炭系 (C)	小热泉子组 (C_1xr)	阿齐山组 (C_1a)	雅满苏组 (C_1y)	干墩组 (C_1gd)	苦水组 (C_1K)	梧桐窝子组 (C_2w)	底坎尔组 (C_2d)	脐山组 (C_2qs)	环形梁组 (C_2h)	土古土布拉克组 (C_2tg)	二叠系 (P)	侏罗系 (J)
Cu	$\bar{x}$	25.2	21.8	45.2	40.9	52.2	29.6	25.0	29.6	25.3	25.9	26.6	32.8	38.3	51.9	17.0	34.7	19.2	27.8
	CV	0.39	0.40	0.56	0.34	0.34	0.63	0.79	0.41	0.68	0.44	0.69	0.32	0.63	0.63	0.32	0.56	0.36	0.95
	K	0.93	0.81	1.67	1.51	1.93	1.10	0.93	1.10	0.94	0.96	0.98	1.22	1.42	1.92	0.63	1.29	0.71	1.03
Pb	$\bar{x}$	14.4	16.4	6.0	8.3	6.9	13.3	11.3	12.2	16.3	12.1	17.6	8.6	11.3	7.6	12.5	13.8	13.1	10.9
	CV	0.32	1.80	0.37	0.55	0.82	0.88	0.28	0.38	0.80	0.44	1.21	0.28	1.73	0.27	0.24	0.66	0.26	0.30
	K	1.13	1.28	0.47	0.65	0.54	1.04	0.88	0.96	1.27	0.95	1.38	0.67	0.88	0.59	0.98	1.08	1.03	0.85
Zn	$\bar{x}$	43.6	50.5	62.6	59.8	72.8	62.6	67.4	56.2	69.7	50.4	51.4	57.6	63.8	69.8	41.8	79.7	54.9	60.9
	CV	0.40	0.34	0.37	0.30	0.28	0.43	0.23	0.44	0.49	0.30	0.29	0.16	0.23	0.21	0.31	0.47	0.24	0.34
	K	0.79	0.92	1.14	1.09	1.32	1.14	1.23	1.02	1.27	0.92	0.94	1.05	1.16	1.27	0.76	1.45	1.00	1.11
Cd	$\bar{x}$	86	86	86	65	82	100	77	74	151	75	91	83	97	85	94	105	67	229
	CV	1.01	0.67	0.28	0.35	0.42	0.84	0.33	1.10	0.66	0.77	0.84	0.67	0.55	0.38	0.55	1.09	0.40	0.69
	K	1.00	0.99	0.99	0.75	0.95	1.15	0.88	0.85	1.74	0.86	1.05	0.96	1.12	0.98	1.08	1.21	0.77	2.64
Ag	$\bar{x}$	55	52	67	85	56	61	49	47	79	52	47	52	76	44	65	73	57	74
	CV	0.22	0.23	0.60	0.63	0.37	0.71	0.41	0.32	0.63	0.50	0.38	0.25	0.70	0.49	0.27	0.98	0.31	0.45
	K	0.95	0.91	1.16	1.48	0.97	1.07	0.86	0.81	1.38	0.90	0.82	0.90	1.33	0.76	1.14	1.27	0.99	1.29
Au	$\bar{x}$	1.25	2.14	1.27	1.20	1.34	3.01	2.24	1.62	2.75	2.57	4.29	8.29	1.84	1.19	2.35	2.93	2.37	1.42
	CV	0.64	1.09	0.76	1.16	1.13	6.66	2.91	4.39	1.41	1.84	1.85	7.70	1.65	0.51	0.76	9.28	4.76	0.71
	K	0.54	0.92	0.55	0.51	0.58	1.29	0.96	0.69	1.18	1.10	1.84	3.56	0.79	0.51	1.01	1.26	1.02	0.61

续表 5-1

元素/指标	参数	长城系(Ch)	蓟县系(Jx)	奥陶系(O)	志留系(S)	泥盆系(D)	石炭系(C)	石炭系(C)										二叠系(P)	侏罗系(J)
								小热泉子组(C_1xr)	阿齐山组(C_1a)	雅满苏组(C_1y)	干墩组(C_1gd)	苦水组(C_1K)	梧桐窝子组(C_2w)	底坎尔组(C_2d)	脐山组(C_2qs)	环形梁组(C_2h)	土古土布拉克组(C_2tg)		
As	$\bar{x}$	6.7	9.1	7.5	7.9	13.0	11.8	6.9	6.0	12.4	14.2	13.4	12.9	13.9	10.8	22.8	9.8	8.6	17.5
	CV	1.09	1.79	0.39	0.39	0.75	1.42	0.87	0.72	1.87	1.44	1.33	0.49	0.92	0.51	1.69	0.64	0.61	0.76
	K	0.73	0.99	0.81	0.86	1.42	1.29	0.75	0.66	1.35	1.55	1.46	1.40	1.51	1.17	2.48	1.07	0.93	1.90
Sb	$\bar{x}$	0.42	0.50	0.36	0.34	0.53	0.69	0.60	0.54	0.66	0.80	0.86	0.85	0.63	0.65	0.93	0.53	0.87	0.76
	CV	0.93	0.84	0.26	0.29	0.57	0.73	0.55	0.98	0.61	0.66	0.96	0.48	0.84	0.50	0.46	0.62	0.54	0.45
	K	0.72	0.85	0.62	0.59	0.90	1.18	1.03	0.93	1.13	1.37	1.48	1.46	1.08	1.11	1.59	0.91	1.50	1.31
Hg	$\bar{x}$	10	12	16	15	14	16	21	15	17	18	12	11	19	19	15	11	25	42
	CV	0.46	0.64	0.97	0.60	0.95	1.41	0.71	0.94	0.70	2.26	0.54	0.76	1.07	1.15	0.38	0.69	0.80	0.66
	K	0.62	0.79	1.04	0.98	0.90	1.01	1.37	0.96	1.07	1.16	0.78	0.68	1.20	1.24	0.97	0.68	1.61	2.70
W	$\bar{x}$	0.91	0.85	0.43	0.51	0.80	0.94	0.68	1.32	0.86	1.07	1.14	0.84	0.61	0.63	1.42	0.93	1.20	1.01
	CV	0.55	0.38	0.27	0.59	1.83	0.58	0.24	0.38	0.48	0.40	0.91	0.32	0.32	0.33	0.45	0.58	0.62	0.55
	K	1.02	0.95	0.48	0.57	0.89	1.05	0.75	1.47	0.96	1.19	1.27	0.94	0.68	0.70	1.58	1.04	1.34	1.13
Sn	$\bar{x}$	2.37	2.09	1.49	1.61	1.39	1.76	1.89	2.12	1.72	1.84	1.81	1.58	1.54	1.21	2.04	1.73	2.45	1.57
	CV	0.35	0.32	0.27	0.17	0.62	0.32	0.25	0.26	0.35	0.28	0.31	0.17	0.34	0.19	0.24	0.37	0.31	0.26
	K	1.29	1.14	0.82	0.88	0.76	0.96	1.04	1.16	0.94	1.01	0.99	0.86	0.84	0.66	1.12	0.95	1.34	0.86
Mo	$\bar{x}$	1.05	1.01	1.26	1.28	1.49	1.33	1.26	1.22	1.35	1.30	1.53	1.18	1.72	1.39	1.49	1.16	1.29	1.52
	CV	0.39	0.38	0.41	0.50	0.48	0.78	0.32	0.56	0.76	0.48	1.42	0.59	0.68	1.00	0.33	0.45	0.47	0.74
	K	0.89	0.85	1.06	1.09	1.26	1.13	1.07	1.03	1.15	1.10	1.30	1.00	1.46	1.18	1.27	0.99	1.09	1.29
Bi	$\bar{x}$	0.30	0.33	0.09	0.11	0.18	0.20	0.16	0.26	0.23	0.20	0.32	0.18	0.11	0.09	0.21	0.17	0.18	0.15
	CV	1.79	1.24	0.33	0.22	3.55	0.98	2.11	0.65	0.95	0.66	1.04	0.31	0.56	0.74	0.46	0.55	0.38	0.50
	K	1.50	1.62	0.46	0.54	0.88	1.00	0.78	1.30	1.13	1.00	1.57	0.88	0.56	0.44	1.05	0.85	0.88	0.73

续表 5-1

元素/指标	参数	长城系(Ch)	蓟县系(Jx)	奥陶系(O)	志留系(S)	泥盆系(D)	石炭系(C)	石炭系(C) 小热泉子组(C₁xr)	阿齐山组(C₁a)	雅满苏组(C₁y)	干墩组(C₁gd)	苦水组(C₁K)	梧桐窝子组(C₂w)	底坎尔组(C₂d)	脐山组(C₂qs)	环形梁组(C₂h)	土古土拉克组(C₂tg)	二叠系(P)	侏罗系(J)
Cr	$\bar{x}$	31.6	35.1	32.4	43.0	70.9	34.2	45.6	23.9	23.8	34.9	33.5	50.8	42.9	47.8	31.4	32.7	38.5	39.1
	CV	0.54	0.63	0.42	0.74	0.71	0.61	0.63	0.39	0.55	0.56	0.43	0.57	0.51	0.42	0.39	0.57	0.52	0.40
	K	0.95	1.06	0.98	1.29	2.13	1.03	1.37	0.72	0.72	1.05	1.01	1.53	1.29	1.44	0.95	0.98	1.16	1.18
Ni	$\bar{x}$	14.4	15.3	14.5	16.3	29.4	16.2	21.4	11.3	11.4	16.6	18.3	21.8	18.4	20.4	13.6	16.1	20.2	18.5
	CV	0.42	0.51	0.56	0.55	0.75	0.67	0.83	0.46	0.60	0.61	0.54	0.50	0.75	0.57	0.45	0.57	0.67	0.58
	K	0.93	0.98	0.93	1.05	1.89	1.04	1.37	0.73	0.73	1.07	1.18	1.40	1.19	1.31	0.87	1.04	1.30	1.19
Co	$\bar{x}$	7.4	9.1	10.8	10.4	16.9	9.3	11.7	8.5	7.4	8.4	7.8	11.2	11.5	14.2	5.5	10.6	9.4	13.6
	CV	0.36	0.36	0.28	0.35	0.37	0.42	0.31	0.31	0.32	0.37	0.36	0.44	0.34	0.30	0.73	0.38	0.36	0.57
	K	0.83	1.02	1.21	1.17	1.89	1.04	1.31	0.95	0.82	0.94	0.87	1.26	1.29	1.59	0.62	1.19	1.05	1.52
V	$\bar{x}$	58	70	120	125	146	80	92	75	71	67	58	89	107	134	55	94	67	87
	CV	0.43	0.42	0.40	0.33	0.31	0.41	0.25	0.31	0.32	0.36	0.33	0.37	0.42	0.23	0.36	0.34	0.32	0.44
	K	0.76	0.92	1.57	1.65	1.92	1.06	1.21	0.98	0.93	0.89	0.77	1.18	1.41	1.76	0.72	1.24	0.88	1.14
Ti	$\bar{x}$	2622	2715	3922	4269	4578	3103	3894	2715	2688	2754	2360	3583	3839	4152	2713	3650	3303	2958
	CV	0.43	0.29	0.30	0.20	0.24	0.33	0.18	0.23	0.22	0.27	0.23	0.30	0.20	0.23	0.29	0.37	0.31	0.28
	K	0.89	0.92	1.33	1.45	1.55	1.05	1.32	0.92	0.91	0.94	0.80	1.22	1.30	1.41	0.92	1.24	1.12	1.00
Mn	$\bar{x}$	486	608	721	788	785	704	726	579	636	761	588	780	669	768	363	846	536	1837
	CV	0.39	0.35	0.18	0.15	0.18	0.41	0.19	0.31	0.41	0.46	0.49	0.24	0.25	0.29	0.36	0.38	0.23	0.56
	K	0.75	0.94	1.11	1.22	1.21	1.09	1.12	0.89	0.98	1.18	0.91	1.21	1.03	1.19	0.56	1.31	0.83	2.84
Li	$\bar{x}$	15.1	13.5	17.8	23.7	18.7	17.9	20.5	14.4	15.7	18.9	20.0	17.6	21.7	16.2	21.2	16.8	24.2	12.9
	CV	0.29	0.26	0.32	0.27	0.29	0.30	0.20	0.39	0.27	0.25	0.29	0.17	0.24	0.34	0.31	0.37	0.28	0.33
	K	0.91	0.82	1.08	1.43	1.13	1.08	1.23	0.87	0.95	1.14	1.21	1.06	1.31	0.98	1.28	1.01	1.46	0.78

续表 5-1

元素/指标	参数	长城系(Ch)	蓟县系(Jx)	奥陶系(O)	志留系(S)	泥盆系(D)	石炭系(C)	石炭系(C) 小热泉子组(C_1xr)	阿齐山组(C_1a)	雅满苏组(C_1y)	干墩组(C_1gd)	苦水组(C_1K)	梧桐窝子组(C_2w)	底坎尔组(C_2d)	脐山组(C_2qs)	环形梁组(C_2h)	土古土拉克组(C_2tg)	二叠系(P)	侏罗系(J)
Be	$\bar{x}$	1.99	1.75	1.19	1.37	1.23	1.43	1.75	1.49	1.25	1.67	1.52	1.22	1.34	1.08	1.62	1.34	1.97	1.53
	CV	0.38	0.27	0.33	0.25	0.41	0.28	0.16	0.17	0.25	0.24	0.29	0.18	0.33	0.22	0.25	0.24	0.33	0.27
	K	1.23	1.08	0.73	0.85	0.76	0.89	1.08	0.93	0.77	1.03	0.94	0.75	0.83	0.67	1.01	0.83	1.22	0.95
Nb	$\bar{x}$	11.1	10.7	11.4	14.2	8.9	9.9	9.8	11.4	9.6	10.2	9.2	9.8	9.2	7.6	9.4	10.6	10.4	8.1
	CV	0.21	0.23	0.29	0.28	0.20	0.28	0.22	0.14	0.32	0.28	0.31	0.20	0.24	0.20	0.22	0.27	0.28	0.23
	K	1.12	1.08	1.15	1.45	0.91	1.00	1.00	1.16	0.97	1.04	0.93	0.99	0.93	0.77	0.96	1.08	1.06	0.82
Zr	$\bar{x}$	149	139	151	166	135	146	158	149	132	149	130	149	149	136	167	162	166	136
	CV	0.27	0.21	0.30	0.16	0.22	0.25	0.13	0.22	0.22	0.20	0.26	0.18	0.26	0.22	0.12	0.33	0.22	0.26
	K	1.05	0.98	1.07	1.17	0.95	1.03	1.12	1.05	0.93	1.05	0.92	1.05	1.05	0.96	1.17	1.15	1.17	0.96
La	$\bar{x}$	21.3	19.8	19.0	19.9	17.3	19.6	18.2	20.6	18.2	21.1	21.5	18.0	19.9	16.7	24.2	19.6	21.8	22.0
	CV	0.19	0.17	0.28	0.22	0.20	0.27	0.41	0.16	0.22	0.29	0.26	0.20	0.28	0.20	0.19	0.22	0.30	0.21
	K	1.09	1.01	0.97	1.02	0.88	1.00	0.93	1.05	0.93	1.08	1.10	0.92	1.01	0.85	1.23	1.00	1.11	1.12
Y	$\bar{x}$	20.3	21.0	19.8	21.4	24.3	21.7	19.2	23.8	22.3	20.3	17.6	22.7	19.7	22.6	18.7	26.2	22.5	26.6
	CV	0.24	0.15	0.34	0.25	0.20	0.22	0.14	0.15	0.17	0.25	0.21	0.18	0.15	0.15	0.14	0.17	0.21	0.20
	K	0.96	0.99	0.93	1.01	1.14	1.02	0.90	1.12	1.05	0.95	0.83	1.07	0.93	1.06	0.88	1.23	1.06	1.25
U	$\bar{x}$	1.81	1.61	2.08	2.91	2.17	2.03	1.72	2.04	2.03	2.20	2.08	2.11	2.14	1.89	2.17	1.83	2.25	2.43
	CV	0.22	0.24	0.33	0.52	0.33	0.29	0.24	0.19	0.26	0.29	0.25	0.25	0.39	0.25	0.29	0.27	0.34	0.50
	K	0.92	0.82	1.06	1.48	1.10	1.03	0.88	1.04	1.03	1.12	1.06	1.07	1.09	0.96	1.10	0.93	1.15	1.24
Th	$\bar{x}$	7.7	8.3	3.5	4.8	3.2	6.4	5.3	7.7	7.0	6.3	7.4	5.1	3.9	3.1	6.9	7.5	7.4	5.5
	CV	0.21	0.22	0.59	0.48	0.56	0.40	0.39	0.23	0.42	0.36	0.31	0.30	0.51	0.34	0.48	0.26	0.39	0.34
	K	1.18	1.28	0.54	0.73	0.49	0.98	0.81	1.19	1.07	0.97	1.13	0.78	0.60	0.47	1.06	1.15	1.13	0.84

续表 5-1

元素/指标	参数	长城系 (Ch)	蓟县系 (Jx)	奥陶系 (O)	志留系 (S)	泥盆系 (D)	石炭系 (C)	石炭系 (C) 小热泉子组 (C_1xr)	阿齐山组 (C_1a)	雅满苏组 (C_1y)	干墩组 (C_1gd)	苦水组 (C_1K)	梧桐窝子组 (C_2w)	底坎尔组 (C_2d)	脐山组 (C_2qs)	环形梁组 (C_2h)	土古土布拉克组 (C_2tg)	二叠系 (P)	侏罗系 (J)
F	$\bar{x}$	339	360	437	443	401	382	374	401	375	399	352	349	396	326	486	392	415	411
	CV	0.28	0.24	0.45	0.21	0.31	0.22	0.15	0.16	0.23	0.21	0.21	0.25	0.20	0.17	0.24	0.22	0.41	0.39
	K	0.93	0.99	1.20	1.22	1.10	1.05	1.03	1.10	1.03	1.10	0.97	0.96	1.09	0.90	1.34	1.08	1.14	1.13
B	$\bar{x}$	22.8	23.1	18.0	23.7	21.1	31.0	25.8	16.7	26.2	31.8	29.2	43.6	37.0	30.4	48.8	37.0	31.5	26.7
	CV	0.72	0.51	0.33	0.29	0.48	1.33	0.47	0.43	0.99	0.39	0.39	2.75	1.79	0.77	0.43	0.94	0.48	0.51
	K	0.83	0.84	0.65	0.86	0.77	1.12	0.93	0.61	0.95	1.15	1.06	1.58	1.34	1.10	1.77	1.34	1.14	0.97
P	$\bar{x}$	563	515	733	834	866	565	723	465	482	472	449	543	700	813	469	742	574	2432
	CV	0.39	0.29	0.34	0.32	0.23	0.42	0.24	0.25	0.23	0.30	0.21	0.67	0.25	0.35	0.21	0.44	0.31	0.82
	K	0.93	0.85	1.21	1.38	1.43	0.93	1.19	0.77	0.80	0.78	0.74	0.90	1.15	1.34	0.77	1.22	0.95	4.01
Sr	$\bar{x}$	310	274	404	445	425	344	423	274	319	329	345	313	431	439	513	326	364	333
	CV	0.24	0.22	0.21	0.20	0.23	0.35	0.15	0.44	0.36	0.32	0.41	0.36	0.22	0.24	0.34	0.35	0.34	0.77
	K	0.91	0.80	1.18	1.30	1.25	1.01	1.24	0.80	0.93	0.97	1.01	0.92	1.27	1.29	1.50	0.96	1.07	0.98
Ba	$\bar{x}$	641	594	531	690	438	574	704	760	613	499	509	433	495	422	514	652	671	558
	CV	0.23	0.20	0.30	0.19	0.33	0.33	0.17	0.26	0.27	0.27	0.34	0.24	0.34	0.34	0.23	0.30	0.21	0.59
	K	1.08	1.00	0.89	1.16	0.74	0.97	1.19	1.28	1.03	0.84	0.86	0.73	0.83	0.71	0.87	1.10	1.13	0.94
SiO_2	$\bar{x}$	64.4	65.1	64.5	63.2	56.6	65.0	62.2	68.8	64.3	68.1	66.5	64.2	61.1	59.4	65.8	64.6	65.1	48.9
	CV	0.11	0.10	0.08	0.08	0.14	0.09	0.06	0.04	0.10	0.07	0.11	0.09	0.08	0.06	0.09	0.08	0.07	0.27
	K	0.99	1.00	0.99	0.97	0.87	1.00	0.96	1.06	0.99	1.05	1.02	0.99	0.94	0.91	1.01	0.99	1.00	0.75
Al_2O_3	$\bar{x}$	12.6	12.2	12.9	13.1	13.9	11.8	12.0	13.3	11.0	11.5	10.1	11.3	12.3	13.9	10.5	13.0	11.4	10.8
	CV	0.15	0.13	0.09	0.09	0.15	0.16	0.08	0.09	0.16	0.14	0.17	0.12	0.15	0.10	0.13	0.10	0.09	0.23
	K	1.02	0.99	1.04	1.06	1.13	0.95	0.97	1.08	0.89	0.93	0.81	0.91	1.00	1.12	0.85	1.05	0.92	0.87

续表 5-1

元素/指标	参数	长城系 (Ch)	蓟县系 (Jx)	奥陶系 (O)	志留系 (S)	泥盆系 (D)	石炭系 (C)	小热泉子组 (C_1xr)	阿齐山组 (C_1a)	雅满苏组 (C_1y)	干墩组 (C_1gd)	苦水组 (C_1K)	梧桐窝子组 (C_2w)	底坎尔组 (C_2d)	脐山组 (C_2qs)	环形梁组 (C_2h)	土古土布拉克组 (C_2tg)	二叠系 (P)	侏罗系 (J)
Fe₂O₃	$\bar{x}$	3.2	3.6	5.5	5.6	6.7	4.2	4.5	3.8	3.6	3.8	3.5	4.9	5.2	6.5	3.3	4.7	3.6	10.8
	CV	0.36	0.26	0.31	0.22	0.27	0.33	0.23	0.26	0.24	0.28	0.22	0.43	0.35	0.24	0.23	0.26	0.27	0.63
	K	0.78	0.88	1.36	1.38	1.66	1.03	1.11	0.93	0.88	0.94	0.86	1.20	1.28	1.60	0.81	1.15	0.90	2.66
K₂O	$\bar{x}$	2.24	2.28	1.66	2.14	1.71	2.04	2.25	2.16	1.90	2.22	1.87	1.57	1.85	1.53	2.43	2.34	2.53	1.79
	CV	0.25	0.24	0.35	0.16	0.35	0.31	0.13	0.35	0.30	0.26	0.38	0.26	0.26	0.27	0.20	0.30	0.22	0.33
	K	0.99	1.01	0.73	0.95	0.76	0.90	0.99	0.95	0.84	0.98	0.83	0.69	0.82	0.68	1.07	1.03	1.12	0.79
Na₂O	$\bar{x}$	3.11	2.90	3.60	3.53	3.24	3.28	3.68	3.85	3.11	3.12	2.87	3.17	3.45	3.62	2.80	3.49	3.34	2.17
	CV	0.18	0.21	0.10	0.11	0.20	0.18	0.08	0.15	0.16	0.18	0.18	0.15	0.14	0.09	0.15	0.13	0.16	0.45
	K	0.93	0.86	1.07	1.05	0.97	0.98	1.10	1.15	0.93	0.93	0.85	0.94	1.03	1.08	0.83	1.04	1.00	0.65
CaO	$\bar{x}$	6.09	5.78	4.41	4.01	6.02	4.79	3.90	2.63	6.17	3.89	4.51	5.57	5.74	5.41	7.03	4.50	3.49	8.68
	CV	0.52	0.55	0.32	0.31	0.57	0.55	0.40	0.42	0.54	0.36	0.47	0.37	0.52	0.23	0.53	0.50	0.44	0.60
	K	1.34	1.27	0.97	0.88	1.32	1.05	0.86	0.58	1.35	0.85	0.99	1.22	1.26	1.19	1.54	0.99	0.77	1.90
MgO	$\bar{x}$	1.79	2.35	2.47	2.56	3.43	1.93	2.44	1.98	1.72	1.74	1.69	1.91	2.46	2.61	1.90	1.91	1.90	1.38
	CV	0.48	0.48	0.24	0.23	0.45	0.36	0.25	0.30	0.30	0.29	0.31	0.38	0.27	0.28	0.30	0.34	0.33	0.61
	K	0.96	1.27	1.33	1.38	1.85	1.04	1.32	1.07	0.93	0.94	0.91	1.03	1.33	1.41	1.03	1.03	1.03	0.75

注:Au、Hg、Ag、Cd 单位为 10^{-9};氧化物单位为 10^{-2};其余为 10^{-6};$\bar{x}$ 为平均值;CV 为变化系数;K 为浓集系数(地质单元平均值与全区平均值的比值)。

底坎尔组含量变化系数大于 0.5 的元素有 15 种,其中大于 0.8 的有 B、Pb、Au、Hg、As、Sb 这 6 种,变化系数在 1.79~0.84 之间。

根据浓集和变化系数,底坎尔组特征元素组合大体可分为两组,一组为主成矿元素及伴生元素组合 Cu、Mo、Ag、As、Hg,另一组为反映地质背景的 CaO、MgO 及铁族元素组合。

(三)下侏罗统八道湾组

该组分布于矿区西南部,南部被第四系上更新统新疆群覆盖。岩性主要为灰色、灰紫色、灰褐色砾岩、砂岩、砂砾岩,向上逐渐变细为粉砂岩。

侏罗系富集元素有 13 种,其中 P、Mn、Hg、Fe_2O_3、Cd、CaO、As 的浓集系数大于 1.9,P 的浓集系数高达 4.01。相对贫化元素有 K_2O、Li、SiO_2、MgO、Bi、Na_2O、Au 这 7 种。

侏罗系含量变化系数大于 0.5 的元素多达 17 种,但大于 0.8 的仅有 Cu、P 两种元素。其他 22 种元素含量相对稳定。

侏罗系是区内唯一的含煤及含菱铁矿地层,以整体富集 P、Mn、Fe_2O_3、CaO;贫化主要造岩元素 K_2O、SiO_2、MgO、Na_2O 为组合特征。

二、基性—超基性岩体微量元素

(一)岩体规模、形态、产状

基性—超基性杂岩体为矿区内主要含矿岩体,岩体地表平面上呈葫芦状,中部较窄,两侧较宽。长 2800 m,最宽 760 m,最窄 250 m,面积约 1.5 km^2。岩体走向 60°。剖面上,该岩体在 07 号勘查线以西,岩体倾向北西,倾角为 30°左右,空间上为一个向北缓倾伏的单斜岩体。岩体围岩为奥陶系恰干布拉克组及泥盆纪二长花岗岩,接触界面清楚,普遍有热变质形成的角岩。

该岩体岩相分异较好,主要分为辉石橄榄岩相、角闪橄榄辉石岩相、橄榄辉长岩(角闪橄榄辉长岩)相、辉长岩(角闪辉长岩)相。

平面岩相分异由北向南表现为辉长岩、橄榄辉长岩、辉石橄榄岩、角闪橄榄辉石岩。在勘查线剖面的垂向分异总体表现为辉长岩、橄榄辉长岩、橄榄辉石岩、角闪橄榄辉石岩、角闪橄榄辉长岩或角闪辉长岩。

矿区内主要赋矿岩性为角闪橄榄辉石岩,分异于杂岩体中部,地表出露部分均已风化蚀变呈浅黄褐色,土状,深部岩芯呈深绿灰色,块状特征,其顶部岩相为辉石橄榄岩相,底部岩性为角闪橄榄辉长岩相。矿区主要厚大矿体均赋存于此岩性中,呈现底悬浮特征。

次要赋矿岩性为角闪橄榄辉长岩,位于有杂岩体底部,地表未出露,宏观呈现浅灰绿色,具绿泥石蚀变,靠近地层部分发生褪色蚀变,其顶部岩相为角闪橄榄辉石岩相(矿区主要赋矿岩相),底部与中—下奥陶统恰干布拉克组呈侵入接触;矿体呈底部富集,具有分布不均的特征,且均为小薄矿体。

(二)岩石学特征

辉石橄榄岩($P_{\varphi\sigma}$):具极强风化与蚀变,地表已几乎无法分辨原岩,岩石色调为浅褐红色。岩石具残余粒状结构,块状构造。主要由橄榄石、辉石组成,经强蚀变作用,均蚀变成透闪石、葡萄石、蛇纹石集合体,析出部分尘点状铁质,部分残余橄榄石形态,橄榄石粒径为 0.3~3.6 mm,杂乱分布;透闪石含量约 10%、葡萄石含量约 60%、蛇纹石含量约 25%、铁质含量约 5%。岩石碳酸盐化发育,多呈膜状分布,脉宽1～5 mm,个别达10 mm。

角闪橄榄辉石岩($P\psi\sigma\varphi$):为矿区主要含矿岩相。由于岩石中辉石含量较高,故该岩相宏观表现为深黑色、深灰黑色,地表岩石均已风化为粒状,地表矿体均赋存于该岩相中,钻孔中该岩相表现为稠密浸染状矿石,由橄榄石、普通辉石、角闪石、斜长石、金属矿物构成。具中粒结构,块状构造。辉石呈柱状、粒状,粒径为0.5～2.0 mm,无色,具辉石式解理,可见蛇纹石化,含量约50%;橄榄石呈粒状,粒径为0.4～1.6 mm,无色,部分蛇纹石化,形成网格状,含量约30%;普通角闪石呈他形柱状,粒径为0.8～2.8 mm,黄色—褐色,多色性显著,具闪石式解理,可见阳起石化,含量约10%;斜长石呈他形粒状,粒径为0.5～2.0 mm,可见聚片双晶,轻度泥化,含量约7%。金属矿物中磁黄铁矿呈他形粒状,粒径为0.2～2.4 mm不等,乳黄色微带玫瑰棕色反射色,具强非均质性,稀疏浸染状分布,含量约10%;镍黄铁矿呈半自形—他形粒状,粒径为0.08～0.35 mm,淡黄色反射色,反射率高,伴随磁黄铁矿分布,含量约占1%;黄铜矿呈不规则粒状,粒径为0.15～1.4 mm不等,铜黄色反射色,与磁黄铁矿共生分布,含量约1%。岩石长石含量多呈缓慢增长趋势,但总体含量少于10%,自身蚀变以弱蛇纹石化、滑石化为主,矿化则以稠密浸染状姜黄色黄铜矿化为主,共生灰褐色镍黄铁矿化、磁黄铁矿化。矿化分布均匀。

橄榄辉长岩($P\sigma\upsilon$):岩石色调呈灰褐色,具半自形粒状结构,块状构造,由角闪石、辉石、橄榄石、斜长石组成;斜长石呈半自形板状,粒径为(0.4×0.2)～(1.6×1.0) mm,可见聚片双晶,普遍中强度碳酸盐化、绢云母化、葡萄石化,部分仅残留形态,杂乱分布,含量约40%;普通角闪石呈半自形长柱状,粒径为0.6～4.0 mm,多色性显著,浅褐黄色—深褐色,闪石式解理完全,部分晶体见包裹自形浑圆状橄榄石构成包橄结构,含量约10%;辉石呈柱状、粒状,粒径为0.5～2.0 mm,无色,具辉石式解理,可见蛇纹石化,含量约25%;橄榄石呈粒状,粒径为0.4～1.6 mm,无色,部分蛇纹石化,呈网格状,含量约25%。

辉长岩($P\upsilon$):辉长岩为杂岩体中分布最广的岩相,南部与橄榄辉长岩相为相变接触关系。岩石由斜长石、辉石以及少量角闪石组成,辉长结构、辉绿辉长结构,块状构造。斜长石30%,多呈半自形板状,轻微葡萄石化、隐晶帘化。辉石45%,呈他形—半自形柱状,发育辉石式解理。强纤闪石化。部分角闪含量可达20%,半自形长柱状,多色性明显,部分具阳起石化。

该岩体东部局部分布辉长岩中见有辉绿辉长结构,推测为岩体边部处于冷却较快的情况下,故其结构与浅成条件下形成的辉绿岩相似。

(三)岩石化学特征

本次勘查工作针对矿区超基性岩(主要为角闪橄榄辉石岩与辉石橄榄岩)共采集9件岩石化学样品进行主量元素分析,所有样品中 SiO_2 含量在16.75%～40.85%之间,为超镁铁岩。样品中 Na_2O(0.30%～1.51%)、K_2O(0.15%～0.63%)、Al_2O_3(4.23%～10.07%)、P_2O_5(0.05%～0.10%)含量低;TFe_2O_3(13.89%～55.81%)、MgO(1.8%～28.31%)含量高、变化大,TFe_2O_3 + MgO 总量较稳定,位于30.40%～57.61%之间,具体分析结果见表5-2。m/f 值为0.03～1.72,平均值为0.70,属富铁质超基性岩。岩石样品中 Cu、Ni 含量与 TFe_2O_3 含量成线性正相关,与 SiO_2 含量成线性负相关。

表5-2 主量元素分析表　　　　　　　　　　　　　　　　　　　　单位:%

序号	原样号	岩石名称	SiO_2	TiO_2	Al_2O_3	TFe_2O_3	MgO	MnO	CaO	Na_2O	K_2O	P_2O_5	Cu	Ni
1	ZK2404	角闪橄榄辉石岩	40.85	0.37	6.79	13.89	28.31	0.17	3.87	0.86	0.32	0.08	0.17	0.21
2	ZK0805	角闪橄榄辉石岩	39.59	0.32	6.40	15.28	27.37	0.17	3.68	0.79	0.26	0.06	0.35	0.29
3	ZK0805-3	橄榄辉石岩	33.93	0.34	5.84	24.03	20.74	0.15	3.13	1.16	0.32	0.074	1.02	0.73

续表 5-2

序号	原样号	岩石名称	SiO_2	TiO_2	Al_2O_3	TFe_2O_3	MgO	MnO	CaO	Na_2O	K_2O	P_2O_5	Cu	Ni
4	ZK5403	角闪橄榄辉石岩	36.52	0.59	9.92	20.85	13.37	0.14	5.27	1.54	0.63	0.11	0.90	0.76
5	ZK1405-5	角闪橄榄辉石岩	32.24	0.32	5.28	27.03	20.92	0.16	2.86	1.38	0.27	0.062	0.95	0.79
6	ZK5201-3	橄榄辉石岩	30.98	0.52	7.27	24.10	11.10	0.13	3.14	0.98	0.50	0.10	0.65	1.02
7	ZK0402-3	角闪橄榄辉石岩	30.88	0.45	10.07	22.10	8.30	0.10	6.02	1.54	0.44	0.10	1.70	1.15
8	ZK5401-3	橄榄辉石岩	21.38	0.17	4.23	30.20	12.60	0.11	2.03	0.30	0.15	0.05	2.40	2.56
9	ZK2603-8	角闪橄榄辉石岩	16.75	0.17	4.53	55.81	1.8	0.1	2.35	0.96	0.53	0.055	2.79	2.86

（四）稀土微量特征

以往勘查工作针对赋矿超基性岩共采集稀土微量元素分析样品 3 件，分析结果见表 5-3、表 5-4。各样品中稀土总量 ΣREE 为 $25.02\times10^{-6}\sim51.19\times10^{-6}$，平均值为 34.93×10^{-6}，轻稀土 LREE 总量为 $14.76\times10^{-6}\sim30.43\times10^{-6}$，平均值为 20.66×10^{-6}，重稀土 HREE 总量为 $4.19\times10^{-6}\sim8.17\times10^{-6}$，平均值为 5.61×10^{-6}。球粒陨石标准化后，曲线图中（图 5-1）曲线向右倾斜，轻重稀土比值为 $4.19\sim8.17$，平均值为 3.66，$(Ce/Yb)_N$ 比值为 $1.81\sim2.34$，平均值为 2.06，显示出稀土分异较强，轻稀土弱富集，δEu 值为 $0.99\sim1.09$ 之间，平均值为 1.03，δEu 不具异常，表现出无结晶分异特征。

表 5-3 稀土元素分析成果表　　　　　　　　　　　　单位：$\times10^{-6}$

样号	La	Ce	Pr	Nd	Sm	Eu	Gd	Tb	Dy	Ho	Er	Tm	Yb	Lu
ZK0805	2.58	5.58	0.97	4.39	0.92	0.32	1.05	0.14	1.13	0.26	0.60	0.12	0.14	0.10
ZK2404	2.81	6.52	1.08	4.76	1.20	0.42	1.09	0.22	1.14	0.25	0.71	0.11	0.22	0.12
ZK5403	5.09	11.25	2.00	9.35	2.05	0.69	2.06	0.39	2.40	0.53	1.14	0.21	0.39	0.20

表 5-4 微量元素分析成果表　　　　　　　　　　　　单位：$\times10^{-6}$

样号	Rb	Ba	Th	U	K	Nb	Ce	P	Sm	Ti	Y	Yb
ZK0805	1.85	23.58	0.47	0.11	2128	2.28	5.58	276.96	0.92	1 904.57	6.08	0.80
ZK2404	2.18	30.42	0.76	0.13	2656	1.89	6.52	355.78	1.20	2 212.63	7.31	0.83
ZK5403	11.39	102.60	1.61	0.37	5260	2.78	11.25	487.268	2.05	3 555.6	12.60	1.24

微量元素蛛网图中（图 5-2）各样品曲线形态基本一致，均表现出高场强元素 Nb、Ti 的亏损，大离子亲石元素 K、Th、La 的富集特征。

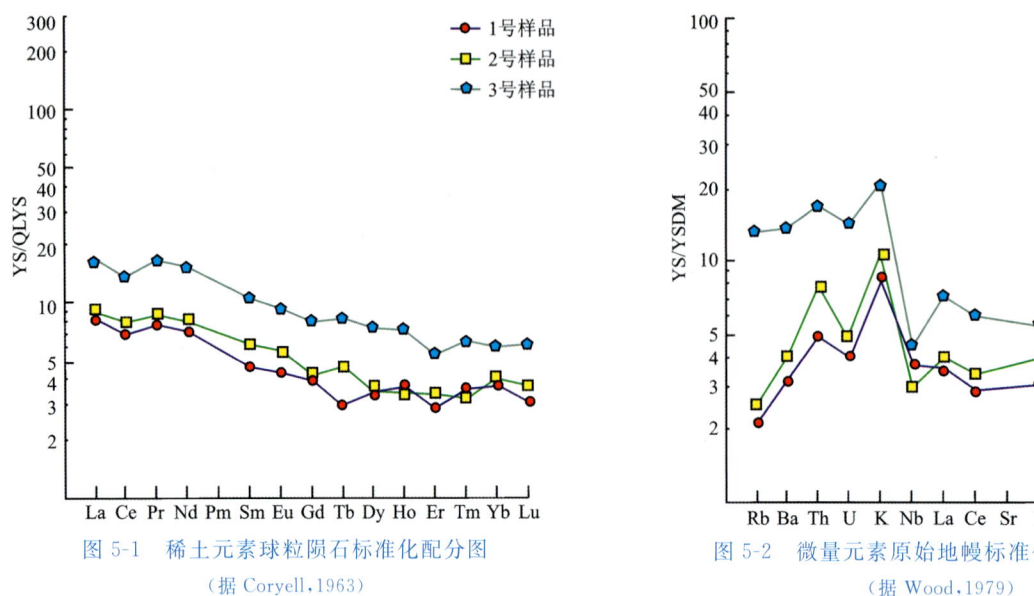

图 5-1 稀土元素球粒陨石标准化配分图
（据 Coryell,1963）

图 5-2 微量元素原始地幔标准化比值蛛网图
（据 Wood,1979）

岩体中 $(Nb/La)_N$ 比值介于 0.62～1.01 之间，以小于 1 为主，Th/Nb(0.21～0.58)、Th/Ta(10.7～42.7) 比值较高，$(Rb/Yb)_N$ 比值为 1.29～5.08，平均值为 2.60，表明岩浆来自受俯冲体交代的幔源区。Nb 异常值为 $0.32 \times 10^{-6} \sim 0.61 \times 10^{-6}$，平均值为 0.45×10^{-6}；Ti 异常值为 $0.50 \times 10^{-6} \sim 0.65 \times 10^{-6}$，平均值为 0.57×10^{-6}，LREE 的弱富集特征、大离子亲石元素元素的富集，表现出岩浆同化混染较强。

第二节 矿床地球化学特征

一、区域元素背景分布特征

白鑫滩一带基本完成了 1:20 万区域化探，1:25 万五堡幅区域化探，1:25 万哈密幅、雅满苏幅区域化探工作。下面主要根据五堡幅 1:25 万区域化探数据以及其他 1:20 万区域化探数据资料介绍本区区域地球化学特征。

Cu 元素高背景值主要分布在土屋—延东一带、海豹滩—白鑫滩一带以及小玛瑙滩—大南湖一带，异常主要呈东西带状分布。目前在该高背景区发现了一定的铜矿床，如土屋铜矿、延东铜矿、灵龙铜矿、赤湖铜矿等。此次工作区内发现的白鑫滩铜镍矿也在该铜高背景中，主要是由于该区有含铜、镍的超基性岩体以及含铜的斑岩体，并且奥陶系恰干布拉克组中的基性火山岩中铜背景也较高（图 5-3）。

Ni 元素高背景值主要分布在工作区西南部，康古尔断裂以北白鑫滩-海豹滩区域。本次工作发现的白鑫滩铜镍矿床就位于该元素的高背景区域。主要是由含铜镍的基性—超基性岩体所引起，奥陶系恰干布拉克组中的基性火山岩中的镍背景也较高（图 5-4）。

Au 元素高背景值在区内比较分散，主要沿康古尔断裂两侧分布，其他区域也有零星分布，可能为其他类型矿床伴生元素所引起。工作区内在寻找斑岩及超基性岩铜镍矿的同时，要注意伴生金元素的富集情况，评价是否达到工业品位要求（图 5-5）。

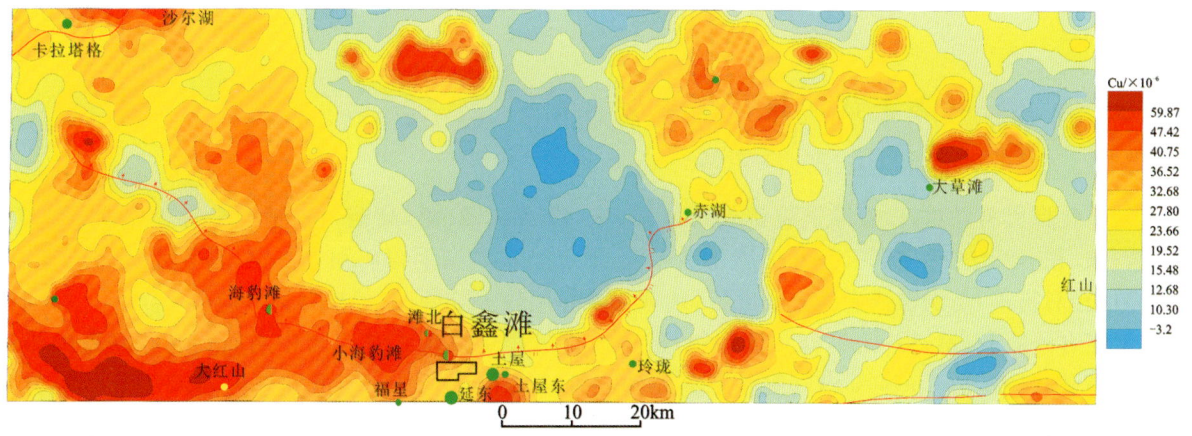

图 5-3　区域 Cu 地球化学图

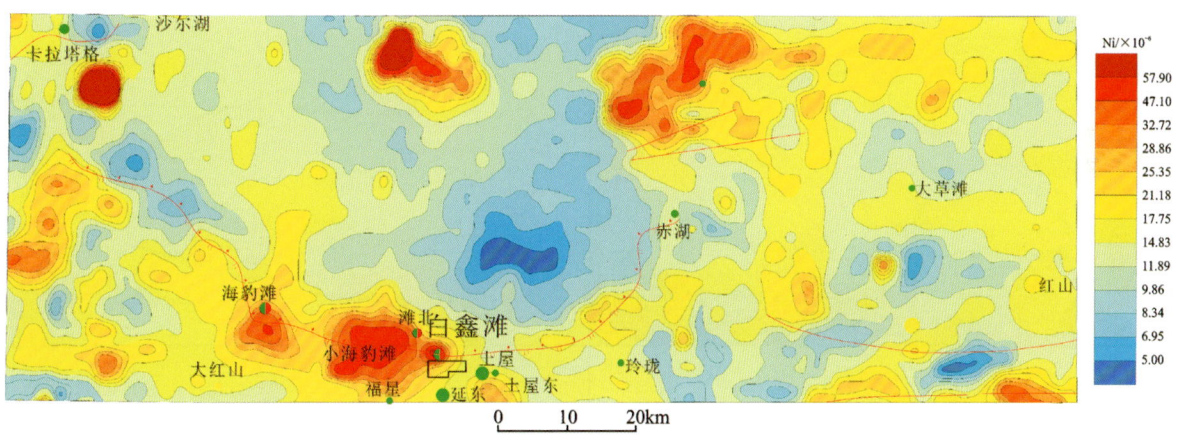

图 5-4　区域 Ni 地球化学图

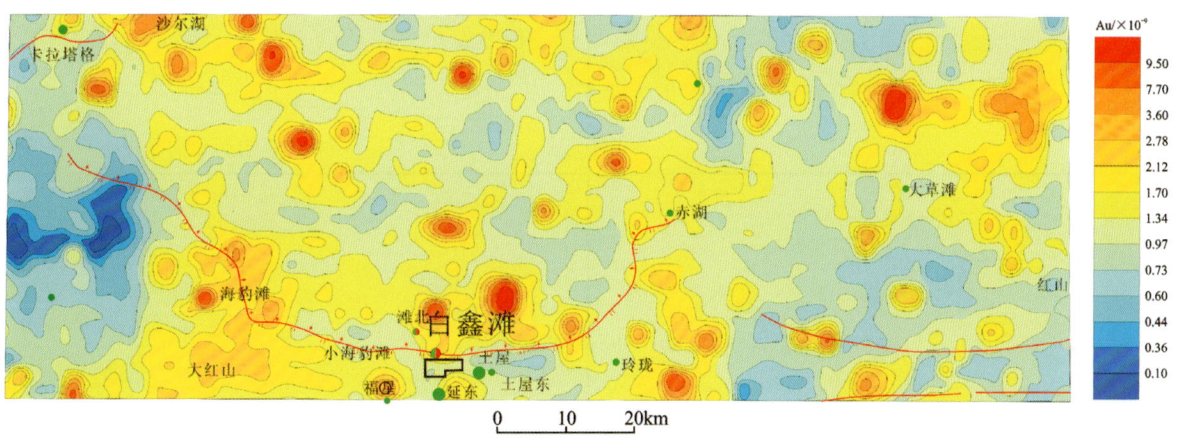

图 5-5　区域 Au 地球化学图

区域上属东天山地区,主要成矿元素背景特征与新疆天山主要成矿元素背景值相比,东天山地区 Au、Cu、Mo、Ag、Pb、Zn、Sb、Hg、W、Sn 等元素均属正常背景分布。东天山地区 Au、Mo、Hg、Cu、Sb、Ni、Ag、Pb、Zn、W、Ni 总体属正常分布;Au、Mo、Hg 趋于明显富集状态。除 Zn 元素外,Au、Hg、Sb、Cu、Ag、Pb、W、Sn、Mo、Ni 等元素均处于不均匀分布,尤其是 Au、Hg、Sb、Cu、Ag、Pb、W、Sn 等元素变化系数在 1.4 以上,Au、Hg、Sb、Cu 等个别元素变化系数大于 2.0,说明这些元素容易在局部地区富集成矿。

综上所述,东天山地区处于富集或分布不均匀(局部富集)的特征元素组合主要为 Au、Mo、Hg、Sb、Cu、

Ag、Pb、W、Sn、Ni等,总体上反映了区域以金、钼、铜、镍、铅、锌、银、多金属、钨、锡等为主的矿化特征。

二、白鑫滩一带区域地球化学异常特征

区域化探资料显示,白鑫滩铜镍矿处于富镁、铬、镍、钴、钼、锶,高铜、锌、铀、铋、锑、钇、锂、钨、砷、铁、钛、铍、铌、硼、磷、铝,低锡、钍的地球化学环境,不仅呈现典型铜镍矿铜-镍-铬-钴元素组合,钼、锌、砷、锑也相对富集,是铜镍成矿的有利因素,地球化学环境较为复杂,与找矿目标对应关系清晰。除铜镍矿元素组合外,还有钨-钼-铋组合及砷锑等,矿床评价过程中发现了花岗岩中与石英脉相联系的钼矿化。区域化探圈定的Cu-Ni-Cr-Co组合异常,面积达155.2 km²,其中,Cu异常面积71.37 km²、Ni异常面积98.17 km²、Cr异常面积187.89 km²。各元素最大值Cu为86.9×10^{-6}、Ni为118.3×10^{-6}、Cr为251.3×10^{-6},平均值Cu为68.94×10^{-6}、Ni为63.89×10^{-6}、Cr为112.31×10^{-6}(图5-6)。

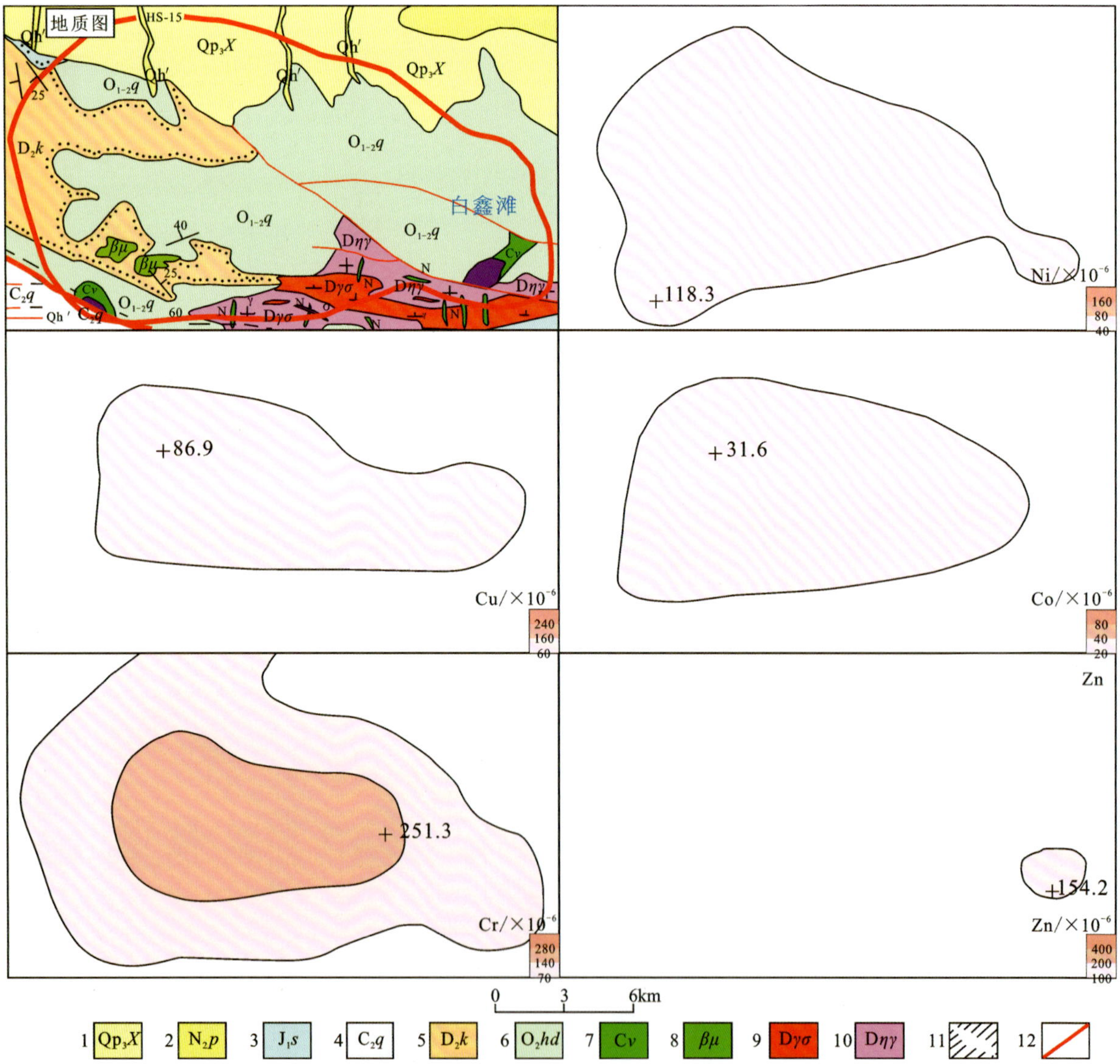

1.上更新统新疆群;2.上新统葡萄沟组;3.下侏罗统三工河组;4.上石炭统企鹅山组;5.中泥盆统康古尔塔格组;6.中—下奥陶统恰干布拉克组;7.石炭纪辉长岩;8.辉绿岩;9.泥盆纪花岗闪长岩;10.泥盆纪二长花岗岩;11.糜棱岩带;12.性质不明断层

图5-6 1:25万HS-15综合异常剖析图

三、1∶5万地球化学异常特征

化探普查成果显示,白鑫滩铜镍矿异常清晰,呈现完整的铜镍矿异常 Cu-Ni-Cr-Co 组合(图5-7,表5-5)。

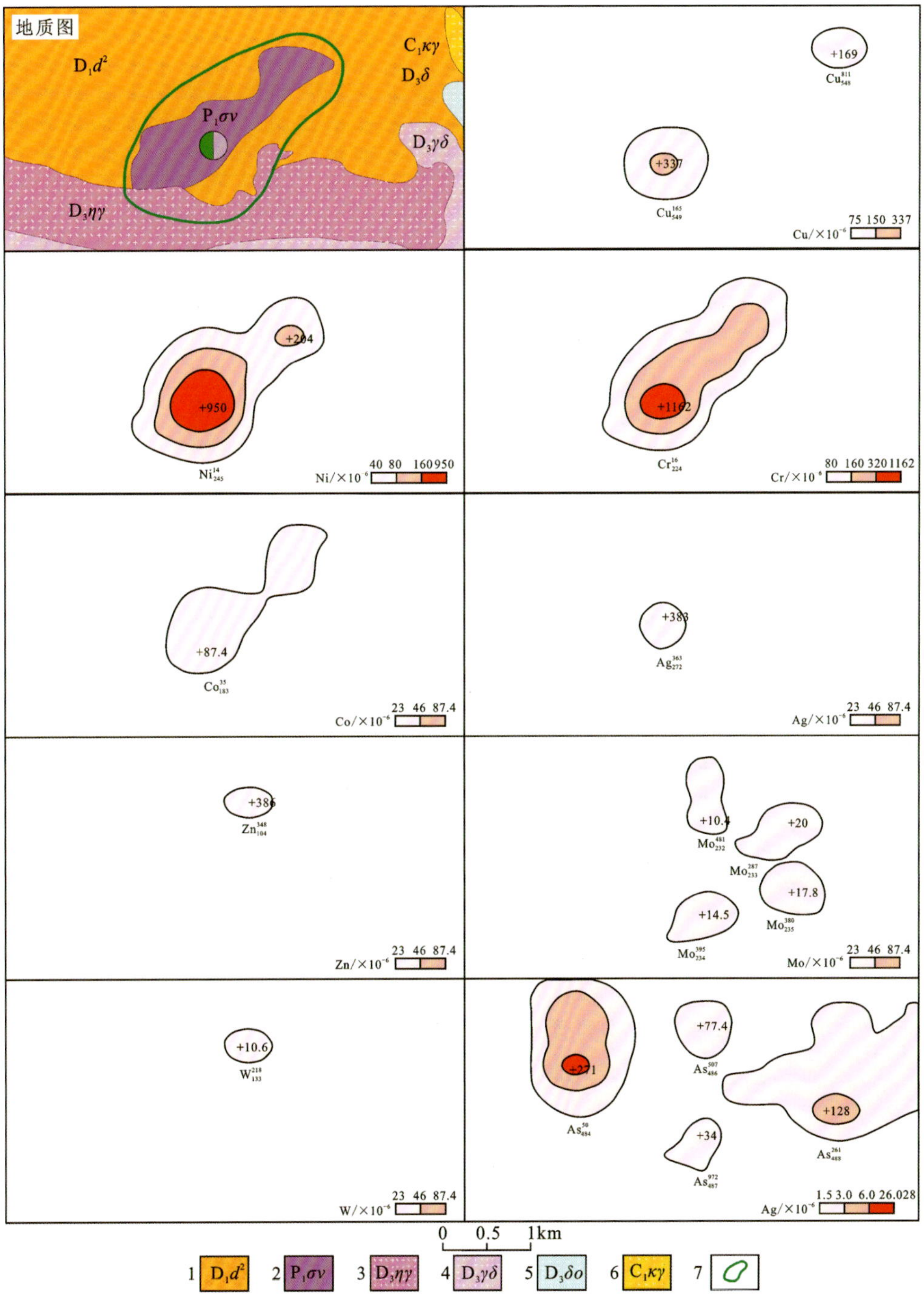

1.下(早)泥盆统大南湖组二段;2.下(早)二叠统橄榄辉长岩;3.上(晚)泥盆统二长花岗岩;4.上(晚)泥盆统花岗闪长岩;5.上(晚)泥盆统石英闪长岩;6.下(早)二叠统碱长花岗岩;7.异常区

图5-7 白鑫滩铜镍矿1∶5万化探(DZHt-172)异常剖析图

表 5-5　白鑫滩铜镍矿 1∶5 万化探异常特征参数表

异常元素及编号	异常下限/$\times 10^{-6}$	面积/km²	最高值/$\times 10^{-6}$	平均值/$\times 10^{-6}$	衬度	异常（NAP）	浓度分带
Cu-549	75	0.62	337	167.57	3.35	2.08	2
Ni-245	40	2.18	950	114.03	2.85	6.21	3
Cr-224	80	2.28	1162	211.68	2.65	6.03	3
Co-183	23	1.17	87.4	44.71	1.94	2.27	1
Ag-272	100	0.2	383	383	3.83	0.77	2
Zn-104	120	0.15	386	386	3.22	0.48	2
Mo-232	4	0.33	10.4	6.38	1.59	0.53	1

注：此外还包括 Mo-233、Mo-234、W-133、As-486、As-487 异常。

1∶5 万土壤测量圈定的异常以强度高、规模中等且与杂岩体出露范围相适应、元素组合全、形态规整、同位性好、周边出现 W、Mo、As 异常为特征。异常似肾状，北东向延伸，面积 3.09 km²。元素组合为 Ni-Cr-Co-(Cu-Ag、Zn)，周边出现 Mo、As、W 等。异常中心位于西南，相关元素的最高值均出现在异常中心。

Ni、Cr、Co 异常面积基本相当，在 1.17～2.28 km² 之间，是主要异常元素。Ni、Cr 出现特高含量，分别为 850×10^{-6} 和 1162×10^{-6}，具三级浓度带。Cu、Ag、Zn 异常仅出现在异常中心，Cu、Ag、Zn 最大值分别为 337×10^{-6}、383×10^{-6}、386×10^{-6}，是相对次要元素，但有重要指示意义。W、Mo、As 异常的出现（Mo 最大值为 20.8×10^{-6}，W 最大值为 12×10^{-6}），可能是该区叠加的钼矿化（钻孔深部杂岩体底盘花岗岩中存在辉钼矿化）所致。

第三节　矿床地质-地球化学模型

一、地球化学成矿信息标志

2013 年自治区地勘基金项目在矿区内完成了 1∶1 万土壤测量 10 km²，采岩屑样 2566 件。分析了 Au、Ag、As、Sb、Cu、Pb、Zn、Mo、Ni、Co 等 10 种元素，各元素含量明显提高，Cu、Ni 等异常浓集中心进一步明确，反映出了基性—超基性岩体的含矿性，尤其是 HT-1、HT-2 号以铜镍为主的综合异常与基性—超基性岩体吻合较好。全区圈定单元素异常 199 个，综合异常 3 个。圈定的综合异常中，以铜、镍为主的综合异常 2 个，以钼为主的综合异常 1 个，具体特征介绍如下。

（一）元素异常分布特征

Cu、Ni、Co 异常主要分布在矿区的中北部，呈北东东向带状展布，主要分布于基性—超基性杂岩体中，主要岩性为辉石橄榄岩、角闪橄榄辉石岩、橄榄辉长岩、辉长岩，且异常高值区域与地表矿体吻合较好（图 5-8～图 5-10）。

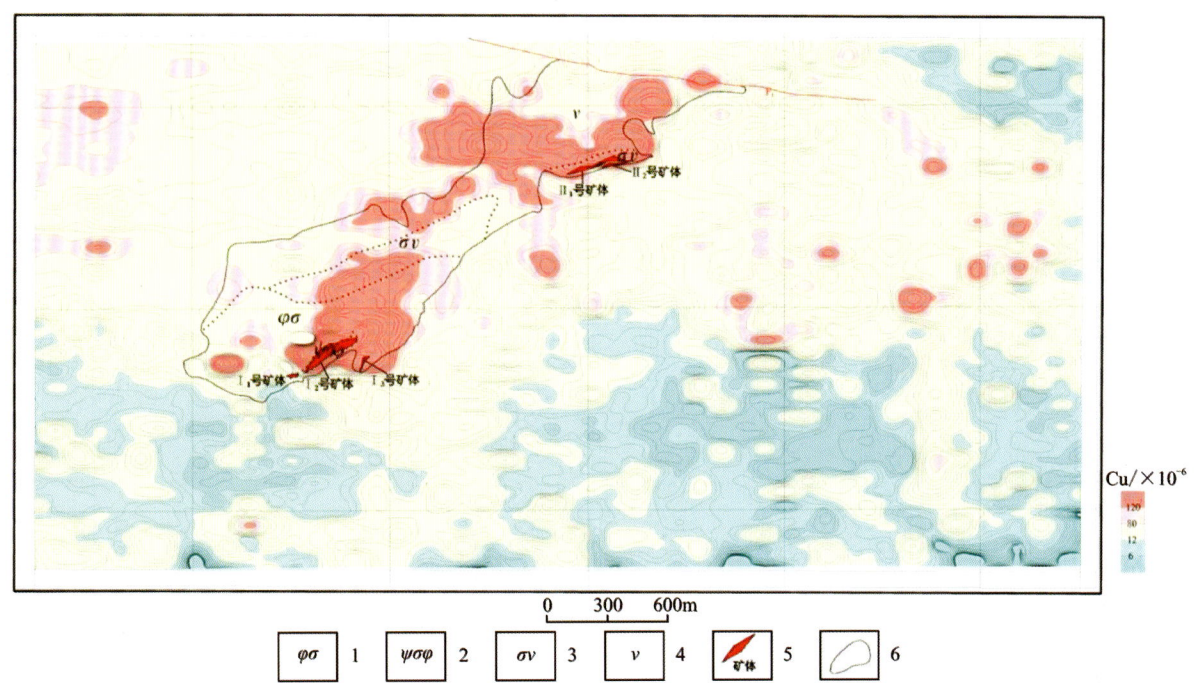

1.辉石橄榄岩；2.角闪橄榄辉石岩；3.橄榄辉长岩；4.辉长岩；5.铜镍矿体；6.基性—超基性杂岩体范围

图 5-8　白鑫滩铜镍矿区 1∶1 万 Cu 地球化学图

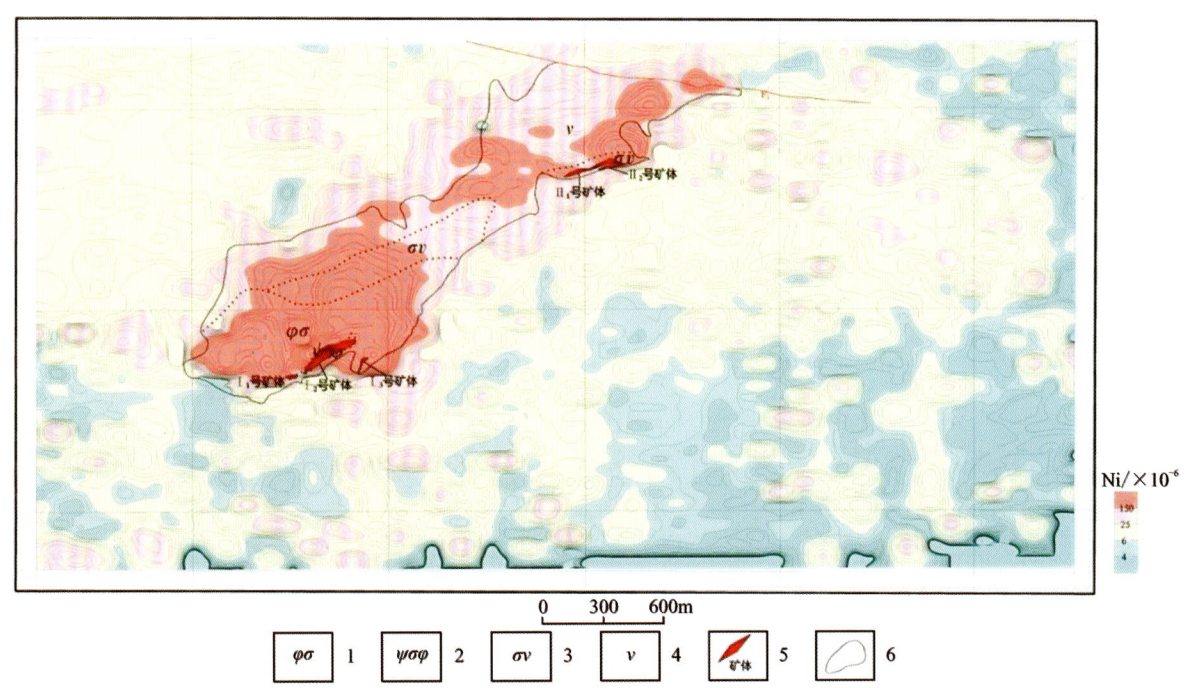

1.辉石橄榄岩；2.角闪橄榄辉石岩；3.橄榄辉长岩；4.辉长岩；5.铜镍矿体；6.基性—超基性杂岩体范围

图 5-9　白鑫滩铜镍矿区 1∶1 万 Ni 地球化学图

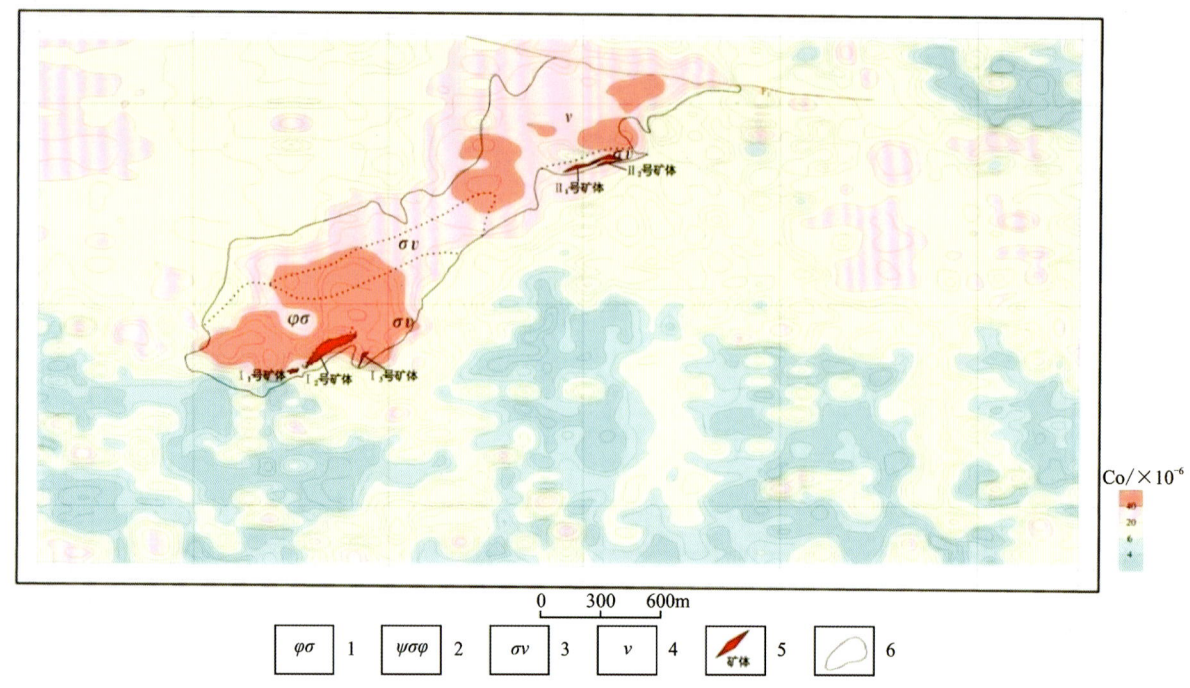

1.辉石橄榄岩;2.角闪橄榄辉石岩;3.橄榄辉长岩;4.辉长岩;5.铜镍矿体;6.基性—超基性杂岩体范围

图 5-10　白鑫滩铜镍矿区 1∶1 万 Co 地球化学图

(二)综合异常分布特征

白鑫滩矿区内,各综合异常特征见表 5-6,共圈出以 Cu、Ni 为主的综合异常 2 处,以 Cu、Mo 为主的综合异常 1 处,见图 5-11。

表 5-6　白鑫滩 1∶1 万土壤(岩屑)测量综合异常特征表

异常编号 特征	面积/ km^2	元素组合	元素平均值(极大值)/ $\times 10^{-6}$	地质特征
HT-1	0.67	Cu、Ni、Co	Cu:589.11(3 083.4) Ni:543.95(3 525.4) Co:60.15(126.1)	主要出露地层为中—下奥陶统恰干布拉克组灰绿色玄武岩、安山岩、英安岩。侵入岩主要为二叠纪辉长岩,另见少量辉绿岩脉。在辉长岩中见孔雀石化
HT-2	0.16	Cu、Ni、Co、Au、Ag	Cu:1 390.39(5 530.1) Ni:1 384.5(9 268.3) Co:60.15(126.1) Au:23.2(151.8) Ag:244 (1187)	主要出露地层为中—下奥陶统恰干布拉克组,岩性以灰绿色玄武岩、安山岩、英安岩为主。侵入岩主要为二叠纪辉长岩、橄榄辉长岩、辉石橄榄岩,另见泥盆纪二长花岗岩、花岗闪长岩。在橄榄辉石岩中见孔雀石化
HT-3	0.298	Cu、Pb、Zn、Mo	Cu:570.6(859.9) Pb:93.82(165.3) Zn:620.77(1 534.6) Pb:185.03(535.75)	区内出露侵入岩主要为石炭纪石英闪长岩,辉绿岩脉。少量泥盆纪二长花岗岩、花岗闪长岩、钾长花岗岩

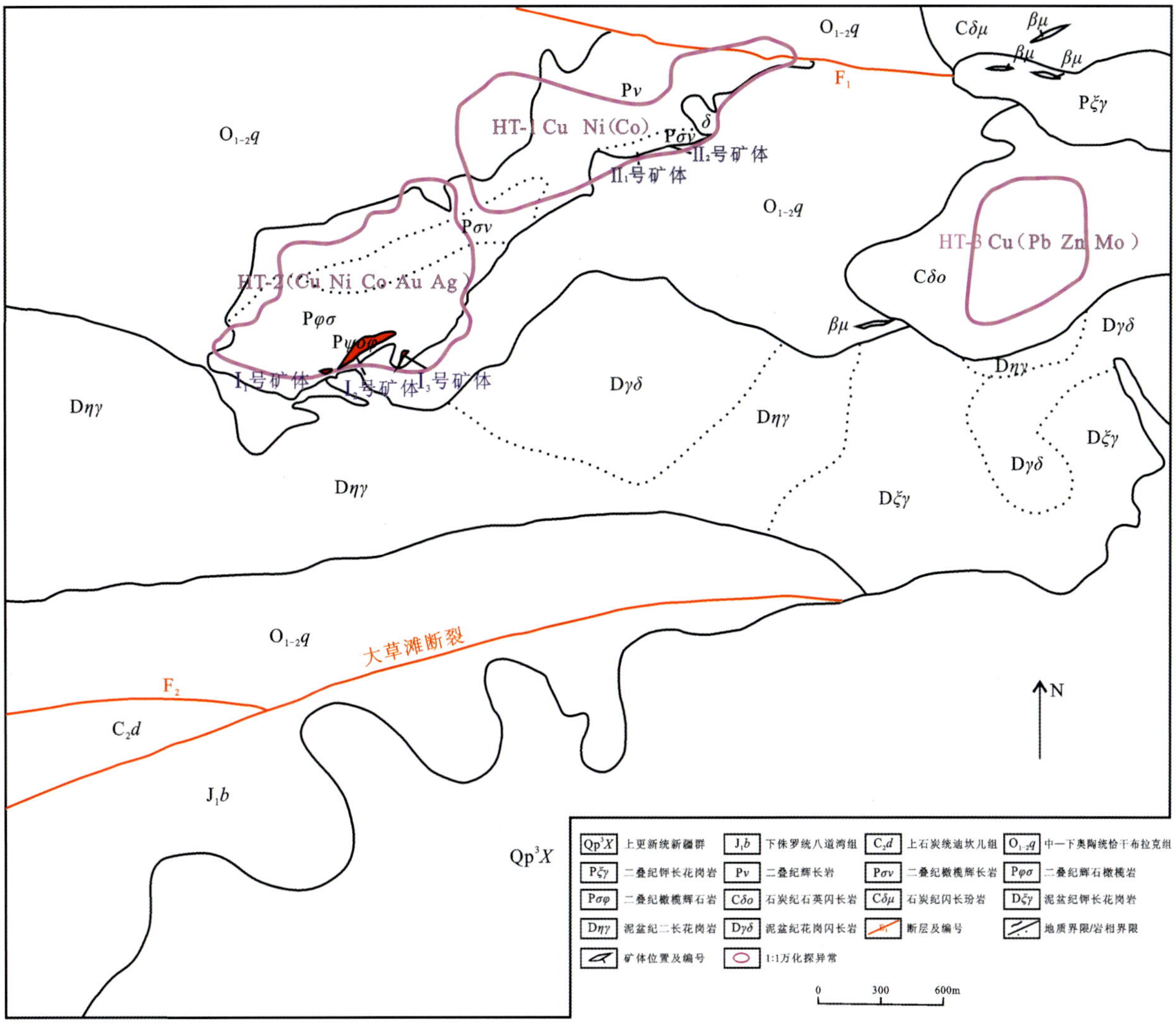

图 5-11 白鑫滩铜镍矿区 1∶1 万化探综合异常图

HT-1、HT-2 综合异常以铜镍为主,分布在矿区东中北部,异常呈北东向带状分布,具有面积大,套合紧密,浓集中心明显等特征(表 5-7、图 5-12)。

表 5-7 HT-1 综合异常特征表

异常编号	异常下限/×10^{-6}	异常面积/km^2	异常均值/×10^{-6}	异常极大值/×10^{-6}	异常衬度	异常 NAP	浓度分带
Cu-1	120	0.012 5	519.9	519.9	4.333	0.054 1	3
Cu-3	120	0.345	589.11	3 083.4	4.909	1.693	3
Cu-6	120	0.064 6	204	204	1.7	0.109 8	1
Ni-1	150	0.02	495	829.5	3.3	0.066	3
Ni-2	150	0.119	543.95	3 525.4	3.626	0.432	3
Ni-3	150	0.146	332.6	340.3	2.217	0.323	2
Co-1	40	0.033 7	54.76	67.3	1.369	0.046	1
Co-2	40	0.039 9	60.15	126.1	1.503	0.059 9	2
Co-3	40	0.103	54.033	59.5	1.35	0.139	1

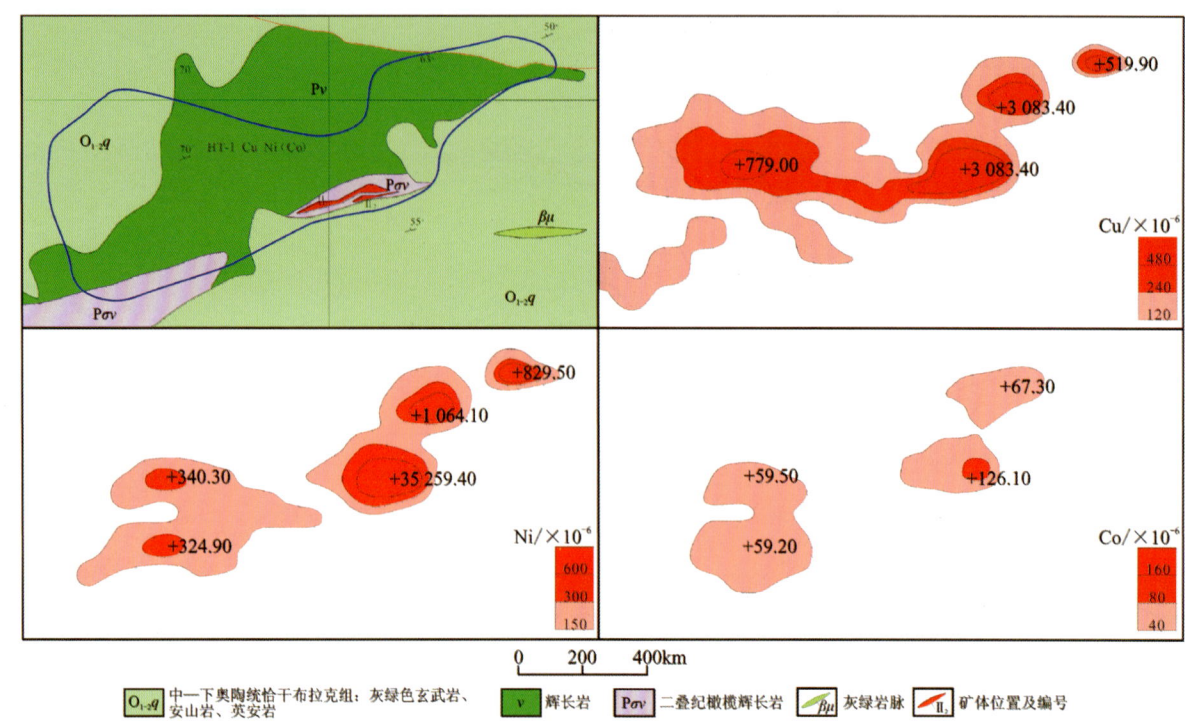

图 5-12 HT-1 综合异常剖析图

HT-1 号综合异常与含矿的基性—超基性岩体的东部基性程度较弱的区域吻合较好,但总体元素含量较西部区域的 HT-2 号异常要低,一定程度上反映出与基性—超基性岩有关的铜镍矿,基性程度越高,含矿性越好,品位越高。

HT-2 号综合异常(表 5-8,图 5-13)与含矿的基性—超基性岩体西部基性程度较高的区域吻合较好。铜元素异常值最高可达 $1390.39×10^{-6}$,镍元素最高值可达 $1384.5×10^{-6}$。

以铜、钼元素为主的综合异常为 HT-3 号综合异常,分布在矿区东部,具有元素套合紧密,浓集中心明显的特征。

表 5-8 HT-2 综合异常特征表

异常编号	异常下限/ $×10^{-6}$	异常面积/ km^2	异常均值/ $×10^{-6}$	异常极大值/ $×10^{-6}$	异常衬度	异常 NAP	浓度分带
Cu-6	120	0.065	204	204	1.7	0.11	1
Cu-16	120	0.269	1 390.39	5 530.1	11.59	3.11	3
Cu-17	120	0.004 5	180	180	1.5	0.006 7	1
Cu-19	120	0.014	587.6	587.6	4.9	0.067	3
Ni-4	150	0.643	1 384.5	9 268.3	9.23	5.93	3
Co-4	40	0.395	99.92	347	2.5	0.986	3
Au-18	3	0.18	23.2	151.8	7.73	1.393	3
Au-24	3	0.022	8.375	10.3	2.79	0.061	2
Ag-6	100	0.238	244	360	2.44	0.58	2
Ag-8	100	0.018	153.17	166	1.53	0.027	1
Ag-9	100	0.004	153.5	153.5	1.54	0.006 7	1
Ag-10	100	0.03	1187	1187	11.87	0.36	3

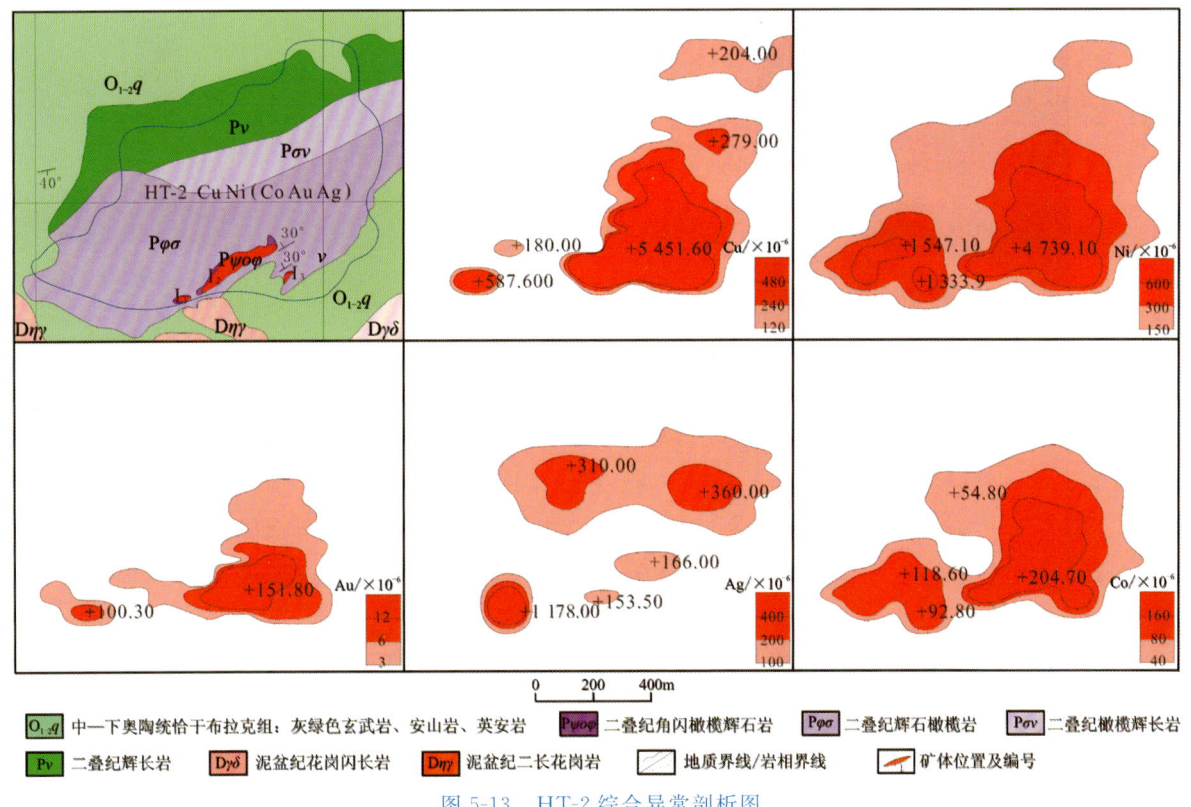

图 5-13　HT-2 综合异常剖析图

HT-3 号综合异常(表 5-9、图 5-14)出露侵入岩主要为石炭纪石英闪长岩、辉绿岩脉。少量泥盆纪二长花岗岩、花岗闪长岩、钾长花岗岩。该综合异常区是寻找斑岩型铜钼矿床的有利靶区。2019 年度针对该异常开展重、磁、电剖面测量,结果显示异常特征不明显,经地表探槽揭露显示,闪长岩内可见孔雀石化发育,但均呈薄膜状分布,品位均低于 0.09%。

表 5-9　HT-3 综合异常特征表

异常编号	异常下限/ $\times 10^{-6}$	异常面积/ km^2	异常均值/ $\times 10^{-6}$	异常极大值/ $\times 10^{-6}$	异常衬度	异常 NAP	浓度分带
Cu-13	120	0.008 5	212.25	225.9	1.769	0.015	1
Cu-14	120	0.018 8	570.6	859.9	4.755	0.089 6	3
Pb-7	20	0.010 1	45.2	45.2	2.26	0.022 8	2
Pb-9	20	0.043	93.82	165.3	4.691	0.201 7	3
Pb-11	20	0.010 7	48.75	48.75	2.437 5	0.026 1	2
Zn-9	120	0.001 6	158.7	158.7	1.322 5	0.002 13	1
Zn-10	120	0.015 9	170.3	196.6	1.423	0.022 6	1
Zn-12	120	0.033 2	620.77	1 534.6	5.173	0.172	3
Mo-15	8	0.029 9	185.03	535.75	23.13	0.692	3
Mo-17	8	0.012 3	27.68	46.3	3.46	0.042 5	3

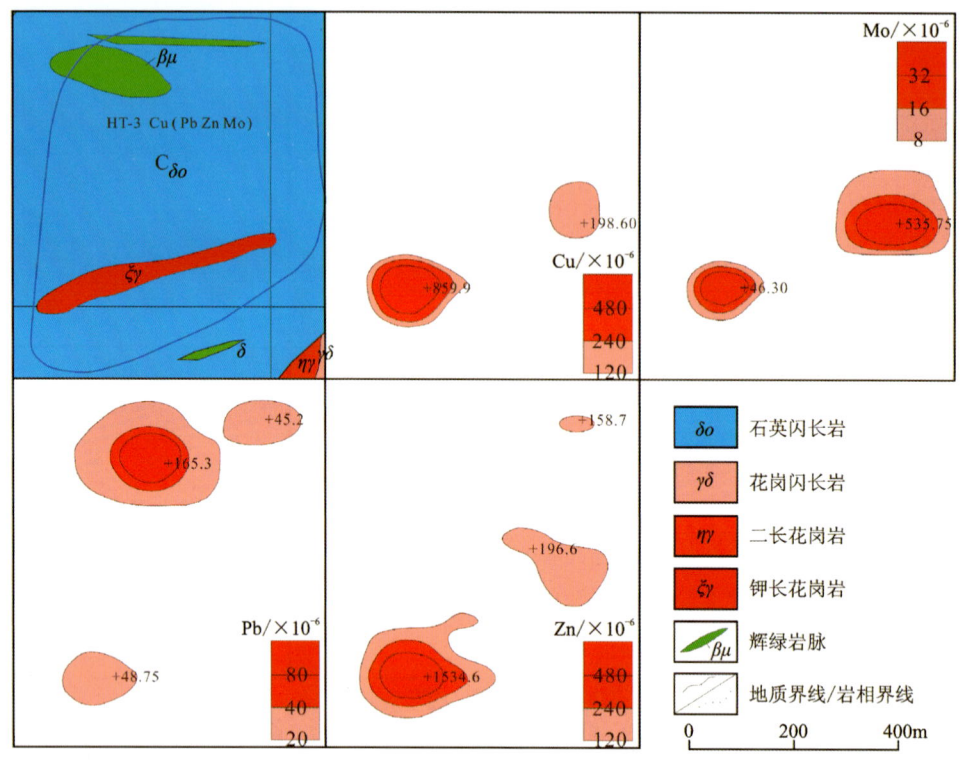

图 5-14　HT-3 综合异常剖析图

1∶1 万土壤测量 Cu、Ni、Co 元素及综合异常对圈定白鑫滩矿体潜在地段具有较直接的找矿意义。元素综合异常显示 Cu、Ni、Co 元素异常与超基性—基性杂岩体高度吻合,且仅被圈定于杂岩体内,表明超基性—基性杂岩体是铜镍成矿的必要条件,岩体基性程度越高,元素异常越明显。因此橄榄岩、二辉橄榄岩、辉石岩、橄榄二辉岩、辉长岩等基性程度高的岩体是圈定白鑫滩潜在矿体的重点对象。此外,元素 Cu 异常显示,在杂岩体内部出现的孔雀石化可作为圈定远景地段的有利因素。Cu、Pb、Zn、Mo 综合异常及花岗岩、花岗闪长岩等中性岩体的大量出露显示白鑫滩东部矿体有辉钼矿化的较大可能。结合区域地球化学特征(1∶20 万区域化探测量),白鑫滩等东天山铜镍硫化物矿床均沿康古尔-黄山板块碰撞缝合带内的深大断裂及次级断裂分布。因此,小比例尺地球化学分析显示的区域构造矿床分布特征是寻找铜镍硫化物矿床的前提,大比例尺地球化学元素异常分析显示的高度吻合的超基性—基性杂岩体及少量的孔雀石化是圈定资源潜在地段及矿体远景地段的有利指标。

结合区域地球化学元素组合异常特征,Cu、Ni、Cr、Co 元素异常组合,伴生 Au、Mo、As 元素异常是寻找超基性岩型铜镍矿的地球化学标志。

(三)元素比值指示信息

研究表明,利用矿石的 Cu/Ni 比值可以指示岩浆的流动方向。岩浆从岩浆房进入岩浆通道并发生结晶分异,形成橄榄石、辉石等一系列硅酸盐矿物,其中,橄榄石结晶会吸收岩浆中的 Ni($D_{Ni}=7$),硫化物熔离过程,D_{Ni} 高于 D_{Cu},导致演化的岩浆 Cu/Ni 比值升高;硫化物分异,单硫化物固溶体(MSS)结晶,导致剩余的硫化物熔体 Cu/Ni 比值升高。因此,随着岩浆从这一段通道移出,硫化物矿石的 Cu/Ni 比值会升高。根据这一理论依据,对所有品位不小于 1% 的 Cu、Ni 数据进行整理、汇总,并根据上部辉石岩以及下部辉长岩进行分类,进行计算、绘图,得到白鑫滩矿区辉石岩及辉长岩 Cu/Ni 比值平面规律示意图(图 5-15)。

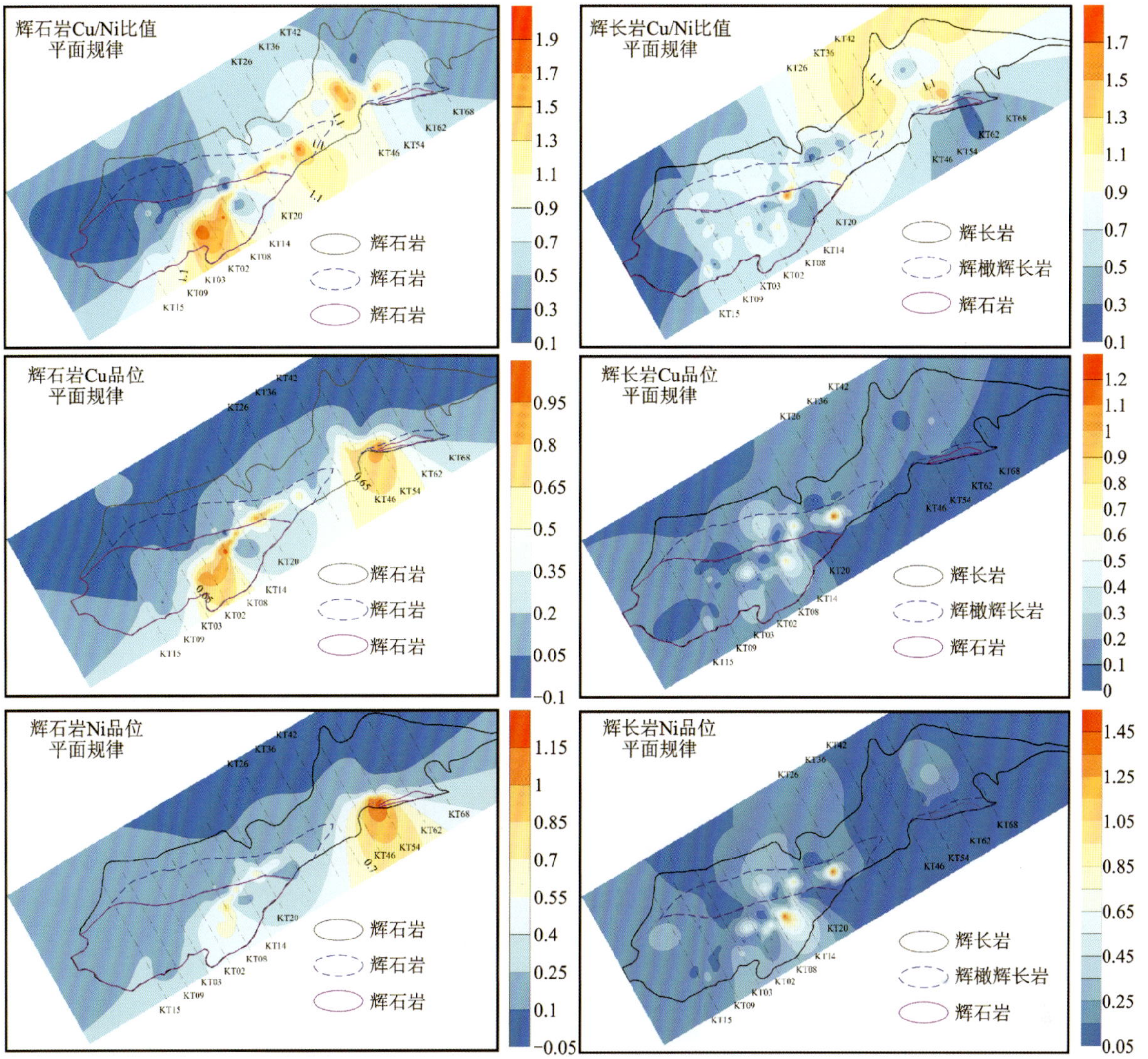

图 5-15 白鑫滩矿区辉石岩及辉长岩 Cu/Ni 比值平面规律示意图

因上部辉石岩中的矿石构造一般以星点状、浸染状为主,矿石品位相对下部辉长岩(以网脉状、块状矿石为主)较低,Cu、Ni 元素并未发生大规模分异,Cu/Ni 比值更能反应岩浆流动方向。因此本研究从各勘查线钻孔中将辉石岩、辉长岩的 Cu、Ni 数据进行提取分类,以得到更具准确性、说服力的 Cu/Ni 比值规律。图 5-15 中辉石岩和辉长岩中矿体的 Cu-Ni 相关性均较强,据上述 Cu/Ni 比值原理,可得 10~14 号勘查线及东侧 40 号勘查线附近 Cu/Ni 比值处于全区平面图的两个低值区,表明在岩浆通道入口预测钻孔在 ZK1003、ZK1204、ZK1404 及 ZK4002 及其附近辉长岩 Cu/Ni 比值规律主要体现在东侧大号线区域,且在 50 号勘查线附近为低值区。和辉石岩大号线 Cu/Ni 比值低值区相结合,可预测岩浆通道流动方向,即岩浆从深部向南西向流动演化。

除此之外,还对垂直勘查线方向大剖面(以Ⅱ号和Ⅴ号为主)的 Cu/Ni 比值进行数据分析,未对上部辉石岩及下部辉长岩进行分类,得到图 5-16 和图 5-17。图 5-16 显示西侧小号线区 Cu-Ni 相关性较强,Cu/Ni 比值具有连续下降的趋势,在 10 号勘查线处 Cu/Ni 比值最低值,与平面图规律一致;图 5-17 显示 Cu-Ni 相关性极强,且在 I_4 号勘查线处 Cu/Ni 比值最低值,可指示 I_4 勘查线为岩浆通道的入口,与上述平面图规律一致。

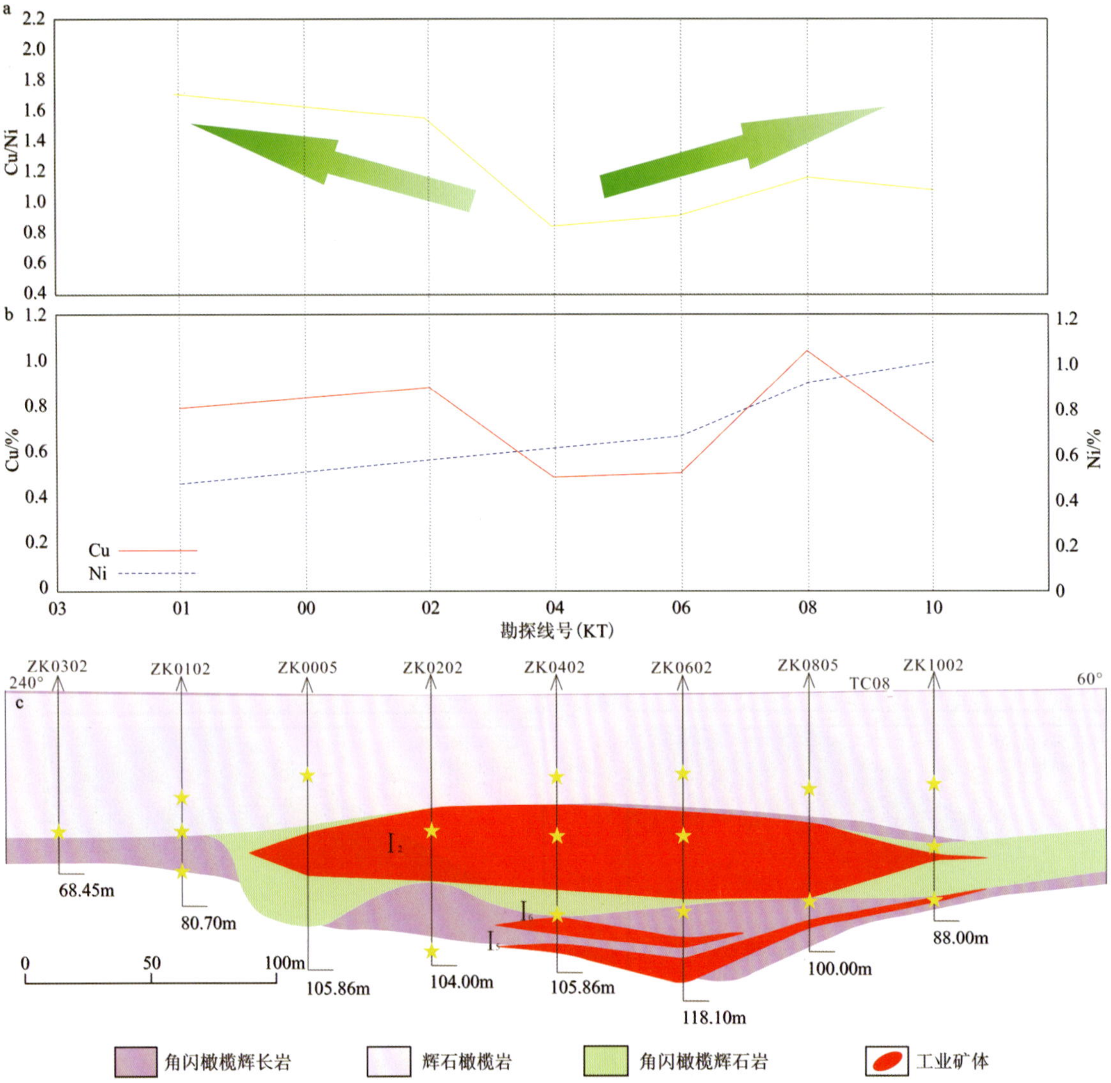

图 5-16 白鑫滩矿床西端Ⅱ号纵切剖面(c)与铜镍比值规律(a、b)图

二、地质-地球化学模型

结合东天山区域地球化学元素异常特征及白鑫滩矿区地球化学元素异常、元素比值规律等,对白鑫滩矿床不同尺度的地质-地球化学信息进行提取与分析,建立了白鑫滩矿床地质-地球化学模型(图5-18,表5-10)。白鑫滩矿区处于碰撞后伸展环境(286.2 Ma,Feng et al.,2018)。原始地幔受到板块俯冲的交代作用开始部分熔融,使得成矿元素Cu、Ni、PGE等进入镁铁质-超镁铁质岩浆,随深大断裂或其次级断裂向上运移。由于地壳物质和还原性有机碳的混染、围岩硫的加入,触发了携带成矿元素的硫化物熔体发生熔离作用,成矿元素通过硫化物熔体熔离、结晶分异等形成黄铜矿(成矿元素Cu主导)、镍黄铁矿(成矿元素Ni主导)、磁黄铁矿等金属矿物,经过硅酸盐熔体结晶分异、硫化物熔体熔离作用后的分异岩浆继续向地壳浅部运移,金属矿物因重力因素逐渐聚集在浅部岩浆房,由浅到深依次形成浸染状矿石、网脉状矿石、块状矿石。在近地表部分成矿元素Cu以孔雀石等氧化物呈现,结合伊丁石化等,可圈定矿体资源潜在地段。

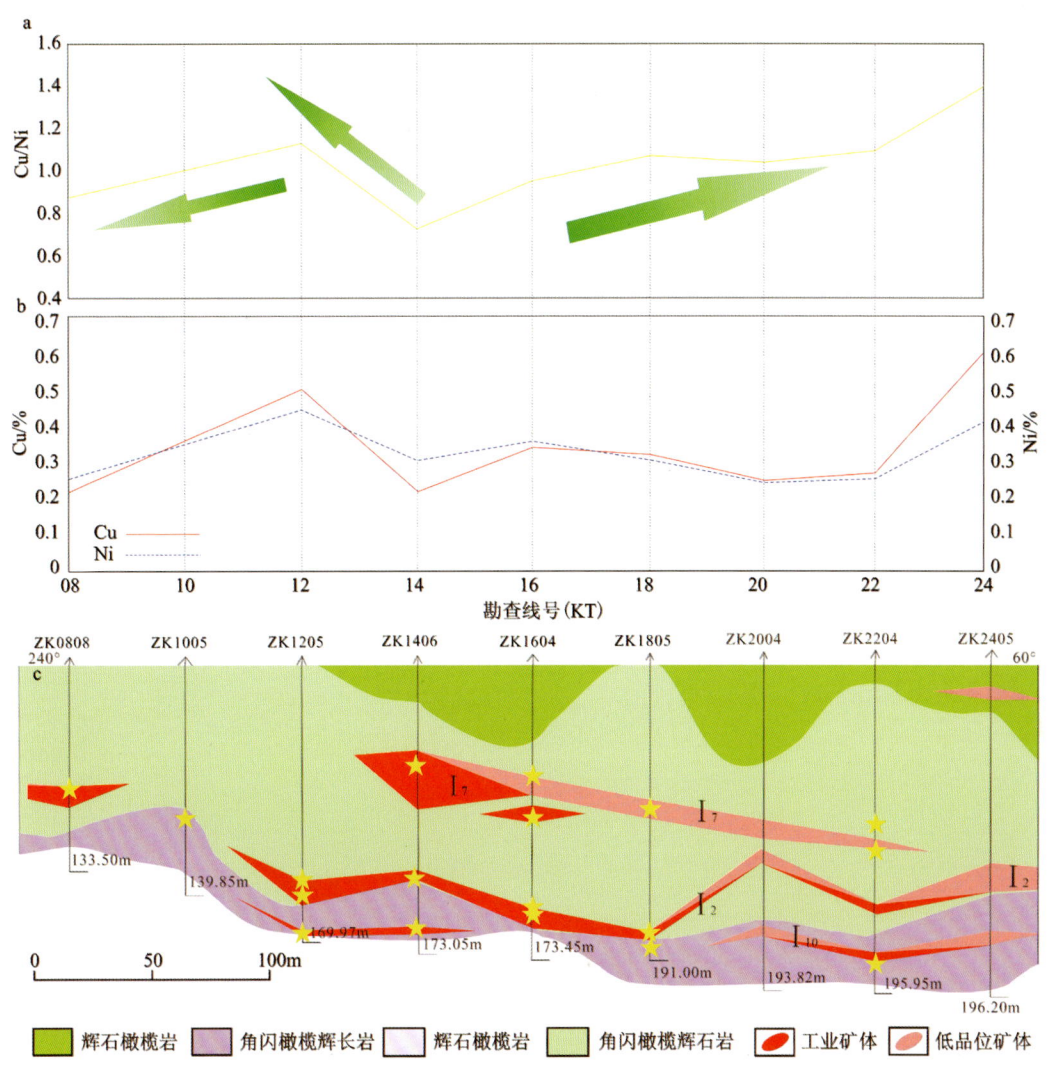

图 5-17 白鑫滩矿床西段 V 号纵切剖面(c)与铜镍比值规律(a、b)图

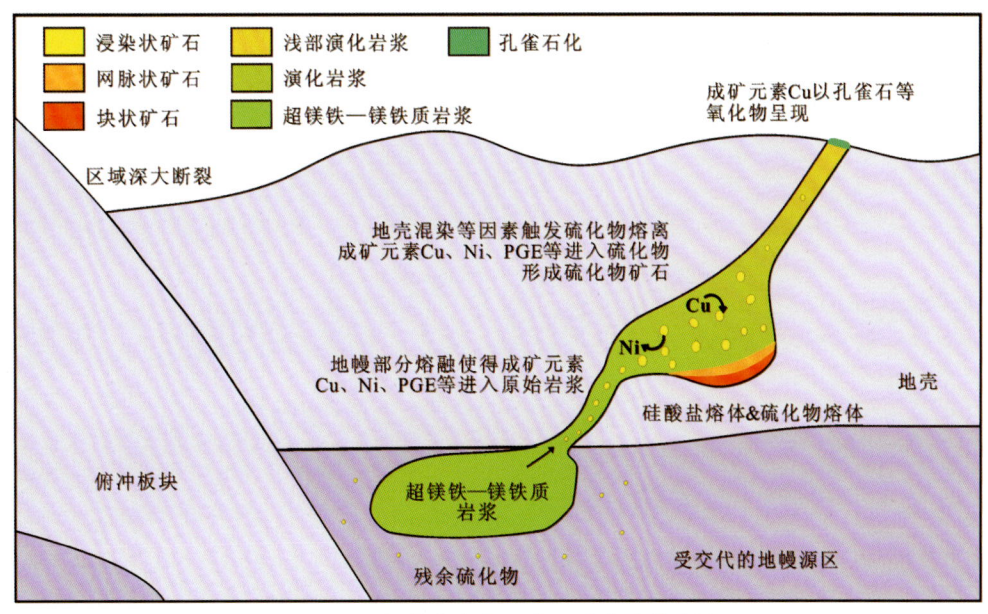

图 5-18 白鑫滩矿床地质-地球化学模式图

表 5-10　白鑫滩矿床地质-地球化学模型表

地质	地球化学	
	元素异常分布	有利成矿岩体地球化学特征
晚古生代康古尔-黄山板块碰撞缝合带	铜镍地球化学省内及其附近	①高 Cu/Zr 比对成矿有利。 ②Cu 同位素变化范围大（Zhao et al.，2024），轻的 Cu 同位素可能指示岩浆通道入口。 ③Cu/Ni 比值最低处是岩浆通道预测出口；岩浆随 Cu/Ni 比值升高而演化。 ④Cu-Ni 元素相关性较强。 ⑤矿石 Cu、Ni 品位与矿体厚度成正比。 ⑥橄榄石中 Fo 值为 77～86，Ni 含量小于 0.22% 对成矿有利（Su et al.，2012）
缝合带内的深大断裂及其次级断裂	1∶20 万铜镍及其相关元素高背景和异常	
超镁铁—镁铁质岩体中下部分布区或其附近	1∶5 万化探分散测量 Cu、Ni、Co、Cr 等元素综合异常	
角闪橄榄岩、角闪二辉橄榄岩、角闪辉石岩、辉长岩	矿区 1∶1 万土壤测量 Cu、Ni、Co 组合异常	
孔雀石化	1∶2000 原生晕 Cu、Ni、Co、Pb、As 异常	

第六章　隐伏矿体预测评价

隐伏矿体的预测理论与方法是当前成矿学和矿产勘查学的研究重点和难点。苏联及欧美国家从20世纪50年代起就开展了对隐伏矿体预测的地质研究，找到了一批大型、超大型矿床。国外对隐伏矿体预测的研究主要表现为两个方向：一是以美国、加拿大等国家为代表，在深入研究成矿地质环境和成矿机制的基础上，建立不同层次的矿床勘查模型来指导找矿靶区优选和隐伏矿体预测；二是以苏联为代表，强调综合应用地质和物化探方法，建立与阶段目标方法相匹配的"预测普查组合"来指导不同层次的隐伏矿体预测和评价。我国在20世纪80年代开始系统研究，隐伏矿体预测理论与方法的研究被列为国家科技攻关项目，找寻隐伏矿的理论与方法、揭示矿体就位机理和定位规律、找矿靶区快速定位预测评价技术被列为优先资助的研究领域和鼓励倡导的研究方向。因此，取得了一批矿产预测成果和较为理想的找矿效果，隐伏矿体预测理论和方法取得了长足进展。

目前，随着白鑫滩铜镍矿地质矿产勘查程度进一步深入和采掘工程的范围、深度不断加大，新发现了各类异常信息和地质信息，为预测深部隐伏矿体存在的可能性提供了必要的基础数据。

第一节　矿床多元信息成矿标志模式

本次工作应用成矿系列和成矿系统理论，在综合分析已取得的地质成矿条件、地球物理、地球化学、岩石化学、成矿标志的基础上，建立了矿床综合信息成矿标志模型，同时对白鑫滩铜镍矿深边部及外围进行了预测。

研究区预查阶段应以找成矿超镁铁岩为主，普查阶段以找镍铜矿体为主。相应的找镍铜矿体的地质找矿标志中直接标志有3种，分别是①地表标志：孔雀石化、镍华或铁帽；②矿石类型标准：浸染状矿石，贯入式硫化物矿体；③矿物学标志：镍黄铁矿。地质找矿标志中间接标志有4种，分别是①辉橄岩、橄榄岩发育；②特殊地形：杂岩体内负地形盆地；③地表标志：伊丁石化；④蚀变标志：蛇纹石化。同时，汇总坡北地区成矿岩体的判别标志有8种，分别是①成岩时期：晚石炭世—二叠纪；②岩体分布：与二级断裂的距离小于10 km；③侵入序次晚：较少被岩脉穿插，环形构造的边部；④母岩浆成分：母岩浆为高温高MgO的拉斑玄武岩；⑤岩浆混染程度为小于5%；⑥岩浆硫饱和，橄榄石中Ni亏损；⑦矿物学标志：磁黄铁矿，含水矿物出现；⑧矿物化学标志：橄榄石Fo值大于80。地球物理找矿标志为高磁异常、低重力异常、低电阻率异常，用以指示超镁铁岩。在成矿远景区预测中以找超镁铁岩主，在矿区勘探中以解析赋矿超镁铁岩的深部结构为主。地球化学找矿标志为成矿元素Ni，主要和Co、Cu、S、Se、Te、Bi、Fe伴生，原生晕表现为Te→Fe、Co、Cu、Ni、S、Bi→Se，其中最重要的前缘晕元素为Se，Se在地表有次生富集；Ni与Mg成正相关，与Ti、Ca成反相关则是受造岩矿物的组合控制；Ni与Ni/Co成正相关性，可用Ni/Co的高值区指示高镍矿体；1∶20万水系沉积物化探异常反映次生晕，可圈定成矿超镁铁岩发育的区域。

一、成矿地质条件及控矿因素标志

(一) 地层

中—下奥陶统恰干布拉克组遭受区域韧脆变形薄弱带为含矿地质体的侵位提供了有利赋存空间。

(二) 岩浆岩

(1) 泥盆纪—二叠纪 4 个期次岩浆侵位,预示着深部存在较大规模的岩浆房,为成矿地质体提供了必要的母源来源。

(2) 二叠纪基性—超基性杂岩体是矿区主要赋矿层位,主要赋矿岩性为角闪橄榄辉石岩。

(三) 构造

(1) 大草滩断裂为深部岩浆上涌提供了导流通道,其次级断裂为基性—超基性岩体贯入侵位、熔离结晶提供了空间。

(2) 断裂构造带遭受强风化地段形成的洼地是寻找地表矿体的有利标志。

二、成矿标志

(一) 矿化标志

矿化标志为黄铜矿、镍黄铁矿、磁黄铁矿、黄铁矿、闪锌矿等类矿物。

(二) 蚀变标志

蚀变标志有滑石-绿泥石化、蛇纹石化、石棉化、蛇纹石化,伊丁石化、透闪石化、纤闪石化、滑石化、次闪石化、绿泥石化、黝帘石化、葡萄石化等。

三、地球物理条件

工作区以弱磁性的沉积岩为主,工作区北部分布有 2 个 1∶1 万高精度磁测正磁异常区,推测深部有磁性较强的隐伏岩体。工作区中部分布有 1 个 1∶1 万剩余重力异常带,呈北东东向展布,西窄东宽,长 4700 m,宽 20～1000 m,剩余重力值范围 $-0.8×10^{-5}$～$-0.9×10^{-5}$ m/s²,地表分布大面积下侏罗统和第四系。全区整体位于剩余重力高背景场中,异常值变化范围在 $-19.99×10^{-5}$～$22.03×10^{-5}$ m/s² 之间;铜矿、铜镍矿集中分布在剩余重力高异常带上或两侧重力梯级带中。

四、地球化学标志

（一）区域上 Cu、Ni、Cr、Co 元素异常组合，是圈定基性—超基性杂岩体的重要地球化学标志。

（二）Cu、Ni、Cr、Co 元素异常伴生 Au、Mo、As 元素异常是寻找超基性岩型铜镍矿的地球化学标志。

（三）原生晕表现为 Te→Fe、Co、Cu、Ni、S、Bi→Se，其中最重要的前缘晕元素为 Se，Se 在地表有次生富集；Ni 与 Mg 成正相关，与 Ti、Ca 成相关则是受造岩矿物的组合控制；Ni 与 Ni/Co 成正相关性，Ni/Co 的高值区指示高镍矿体。

（四）橄榄石中 Fo 值介于 77～86、Ni 含量小于 0.22% 对成矿有利。

五、控矿因素

该类型矿床主要受基性—超基性杂岩体控制，铜镍矿体主要产于杂岩体中的辉石橄榄岩相中，找矿要素见表 6-1。

表 6-1　白鑫滩岩浆熔离-贯入型硫化铜镍矿床找矿要素表

预测要素		描述内容	成矿要素分类
地质环境	岩石类型	辉石橄榄岩、辉长岩、橄榄辉长岩	必要的
	成矿时代	早二叠世 Sm-Nd 等时线同位素地质年龄法（290 Ma）	必要的
	成矿环境	基性—超基性杂岩体的围岩地层是中—下奥陶统恰干布拉克组，为一套中基性火山岩夹含角砾岩屑砂岩，含矿岩体为基性—超基性杂岩体	必要的
	构造背景	准噶尔板块南缘哈尔里克-大南湖岛弧带	必要的
矿床特征	矿物组合	黄铜矿、镍黄铁矿、磁黄铁矿、黄铁矿、闪锌矿；脉石矿物主要有石英、方解石、绢云母、绿泥石和绿帘石等	重要的
	结构构造	稠密浸染型矿石、稀疏浸染型矿石、星散浸染型矿石	次要的
	蚀变	杂岩体的围岩蚀变主要是接触变质现象，角岩化、硅灰石化、透辉石化；杂岩体自变质现象：超基性岩中滑石-绿泥石化、蛇纹石化、石棉化。其中，矿物蚀变有橄榄石的蛇纹石化、伊丁石化、透闪石化、辉石的纤闪石化、滑石化、角闪石的次闪石化。在基性岩中的斜长石发生绿泥石化、黝帘石化、葡萄石化	重要的
	控矿条件	基性—超基性杂岩体辉石橄榄岩相、辉长岩相	必要的
地球物理	激电测量	ρ_s 小于等于 200 Ω·m 低阻异常区，走向不同主构造线，高极化率异常 η_s 大于等于 3%～5.5%	重要的
	磁法测量	北东东向展布正负伴生磁异常带	重要的
	重力	布格重力高中形态规则的局部剩余重力高异常（伴有负异常），且异常走向与主构造线不一致	重要的
地球化学	岩石测量异常	Cu、Ni、Cr、Co 元素异常组合，伴生 Au、Mo、As 元素异常	必要的

六、找矿标志

根据对工作区北侧已发现铜镍矿的成果资料综合研究、分析，认为工作区内铜镍矿的找矿标志主要有以下几种。

(1) 地表超基性岩球状风化，强褐铁矿化、孔雀石化是地表矿（化）体露头的直接标志。充分分异且岩相较为完整的超基性杂岩体是寻找铜镍硫化物矿床的主要岩性标志。

(2) Cu、Ni、Cr、Co异常组合是寻找铜镍矿床必要地球化学指标。地球化学测量是最重要、最有效的找矿方法之一，镍铜矿床的地球化学异常特征也十分明显。1:20万水系沉积物地球化学测量，Cu、Ni、Co、Cr异常和与基性岩浆活动相关的元素组合异常可以圈定镁铁—超镁铁杂岩体的分布。

(3) 分异较好的基性—超基性岩体是寻找岩浆熔离型铜镍硫化物矿床的基础。区域深大断裂是母岩浆的上侵通道，次级断裂是成矿岩浆的上侵通道，因此距次级断裂较近的部位是找矿的有利地段

(4) 工作区外围剩余重力异常、磁异常识别超基性杂岩体，中低阻、中高极化寻找铜镍矿化体。未含矿超镁铁岩相对镁铁岩低重异常的特点。超镁铁岩最主要的物探特征为高磁异常，也即超镁铁岩对应高磁低重异常。同样重、磁位场数据的分解可以反演深部超镁铁岩的分布特征。

(5) 铜矿和铜镍矿的区域重力找矿标志与剩余重力梯级带中的扭曲部位密切相关。

(6) 镍铜矿的遥感找矿标志主要为Si-指数信息提取的高值区和遥感蚀变矿物信息提取中高岭土矿物信息、碳酸盐矿物信息的低值区，用以指示镁铁—超镁铁杂岩体的分布。另外，遥感的线环构造解译可辅助构造、岩脉和岩体的识别。

第二节 矿区成矿信息分析

一、岩浆流动方向与找矿预测

上部辉石岩中的矿石构造一般以星点状、浸染状为主，矿石品位相对下部辉长岩（网脉状、块状矿石为主）较低，Cu、Ni元素并未发生大规模分异，Cu/Ni比值更能反应岩浆流动方向。硫化物珠滴的产出状态成因上受岩浆流动影响，从某一角度可以指示岩浆的流动方向。可以利用矿石的Cu/Ni比值来探究岩浆的流动方向。Cu同位素值的变化可从某一角度反映岩浆流动的信号，岩浆多次脉冲会冲碎先前熔离并沉淀出的块状硫化物，形成网脉状甚至似浸染状的矿石，而Cu同位素值可将这一过程予以记录。因此利用Cu同位素分析岩浆流动需尽量覆盖到整个矿区，以整体趋势判断。将Cu/Ni比值规律图和Cu同位素规律图进行对比，可发现10号勘查线附近$\delta^{65}Cu$值也有向两侧降低的趋势，可指示10号勘查线为岩浆通道的入口；而40号勘查线后可能也有不明显的趋势，且$\delta^{65}Cu$值普遍较低，可能也会反映一定的岩浆通道的信息。

二、物探规律与找矿预测

结合以上野外工作以及室内测试结果，包括EM3D电磁探测（见图4-15），前后进行了2次找矿的预测并提出了施工的相关建议。

1. ZK1004 孔、ZK1008 孔

从Ⅱ号、Ⅳ号 Cu/Ni 比值纵切剖面图可以直观地看出,08—10 号勘查线为岩浆通道附近,从 08—10 号勘查线起分别向东西两个方向,Cu/Ni 比值均具有升高的趋势。10 号勘查线尚未圈闭,EM3D 电磁探测结果显示 08—12 号勘查线为明显的低阻异常区。从目前矿化情况分析,该低阻异常是由铜镍矿化引起,且 10 号勘查线附近为矿体走向拐点区域,结合 Cu 同位素的规律,中间位置 ZK1004 位置 Cu/Ni 比值最低,因此 10 号勘查线为较理想的岩浆通道预测区。

由于 ZK1004 孔处于 Cu/Ni 比值的低值范围,因此更有可能是岩浆通道的预测区。而由于矿体倾向等因素,ZK1008 孔位置可能更有利于探测深部的铜镍矿体。因此 ZK1004 孔和 ZK1008 孔均为较理想的预测钻孔(图 6-1)。

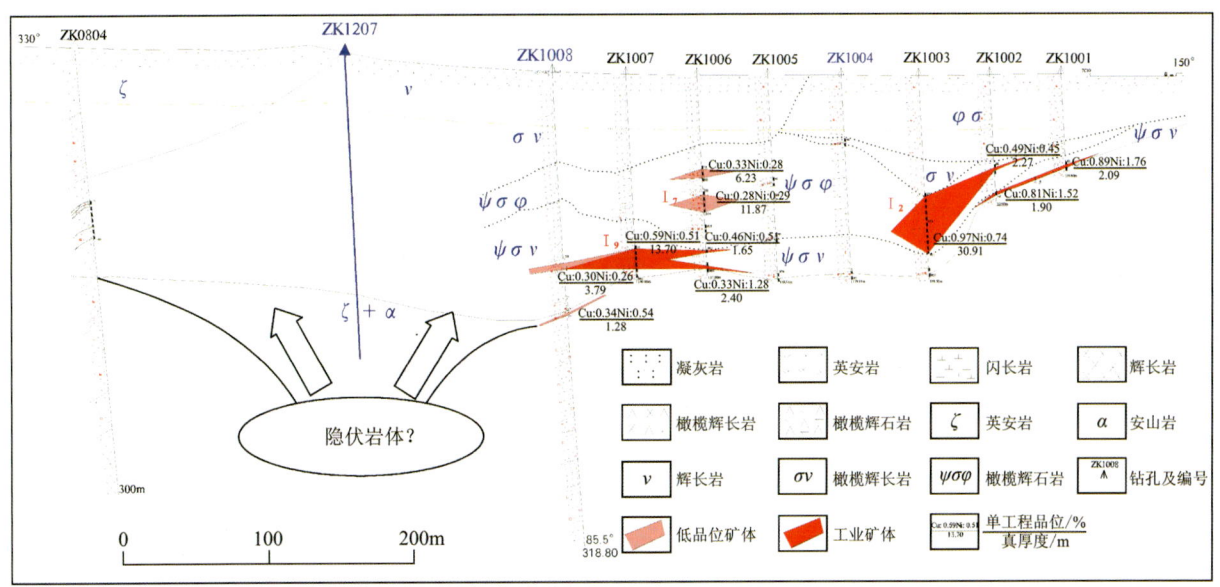

图 6-1　ZK1008 号勘查线和 ZK1207 号勘查线工作部署图(10 号勘查线对应位置,实际孔在 12 号勘查线)

2. ZK1207 孔

8 号勘查线、12 号勘查线矿体位于中低阻异常的转换带,下伏低阻异常形态,与上部矿体的下部形态非常类似(图 6-2)。因此推测中低阻异常带可能为隐伏矿体的位置。12 号勘查线圈定的矿体尚未控制住其倾向方向的延伸。

白鑫滩矿体向北倾伏,并向东北侧伏,建议向最新施工钻孔 ZK1008 的东北方向继续探测,即 ZK1207 孔位置可能更有利于探测深部的铜镍矿体(图 6-1)。

3. ZK2809 孔

28 号勘查线附近为物探"交叉"异常区(图 6-3),且尚未圈闭,按其深部延伸方向设计钻孔,可能会有新的突破。为了寻找岩浆通道位置,同时对 I₂ 矿体北东延伸进行控制,因而在 28 号勘查线设计 ZK2809 孔(图 6-4)。

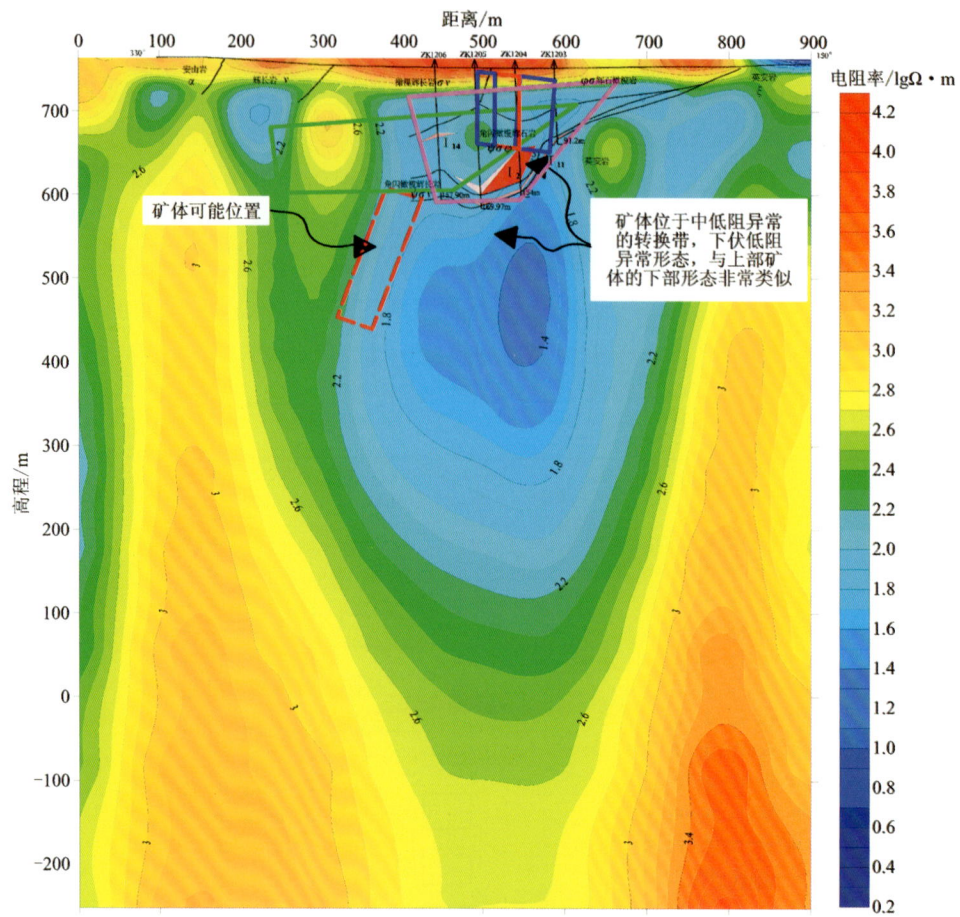

图 6-2　12 号勘查线磁测剖面图

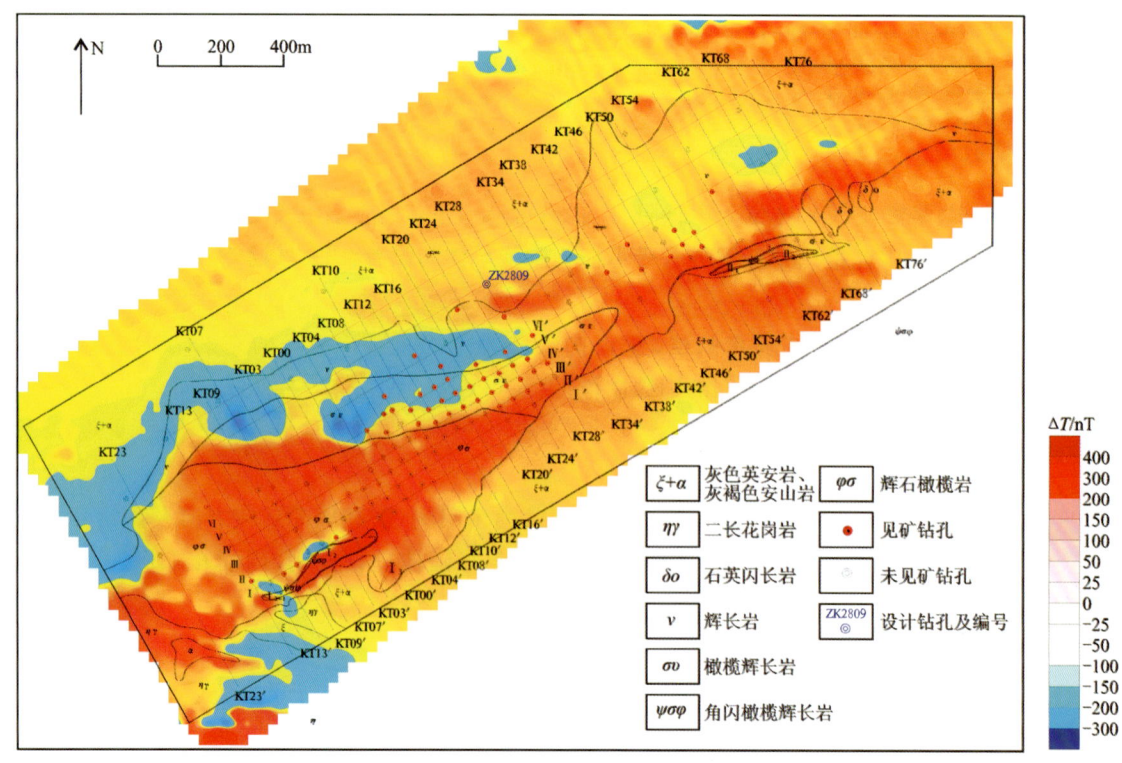

图 6-3　浅部物探异常图

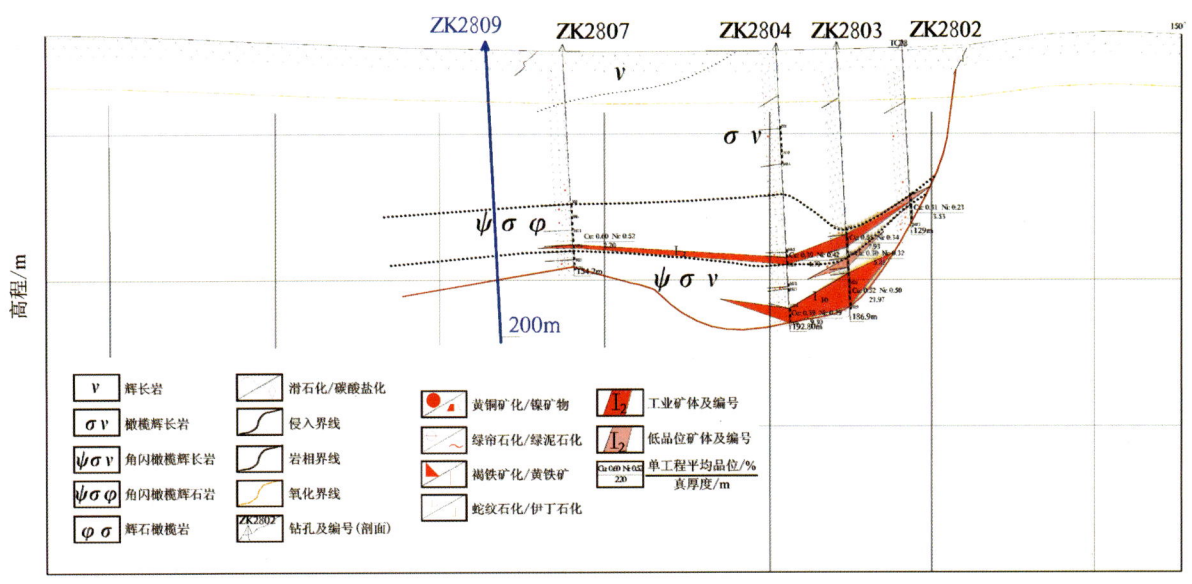

图 6-4　28 号勘查线工作部署图

三、频率谐振规律

地震频率谐振勘探技术利用地震噪声波的谐振（共振）现象对地质体成像。这是一种全新的地震勘探理念，与常规的地震勘探和人们目前所熟悉的噪声地震勘探（如各种面波法、H/V 谱比以及接收函数法等）基本理论完全不同。被动源地震频率谐振勘探技术利用地球震动噪声与地球内部固体介质间的"谐振"关系进行勘探，不受激发源条件的限制，可以很好地解决了复杂地质地区精细勘探问题。重力和地震频率谐振测量能够有效识别赋矿岩体高密度特征，尤其是结合重力异常分布可以圈定岩体位置和规模。通过对 07、06、16、26、36、50 号勘查线等的地震谐振频率勘探，综合矿区地质情况以及辉石岩辉长岩 Cu/Ni 比值的规律。

在 06 号勘查线的图像上，浅部赋矿的基性—超基性岩体底部出现了漏斗形态（见图 4-20），深部高波阻抗连接后有"脉动式"上涌形态，形似铜镍矿成矿模式，与辉石岩 Cu/Ni 比值的规律相吻合，即矿区岩浆岩流动方向有从 06 号勘查线附近向东西两侧蔓延的趋势。综合分析，06 号勘查线附近存在"通道"是下一步重点研究的找矿靶区。

在各剖面的 3000 m 解译剖面图（图 6-5）中，深部显示有大量高密度的高波阻抗体，可推测为深部有大量的赋矿基性—超基性岩体，并且集中分布在 200~400 m、800~900 m、1200~1800 m 附近，可进一步推测深部杂岩体的分布深度，可通过后续对重点勘查线的进一步探测逐步分析推测。

四、花岗岩与成矿的关系

王亚磊等（2015）测定白鑫滩含矿岩体成岩年龄为 $(277.9±2.6)$ Ma，年龄与黄山东、黄山西岩体一致，成矿岩浆遭受了轻度的地壳混染，来源于俯冲流体交代地幔。白鑫滩橄榄辉长岩年龄为 $(287±3)$ Ma，晚于该地区蛇绿岩（503~336 Ma）、岛弧火山岩（322~320 Ma）、岛弧花岗岩（328~316 Ma）和含矿斑岩侵入体（334~326 Ma）的年龄，与 A 型花岗岩和双峰式火山岩（294~284 Ma）的年龄基本一致，而且白鑫

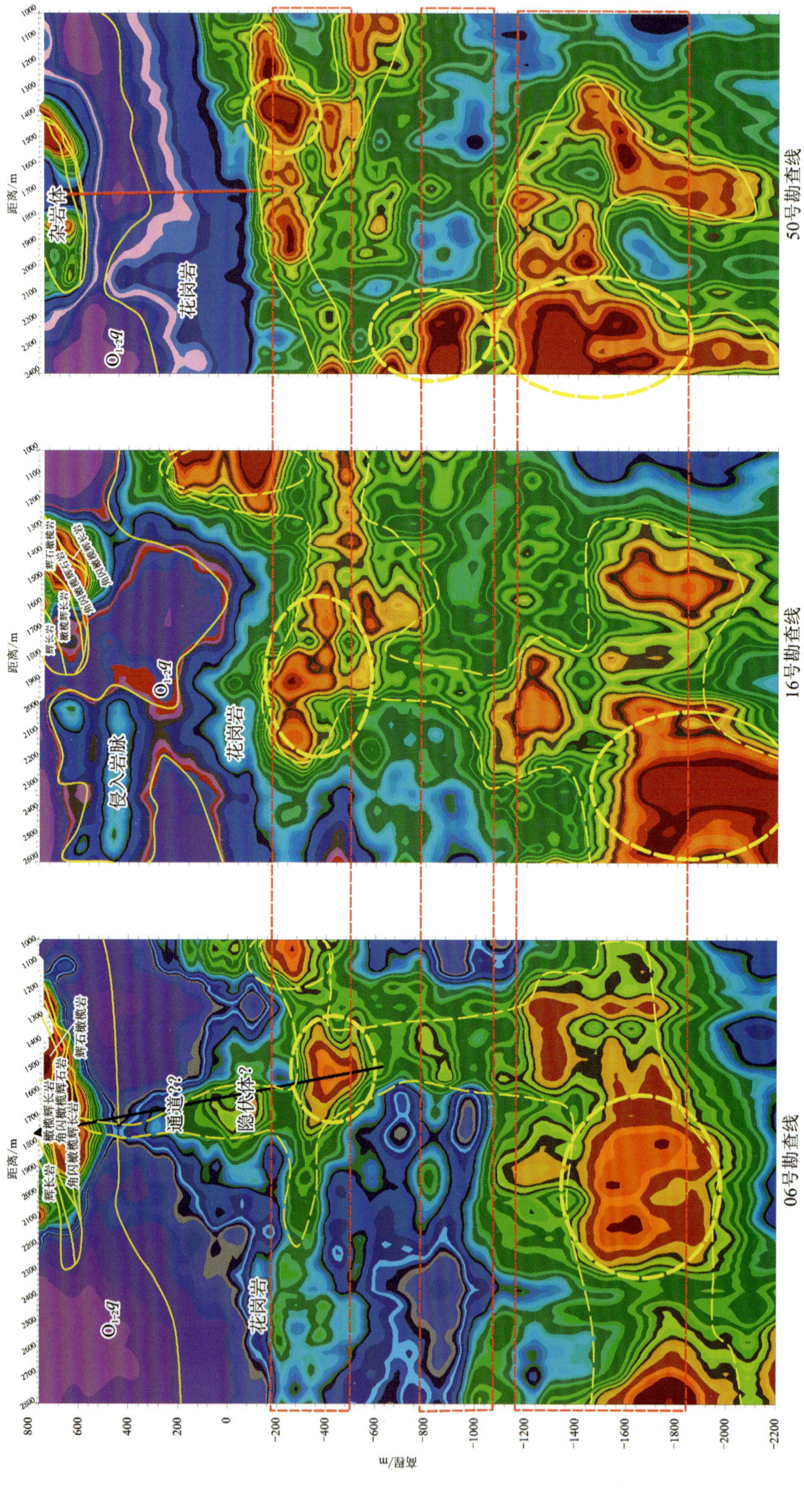

图 6-5 白鑫滩矿区06号、16号、50号勘查线频率谐振3000m解译剖面图

滩岩体单斜辉石的化学成分与拉张裂谷环境的堆晶岩相似,因此推断白鑫滩岩体形成于后碰撞拉张环境(赵冰冰等,2018)。

白鑫滩矿区在南西部出露有花岗岩,根据钻探信息,在 ZK0706 钻孔约 400 m 处发现了花岗岩;而在 44 号勘查线附近 100 m 以内也发现了花岗岩,最薄仅 30 m(ZK4601);在矿区边界 80 号勘查线附近也发现了花岗岩,由此可知矿区深部都侵入有大范围的花岗岩。从采集样品的花岗岩体蚀变程度来看,西部花岗岩较新鲜,其中的锆石颗粒有数量多、颗粒完整、环带发育等特点;东部花岗岩钾化、硅化蚀变较严重,其中的锆石颗粒特点为数量少、不完整等特点,则矿区东西部花岗岩可能是不同年代产物。

经锆石 U/Pb 年龄测试分析,西部花岗岩(ZK0706)与东部花岗岩(ZK4203)的年龄分别为 390～370 Ma 以及 340 Ma 左右(图 6-6),均比成矿年龄早,与矿区成矿关系不大。而这一年龄与区域上斑岩矿床的成矿年龄相近,前人对土屋-延东矿床进行了大量的成岩成矿年代学方面的研究,得出其岩体年龄为 334～332 Ma(陈富文等,2005;Shen et al.,2014);前人还对哈腊苏矿床的岩体进行了年代学测试分析,得出其年龄在 381～375 Ma(张招崇等,2006;吴淦国,2008;Wu et al.,2024)。不仅如此,钻孔 ZK4602 在 89 m 出现花岗岩(图 6-7),与含矿辉长岩呈侵入关系,而该处矿化的辉长岩明显发生了绿泥石和绿帘石的蚀变,花岗岩体也发生了显著的黄铁矿化,也发生了硅化、绿泥石化、绿帘石化等。在东部大号线(>44 号线)的岩体中还发现辉钼矿化(图 6-8),因此不妨可推断深部有辉钼矿的矿化。

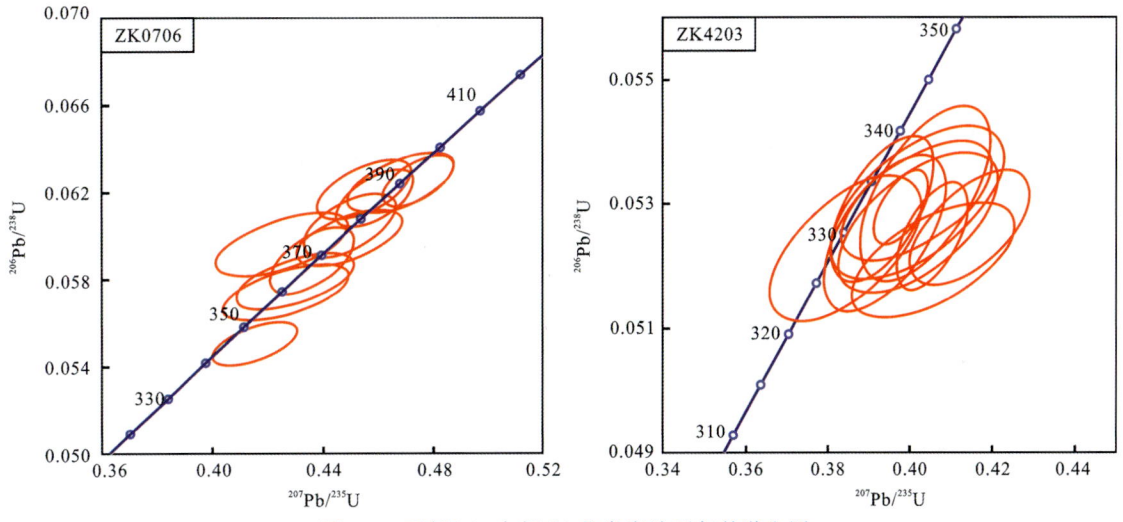

图 6-6　西部(a)、东部(b)花岗岩锆石年龄谐和图

图 6-7　钻孔 ZK4602 蚀变辉长岩与蚀变花岗岩接触岩芯样品(a)、花岗岩蚀变带与黄铁矿化现象图(b)

图 6-8　东部钻孔中辉钼矿化花岗岩

觉罗塔格构造带石炭纪的火山-沉积建造及其中的矿产分布特征也同样显示由南向北俯冲的极性。研究表明与钙碱性岩浆活动有关的火山沉积-热液铁矿床主要分布于觉罗塔格南缘靠近中天山一侧,而与花岗岩类有关的斑岩铜钼矿床均分布于其北缘。

第三节　找矿定位预测

一、Cu/Ni 比值

PGE 地球化学性质对岩浆演化过程十分敏感,是良好的地质过程指示剂。Cu、Ni、Co 等元素在硫化物中常有着与 PGE 相似的物理化学性质,统称为亲铜元素。前人实验研究表明,PGE 在硫化物/硅酸盐岩浆中的分配系数高达 $10^4 \sim 10^6$,Ni、Cu 等在两者中的分配系数在 10^2 左右。在硫化物的结晶分离过程中,PGE 极易进入硫化物相,从而造成硅酸盐熔体中 PGE 的显著亏损。Pd/Ir-Ni/Cu 在不同矿体间的空间变化暗示单硫化物固溶体的分离结晶作用是造成铜镍(铂)硫化物矿床铂族元素分异的主要制约因素。越靠近岩浆通道系统的前缘位置处 Pd-Ir,Ni-Cu 分异程度渐增,而浆通道系统的后缘处相对富集 Cu 和 PPGE。

前人普遍认为硫化物珠滴是岩浆熔离作用最好的证明(罗照华等,2000;James and Su,2005;柴凤梅等,2005)。研究初期对野外珠滴状矿石进行了详细的观察、描述,硫化物珠滴的矿物组成主要有磁黄铁矿(含量最多)、黄铜矿、镍黄铁矿,且普遍有"上铜下铁"(上部以黄铜矿为主、下部以磁黄铁矿为主)的现象。硫化物珠滴产出状态宏观上可以分为 3 种:珠滴的长轴方向分别与岩芯横截面平行、斜交和垂直。硫化物珠滴的产出状态成因上受岩浆流动影响,从某一角度可以指示岩浆的流动方向。但考虑到打钻等原因,珠滴并不是其原本的产出方向,因此并不能客观指示岩浆的流动方向。但其可证明成矿环境的稳定或动荡。一般颗粒浑圆、分异明显的珠滴多产于矿体膨大位置,可指示成矿环境是稳定的;颗粒形态、分异情况不规则的珠滴可推测其成矿环境的动荡;岩芯中珠滴状态很多或明显被冲散的珠滴也可证明岩浆的多期次涌入(图 6-9)。

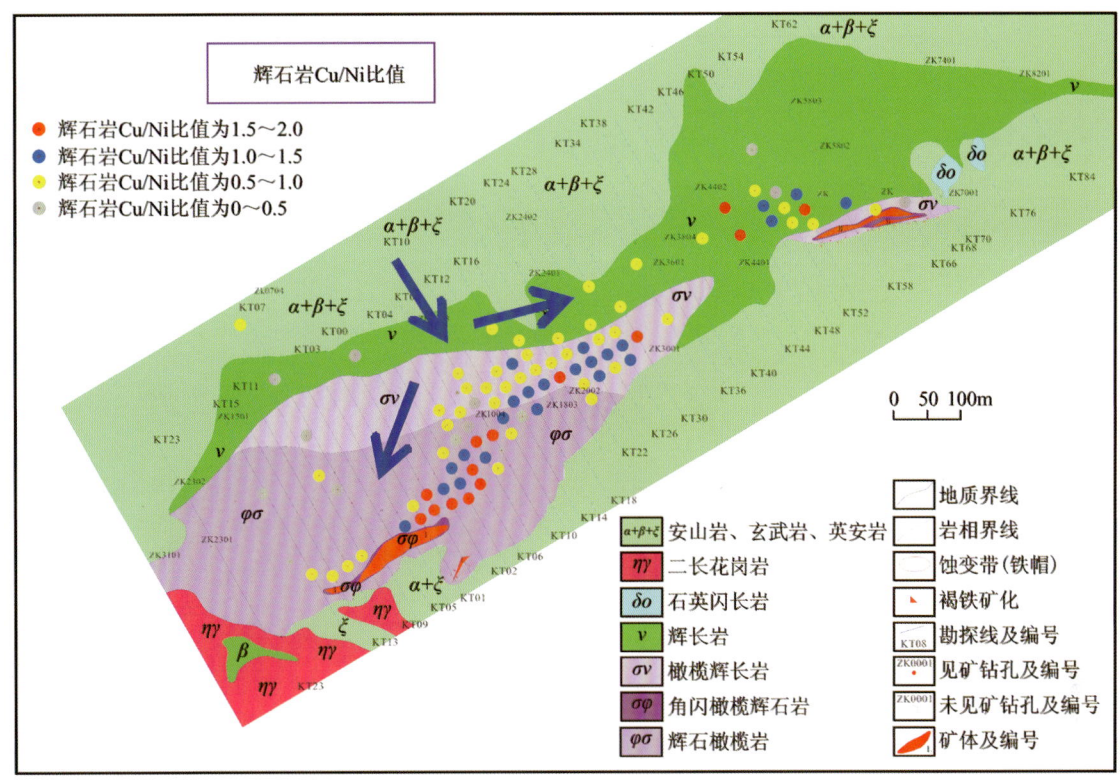

图 6-9　辉石岩 Cu/Ni 比值图

本研究主要利用矿石的 Cu/Ni 比值来探究岩浆的流动方向。岩浆从岩浆房进入岩浆通道并发生结晶分异,形成橄榄石、辉石等一系列硅酸盐矿物。其中,橄榄石结晶会吸收岩浆中的 Ni($D_{Ni}=7$),硫化物熔离过程,D_{Ni} 高于 D_{Cu},导致演化的岩浆 Cu/Ni 比值升高,硫化物分异,单硫化物固溶体(MSS)结晶,导致剩余的硫化物熔体 Cu/Ni 比值升高。因此,随着岩浆从这一段通道移出,硫化物矿石的 Cu/Ni 比值会升高。根据这一理论依据,以哈密鑫源矿业有限责任公司提供的白鑫滩开采的矿石品位数据为准,对所有品位不小于 1% 的 Cu、Ni 数据进行整理、汇总,并根据上部辉石岩以及下部辉长岩进行分类,进行计算、绘图,得到图 6-10 和图 6-11 的规律。因上部辉石岩中的矿石构造一般以星点状、浸染状为主,比下部辉长岩(网脉状、块状矿石的 Cu、Ni 会发生分异)的数据更为准确,因此辉石岩中的 Cu/Ni 比值更能反映岩浆流动方向(图 6-12)。

除此之外,还对垂直勘查线方向大剖面(以Ⅱ号和Ⅳ号为主)的 Cu/Ni 比值进行数据分析,得到图 6-12 和图 6-13,显示 10 号勘查线都是 Cu/Ni 比值较低处,可指示 10 号勘查线为岩浆通道的入口。

二、谐振预测

被动源地震频率谐振勘探技术利用地球内部广泛存在的震动噪声进行勘探,其原理源于震动噪声与地下介质的"谐振"关系。通过综合分析地震频率谐振成果,圈定浅部高值区 2 处。1 处 C2—C4 线的 06—10 号勘查线区域,1 处 C4—C6 的 06 号勘查线区域,交会于 C4 线与 04—06 号勘查线交叉部位。圈定深部高值区 1 处,位于 04—10 号勘查线之间与 C6 线区域(图 6-13、图 6-14)。

识别断裂破碎带 2 条,1 条沿 C04 的 06—10 号勘查线展布,1 条沿 06 号勘查线的 C4—C2 段展布,交会于 C4 与 06 号勘查线交叉部位(图 6-15、图 6-16)。

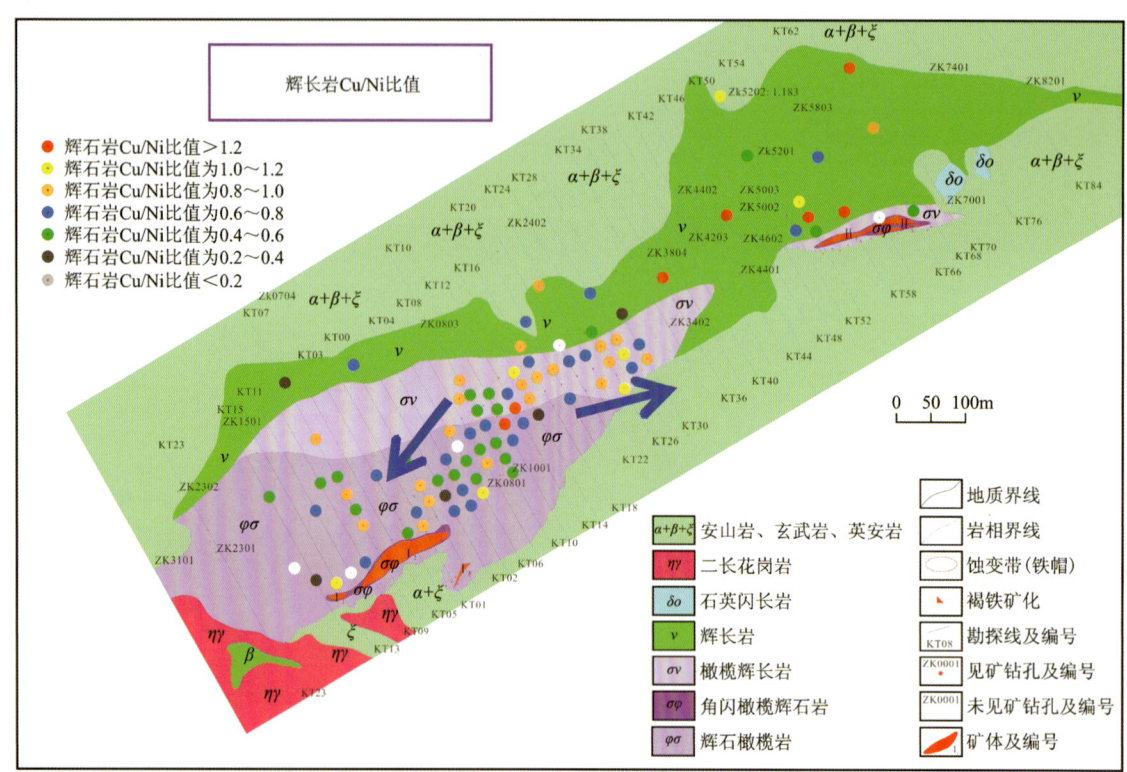

图 6-10 辉长岩 Cu/Ni 比值图

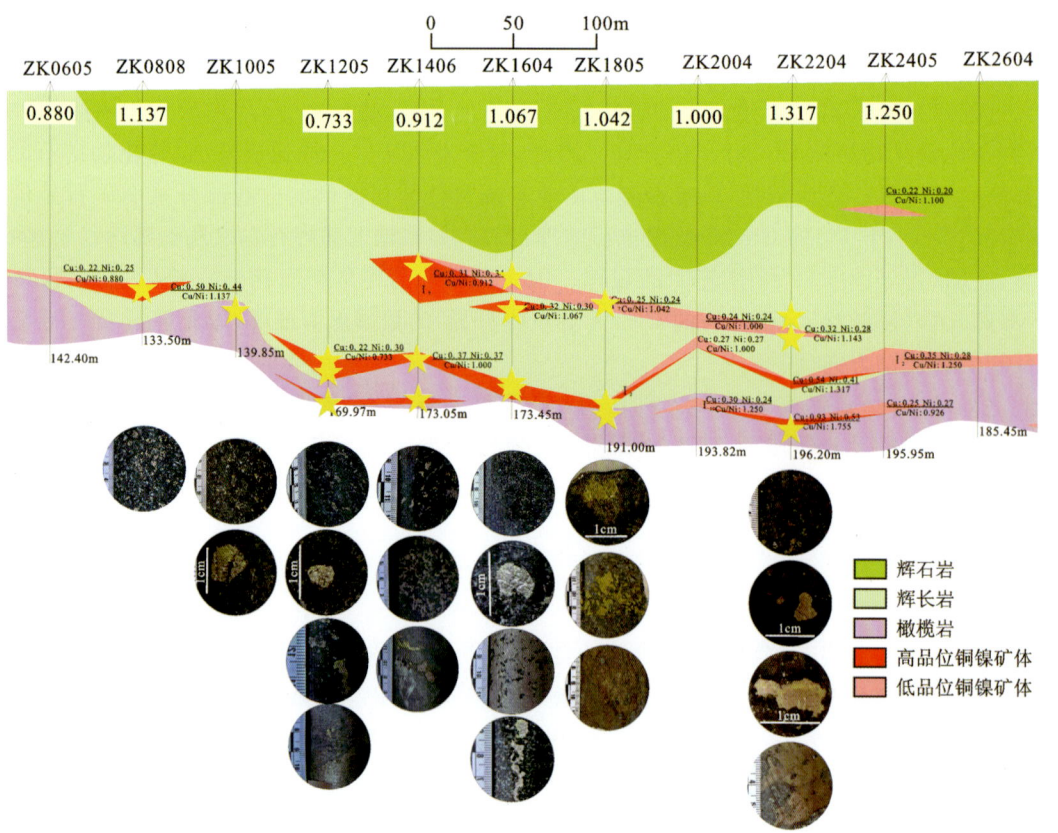

图 6-11 白鑫滩矿床西端Ⅱ号纵切剖面图

注：★代表矿芯照片位置。

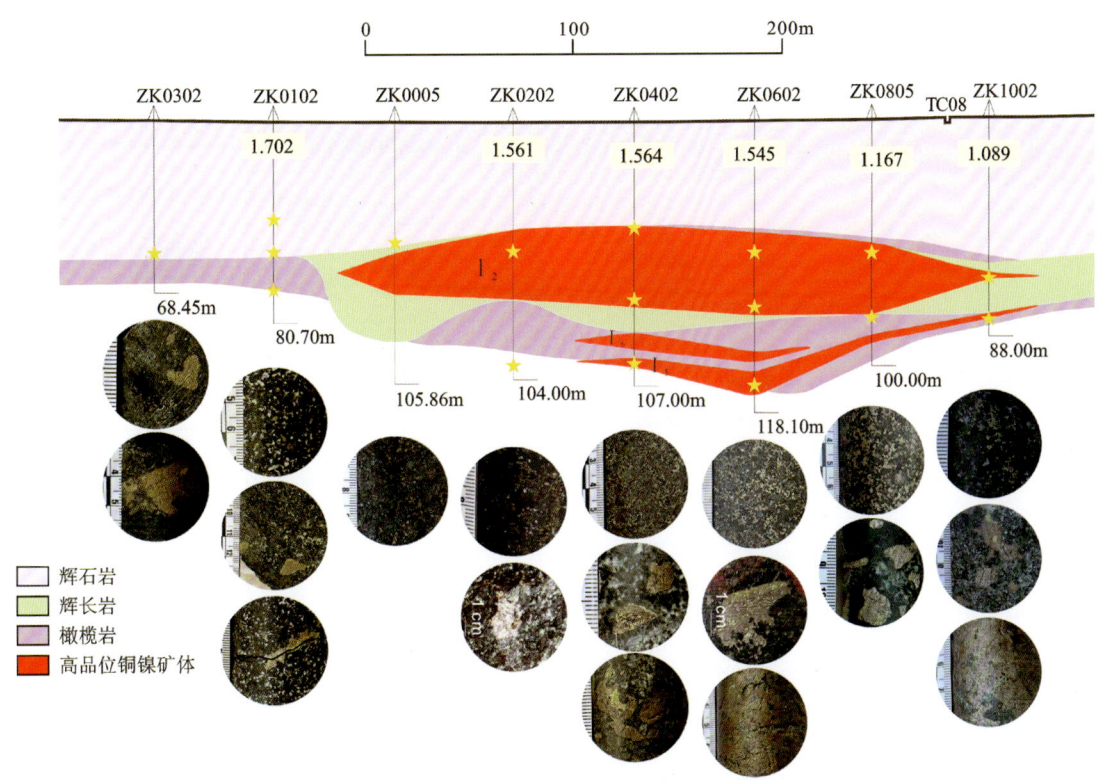

图 6-12　白鑫滩矿床西段Ⅳ号纵切剖面图

注：★代表矿芯照片位置。

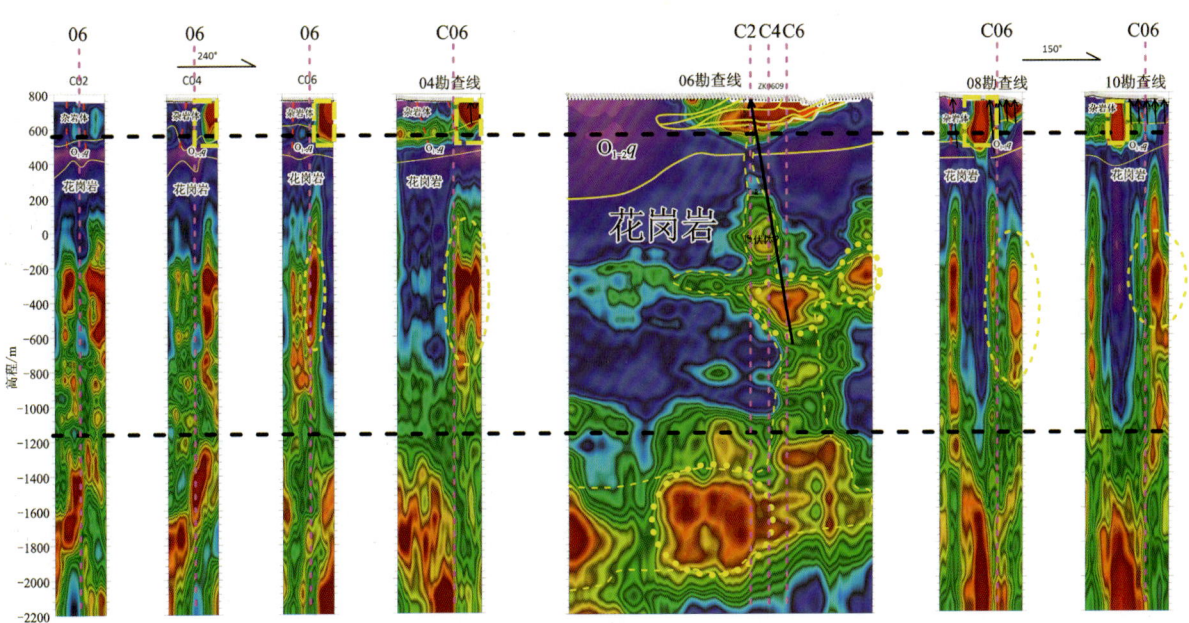

图 6-13　高波阻抗异常断面图

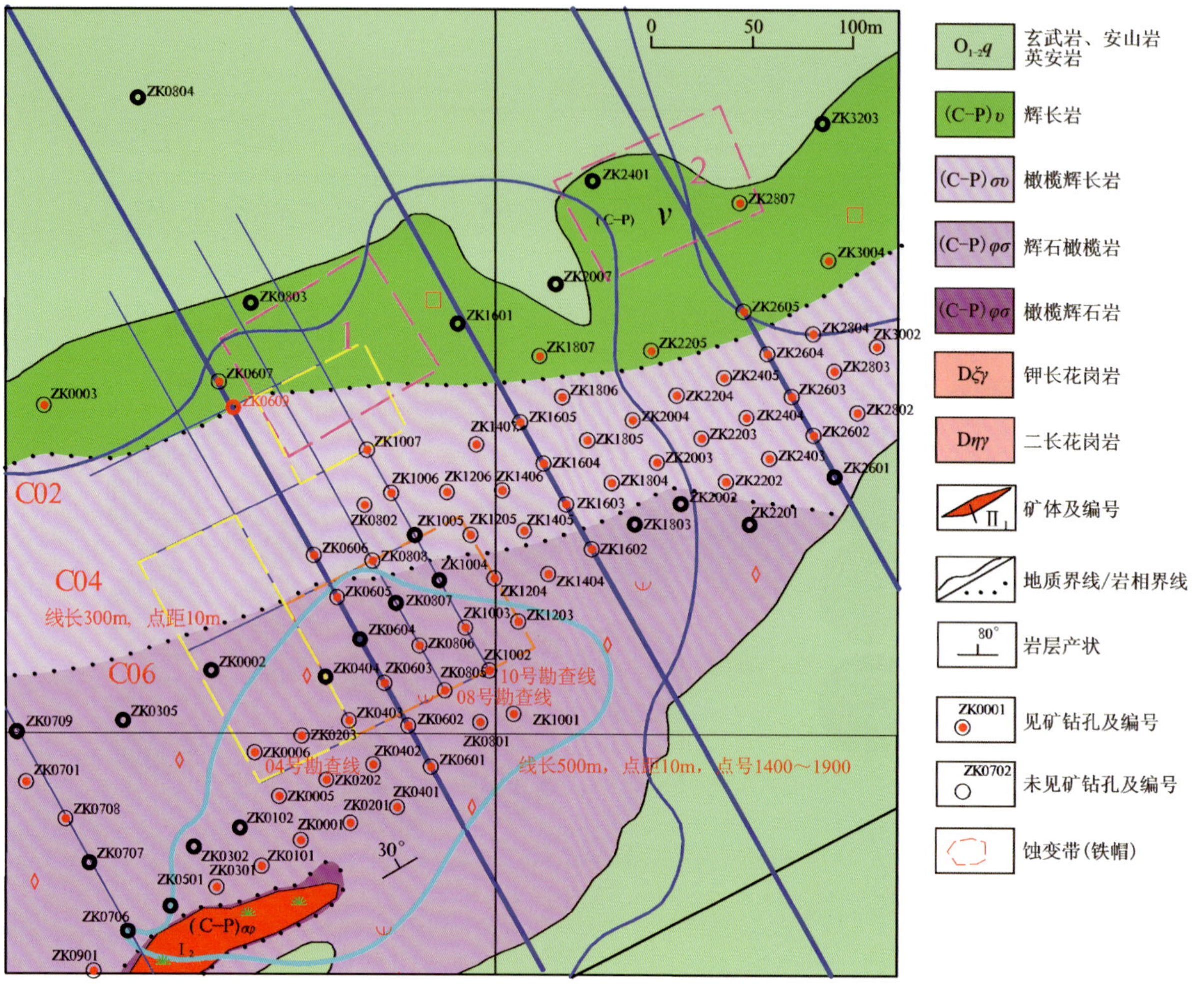

图 6-14 高波阻抗异常平面分布图

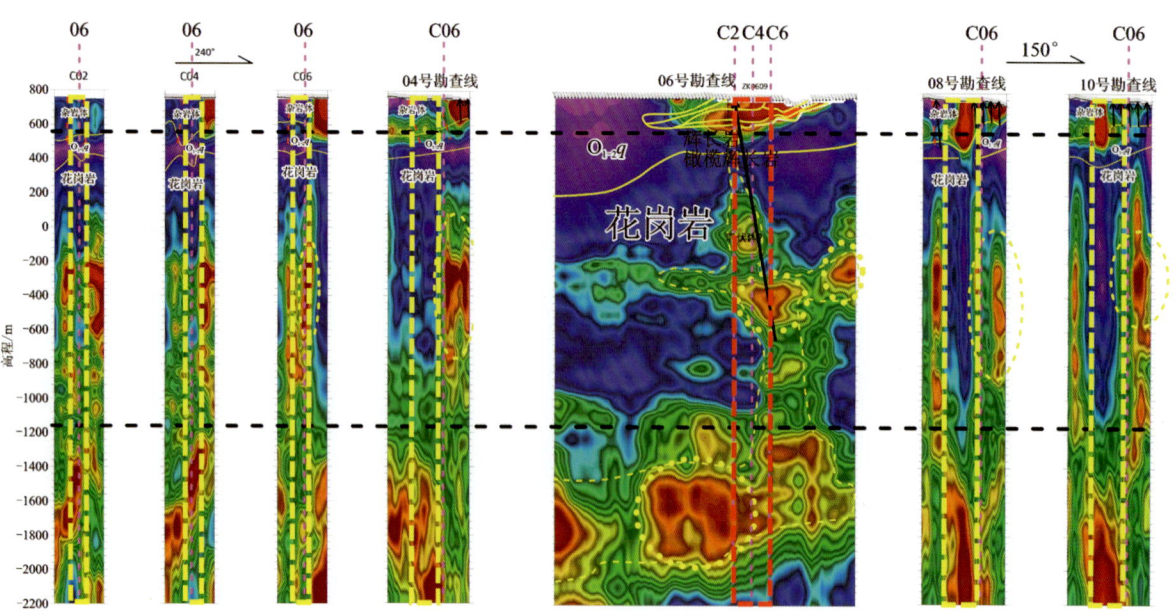

图 6-15 推断构造断面图

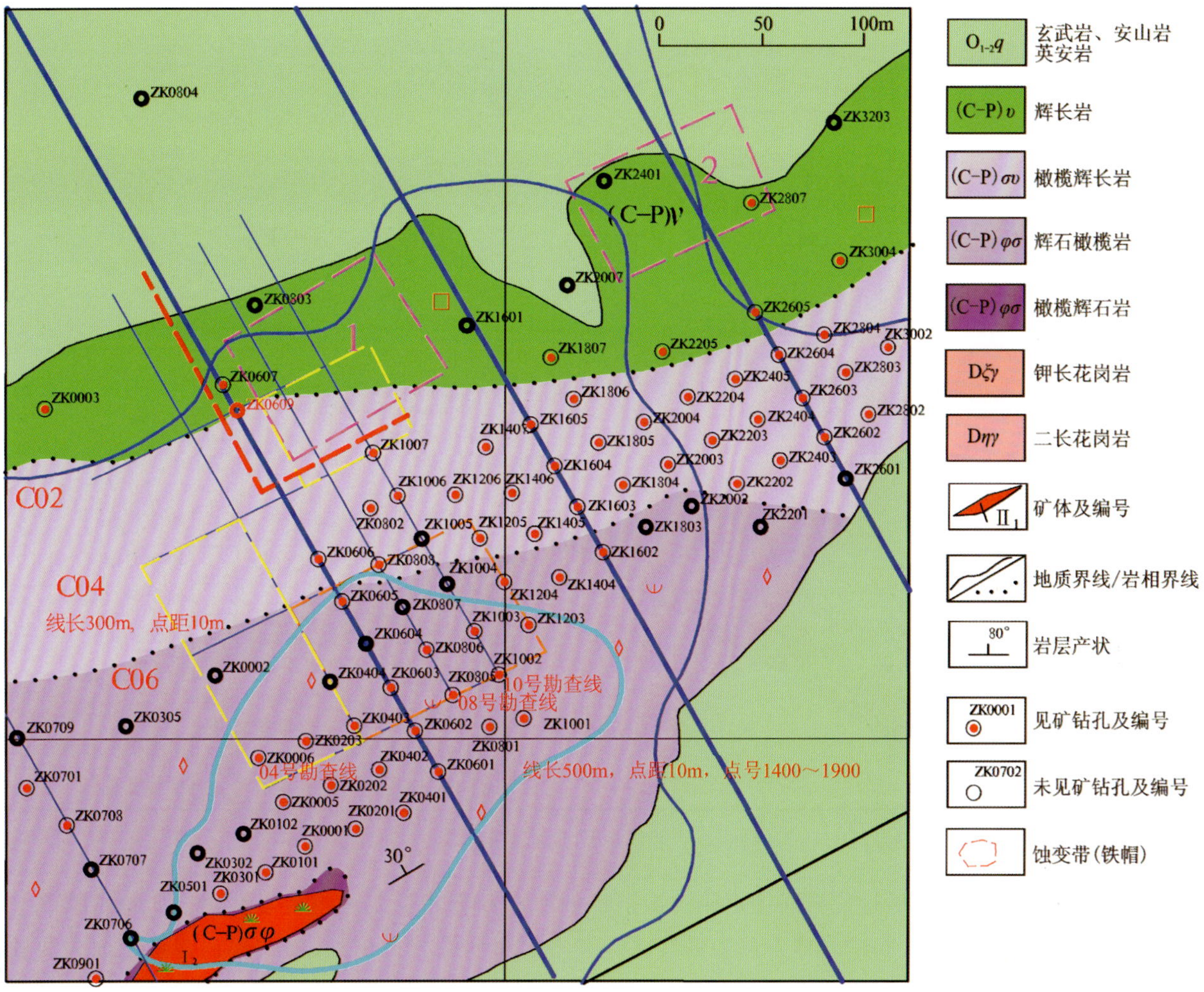

图 6-16 推断断裂平面分布图

三、预测结果

通过岩浆流动方向的综合研究,初步预测了白鑫滩铜镍矿区 3 个岩浆通道位置。首先以 Cu/Ni、Pd/Ir、硫化物珠滴等综合推断 10 号勘查线附近,为第一预测区;28 号勘查线附近硫化物珠滴较为稳定,且 Cu/Ni 比值较低,为第二预测区;46 号勘查线附近存在特殊的磁异常,且与花岗岩有成因关联,为第三预测区(图 6-17)。

通过频率谐振观测成果分析,综合认为岩浆自 C4—C6 附近上涌,并向东西扩散,核心位于 C4 与 C6 交叉部位(图 6-18),该区域为深源岩浆上涌通道。

第四节 找矿靶区评价

铜镍矿的成矿模式为"深部熔离+就地熔离多期次脉动成矿",其控矿因素为构造和岩浆岩。岩浆

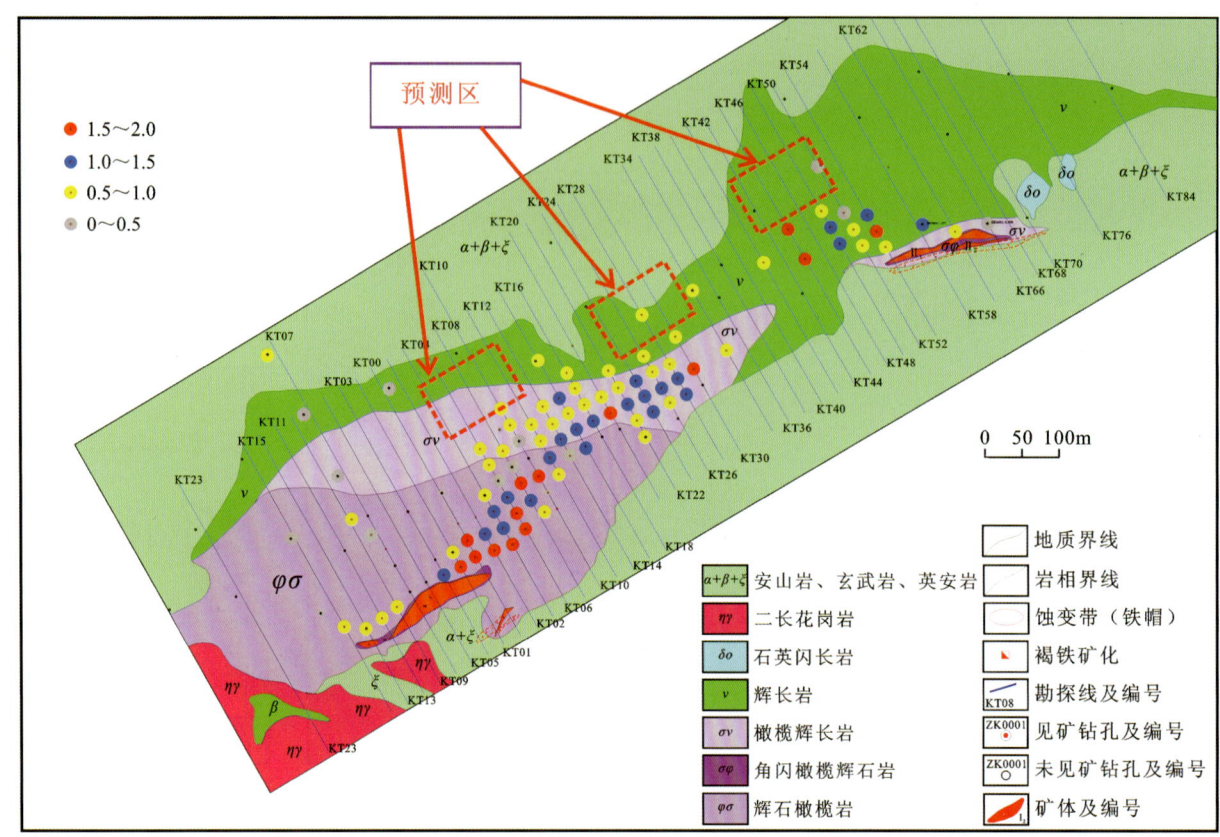

图 6-17 岩浆通道预测区分布图

岩是直接控矿因素,构造通过控岩间接控矿。镍铜矿的形成和分布受到区内晚石炭世—二叠纪镁铁—超镁铁岩岩浆岩的控制。找矿岩体条件为具有成矿潜力的超镁铁岩产出处,即在找铜镍矿之前先要找到成矿超镁铁岩。主要表现为5个方面:①镍铜矿的矿化类型受岩浆成分控制,辉橄岩成矿最好;②矿体空间分布受岩浆通道控制,即矿体多产于赋矿超镁铁岩底部;③成矿时间受岩浆活动阶段控制,即赋矿岩相为岩浆活动最晚旋回最晚期的超镁铁岩;④岩浆活动的物理化学条件控制成矿,适量的地壳混染有利于成矿,成矿规模最大的坡一超镁铁岩的混染程度小于杂岩体的橄榄辉长岩,大于罗东的橄榄辉长岩;⑤岩浆活动控制着成矿物质迁移分配,主要表现为岩浆中橄榄石、辉石的分离结晶导致硫饱和,同时硫化物熔离导致剩余岩浆和早期结晶橄榄石中的 Ni 富集到硫化物中成矿。

在详细的野外地质调查和多源信息综合分析的基础上,以岩浆型铜镍硫化物矿床成矿理论为指导,从典型矿床、成矿带、天山造山带3个尺度,系统总结区内镍铜矿的控矿因素和成矿规律,归纳找矿地质条件和找矿标志,构建地物化遥综合找矿模型,对研究区进行成矿远景区预测,圈定找矿靶区。为探索岩浆通道,寻找深部第二找矿空间,在综合分析电磁测深(EM3D)、频率谐振及专题研究成果资料基础上,主要在16号勘查线、58号勘查线、6号勘查线施工 ZK1606、ZK5804、ZK0607 孔。

一、矿区西段地质特征

为验证 EM3D 深部低阻异常,寻找深部基性—超基性岩体,在16号勘查线施工了 ZK1606 孔,施工孔深 500 m(图6-19)。依据本次钻孔施工,并结合前人钻孔资料,矿区西段垂向地质特征如下。

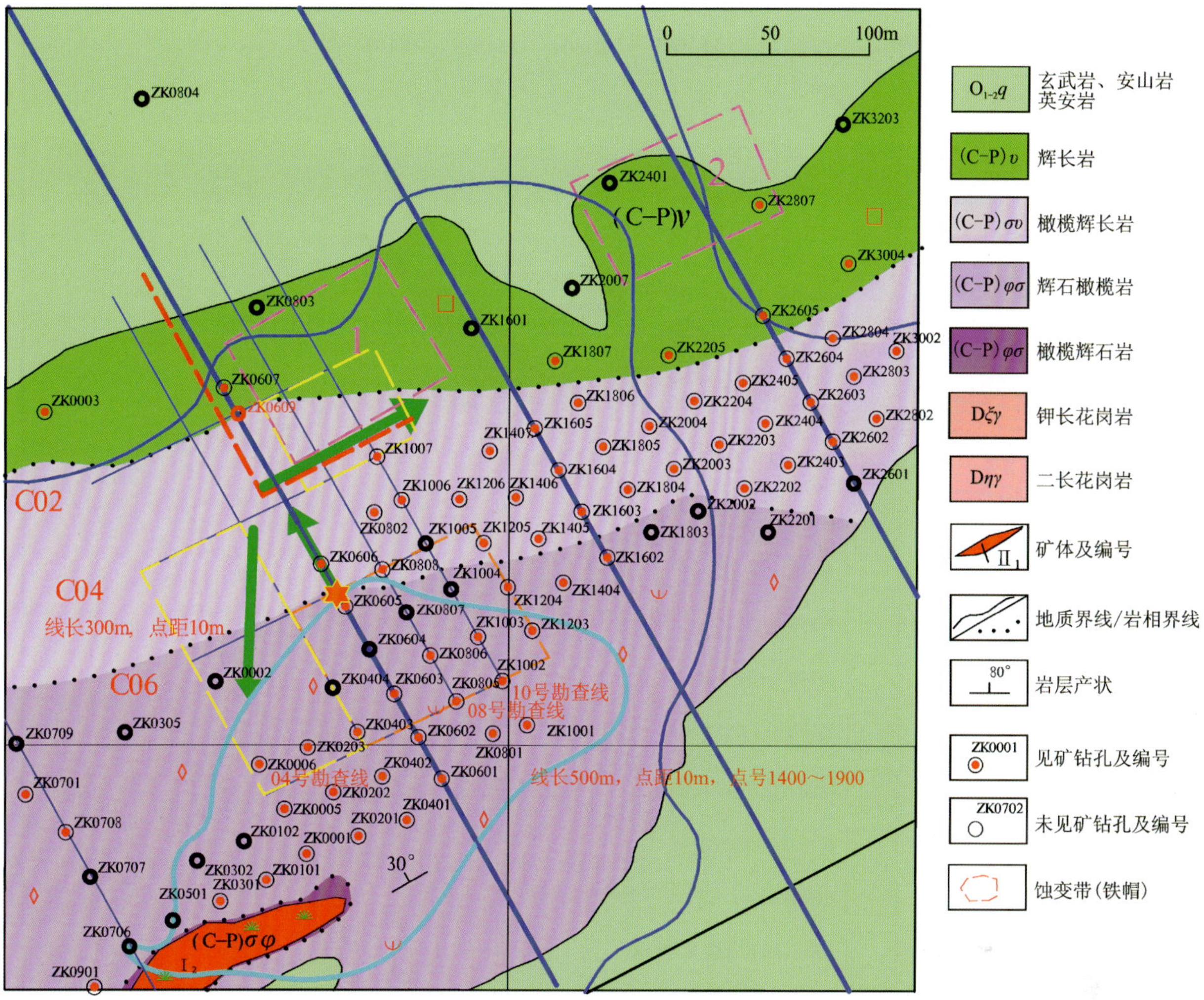

图 6-18 岩浆通道预测位置图

浅部为二叠纪基性—超基性岩体,岩性主要为辉长岩、角闪橄榄辉长岩、角闪橄榄辉石岩、角闪橄榄辉长岩。其中,角闪橄榄辉石岩为矿区主要含矿岩相,岩石具蛇纹石化、滑石化。矿化主要为黄铁矿化、镍黄铁矿化、黄铜矿化,多呈星点状、团块状分布。

深部为中—下奥陶统恰干布拉克组,岩性主要为英安岩、角岩化凝灰岩、安山岩,岩石普遍具角岩化。该套地层黄铁矿较为发育,半自形粒状,粒径小于 1 mm,多呈脉状、团块状不均匀分布。

根据 ZK1606 孔光谱样成果,Cu、Ni 元素相关性较好,且较好地反映了基性—超基性岩的 Cu、Ni 成矿专属性,浅部基性—超基性岩 Cu、Ni 含量较高,深部英安岩、凝灰岩 Cu、Ni 含量较低(图 6-20)。

根据前人钻孔资料,深部恰干布拉克组中局部出现有辉长玢岩体。其中,ZK0801 孔见辉长玢岩 2 层,底板标高 420 m、500 m,视厚分别约为 20 m、50 m(图 6-21);ZK0802 孔见辉长玢岩 1 层,底板标高 500 m,视厚约 35 m(图 6-22)。

综上所述,矿区西段浅部为二叠纪基性—超基性岩体,深部为中—下奥陶统恰干布拉克组。深部低阻异常主要对应于恰干布拉克组的英安岩、安山岩、凝灰岩等,异常可能由其中的黄铁矿化引起。由于矿区地质条件复杂,深部地层中局部见有基性辉长玢岩,且厚度较大,可推测深部局部存在有基性—超基性岩的可能,为开展深部第二空间找矿提供了依据。

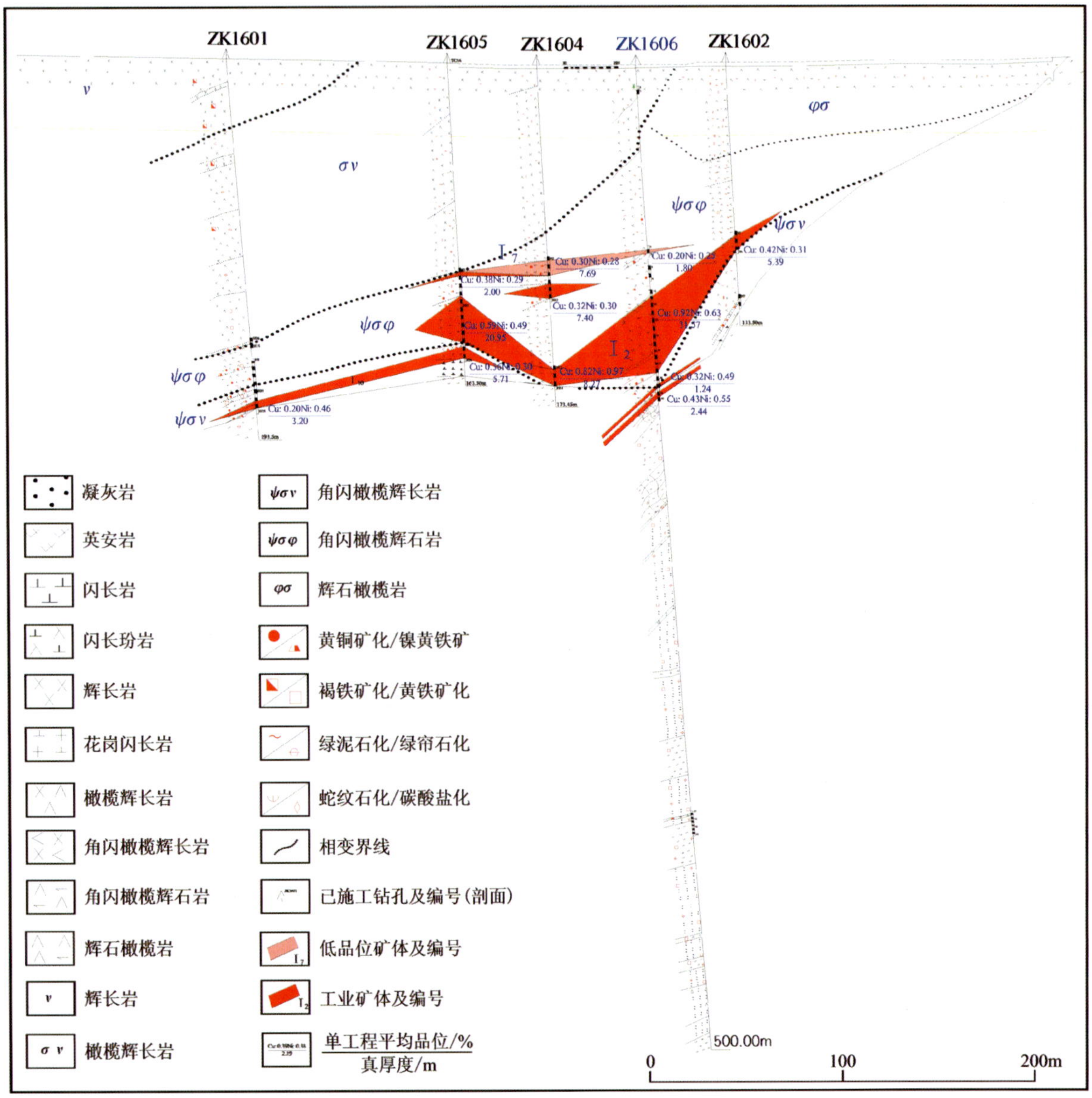

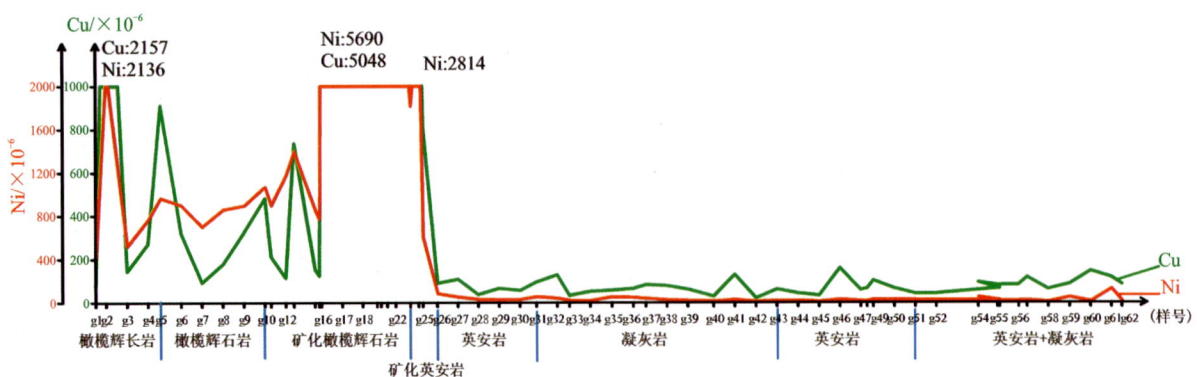

图 6-19　16 号勘查线剖面图

图 6-20　ZK1606 光谱曲线图

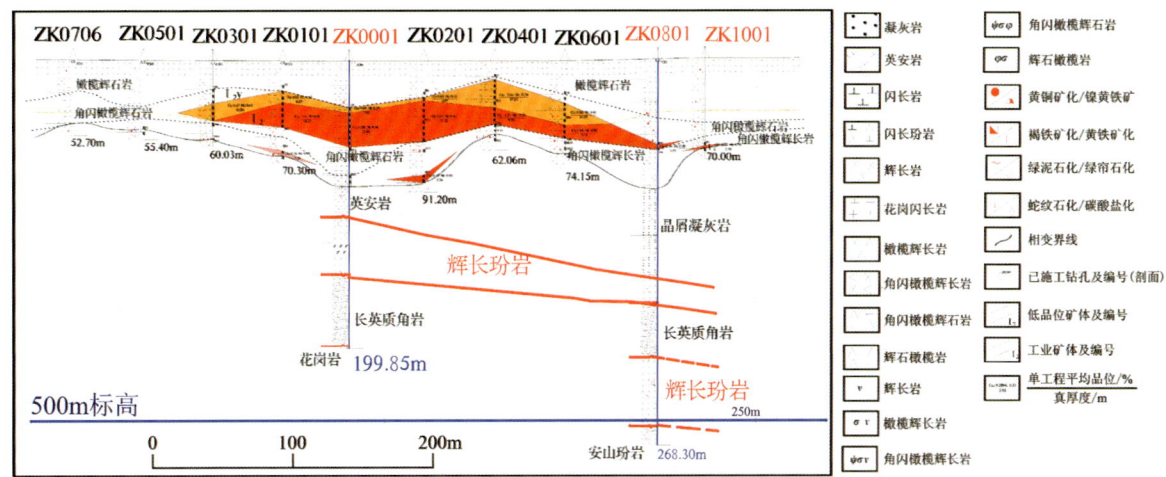

图 6-21　Ⅰ号纵切剖面图

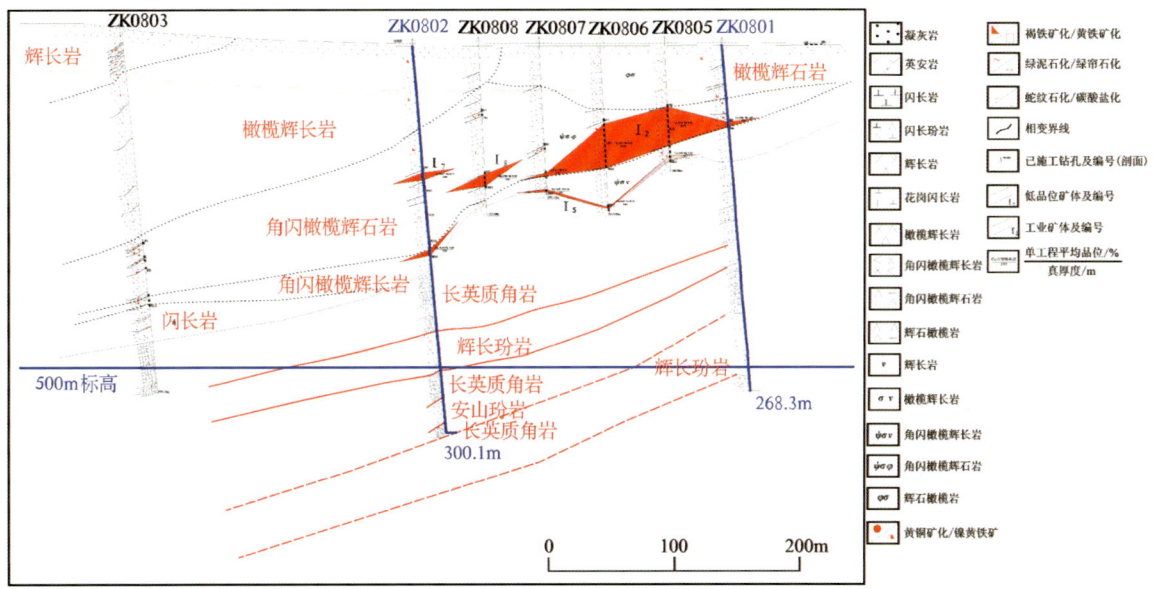

图 6-22　8号勘查线剖面图

为验证地震频率谐振推断"岩浆通道"的含矿情况,选择在06号勘查线布设钻孔ZK0607,孔深900.12 m(图6-23),取得成果如下。

本次施工ZK0607孔深900.12 m。其中,孔深0~167.41 m,为二叠纪杂岩体,岩石类型主要为橄榄辉长岩、橄榄辉石岩(图6-24a、b),其中见2层铜镍矿化层。

孔深167.41~487.59 m,为中—下奥陶统恰干布拉克组,岩性主要为凝灰岩、英安岩等(图6-24c,图6-25d)。

孔深487.59~608.48 m,为泥盆纪酸性岩体,岩石类型主要为花岗闪长岩等(图6-24e)。其中,孔深583.43~583.95 m为灰黑色闪长岩脉(图6-24f)。

孔深608.48~900.12 m,为泥盆纪酸性岩体,岩石类型主要为钾长花岗岩等(图6-24g)。其中,孔深831.39~833.10 m,为灰黑色辉长岩脉(图6-24h)。

本次施工钻孔在浅部二叠世杂岩体中一层铜镍矿化层(图6-25)。其中,见矿孔深164.54~167.41 m,视厚2.87 m,Cu品位为0.19%~0.20%,Ni品位为0.19%~0.25%。

孔深689~900 m处的高波阻抗区为含基性包裹体的钾长花岗岩引起,包裹体大小不一,且无明显矿化。推测下部高波阻抗区为基性岩体引起,含矿可能性不大。

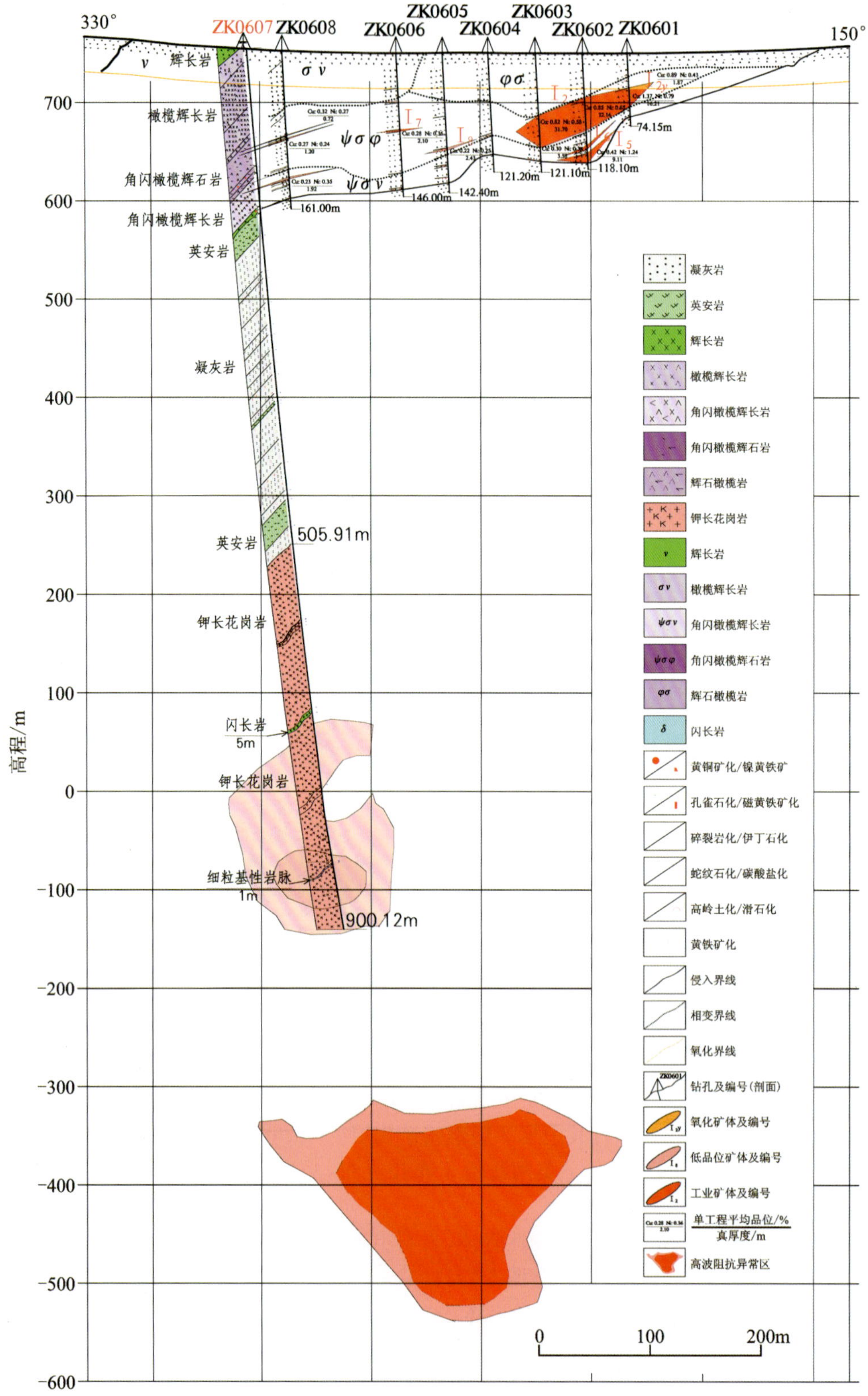

图 6-23 6号勘查线剖面（ZK0607成果）图

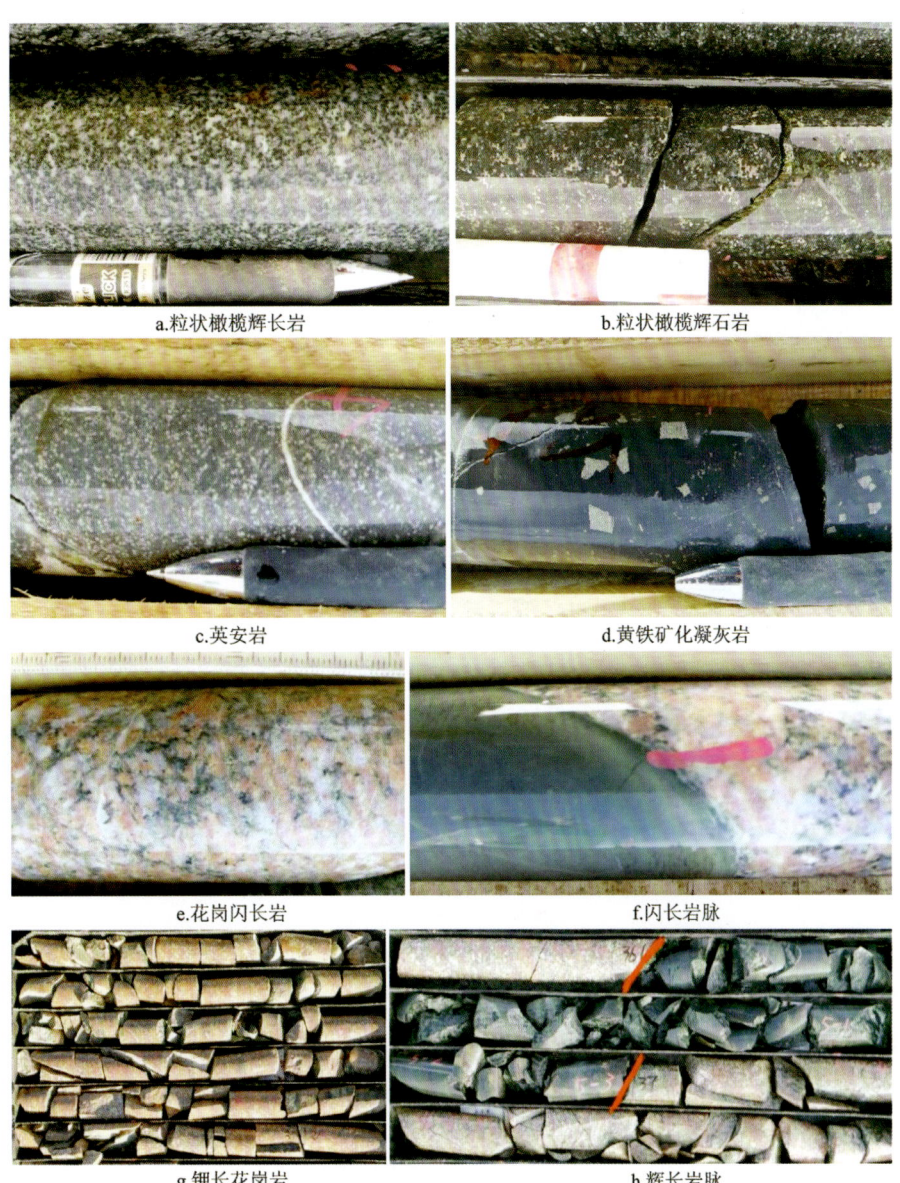

图 6-24　06 号勘查线布设钻孔 ZK0607 主要岩石类型

a.粒状橄榄辉长岩　　b.粒状橄榄辉石岩　　c.英安岩　　d.黄铁矿化凝灰岩　　e.花岗闪长岩　　f.闪长岩脉　　g.钾长花岗岩　　h.辉长岩脉

图 6-25　星散浸染状黄铁黄铜矿石

二、矿区东段地质特征

为验证Ⅱ₁铜镍矿体南侧深部低阻异常,寻找深部第二找矿空间,在58号勘查线施工了ZK5804孔,施工孔深266.00 m(图6-26)。依据本次施工钻孔情况,并结合前人钻孔资料,矿区东南部垂向地质特征如下。

浅部为中—下奥陶统恰干布拉克组地层,岩性主要为英安岩、凝灰岩、长英质角岩等,岩石普遍具角岩化。局部具黄铁矿化,呈脉状、团块状不均匀分布。

中部为二叠纪基性—超基性岩体,岩性主要为辉长岩、橄榄辉长岩、角闪橄榄辉石岩。其中,角闪橄榄辉石岩为矿区主要含矿岩相,岩石具蛇纹石化、滑石化。矿化主要为黄铁矿化、镍黄铁矿化、黄铜矿化,多呈星点状、团块状不均匀分布。

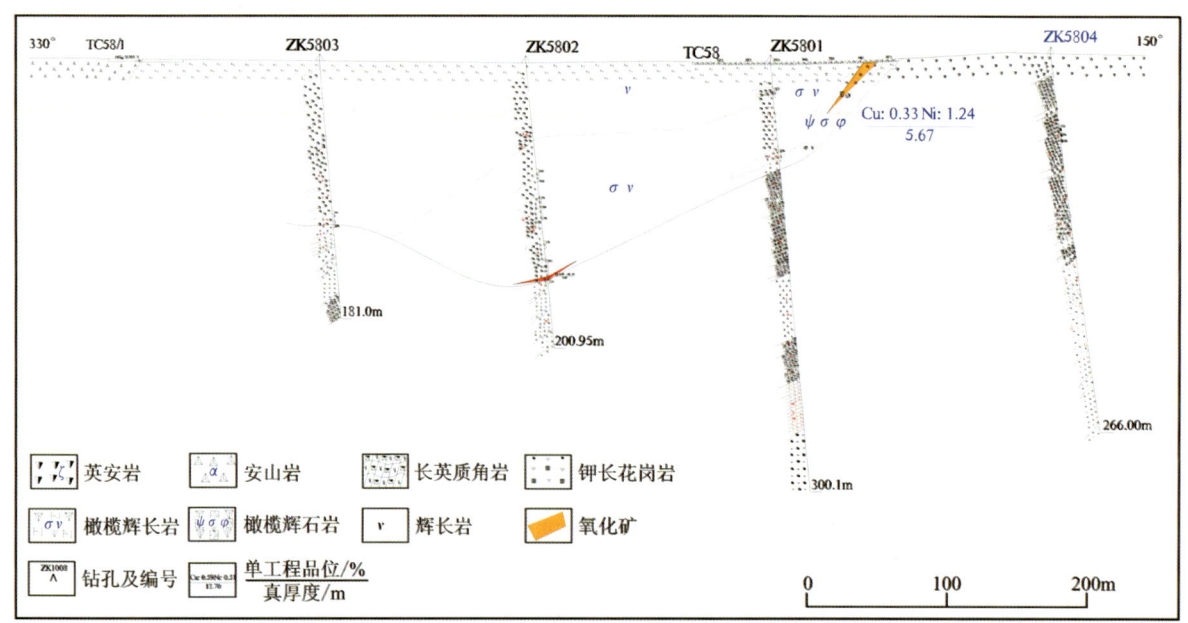

图6-26 58号勘查线剖面图

深部为泥盆纪中酸性侵入岩体,岩石类型主要有花岗闪长岩、二长花岗岩,偶见黄铁矿呈星点状不均匀分布。

综上所述,矿区东部浅部为恰干布拉克组地层,中部为二叠纪基性—超基性岩体,深部为泥盆纪中酸性岩体。矿区Ⅱ-1铜镍矿体南侧深部低阻异常对应于泥盆纪中酸性岩体,找矿的意义不大。

第五节 找矿预测评价指标

前人对东天山地区目前发现大小数十处镁铁—超镁铁质岩体进行了找矿评价,系统总结了东天山地区成矿岩体与不成矿岩体(或贫矿化岩体)的地质、地球物理、地球化学特征,建立了找矿评价指标(刘欢等,2017),对进一步指导勘查找矿具有积极意义,本次在前人基础之上进一步补充完善。

1. 地质找矿评价指标

①区域上的深大断裂带是岩浆活动的通道,对成矿有利;②围岩含硫对成矿有利;③小岩体对成矿有利;④岩体分异充分,岩相分带明显,岩石类型多样,对成矿有利;⑤主要造岩矿物组合为橄榄石、单斜辉石、斜方辉石、斜长石、角闪石、橄榄石与斜方辉石密切共生。

2. 地球化学找矿评价指标

①岩体的主量元素分析显示,各类岩石具有高镁、低钙、低铝、低碱、低钛、低磷的特征,岩体的镁铁摩尔比值(m/f)大多数在 2~6.5 之间对形成铜镍矿有利;②稀土元素配分模式图总体为右倾形式一般对成矿有利,主体表现平坦型稀土元素分布特征的岩体一般不成矿或成贫矿,主体表现轻稀土元素亏损的岩体一般不成矿;③橄榄石 Fo 值太大对成矿不利,橄榄石中出现 Ni 亏损(Ni 含量一般小于 2500×10^{-6})对成矿有利;④岩石中 Cu/Zr 值较大对成矿有利;⑤区域上的 Cu、Ni、Co、Cr 综合化探异常对找矿有利。

3. 地球物理找矿评价指标

高磁、高重力、高极化、低阻组合物探异常对找矿有利。

一、小岩体对成矿有利

"小岩体成(大)矿"是指在地壳浅部、超浅部的规模相对较小的侵入体内部和/或附近围岩中,形成与小岩体有关的大型、超大型甚至巨型矿床。小岩体的地表出露面积一般为 1 km² 左右或更小,最大可达几平方千米,最小为几千平方米。镁铁质岩浆和长英质岩浆作用形成的小岩体中都有可能形成大的矿床(汤中立等,2023)。镁铁质小岩体成(大)矿的机制是地幔橄榄岩部分熔融形成镁铁质岩浆上侵到地壳深部的阶段性岩浆房,经过初步的分异和成矿物质的预富集,自上而下形成不含矿岩浆、含矿岩浆、富矿岩浆和矿浆,这些岩浆和矿浆分批次脉动式上侵。一般早期上侵的不含矿或含贫矿的岩浆分布范围很大或较大,后期脉动式侵入的含矿岩浆、富矿岩浆和矿浆依次就位于现存较小的空间成岩成矿,形成小岩体成(大)矿。富矿岩浆和矿浆多就位于岩体的底部或尾部,体现出尾羽成矿的特征。这个模式简要概括为深部熔离(预富集)→分期贯入→终端岩浆房聚集成矿。深部熔离的富镍钴硫化物液相与分异出来的超镁铁质熔浆,离开深部岩浆房上侵-贯入浅部岩浆房就位,并进一步发生就地熔离成矿作用(李文渊等,2023)。

东天山地区镁铁—超镁铁质岩体的规模都较小,岩体面积多集中在 0~6.3 km² 之间,具有小岩体成矿的特征。其中,图拉尔根、天宇、马蹄岩体面积小于 0.1 km²,香山中、葫芦、白石泉、土墩岩体面积不足 1 km²,黄山、黄山东、香山西、白鑫滩、红石岗、二红洼北岩体面积小于 3 km²,二红洼南、黄山南、大草滩、峡东等岩体面积在 4~6.3 km² 之间,四顶黑山岩体面积最大(>35 km²),属大岩体。总体来看,小岩体对成矿有利。

二、岩体分异充分且富含斜方辉石,岩浆具有多期侵入特征对成矿有利

地幔橄榄石、辉石中的 Ni、Co 等元素即使全部溶解进入岩浆,仅依靠结晶分异也不可能造就 Ni、Co 等元素具有工业价值的富集,只有在橄榄石、辉石结晶前发生大规模的硫化物液相-硅酸盐熔体之间的不混溶(熔离)作用,才可使本来有限的 Ni、Co 大量聚集在硫化物液相中而形成巨大富集。而上地壳的

泥质岩熔融实验表明,即使全部熔融也仅有(100～200)×10^{-6}的 Li 集中,只有大规模的泥质地壳岩层熔融形成大规模的中酸性岩浆,才可能使有限的 Li、Be 在岩浆高度分异演化过程中聚集在高温热液流体端元,最终得以超常富集。由此可见,大规模的岩浆是两类矿床形成金属元素超常富集的先决条件,而后成矿元素必须经过高分异集中于有限特殊物性的较小体积里(李文渊等,2023)。之所以在浅部岩浆房形成了超镁铁质岩浆房,是因为深部岩浆房发生了大规模的硫化物熔离作用和岩浆结晶分异作用,使深部岩浆房熔离出来的硫化物液滴(矿浆)和高度分异演化形成的结晶橄榄石以及超镁铁质岩浆在外力作用下上侵-贯入浅部岩浆(矿浆)房而大规模成矿。

各岩体间岩相分带关系主要有两种:一种为从内到外基性程度增加,比如黄山、黄山东、土墩、马蹄、疙瘩山口岩体,从中心到边部依次为(闪长岩)→辉长岩→辉石岩→橄榄岩;另一种为从内到外基性程度降低,如图拉尔根、葫芦岩体,从中心到边部依次为橄榄岩→辉石岩→辉长岩(→闪长岩)。各岩相之间为侵入接触或渐变过渡关系,显示出多期侵入的特征。总体来看,黄山、黄山东等岩体均是正序侵位,侵位顺序为闪长岩—辉长岩(苏长岩)—辉石岩—橄榄岩,不含矿的岩相先侵位,含矿岩相后侵位,含矿岩体未遭受到破坏。白石泉、天宇岩体是反序侵位,侵位顺序为橄榄岩—辉石岩—辉长岩(苏长岩)—闪长岩,含矿岩相先侵位,不含矿岩相后侵位。

三、矿物粒径之间的变化范围较大对成矿有利

各岩体的主要造岩矿物组合为橄榄石、单斜辉石、斜方辉石、斜长石、角闪石。其中,黄山、黄山东、图拉尔根、四顶黑山岩体含有少量黑云母;马蹄、串珠岩体含有少量金云母;葫芦、天宇、白石泉岩体含有少量黑云母和金云母。矿物粒径之间的变化范围较大对成矿有利。

四、橄榄石 Fo 值太大,橄榄石中镍含量太高对成矿不利

各岩体中橄榄石 Fo 值在 70～90 之间,属贵橄榄石,随着橄榄石 Fo 值的降低,Ni 含量有降低的趋势,橄榄石中出现了 Ni 的亏损(Ni 一般小于 2500×10^{-6}),表明在橄榄石大量结晶之前发生了硫化物的熔离,对成矿有利。而峡东岩体橄榄石 Fo 值在 90 左右,属镁橄榄石,其 Ni 含量一般大于 2000×10^{-6},Ni 含量较高,对形成铜镍矿不利。

五、岩体中镁铁比值(m/f)介于 2～6.5 对成矿有利

岩体的主量元素分析显示,各类岩石具有高镁、低钙、低铝、低碱、低钛、低磷的特征。各岩体的镁铁—超镁铁质岩体的 m/f 主要(>70%)集中于 2～6.5 之间,$Mg^\#$ 在 0.7～0.9 之间,属铁质超基性岩,少部分样品 m/f 在 0.5～2 之间,$Mg^\#$ 在 0.4～0.7 之间,属富铁质超基性岩或铁质基性岩。

大型矿床(图拉尔根、黄山、黄山东)79% 以上样品的 m/f 在 2～6.5 之间,$Mg^\#$ 在 0.7～0.84 之间,其余样品 m/f 在 0.5～2 之间,相应的 $Mg^\#$ 在 0.5～0.7 之间;中型矿床(香山中、葫芦、土墩、白石泉、天宇)70% 以上样品的 m/f 在 2～6.5 之间,$Mg^\#$ 在 0.7～0.85 之间,其余样品 m/f 在 0.5～2 之间,相应的 $Mg^\#$ 在 0.4～0.7 之间;小型铜镍矿床(点)74% 以上样品 m/f 在 2～6.5 之间,相应的 $Mg^\#$ 在 0.7～0.9 之间,其余样品 m/f 在 0.5～2 之间,相应的 $Mg^\#$ 在 0.4～0.7 之间。峡东岩体纯橄岩样品的 m/f 在 10～13 之间,$Mg^\#$ 大于 0.9,而辉长岩样品的 m/f 在 1～2 之间,$Mg^\#$ 在 0.5～0.6 之间。在 SiO_2 – Na_2O+K_2O 图解中,东天山各样品点主要落入亚碱性岩区,仅有少部分落入碱性岩区;在 FeO^T - Na_2O +

K_2O-MgO图解中,各样品点大部分落入拉斑玄武岩区。总体显示为亚碱性拉斑玄武岩系列。

六、稀土元素配分曲线图右倾对成矿有利

含矿岩体的微量元素分析显示相对富集大离子亲石元素(Rb、Ba、Sr、Th、U),亏损高场强元素(Zr、Hf、Nb、Ta)。含矿岩体稀土元素分析显示稀土总量较高,配分模式图总体显示为右倾形式,轻稀土富集,重稀土相对亏损。主体表现平坦型稀土元素分布特征的岩体一般不成矿或成贫矿,主体表现轻稀土元素亏损的岩体一般不成矿。在稀土元素配分曲线图上,大、中型铜镍矿床的稀土元素配分图均显示右倾,轻稀土富集,重稀土相对亏损,轻重稀土元素分馏程度相似,微量元素配分图显示 Nb、Ta 亏损,大离子亲石元素 U 富集。串珠、白鑫滩、疙瘩山口岩体稀土元素配分图也显示右倾,暗示其可能有利于成矿。四顶黑山、峡东、马蹄岩体稀土元素配分图均显示平坦型,可能不成矿或成贫矿。利用各岩体$(La/Yb)_N$及 Cu/Ni 比值的平均值作图。从图中可以大致划分出不成矿区和成矿区以及它们中间的过渡带。

七、高 Cu/Zr 值对成矿有利

前人测试样品中,除葫芦、白石泉岩体有个别样品 Cu/Zr 值小于 1 外,其余样品 Cu/Zr 值均大于 1。总体来看,从超基性岩→基性岩→中性岩,Cu/Zr 值逐渐降低,Ni 含量也逐渐降低。各岩体的大多数样品 Cu/Zr 大于 1,仅少部分样品 Cu/Zr 小于 1;随着 Cu/Zr 值的增加,大多数样品的 Ni 含量逐渐增加,显示出硫化物熔离的趋势。

八、区域上的 Cu、Ni、Co、Cr 综合化探异常对找矿有利

1∶20 万区域地球化学测量结果表明,黄山-镜儿泉镁铁—超镁铁岩带表现为 Ni、Co、Cr 高背景和高相关性的组合异常,同时还有 Cu、Mo 等元素的高异常背景。区内综合异常与有利赋矿岩体及断裂构造关系密切,并呈明显带状展布,与镁铁—超镁铁岩带分布范围相一致,特别是规模大、浓度高的异常,多沿断裂构造及其两侧分布。异常带内的铜镍矿床往往位于 1∶5 万化探测量发现的 Cu、Ni、Co、Cr 组合异常区内,异常中心常与超基性岩体相对应。

九、高磁、高重力、高极化、低阻组合地面物探异常有利于成矿

含矿镁铁—超镁铁质岩体的地球物理标志主要为"三高一低":①相对较高的磁异常,相对于周围地层,各岩体均具有较强的磁异常,ΔT 在 $-2080 \sim 2383$ nT 之间,幅值达 4400 nT 以上。各岩体 ΔT 值跳跃较大,岩体磁性不均匀。②相对较高的重力异常,幅值为 $1 \times 10^{-5}/s^2$。③相对较高的极化率异常,η_a 最大可达 16.8%。④相对较低的电阻率异常,ρ_a 最小为 17 $\Omega \cdot m$,最大为 500 $\Omega \cdot m$,变化范围较大。同时,需要主要注意区分含碳质层地区引起的高极化异常,镍黄铁矿、镍黄铜矿极化率值大多低于含碳质层又高于基性围岩。需要注意叠加的次级微弱重力高和磁力高,这些叠加的次级异常往往跟镍黄铁矿、镍黄铜矿伴生的次黄铁矿有关。

十、中低阻或梯度带、中高极化、高波阻抗叠加空间位置有利于找矿

地球物理测深组合手段可以有效圈定含矿岩体的大致空间形态，并定量半定量解译埋深300 m深度以下的隐伏矿（化）体的空间位置。铜镍矿体在地球物理测深异常中多表现中等极化（5%～12%）、电阻率（50～500 Ω·m）和高波阻抗（高速度、大密度）特征，电阻率等值线急剧变化的梯级带常常是岩体与围岩的接触带，也是赋矿的有利空间位置。需要注意的是电磁类测深断面中反映出的低阻或甚低阻圈闭区，也有可能与含水构造或围岩地层中普遍发育、较厚的黄铁矿化层有关。

第六节　找矿预测体系

镍铜矿与地层的关联性不明显，主要受到构造和岩浆岩的控制。岩浆岩是主要的控矿因素，构造主要通过控制岩浆岩间接控矿。一个区域内的深大断裂往往是岩浆和成矿流体活动的通道，既控岩又控矿，常沿着主要的断裂或断裂带形成矿带或矿田。岩体及矿床均分布在断裂附近，岩浆通道沿断裂向深部延伸部位为镍铜矿的成矿有利地段。

受岩浆岩成矿专属性制约，镍铜矿的形成和分布都受到区内晚石炭世—二叠纪镁铁—超镁铁岩母岩浆的控制。岩浆对成矿控制主要表现在以下5个方面：①镍铜矿的矿化类型受岩浆成分的控制。表现为主要的赋矿岩相是超镁铁岩，其中辉橄岩相内的矿体品位高、规模大，发育稠密浸染状矿石，橄榄岩相内的矿体品位低，规模小，为稀疏浸染状。②镍铜矿矿体的空间分布受到岩浆通道的控制。表现为无论是具有通道型成矿特点，还是具有熔离型成矿特点（"岩盆"状），矿体均位于岩浆上侵通道内各侵位岩相的底部。③镍铜矿形成时间受岩浆活动阶段的控制。表现为主矿体均产于最晚期侵入的辉橄岩相内，即形成于岩浆最晚期旋回的最晚阶段。④矿化与岩浆活动存在物理条件和地质条件的一致性。⑤岩浆活动控制着成矿物质迁移分配。如岩浆中橄榄石、辉石的分离结晶导致硫饱和、硫化物熔离，硫化物熔离又导致剩余岩浆中的Ni、早期结晶橄榄石中的Ni富集到硫化物中成矿。具体表现为橄榄石的Fo值和Ni含量的协变关系，即赋矿岩浆的硫不饱和阶段，分离结晶的橄榄石的Ni含量随橄榄石的Fo值的减小降低较慢，硫饱阶段Ni含量随Fo值减小而急剧降低。综上所述，区内镍铜矿体受最晚期侵入的超镁铁岩相控制，产出于该岩相底部或转折端。母岩浆为高温高MgO的苦橄质岩浆、岩浆也达到硫饱和，已成矿的事实代表区内岩浆演化及成矿作用具备形成矿床的能力。另外，在遵循矿产勘查循序渐进原则的基础上，可以明确找矿目标应以找赋矿超镁铁岩和镍铜矿体为主（阮班晓，2020）。

找矿模型是与成矿模式相匹配或深化的表达形式，突出的是某类矿床的基本要素和找矿过程中特殊意义的地质、物化探和遥感影像等特征及其在空间的变化情况，总结发现该类矿床的基本标志和找矿使用的方法手段。

一、地球物理预测体系

"十五"科技攻关国家305项目与中国科学院知识创新工程方向新疆矿产项目联合实施了"东天山东段大型铜矿床靶区优选与定位预测"课题，由中国科学院地质与地球物理研究所负责承担、新疆维吾尔自治区有色地质勘查局七〇四队、北京矿产地质研究院、新疆维吾尔自治区地质矿产勘查开发局第六

地质大队合作完成。以造山带成矿理论为指导,以岩浆铜镍矿为主攻类型,系统研究分析成矿条件和优选靶区,总结多种高分辨率的高新技术地球物理方法(浅层地震、大地电磁测深、连续电导率、高密度电法),开展隐伏矿定位预测研究成果,初步总结建立起一套适用新疆东天山特点的铜镍、铜金矿床的隐伏矿定位预测高新技术方法体系。

大地电磁测深 MT 法、连续电导率剖面测量(EH-4)和高密度电法同属电法,主要用来探查一定深度隐伏地质体中异常电性体(可能的矿化体或矿体)的异常强度与分布。这几种方法的差别在于其最佳探测深度和分辨率不同。同一剖面电法勘探对比试验结果表明:高密度电法勘探深度浅,对超基性岩体在浅部的倾向和形态能准确描述,分辨率高,但探测深度有限,一般在 200 m 以内;MT 法测深的深度可达 2~3 km,对深部延伸的宏观形态可进行刻画,但分辨率较低;EH-4、EM3D 方法在该区效果介于二者之间,有效深度在 700~1000 m 之间,精度较高。地震勘探方法从反射形态结合已知地质认识,可以在宏观上预测基性、超基性岩体的延伸及分布形态,并能有效克服碳质干扰。用 EH-4 和大地电磁测深 MT 法来探查深部隐伏低阻电性异常体是可行和有效的。浅层地震、地震频率谐振等高新技术金属探矿方法首次进入本区,实践证明是可行的,开拓了其示范运用领域,并有很高的区域推广应用价值。需要强调地质、岩石、地球化学与地球物理新技术、新方法的紧密结合,合理解释。所采用的地球物理方法均是与合作勘查单位共同商量,针对每一矿区的关键控矿因素与含矿岩石特点,精心布置剖面,精心施工,严格记录,编制软件,自主解释,及时反馈给勘查单位,双方共同就物探结果的解释进行反复探讨,并与验证钻孔和矿区其他物探成果仔细对照,逐步深化,不断逼近真实地质事实,这是成矿预测取得突破的重要因素。

二、多元信息综合找矿预测模型

通过对比东天山各岩体宏观地质、岩石化学、地球化学及地球物理特征,总结得出有关东天山地区镁铁—超镁铁质岩体的多元信息综合找矿预测模型。

(1)地质找矿预测标志:①区域上的深大断裂带是岩浆活动的通道,对成矿有利;②围岩含硫对成矿有利;③小岩体对成矿有利;④岩体分异充分,岩相分带明显,岩石类型多样,对成矿有利;⑤主要造岩矿物组合为橄榄石、单斜辉石、斜方辉石、斜长石、角闪石、橄榄石与斜方辉石密切共生。

(2)地球物理找矿预测标志:高磁、高重力、高极化、低阻组合物探异常对找矿有利。

(3)地球化学找矿预测标志:①岩体的主量元素分析显示,各类岩石具有高镁、低钙、低铝、低碱、低钛、低磷的特征,岩体的镁铁摩尔比值(m/f)大多数在 2~6.5 之间对形成铜镍矿有利;②稀土元素配分模式图总体为右倾形式一般对成矿有利,主体表现平坦型稀土元素分布特征的岩体一般不成矿或成贫矿,主体表现轻稀土元素亏损的岩体一般不成矿;③橄榄石牌号 Fo 太高对成矿不利,橄榄石中出现 Ni 亏损(Ni 含量一般小于 $2500×10^{-6}$)对成矿有利;④岩石中 Cu/Zr 值较大对成矿有利;⑤区域上的 Cu、Ni、Co、Cr 综合化探异常对找矿有利。

在明晰了构造、岩浆岩控矿的机制后,确定了预查阶段的找矿目标以找赋矿超镁铁岩为主。因此从地质、地球物理、地球化学、遥感地质信息出发构建区域综合找矿要素模型和预测提醒(表 6-2、表 6-3、图 6-27)。

表 6-2 区域综合找矿要素模型和预测体系

标志分类		信息显示	指示目标
地质	大地构造背景	后碰撞伸展环境	成矿地质条件
	成岩成矿时代	晚石炭世—晚二叠世	

续表 6-2

标志分类		信息显示	指示目标
地质	构造	靠近深大断裂的次级断裂（1～10 km）	成矿有利地段
	镁铁—超镁铁杂岩	镁铁—超镁铁杂岩	成矿地质条件
	特殊地形	负地形	超镁铁岩
	超镁铁岩	最晚期侵入，拉斑玄武岩系列，橄榄石、辉石为主，斜长石含量少	赋矿超镁铁岩
	岩脉特征	岩体较少被岩脉穿插	晚期侵入的岩体
地质物理	1∶5万重力	高重力异常	镁铁—超镁铁杂岩
		高重力异常中的相对低值区	超镁铁岩
	1∶5万航磁	高磁异常	镁铁—超镁铁杂岩
地球化学	1∶20万水系沉积物	Cu、Ni、Co、Cr、V等单异常及相关元素组合异常	超镁铁岩
遥感地质	遥感地质解译	辅助构造、岩脉、岩体侵入期次分析	圈定晚期侵入岩体
	铁染信息	岩体内矿物信息含量相对高值区	镁铁—超镁铁杂岩
	高岭土矿物含量	矿物含量低值区	
	碳酸盐矿物含量	矿物含量低值区	
	Si-指数信息提取	Si-指数高值区	

表 6-3 区域综合镍铜矿综合找矿模型

标志分类			信息显示
地质	矿物学标志		镍黄铁矿
	地表风化特征		褐铁矿化、孔雀石化、镍化
	矿体产出部位		矿体位于岩浆通道或"岩盆"的底部
	矿化特征		网脉状矿石、块状矿石或贯入式矿体（含硫化物高）
地球化学	原生异常	组合	高 Ni、Cu、Co、S、Cr 等，Ni/Co、Ni/Cu 比值高
			高 Mg，低 Ti、Ca
		分带	前缘晕元素 Se
地球物理	1∶1万重力		岩体内相对低重力异常区
	1∶1万航磁		岩体内高磁区
	CSAMT 测量		低电阻率
成矿地质体评价指标	超镁铁岩		最晚期侵入，拉斑玄武岩系列，以橄榄石、辉石为主，斜长石含量少
	地表风化特征		伊丁石化
	围岩蚀变特征		蛇纹石化
	矿物学标志		含水矿物出现，磁黄铁矿
	m/f		高值显示岩体 Mg 含量高，为超镁铁质
	岩石地球化学		$(La/Nb)\ PM<20$；$(Th/Ta)\ PM<20$；$m/f:2\sim6.5$
	同位素地球化学		地壳混染程度相对低
	矿物地球化学标志		橄榄石：Fo 值大于 80

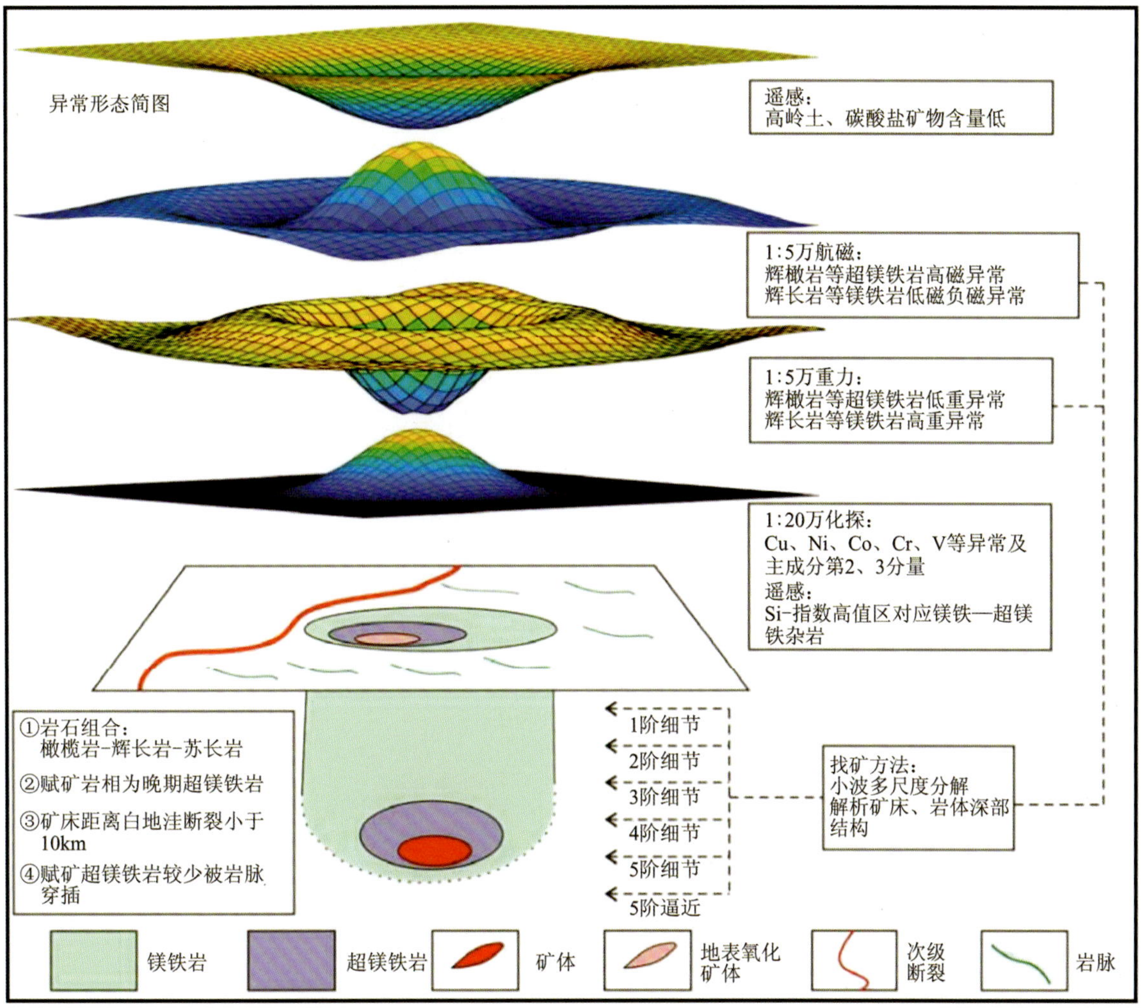

图 6-27 区域综合找矿要素模型和预测体系

三、矿区及外围铜镍矿预测资源量

(一)定量预测方法

根据以往国内外矿产预测方法,在采用数学地质方法进行定性预测的方法程序及计算机软件的实现等方面基础上比较成熟,但是在定性预测基础上进一步进行定量预测,并实际估算预测资源量尚需进一步探索。本次预测是在原有数学地质方法基础上提出了含矿地质体体积参数估算法,作为定量预测的基础方法。体积法是一种简单易行资源量估算方法,基本原理是将相似类比简单外推法,相同大小含矿建造有相同的预测资源量,通过控制区地质建造体积与资源总量(包括查明和深部可能资源量)计算含矿系数,然后计算最小预测区体积和潜在资源量,比区域价值法和德尔菲法精度高。

体积法资源量估算方法优点是方法简单,参数可控,能够充分发挥地质专家的优势。估算的关键问题是精度问题,由于体积法采用是外推类比的方法,基于勘探钻孔信息圈定块段,再通过体积、品位推测得到的资源储量是不同的。体积法得到的资源量的级别要低,属预测资源量(图 6-28)。

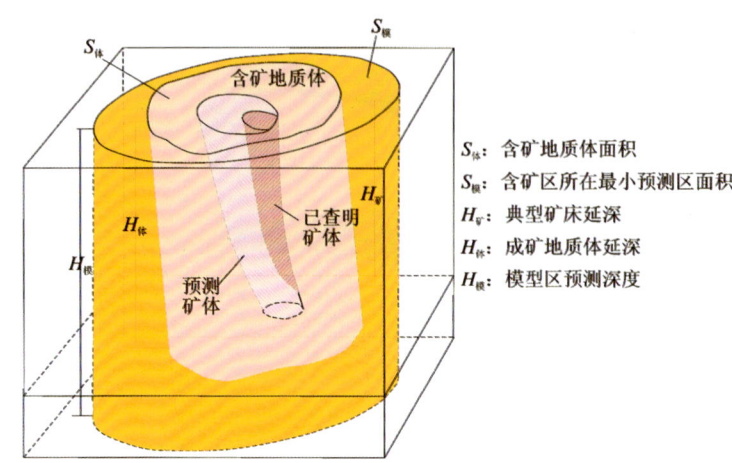

图 6-28 模型区参数图

基于综合地质信息成矿地质体体积法的过程,首先是合理圈定一个矿床成矿系统内的成矿地质体面积及延深,接着计算该成矿地质体的体积,通过在勘探程度高的地区的资源总量和模型区含矿地质体体积,计算模型区的含矿系数,然后将其他最小预测区与模型区类比,确定其相似系数。根据含矿系数、相似系数、体积等,可以求得每个最小预测区资源量。根据预测区实际情况分两种方案处理(图 6-29)。

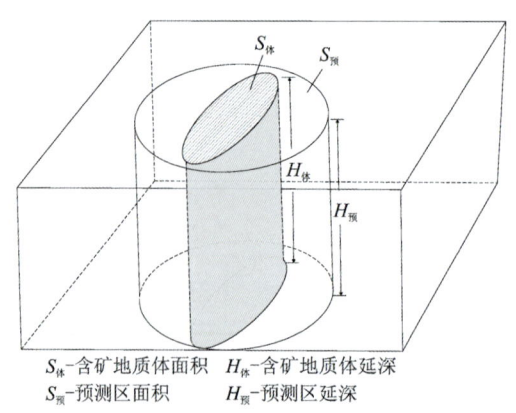

图 6-29 预测区地质参数图

第一种:含矿地质体可以确切圈定边界,应用含矿地质体预测资源量公式

$$Z_体 = S_体 \times H_预 \times K \times \alpha \tag{6-1}$$

式中:$Z_体$ 为模型区中含矿地质体预测资源量;$S_体$ 为含矿地质体面积;$H_体$ 为含矿地质体延深(指矿化范围的最大延深);K 为模型区含矿地质体含矿系数;α 为相似系数。

第二种:含矿地质体难以确切圈定边界,应用预测区预测资源量公式

$$Z_预 = S_预 \times H_预 \times K_S \times K \times \alpha \tag{6-2}$$

式中:$Z_预$ 为预测区预测资源量;$S_预$ 为预测区面积;$H_预$ 为预测区延深(指预测区含矿地质体延深);K_S 为含矿地质体面积参数;K 为模型区矿床的含矿系数;α 为相似系数。

根据以上计算参数,采用地质体积法计算公式,即可完成对每个最小预测区资源量估算。

(二)预测结果

运用相似类比成矿预测理论,采用由肖克炎研究员于 2010 年创立的基于矿床模型综合地质信息预测技术基础之上的含矿地质体体积法对矿区及外围找矿远景区资源潜力进行了预测(冯京等,2022)。找矿远景区位于矿区及其西延部位,面积 48.73 km²。区内分布有镁铁—超镁铁质岩体,与主干断裂平

行的次级断裂发育发育，Cu、Ni、Co、Cr元素化探异常发育且相互套合，带状重磁异常明显。预测模型使用采矿权区已知的白鑫滩铜镍矿床，体重采用白鑫滩矿石平均体重3.1 t/m³，品位使用白鑫滩铜镍矿床平均品位，即镍为0.59%，铜为0.75%。预测深度2000 m以浅。计算公式：预测资源量＝最小预测区面积×延深×含矿地质体面积参数×相似系数×模型区含矿系数。预测资源总量：镍金属210 335t，铜金属145 411t。其中，镍查明资源量64 900t，预测资源量145 435t；铜查明资源量84 300t，预测资源量61 111t。

第七章 结 论

本书在白鑫滩铜镍矿床详查、物化探方法试验和矿山开采以及增储扩量等生产、专题科研成果的基础上,以岩浆型铜镍硫化物矿床成矿特征研究为主线,集成新疆重要矿产资源潜力评价,天山-阿尔泰增生造山带铁铜镍等大宗矿产资源基地深部探测、东天山东段大型铜矿床靶区优选与定位预测等相关内容和东天山多年来铜镍等矿产地质勘查和研究成果,全面总结了白鑫滩铜镍矿床成矿地质构造背景、矿区成矿条件、矿床成矿作用和成因、找矿预测,是一部突出东天山新近发现的岩浆型硫化物铜镍矿床成矿特征研究的科技专著。专著以区域成矿地球动力背景研究为基础,聚焦白鑫滩矿床的岩体和矿体的地质特征、源区性质、母岩浆性质、硫化物的熔离机制、岩浆的流动方向以及矿床的成矿过程和关键控矿要素厘定,深化成矿规律和成矿模式认识,对深部隐伏含矿超镁铁岩的空间位置和产状进行预测,探讨岩浆的流动方向,确定矿区深部的找矿方向。系统研究分析各类地球物理、地球化学、钻探数据,构建了白鑫滩铜镍矿床地质-地球物理-地球化学模型;提出了找矿预测标志和预测评价方法体系;针对矿区预测的铜镍找矿靶区及时组织实施钻探验证,发现了基性—超基性岩体和铜镍矿(化)体,为进一步增储扩量指明了方向,并提供了理论和技术支撑。本专著突出了五大重点:一是成矿地质背景研究,解析天山增生造山过程及其成矿制约;二是岩体的岩石学和岩石地球化学特征;三是矿床成矿机制和关键控矿要素全面研究;四是矿床成矿规律和综合找矿模型;五是含矿岩浆通道和深部找矿预测。本专著是作者团队多年的研究成果和智慧结晶,亦是从事新疆铜镍等大宗矿产找矿勘查、科学研究人员的共同成果。本专著主要取得如下成果。

一、揭示天山增生造山过程对铜、镍等大宗矿产形成的制约机制

提出了天山地区两阶段造山演化新模式,刻画了天山及邻区陆(地块)的复杂增生结构,认为南华纪—早泥盆世为多岛洋演化阶段,中泥盆世—石炭纪为残留洋演化阶段。阐明了增生造山过程对区域成矿的制约,不同的动力学背景,不同阶段的大地构造格局、构造-岩浆-沉积系统控制了新疆天山的成矿系统及成矿类型。其中,西天山造山带经历了特克斯洋(中新元古代—奥陶纪)、南天山洋(奥陶纪—石炭纪)、北天山洋(早古生代—石炭纪)的打开、发展及消亡等5个阶段演化,先后形成陆缘裂陷、增生岛弧、碰撞造山等构造环境,控制了区域 Fe、Mn、Au、Cu、Pb、Zn 等成矿作用。东天山造山带经历了以古生代俯冲-碰撞为主的5个阶段区域构造演化和岩浆活动,制约了区域 Fe、Au、Cu、Ni、Pb、Zn、W、Mo 等成矿作用。

二、阐释了矿区基性—超基性岩体的岩石学和岩石地球化学特征

含矿岩体主要分布在(超)镁铁质岩相,蚀变矿物以斜方辉石、角闪石、云母为主,蚀变较为强烈。岩体具有高镁、低碱、低硅、低钛特征,较高的 $Mg^{\#}$ 和 m/f 值介于 2~6.5 之间,橄榄石 Fo 值多集中在 80~

85之间,并且Fo值与Mg#值两者取值更接近时,有利于成矿。(超)镁铁质含矿岩体的岩浆以钙碱性玄武岩为主,并有从拉斑玄武岩过渡到钙碱性玄武岩的趋势。角闪石、云母含水矿物指示岩浆早期洋壳俯冲阶段存在幔源岩浆的交代作用。含矿性好的岩体岩浆分异充分,在岩浆侵位过程中同时存在熔离作用和结晶分异作用,Sr、Nd同位素显示研究区岩体源区总体以亏损地幔为主,在侵位地壳的过程中经历交代和同化混染作用。白鑫滩岩体与黄山东、黄山西岩体具有相似的稀土元素和微量元素配分型式,大离子亲石元素(Rb、Ba、U、K)相对富集,而部分高场强元素(Nb、Ta、Ti)相对亏损,稀土元素呈轻稀土略微富集的右倾样式,均表现出岛弧火山岩的地球化学性质,εNd(t)值(2.84～5.05)和($^{87}Sr/^{86}Sr$)(t)值(0.704 113～0.705 682)介于软流圈地幔与岩石圈地幔之间。

三、全面系统地研究了矿床就位机理和定位规律

白鑫滩岩体各岩相之间呈现渐变过渡或清晰截然的侵入接触关系,表明白鑫滩岩体中不同岩相之间不是一期岩浆侵入的,而是多期次岩浆作用形成的。白鑫滩岩体顶部角闪辉长岩相为第一侵入期次。橄榄辉长岩、斜长二辉橄榄岩和含长橄榄二辉岩相为第二侵入期次。底部角闪辉长岩相为最后一期侵入期次。白鑫滩岩体母岩浆可能起源于软流圈地幔,受俯冲带物质影响。在碰撞后伸展背景下,地幔部分熔融形成的母岩浆,因熔融自经俯冲物质交代后的地幔或上升过程中混染了俯冲带物质,在深部原始岩浆经中间岩浆房的液态分异,形成上轻下重的熔体,沿次级断裂上侵,首先侵位的是上部镁铁岩浆,就位后随温度下降,结晶分异出辉长岩相等。此时岩浆房中的硫化物饱和并形成珠滴状硫化物,聚集成原始的矿浆。基性岩浆侵位后,与周围岩层地应力不同产生了大量裂隙。岩体底部通道附近裂隙空间更大。由于重力作用,此时含矿浆的偏超镁铁的岩浆,沿上述裂隙贯入,侵位并在基性岩的底部,形成第二期次的超镁铁质岩,硫化物在此处产生分异作用,形成就地熔离的矿体,此阶段为主要的成矿阶段。板块边缘碰撞结合带、与区域韧性剪切带平行的次级断裂和第二侵入期次的超镁铁质岩是控矿的关键要素。

四、深化总结矿床成矿规律和综合找矿模型

白鑫滩铜镍矿位于黄山镁铁—超镁铁岩带西延段,处于准噶尔板块南缘和塔里木板块北缘碰撞对接部位,受控于近东西向展布的康古尔塔格-黄山深大断裂带大草滩断裂所派生的次级断裂。矿体产于镁铁—超镁铁质岩体第二侵入期次岩相底部,形成于碰撞后伸展环境的早二叠世,在走向上略具向东侧伏,倾向上向北北西向延深并呈现阶梯形变化的似等间距(100～150 m)水滴状分布,预示沿矿体倾斜方向还有寻找岩浆通道矿的较大找矿空间。大量的研究数据表明,白鑫滩铜镍矿是岩浆就地熔离-贯入型硫化物矿床。来自深部的原始岩浆经液态分异形成的上轻下重基性熔体沿区域性大草滩次级断裂上侵就位。基性岩浆上侵就位挤压造成了围岩大量裂隙,为重岩浆侵位和超基性岩体底部低凹处堆积成大小不等的矿体创造了条件。成岩成矿后期,在不同构造活动和风化作用下,形成了地表及浅部的氧化矿体。

多元信息综合找矿模型:①地质指标。区域上的深大断裂带是岩浆活动的通道;围岩含硫;小岩体;岩体分异充分,岩相分带明显,岩石类型多样;主要造岩矿物组合为橄榄石、单斜辉石、斜方辉石、斜长石、角闪石,橄榄石与斜方辉石密切共生。②地球化学指标。岩体的主量元素分析显示,各类岩石具有高镁、低钙、低铝、低碱、低钛、低磷的特征,岩体的镁铁摩尔比值(m/f)大多数在2～6.5之间;稀土元素配分模式图总体为右倾形式;主体表现平坦型稀土元素分布特征的岩体一般不成矿或成贫矿,主体表现轻稀土元素亏损的岩体一般不成矿;橄榄石牌号Fo太高对成矿不利,橄榄石中出现Ni号损(N含量一

般小于 $2500×10^{-6}$ ）对成矿有利；岩石中 Cu/Zr 比值较大对成矿有利；区域上的 Cu、Ni、Co、Cr 综合化探异常对找矿有利。③地球物理指标。高磁、高重力、高极化、低阻组合物探异常对找矿有利。

五、岩浆通道的确定和深部找矿预测

辉石岩中的矿石构造一般以星点状、浸染状为主，Cu/Ni 比值比下部的辉长岩要高。矿石 Cu/Ni 比值变化指示岩浆的流动方向来自于 10 号勘查线附近，即含矿岩浆的流动方向为由北向南上涌，自西向东流动。围岩、基性岩体、矿（化）体极化率三维空间分布所反映的基性岩体及矿（化）体呈"水滴"状不连续的分布现象，与已知矿体和基性—超基性岩空间分布特征高度吻合。造成这一现象的原因，是来自深部基性岩浆沿深大断裂裂隙贯入围岩形成裂隙密集发育的集中区。裂隙空间集中分布的部位对成矿有利，而裂隙空间的不连续性造成矿（化）体呈不连续的分布特点。矿区北部存在不同深度的多个独立不连续矿致异常，可能指示白鑫滩铜镍矿深边部仍具有较大的找矿潜力。

六、找矿建议

白鑫滩铜镍矿自发现以来，先后投入了不同程度、不同手段的深部找矿工作。目前勘探工作已完成，但仍未在深部取得找矿突破，为此提出以下找矿建议。

1. 加强找矿预测靶区深部验证

本次在矿区圈定找矿预测靶区 3 处。这些靶区位于矿区 C4 至 16 号勘查线之间，地质及地球物理资料显示这一区段是岩浆上涌的通道位置。已有的钻孔勘查线剖面揭示了含矿的辉石岩相向北呈阶梯或台阶状向北延深，矿（化）体沿倾斜方向以 $100\sim150$ m 斜距尖灭再现，这一规律性变化特点指示矿区北部是寻找岩浆通道矿体的有利部位。下一步需要继续加大产学研相结合的深部验证工作，促进本次研究成果尽快转化为新的找矿突破成果。

2. 加强铜镍矿深部探测技术推广应用

白鑫滩一带为寻找岩浆熔离型铜镍矿床而采用的直流激电对称四极测深，可以有效地反映出基性岩体、矿化体大致特征。三维物探数据建模能够精细刻画深边部盲矿体，为进一步矿产资源开发增储提供物探依据。建议开展物探找矿工作前，一定要在已知矿体上先做方法试验及井旁测深工作，确定物探方法及解释依据，数据整理时要剔除或者减小"虚假"信息的干扰，不能将数据直接成图，而要结合含矿地质体物性特征，合理推断解释物探异常，为地质找矿提供依据。

3. 扩大视野，拓宽思路，加大面上找矿

从区域上看觉罗塔格构造带向西具有较大的找矿空间。区内重磁电异常和化探异常明显，断裂构造发育。地表分布有规模较大的基性—超基性岩体，其深部可能存在多期次侵位的辉石岩或橄榄岩岩体。今后应加强控岩控矿断裂和超基性岩体含矿性专题研究，采用高光谱和有效物探方法组合的方式，快速锁定找矿有利地段，通过钻探验证实现找矿新突破。

主要参考文献

白建科,李智佩,徐学义,等,2015.西天山早石炭世构造环境:大哈拉军山组底部沉积地层学证据[J].沉积学报,33(3):459-469.

蔡志慧,许志琴,何碧竹,等,2012.东天山—北山造山带中大型韧性剪切带属性及形成演化时限与过程[J].岩石学报,28(6):1875-1895.

蔡学林,曹家敏,朱介寿,2008.新疆可可托海—四川简阳地学断面岩石圈与软流圈结构[J].中国地质(3):375-391.

柴凤梅,2005.与镁铁—超镁铁质岩有关的岩浆矿床成矿体系研究新进展会议(IGCP479)在香港召开[J].岩石矿物学杂志(1):11.

车自成,刘良,刘洪福,等,1996.中天山基底岩系的韧性-脆韧性改造作用[J].地质科学(4):391-396.

陈富文,李华芹,陈毓川,等,2005.东天山土屋-延东斑岩铜矿田成岩时代精确测定及其地质意义[J].地质学报(2):256-261.

陈继平,廖群安,张雄华,等,2013.东天山地区黄山东与香山镁铁质—超镁铁质杂岩体对比[J].地球科学(中国地质大学学报),38(6):1183-1196.

陈文,孙枢,张彦,等,2005.新疆东天山秋格明塔什-黄山韧性剪切带$^{40}Ar/^{39}Ar$年代学研究[J].地质学报,79(6):790-804.

陈希节,舒良树,马绪宣,2012.新疆尾亚蛇绿混杂岩与镁铁质麻粒岩地球化学特征及构造意义[J].高校地质学报,18(4):661-675.

陈义兵,胡霭琴,张国新,等,1999.西天山前寒武纪天窗花岗片麻岩的锆石 U-Pb 年龄及 Nd-Sr 同位素特征[J].地球化学(6):515-520.

陈义兵,胡霭琴,张新,等,2000.西南天山前寒武纪基底时代和特征:锆石 U-Pb 年龄和 Nd-Sr 同位素组成[J].岩石学报(1):91-98.

陈毓川,刘德权,唐延龄,等,2008.中国天山矿产及成矿体系[M].北京:地质出版社.

成勇,李永,朱生善,等,2015.新疆哈尔达坂铅锌矿床地质特征及成因分析[J].矿产勘查,6(2):107-114.

成勇,闫存兴,朱生善,等,2012.新疆温泉县哈尔达坂层控型铅锌矿床的发现及其找矿意义[J].西北地质,45(3):116-122.

崔可锐,丁道桂,邢乐澄,1997.中天山北缘青铝闪石和多硅白云母的发现及其地质意义[J].中国区域地质(1):27-32.

邓莉明,杨永强,李智,等,2019.新疆东天山阿齐山铅锌矿床成矿物质来源及矿床成因[J].矿床地质,38(1):158-169.

邓小华,吴昌志,吴艳爽,等,2023.东天山印支期矿床地质特征、成因类型及成矿规律[J].地球科学与环境学报,45(3):590-621.

邓宇峰,宋谢炎,陈列锰,等,2011.东天山黄山西含铜镍矿镁铁—超镁铁岩体岩浆地幔源区特征研究[J].岩石学报,27(12):3640-3652.

杜开明,2021.中亚造山带西北天山晚古生代花岗岩成因及构造背景[D].北京:中国地质大学(北京).

冯京,李建军,徐仕琪,等,2021a.东天山帕尔塔格西铜矿床地质特征及找矿方向[J].新疆地质,39(40):515-523.

冯京,吕新彪,邓刚,等,2012.新疆东天山-北山镁铁—超镁铁质岩特征、成矿意义及动力学背景[J].矿床地质,31(S1):701-702.

冯京,马华东,计文化,等,2024.天山-阿尔泰增生造山带大宗矿产资源基地深部探测[M].北京:地质出版社.

冯京,田江涛,徐仕琪,等,2021b.新疆重要矿产找矿预测[M].北京:地质出版社.

冯京,赵同阳,李平,等,2022.东天山铁铜等大宗矿产成矿规律与找矿预测[M].武汉:中国地质大学出版社.

冯京,朱志新,赵同阳,等,2022.新疆大地构造单元划分及成矿作用[J].中国地质,49(4):1154-1178.

冯延清,钱壮志,段俊,等,2017.新疆东天山铜镍成矿带西段镁铁—超镁铁质岩体成因及成矿潜力研究[J].地质学报,91(4):792-811.

高长林,吉让寿,秦德余,1995.北大巴山地区沉积黄铁矿的硫、铅同位素及其构造学意义[J].中国区域地质(2):158-163.

高景刚,李文渊,高云霞,等,2016.西天山博罗霍洛地区晚泥盆世岩体地球化学、U-Pb 年代及 Sr-Nd-Pb 同位素特征及地质意义[J].岩石学报,32(5):1379-1390.

高俊,肖序常,汤耀庆,等,1994.新疆西南天山蓝片岩的变质作用 pTDt 轨迹及构造演化[J].地质论评(6):544-553.

高俊,肖序常,汤耀庆,等,1995.新疆南天山科克苏河地区构造变形特征[J].河北地质学院学报(3):224-231.

高俊,张立飞,刘圣伟,2000.西天山蓝片岩榴辉岩形成和抬升的 $^{40}Ar/^{39}Ar$ 年龄记录[J].科学通报(1):89-94.

高荣臻,薛春纪,满荣浩,等,2021.中国及境外天山铅锌成矿作用与找矿方向[J].地球科学与环境学报,43(1):36-79.

顾连兴,杨浩,陶仙聪,等,1990.中天山东段花岗岩类铷-锶年代学及构造演化[J].桂林冶金地质学院学报(1):49-55.

郭召杰,马瑞士,郭令智,等,1993.新疆东部三条蛇绿混杂岩带的比较研究[J].地质论评(3):236-247.

韩宝福,季建清,宋彪,等,2004.新疆喀拉通克和黄山东含铜镍矿镁铁—超镁铁杂岩体的 SHRIMP 锆石 U-Pb 年龄及其地质意义[J].科学通报(22):2324-2328.

韩建华,赵恒乐,李鑫,等,2022.东天山白鑫滩铜镍矿成矿特征及找矿启示[J].新疆地质,40(1):130-134.

何登发,樊春,雷刚林,等,2011.吐格尔明背斜核部片岩的年代学与构造意义[J].中国地质,38(4):809-819.

何国琦,李茂松,刘德权,等,1994.中国新疆古生代地壳演化及成矿[M].乌鲁木齐:新疆人民出版社.

何跃,蒋忠祥,满浩,等,2023.新疆哈密卓越铅锌银矿地球物理特征及矿床成因[J].新疆地质,41(3):471-476.

贺振宇,孙立新,毛玲娟,等,2015.北山造山带南部片麻岩和花岗闪长岩的锆石 U-Pb 定年和 Hf 同位素:中元古代的岩浆作用与地壳生长[J].科学通报,60(4):389-399.

胡霭琴,韦刚健,邓文峰,等,2006.天山东段 1.4 Ga 花岗闪长质片麻岩 SHRIMP 锆石 U-Pb 年龄及其地质意义[J].地球化学(4):333-345.

黄广文,薛万文,潘家永,等,2018.伊犁盆地蒙其古尔砂岩型铀矿床源区体系与构造背景分析——来自碎屑锆石 U-Pb 年代学证据[J].大地构造与成矿学,42(6):1108-1141.

吉让寿,秦德余,高长林,1995.扬子北缘古生代盆地构造变形[J].石油实验地质(2):121-130.

江彪,王登红,马玉波,等,2022.北山及其相邻地区主要矿床类型、找矿新进展及方向[J].地质学报,96(6):2206-2216.

姜常义,夏昭德,凌锦兰,等,2011.寄主岩浆硫化物和氧化物矿床的镁铁质—超镁铁质岩体对比分析与成矿过程评述[J].岩石学报,27(10):3005-3020.

李德东,王玉往,龙灵利,等,2012.天山铜镍-钒钛复合(或过渡)型矿化镁铁—超镁铁岩年代学与地球化学特征[J].矿床地质,31(S1):705-706.

李厚民,丁建华,李立兴,等,2014.东天山雅满苏铁矿床矽卡岩成因及矿床成因类型[J].地质学报,88(12):2477-2489.

李锦轶,2004.新疆东部新元古代晚期和古生代构造格局及其演变[J].地质论评(3):304-322.

李锦轶,何国琦,徐新,等,2006.新疆北部及邻区地壳构造格架及其形成过程的初步探讨[J].地质学报,80(1):148-168.

李锦轶,王克卓,李亚萍,等,2006.天山山脉地貌特征、地壳组成与地质演化[J].地质通报(8):895-909.

李锦轶,杨天南,李亚萍,等,2009.东准噶尔卡拉麦里断裂带的地质特征及其对中亚地区晚古生代洋陆格局重建的约束[J].地质通报,28(12):1817-1826.

李平,赵同阳,穆利修,等,2018.新疆中天山古生代侵入岩浆序列及构造演化[J].地质论评,64(1):91-107.

李少贞,任燕,冯新昌,等,2006.吐哈盆地南缘克孜尔塔格复式岩体中花岗闪长岩锆石 SHRIMP U-Pb 测年及岩体侵位时代讨论[J].地质通报(8):937-940.

李卫东,涂其军,高永峰,等,2010.新疆哈密市路白山一带片麻状花岗岩锆石 SHRIMP U-Pb 定年及其地质意义[J].中国地质,37(5):1273-1283.

李文铅,董富荣,周汝洪,2000.新疆鄯善康古尔塔格蛇绿杂岩的发现及其特征[J].新疆地质(2):121-128.

李文渊,2007.岩浆 Ni-Cu-PGE 矿床研究现状及发展趋势[J].西北地质,40(2):1-28.

李文渊,高永宝,张照伟,等,2023.镁铁—超镁铁质岩与花岗岩-伟晶岩"小岩体成大矿"对比——以昆仑成矿带夏日哈木和大红柳滩超大型矿床为例[J].地球科学与环境学报,45(5):1036-1048.

李文渊,牛耀龄,张照伟,等,2012.新疆北部晚古生代大规模岩浆成矿的地球动力学背景和战略找矿远景[J].地学前缘,19(4):41-50.

刘斌,钱一雄,2003.东天山三条高压变质带地质特征和流体作用[J].岩石学报(2):283-296.

刘博,陈正乐,袁峰,等,2022.中天山北缘剪切带东段晚三叠世右旋走滑:对中亚造山带西南缘造山复活的响应[J].新疆地质,40(1):85-91.

刘德权,唐延龄,周汝洪,2005.中国新疆铜矿床和镍矿床[M].北京:地质出版社.

刘欢,焦建刚,张国鹏,等,2017.东天山地区铜镍矿找矿评价指标探讨[J].中国工程科学,17(2):106-111.

刘良,车自成,刘养杰,1994.中天山冰达坂一带斜长花岗岩的地球化学特征[J].西北大学学报(自然科学版)(2):157-161.

刘振涛,2014.西天山巴音布鲁克一带志留系形成环境和铜矿预测研究[D].北京:中国地质大学(北京).

龙灵利,王京彬,王玉往,等,2016.东天山卡拉塔格矿集区赋矿火山岩地层时代探讨:SHRIMP 锆石 U-Pb 年龄证据[J].矿产勘查,7(1):31-37.

龙灵利,王京彬,王玉往,等,2019.东天山古弧盆体系成矿规律与成矿模式[J].岩石学报,35(10):3161-3188.

陆万俭,陈华勇,张莉,2015.新疆东天山改造富集成矿:以宏源铅锌矿为例[C]//中国矿物岩石地球化学学会.中国矿物岩石地球化学学会第 15 届学术年会论文摘要集(3).中国科学院矿物学与成矿学重点实验室,中国科学院研究生院.

路彦明,张栋,范俊杰,等,2008.新疆东准地区成岩、成矿与构造演化时空耦合[J].矿床地质,27(S1):33-41.

吕晓强,毛启贵,郭娜欣,等,2020.东天山卡拉塔格地区月牙湾铜镍硫化物矿床磁黄铁矿 Re-Os 同位素测定及其地质意义[J].地球科学,9:3475-3486.

罗照华,А А 马拉库舍夫,Н А 潘妮娅,等,2000.铜镍硫化物矿床的成因:以诺里尔斯克(俄罗斯)和金川(中国)为例[J].矿床地质,(4):330-339.

马瑞士,舒良树,孙家齐,1997.东天山构造演化与成矿[M].北京:地质出版社.

毛启贵,方同辉,王京彬,等,2010.东天山卡拉塔格早古生代红海块状硫化物矿床精确定年及其地质意义[J].岩石学报,25:3017-3026.

毛启贵,王京彬,方同辉,等,2015.东天山卡拉塔格矿带红海 VMS 型矿床 S、Pb 同位素地球化学研究[J].矿床地质,34(4):730-744.

毛启贵,肖文交,韩春明,等,2006.新疆东天山白石泉铜镍矿床基性—超基性岩体锆石 U-Pb 同位素年龄、地球化学特征及其对古亚洲洋闭合时限的制约[J].岩石学报,(1):153-162.

米宝昕,李平,靳刘圆,2019.东天山垄西镁铁—超镁铁质岩地球化学特征及成矿潜力分析[J].新疆地质,(4):498-504.

秦克章,方同辉,王书来,等,2002.东天山板块构造分区、演化与成矿地质背景研究[J].新疆地质,20(4):302-308.

秦克章,田野,姚卓森,等,2014.新疆喀拉通克铜镍矿田成矿条件、岩浆通道与成矿潜力分析[J].中国地质,41(1):912-935.

任明浩,王焰,倪康,等,2013.东天山二叠纪大草滩地区镁铁—超镁铁质岩体的岩浆演化过程和含矿性[J].岩石学报,29(10):3473-3486.

阮班晓,吕新彪,俞颖敏,等,2020.新疆北山二叠纪镁铁—超镁铁质岩成因、成矿作用和找矿信息[J].地球科学,45(12):4481-4497.

芮宗瑶,王龙生,王义天,等,2002.东天山土屋和延东斑岩铜矿床时代讨论[J].矿床地质,(1):16-22.

三金柱,秦克章,汤中立,等,2010.东天山图拉尔根大型铜镍矿区两个镁铁—超镁铁岩体的锆石 U-Pb 定年及其地质意义[J].岩石学报,26(10):3027-3035.

SENGOR,A M C,YILMAZ,et al.,1991.造山过程中的走向滑移断层作用:特提斯地区的意义与实例[J].世界地质(1):123-124.

邵会文,杨卫民,陈越,等,2009.新疆北部阿尔泰地区金矿床类型、特征及地球动力学环境[J].地质与资源,18(2):100-106.

沈雪华,姚春彦,樊献科,等,2016.新疆萨尔朔克铜金多金属矿床成矿围岩锆石年龄、Hf 同位素及其成矿背景[J].地质通报,35(1):167-174.

舒良树,卢华复,印栋豪,等,2003.中、南天山古生代增生-碰撞事件和变形运动学研究[J].南京大学学报(自然科学版)(1):17-30.

舒良树,马瑞士,郭令智,等,1997.天山东段推覆构造研究[J].地质科学(3):337-350.

舒良树,夏飞雅克,马瑞士,1998.中天山北缘大型右旋走滑韧剪带研究[J].新疆地质(4):326-336.

疏孙平,李秋根,刘树文,等,2018.斑岩型铜、金、钼矿床成岩成矿特征差异的原因和意义[J].地学前缘,25(5):237-250.

宋梦莹,高鹏,2019.新疆伊犁成矿带地质矿产特征及成矿单元划分[C]//中国矿物岩石地球化学学会矿床地球化学专业委员会,中国地质学会矿床地质专业委员会,中国科学院地球化学研究所矿床地球化学国家重点实验室.第九届全国成矿理论与找矿方法学术讨论会论文摘要集.新疆维吾尔自治区地质矿产研究所.

宋鹏,2017.阿尔泰-东准噶尔-东天山东段花岗岩Nd、Hf同位素特征对比及深部组成结构示踪意义[D].北京:中国地质大学(北京).

宋谢炎,肖家飞,朱丹,等,2010.岩浆通道系统与岩浆硫化物成矿研究新进展[J].地学前缘,17(1):153-163.

苏尚国,汤中立,罗照华,等,2014.岩浆通道成矿系统[J].岩石学报,30(11):3120-3130.

孙桂华,2007.新疆哈尔里克山古生代以来构造变形及构造演化[D].北京:中国地质科学院.

孙桂华,李锦轶,王德贵,等,2006a.东天山阿其克库都克断裂南侧花岗岩和花岗闪长岩锆石SHRIMP U-Pb测年及其地质意义[J].地质通报(8):945-952.

孙桂华,李锦轶,杨天南,等,2006b.天山造山带二叠纪后碰撞南北向挤压变形:以哈尔里克山北坡口门子逆冲型韧性剪切带为例[J].岩石学报(5):1359-1368.

孙涛,钱壮志,汤中立,等,2010.新疆葫芦铜镍矿床锆石U-Pb年代学、铂族元素地球化学特征及其地质意义[J].岩石学报,26(11):3339-3349.

汤中立,段俊,徐刚,等,2023.小岩体成(大)矿理论与实践[J].地球科学与环境学报,45(5):1015-1025.

汤中立,钱壮志,姜常义,等,2006.中国铜镍铂岩浆硫化物矿床与成矿预测[M].北京:地质出版社.

汤中立,钱壮志,姜常义,等,2011.岩浆硫化物矿床勘查研究的趋势与小岩体成矿系统[J].地球科学与环境学报,33(1):1-9.

唐冬梅,秦克章,孙赫,等,2009.东疆天宇岩浆Cu-Ni矿床的铂族元素地球化学特征及其对岩浆演化、硫化物熔离的指示[J].地质学报,83(5):680-697.

唐淑兰,2015.哈密沁城地区红柳沟组流纹岩LA-ICP-MS锆石U-Pb年代学及地质意义[J].新疆地质,33(3):323-328.

田培仁,1994.新疆北部主要矿产成矿规律[J].新疆地质(1):83-90.

田培仁,1994.新疆北部主要矿产成矿区带划分[J].新疆地质(1):67-74.

田培仁,1994.新疆铜(镍钼)矿主要矿床类型、特征及其分布规律[J].矿产与地质(5):321-325.

王博,舒良树,CLUZEL D,等,2007.伊犁北部博罗霍努岩体年代学和地球化学研究及其大地构造意义[J].岩石学报(8):1885-1900.

王博林,2016.东天山香山中与白鑫滩铜镍矿床岩浆演化与成矿作用对比研究[D].北京:中国地质大学(北京).

王超,刘良,车自成,等,2009.塔里木南缘铁克里克构造带东段前寒武纪地层时代的新限定和新元古代地壳再造:锆石定年和Hf同位素的约束[J].地质学报,83(11):1647-1656.

王京彬,王玉往,何志军,2006.东天山大地构造演化的成矿示踪[J].中国地质(3):461-469.

王京彬,徐新,2006.新疆北部后碰撞构造演化与成矿[J].地质学报(1):23-31.

王居里,王守敬,柳小明,2009.新疆天格尔地区碱长花岗岩的地球化学、年代学及其地质意义[J].岩石学报,25(4):925-933.

王凯,计文化,孟勇,等,2019.天山造山带东段构造变形对增生造山末期的响应[J].大地构造与成矿学,43(5):894-910.

王新富,李波,2018.铜同位素组成在铜矿床中的变化规律[J].地质科技情报,37(3):159-168.

王旋,2021.造山带铜镍硫化物矿床的成因[D].南昌:东华理工大学.

王亚磊,张照伟,尤敏鑫,等,2015.东天山白鑫滩铜镍矿锆石 U-Pb 年代学、地球化学特征及对 Ni-Cu 找矿的启示[J].中国地质,42(3):452-467.

王银宏,张方方,刘家军,等,2015.东天山白山钼矿区花岗岩的岩石成因:锆石 U-Pb 年代学、地球化学及 Hf 同位素约束[J].岩石学报,31(7):1962-1976.

王瑜,李锦轶,李文铅,2002.东天山造山带右行剪切变形及构造演化的 $^{40}Ar-^{39}Ar$ 年代学证据[J].新疆地质(4):315-319.

王玉往,王京彬,王莉娟,等,2008.新疆尾亚含矿岩体锆石 U-Pb 年龄、Sr-Nd 同位素组成及其地质意义[J].岩石学报,24(4):781-792.

王云峰,陈华勇,肖兵,等,2016.新疆东天山地区土屋和延东铜矿床斑岩-叠加改造成矿作用[J].矿床地质,35(1):51-68.

王振宏,杜晓飞,马华东,等,2021.EH4 电磁测深在东天山白鑫滩铜镍矿床勘查中的应用[J].新疆地质,39(4):529-533.

吴淦国,张达,狄永军,等,2008.铜陵矿集区侵入岩 SHRIMP 锆石 U-Pb 年龄及其深部动力学背景[J].中国科学(D辑:地球科学)(5):630-645.

吴华,李华芹,莫新华,等,2005.新疆哈密白石泉铜镍矿区基性—超基性岩的形成时代及其地质意义[J].地质学报(4):498-502.

夏冬,罗照华,王君良,等,2020.新疆鄯善县阿奇山铅锌(铜)矿床流体包裹体特征及成矿模式[J].西北地质,53(1):76-90.

夏冬,彭玉旋,王君良,等,2018.新疆东天山地区构造演化浅析[J].新疆有色金属,41(4):44-45.

夏林圻,夏祖春,徐学义,等,2004.天山(石炭纪—早二叠世)大火成岩省:特点和意义[C]//中国地质学会岩石专业委员会,中国矿物岩石地球化学学会变质岩专业委员会,中国地质调查局,国家自然科学基金委员会地学部,中国地质学会前寒武纪地质专业委员会.2004年全国岩石学与地球动力学研讨会论文摘要集.

夏林圻,夏祖春,徐学义,等,2004.天山石炭纪大火成岩省与地幔柱[J].地质通报,23(9/10):903-910.

夏林圻,张国伟,夏祖春,等,2002.天山古生代洋盆开启、闭合时限的岩石学约束——来自震旦纪、石炭纪火山岩的证据[J].地质通报(2):55-62.

肖庆华,秦克章,唐冬梅,等,2010.新疆哈密香山西铜镍-钛铁矿床系同源岩浆分异演化产物——矿相学、锆石 U-Pb 年代学及岩石地球化学证据[J].岩石学报,26(2):503-522.

肖序常,格雷厄姆,S A,1990.中国西部元古代蓝片岩带——世界上保存最好的前寒武纪蓝片岩[J].新疆地质(1):12-21.

新疆维吾尔自治区地质矿产勘查开发局第一区域地质调查大队,2020.新疆哈密市白鑫滩铜镍矿详查报告[R].乌鲁木齐:新疆维吾尔自治区地质矿产勘查开发局.

新疆维吾尔自治区地质矿产局,1993.新疆维吾尔自治区地质矿产局区域地质志[M].北京:地质出版社.

徐文博,张铭杰,包亚文,等,2022.塔里木克拉通东北缘二叠纪镁铁质岩浆氧化物与硫化物成矿条件对比[J].地质学报,96(12):4257-4274.

徐兴旺,马天林,孙立倩,等,1998.新疆东天山觉罗塔格韧性挤压带基本特征及动力学意义[J].地质科学(2):21-31.

徐学义,何世平,马中平,等,2002.新疆柯坪库木如吾祖克地区二叠纪火山岩[J].西北地质(3):35-41.

徐学义,李荣社,陈隽璐,等,2014.新疆北部古生代构造演化的几点认识[J].岩石学报,30(6):1521-1534.

徐学义,马中平,夏林圻,等,2004.北天山巴音沟蛇绿岩斜长花岗岩SHRIMP测年及其意义[C]//中国地质学会岩石专业委员会,中国矿物岩石地球化学学会变质岩专业委员会,中国地质调查局,国家自然科学基金委员会地学部,中国地质学会前寒武纪地质专业委员会.2004年全国岩石学与地球动力学研讨会论文摘要集.

徐学义,马中平,夏祖春,等,2006.天山中西段古生代花岗岩TIMS法锆石U-Pb同位素定年及岩石地球化学特征研究[J].西北地质(1):50-75.

许志琴,李思田,张建新,等,2011.塔里木地块与古亚洲/特提斯构造体系的对接[J].岩石学报,27(1):1-22.

闫升好,王义天,张招崇,等,2006.新疆额尔齐斯金矿带的成矿类型、地球动力学背景及资源潜力[J].矿床地质(6):693-704.

闫晓兰,张海林,刘红涛,2014.伊犁地块石炭纪铁矿床不同矿化类型成因联系与时空分布[J].新疆地质,32(2):180-186.

杨富全,张志欣,刘国仁,等,2020.新疆中亚造山带三叠纪矿床地质特征、时空分布及找矿方向[J].矿床地质,39(2):197-214.

杨天南,王小平,2006.新疆库米什早泥盆世侵入岩时代、地球化学及大地构造意义[J].岩石矿物学杂志(5):401-411.

杨兴科,姬金生,张连昌,等,1998.东天山大型韧性剪切带基本特征与金矿预测[J].大地构造与成矿学(3):209-218.

杨兴科,陶洪祥,罗桂昌,等,1996.东天山板块构造基本特征[J].新疆地质(3):221-227.

叶龙翔,张达玉,周涛发,等,2017.新疆觉罗塔格地区东戈壁钼矿床花岗斑岩的成因研究[J].矿床地质,36(2):429-448.

叶天竺,吕志成,庞振山,等,2014.勘查区找矿预测理论与方法(总论)[M].北京:地质出版社.

张达玉,周涛发,袁峰,等,2010.新疆东天山地区延西铜矿床的地球化学、成矿年代学及其地质意义[J].岩石学报,26(11):3327-3338.

张东阳,张招崇,艾羽,等,2009.西天山莱历斯高尔一带铜(钼)矿成矿斑岩年代学、地球化学及其意义[J].岩石学报,25(6):1319-1331.

张连昌,董志国,陈博,等,2021.东天山重要成矿区带、成矿系统与成矿规律[J].地球科学与环境学报,43(1):12-35.

张小军,田江涛,李大海,2018.新疆鄯善县恰特卡尔地区基性—超基性岩型铜镍找矿模型及矿产预测[J].新疆地质,36(3):323-329.

张招崇,侯通,李厚民,等,2014.岩浆-热液系统中铁的富集机制探讨[J].岩石学报,30(5):1189-1204.

张招崇,闫升好,陈柏林,等,2006.新疆东准噶尔北部俯冲花岗岩的SHRIMP U-Pb锆石定年[J].科学通报(13):1565-1574.

张照伟,李文渊,张江伟,等,2015.新疆北部岩浆铜镍硫化物矿床地质分布特点与成矿背景探讨[J].西北地质,48(3):335-354.

张照伟,谭文娟,王小红,等,2022.西北地质调查与战略性矿产找矿勘查[J].西北地质,55(3):44-63.

张遵忠,顾连兴,杨浩,等,2004.中天山东段澄江期片麻状花岗岩特征和成因——以天湖东岩体为例[J].岩石学报(3):595-608.

章永梅,张力强,高虎,等,2016.新疆西天山呼斯特杂岩体岩石学、锆石U-Pb年龄及Hf同位素特征[J].岩石学报,32(6):1749-1769.

赵冰冰,邓宇峰,周涛发,等,2018.东天山白鑫滩含铜镍矿镁铁—超镁铁岩体的岩石成因:年代学、岩石地球化学和Sr-Nd同位素证据[J].岩石学报,34(9):2733-2753.

赵磊,季建清,徐芹芹,等,2012.新疆北部卡拉麦里晚古生代走滑构造及其叠加变形序次[J].岩石学报,28(7):2257-2268.

赵莉,张招崇,闫升好,等,2006.新疆阿尔泰库卫岩体的SHRIMP锆石U-Pb年龄及其地球化学特征[J].岩石矿物学杂志(3):194-202.

赵鹏大,陈建平,张寿庭,2003."三联式"成矿预测新进展[J].地学前缘(2):455-463.

郑国平,2021.新疆哈密宏源铅锌矿地质地球化学特征及找矿标志[J].中国金属通报(3):31-32.

周国超,2021.东天山卡拉塔格地区二叠纪镁铁质岩体成矿作用研究[D].北京:中国地质大学(北京).

周国超,王玉往,石煜,等,2019.东天山卡拉塔格地区镁铁质岩体年代学、岩石地球化学研究[J].岩石学报,35(10):3189-3212.

周国庆,2004.东疆哈密小堡二重热变质岩及其矿物共生分析和pTt轨迹[J].矿物学报(3):290-300.

朱文斌,王赐银,马瑞士,1993.新疆库米什变质地体研究[J].大地构造与成矿学(4):373-383.

朱志新,2007.新疆南天山地质组成和构造演化[D].北京:中国地质科学院.

朱志新,王克卓,徐达,等,2006.依连哈比尔尕山石炭纪侵入岩锆石SHRIMP U-Pb测年及其地质意义[J].地质通报(8):986-991.

ALEXEIEVE D,KRÖNER A,AGRAMONTE Y R,et al.,2015. Early palaeozoic deep subduction of continental crust in the Kyrgyz north Tianshan:evidence from field relationships and geochronology[J]. Acta Geologica Sinica(English Edition),89(S2):36.

BADANINA Y I,MALITCH N K,ROMANOV P A,2014. Isotopic-geochemical characteristics of the ore-bearing ultramafic-mafic intrusions of western Taimyr,Russia[J]. Doklady Earth Sciences,458(1):1165-1167.

BARNES S J,LIGHTFOOT P C,2005. Formation of magmatic nickel-sulfide ore deposits and processes affecting their copper and platinum-group element contents[J]. Economic Geology(100):179-213.

BARNES S J,MAIER D,1999. The fractionation of Ni-Cu and the noble metals in silicate and sulfide liquids[J]. Geological Association of Canada Short Course Notes(13):69106.

BARNES S J,MUNGALL J E,MAIER W D,2015. Platinum group elements in mantle melts and mantle samples[J]. Lithos(232):395-417.

BARNES S J,PICARD C P,1993. The behaviour of platinum-group elements during partial melting,crystal fractionation,and sulphide segregation:an example from the Cape Smith Fold Belt,northern Quebec[J]. Geochimica et Cosmochimica Acta,57(1):79-87.

BOTTINGA Y,1968. Calculation of fractionation factors for carbon and oxygen isotopic exchange in the system calcite-carbon dioxide-water[J]. The Journal of Physical Chemistry(72):800-808.

BRIGGS M S,YIN A,MANNING E C,et al.,2007. Late Paleozoic tectonic history of the Ertix Fault in the Chinese Altai and its implications for the development of the Central Asian Orogenic System[J]. Geological Society of America Bulletin,119(7/8):944-960.

BUSSWEILER Y,FOLEY F S,PRELEVIĆD,et al.,2015. The olivine macrocryst problem:new insights from minor and trace element compositions of olivine from Lac de Gras kimberlites,Canada[J]. Lithos(220/223):238-252.

CAI K, SUN M, YUAN C, et al., 2011. Prolonged magmatism, juvenile nature and tectonic evolution of the Chinese Altai, NW China: evidence from zircon U-Pb and Hf isotopic study of Paleozoic granitoids[J]. Journal of Asian Earth Sciences, 42: 949-968.

CHARVET J, LAURENT-CHARVET S, 2003. Polyphase tectonic events and cenozoic basin-range coupling in the Tianshan Belt, Northwestern China[J]. Acta Geologica Sinica(English Edition) (4): 457-467.

CHARVET J, SHU L, LAURENT-CHARVET S, et al., 2011. Palaeozoic tectonic evolution of the Tianshan belt, NW China[J]. Science China Earth Sciences, 54(2): 166-184.

DE JONG K, WANG B, FAURE M, et al., 2008. New $^{40}Ar/^{39}Ar$ age constraints on the Late Palaeozoic tectonic evolution of the western Tianshan(Xinjiang, northwestern China), with emphasis on Permian fluid ingress[J]. International Journal of Earth Sciences, 98(6): 1239-1258.

DENG Y F, SONG X Y, CHEN L M, et al., 2014. Geochemistry of the Huangshandong Ni-Cu deposit in northwestern China: implications for the formation of magmatic sulfide mineralization in orogenic belts[J]. Ore Geology Reviews(56): 181-198.

DENG Y F, SONG X Y, ZHOU T F, et al., 2012. Correlations between Fo number and Ni content of olivine of the Huangshandong intrusion, eastern Tianshan, Xinjiang, and the genetic significances[J]. Acta Petrologica Sinica, 28(7): 2224-2234.

DENG Y F, YUAN F, HOLLINGS P, et al., 2020. Magma generation and sulfide saturation of permian mafic-ultramafic intrusions from the western part of the Northern Tianshan in NW China: Implications for Ni-Cu Mineralization[J]. Miner Deposits(55): 515-534.

FENG Y Q, QIAN Z Z, DUAN J, et al., 2018. Geochronological and geochemical study of the baixintan magmatic Ni-Cu sulfide deposit: new implications for the exploration potential in the Western Part of the East Tianshan Nickel Belt(NW China)[J]. Ore Geology Reviews(95): 366-381.

FILIPPOVA I B, BUSH V A, DIDENKO A N, 2001. Middle Paleozoic subduction belts: the leading factor in the formation of the Central Asian fold-and-thrust belt[J]. Russian Journal of Earth Sciences(3): 405-426.

GAO J F, ZHOU M F, 2013. Magma mixing in the genesis of the kalatongke dioritic intrusion: implications for the tectonic switch from subduction to post-collision, Chinese Altay, Nw China[J]. Lithos, 162(2): 236-250.

GAO J, KLEMD R, 2003. Formation of HP-LT rocks and their tectonic implications in the western Tianshan Orogen, NW China: geochemical and age constraints[J]. Lithos, 66(1/2): 1-22.

GAO J, LONG L L, KLEMD R, 2009. Tectonic volution of the South Tianshan Orogen and Adjacent Regions, NW China: geochemical and Age Constraints of Granitoid Rocks[J]. International Journal of Earth Sciences, 98(6): 1221-1238.

GAO R Z, XUE C J, CHI G X, et al., 2020. Genesis of the giant Caixiashan Zn-Pb deposit in Eastern Tianshan, NW China: constraints from geology, geochronology and S-Pb isotopic geochemistry[J]. Ore Geology Reviews, 119: 103366.

HAN B F, HE G Q, WANG X C, et al., 2011. Late Carboniferous collision between the Tarim and Kazakhstan-Yili terranes in the western segment of the South Tian Shan Orogen, Central Asia, and implications for the Northern Xinjiang, western China[J]. Earth-Science Reviews, 109: 74-93.

HAN C, XIAO W, SU B, et al., 2014. Major types and characteristics of the late paleozoic ore deposits in the East Tianshan Orogenic Belt, Central Asia[J]. Journal of Geology & Geophysics, 3(3): 1-13.

HOU T, ZHANG Z C, SANTOSH M, et al. , 2014. Geochronology and geochemistry of submarine volcanic rocks in the Yamansu iron deposit, Eastern Tianshan Mountains, NW China: constraints on the metallogenesis[J]. Ore Geology Reviews,56:487-502.

KONOPELKO D, BISKE G, SELTMANN R, et al. , 2008. Deciphering Caledonian events: timing and geochemistry of the Caledonian magmatic arc in the Kyrgyz Tien Shan[J]. Journal of Asian Earth Sciences,32:131-141.

KWON C J, LEE J, JUNG C M, 2012. Arsenic contamination in agricultural soils surrounding mining sites in relation to geology and mineralization types[J]. Applied Geochemistry, 27(5): 1020-1026.

LAURENT-CHARVET S, CHARVET J, MONIÉ P, et al. , 2003. Late Paleozoic strike-slip shear zones in eastern central Asia(NW China): new structural and geochronological data[J]. Tectonics, 22 (2):1-24.

LI C S, RIPLEY E M, 2011. The giant Jinchuan Ni-Cu(PGE) deposit: tectonic setting, magma evolution, ore genesis, and exploration implications[J]. Review Economic Geology(17):163-180.

LI C, BARNES S J, MAKOVICKY E, 1996. Partitioning of nickel, copper, iridium, rhenium, platinum, and palladium between monosulfide solid solution and sulfide liquid: effects of composition and temperature[J]. Geochimica et Cosmochimica Acta(60):1231-1238

LI C, NALDRETT A J, RIPLEY E M, 2007. Controls on the Fo and Ni contents of olivine in sulfide-bearing mafic-ultramafic intrusions: principles, models and examples from Voisey's Bay[J]. Frontiers of Earth Science(14):177-185.

LI P F, SUN M, ROSENBAUM G, et al. , 2017. Late Paleozoic closure of the Ob-Zaisan Ocean along the Irtysh shear zone(NW China): implications for arc amalgamation and oroclinal bending in the Central Asian orogenic belt[J]. Geological Society of America Bulletin,129(5/6):547-569.

LI P F, YUAN C, SUN M et al. , 2015. Thermochronological constraints on the late Paleozoic tectonic evolution of the southern Chinese Altai[J]. Journal of Asian Earth Sciences,113:51-60.

LIANG QI, MEI-FU ZHOU, CHRISTINA YAN WANG, 2004. Determination of low concentrations of platinum group elements in geological samples by ID-ICP-MS[J]. Journal of Analytical Atomic Spectrometry,19(10):1335-1339.

LOMIZE M G, DEMINA L I, ZARSHCHIKOV A A, 1997. The Kyrgyz-Terskei paleoceanic basin, Tien Shan[J]. Geotectonics,6:463-482.

LONG L L, GAO J, KLEMD R, 2011. Geochemical and geochronological studies of granitoid rocks from the western tianshan orogen: implications for continental growth in the Southwestern Central Asian Orogenic Belt[J]. Lithos,126:321-340.

LV Z, BUCHER K, ZHANG L, et al. , 2012. The Habutengsumetapelites andmetagreywackes in western Tianshan, China: metamorphic evolution and tectonic implications[J]. Journal of Metamorphic Geology,30,907-926.

LV Z, ZHANG L, DU, J, et al. , 2009. Petrology of coesite-bearing eclogite from Habutengsu Valley, western Tianshan, NW China and its tectonometamorphic implication [J]. Journal of Metamorphic Geology,27,773-787.

MALITCH N K, LATYPOV M R, BADANINA Y I, et al. , 2014. Insights into ore genesis of Ni-Cu-PGE sulfide deposits of the Noril'sk Province(Russia): evidence from copper and sulfur isotopes [J]. Lithos,204:172-187.

MAO J W, PIRAJNO F, ZHANG Z H, et al. , 2008. A review of the Cu-Ni sulfide deposits in the

Chinese Tianshan and Altay orogens (Xinjiang Autonomous Region, NW China): principal characteristics and ore-forming processes[J]. Journal of Asian Earth Sciences(32):184-203.

MCDONOUGH W F, SUN S S, 1995. The composition of the earth[J]. Chemical Geology(120): 223-253.

MCKIBBIN J S, IRELAND R T, AMELIN Y, et al., 2013. Mn-Cr relative sensitivity Factors for Secondary Ion Mass Spectrometry analysis of Mg-Fe-Ca olivine and implications for the Mn-Cr chronology of meteorites[J]. Geochimica et Cosmochimica Acta(110):216-228.

MIKOLAYCHUK A V, KURENKOV S A, DEGTYAREV K E, et al., 1997. Northern Tien Shan: main stages of geodynamic evolution in the Late Precambrian-Early Paleozoic[J]. Geotectonics (6),445-462.

MUHTAR M, WU Z C, BRZOZOWSKI J M, et al., 2020. Geochronology, geochemistry, and Sr-Nd-Pb-Hf-S isotopes of the wall rocks of the Kanggur gold polymetallic deposit, Chinese North Tianshan: Implications for petrogenesis and sources of ore-forming materials[J]. Ore Geology Reviews,125:103688.

MUNGALL E J, SU S et al., 2005. Interfacial tension between magmatic sulfide and silicate liquids: constraints on kinetics of sulfide liquation and sulfide migration through silicate rocks[J]. Earth and Planetary Science Letters,234(1/2):135-149.

NALDRETT A J, 1999. World-class Ni-Cu-PGE deposits: key factors in their genesis[J]. Mineralium Deposita,34(3):227-240.

NALDRETT A J, DUKE J M, LIGHTFOOT P C, et al., 1984. Quantitative modeling of the segregation of magmatic sulfides: an exploration guide[J]. CIM Bulletin(77):46-56.

NALDRETT A J, 2010. Secular variation of magmatic sulfide deposits and their source magmas [J]. Economic geology and the bulletin of the Society of Economic Geologists,105(3):669-688.

NALDRETT, A J, 2011. Fundamentals of magmatic sulfide deposits[J]. Society of Economic Geology Special Publication(17):1-26.

PEARCE J A, HARRIS N B W, TINDLE A G, 1984. Trace element discrimination diagrams for the tectonic inter pretation of granitic rocks[J]. Journal of Petrology,25(4):956-983.

PING S, KEIKO H, HONGDI P, et al., 2014. Oxidation conditions of granitic magmas associated with porphyry copper deposits in the central Asian Orogenic Belt[J]. Acta Geologica Sinica-English Edition,88(S2):601-602.

QIAN Q, GAO J, KLEMD R, et al., 2009. Early Paleozoic tectonic evolution of the Chinese South Tianshan Orogen: constraints from SHRIMP zircon U-Pb geochronology and geochemistry of basaltic and dioritic rocks from Xiate, NW China[J]. International Journal of Earth Sciences,98:551-569.

QUEFFURUS M, BARNES S J, 2015. A review of sulfur to selenium ratios in magmatic nickel-copper and platinum-group element deposits[J]. Ore Geology Reviews(69):301-324.

ROEDER P L, EMSLIE R F, 1970. Olivine-liquid equilibrium[J]. Contributions to Mineralogy and Petrology(29):275-289.

SELTMANN R, KONOPELKO D, BISKE G, et al., 2010. Hercynian post-collisional magmatism in the context of Paleozoic magmatic evolution of the Tien Shan orogenic belt[J]. Journal of Asian Earth Sciences,42(5):821-838.

SHU L S, CHARVET J, LU H F, et al., 2002. Paleozoic accretion-collision events and kinematics of ductile deformation in the eastern Part of the Southern-Central Tianshan Belt, China[J]. Acta Geologica Sinica,76:3,308-323.

SHU L S, CHARVET J, ZHI G L, et al., 1999. A Large-scale Palaeozoic Dextral Ductile Strike-Slip Zone: the Aqikkudug-Weiya Zone along the Northern dargin of the Central Tianshan Belt, Xmjiang, NW China[J]. Acta Geologica Sinica, 73(2): 148-163.

STOREY, MICHAEL ANTHONY, SAUNDERS, et al., 1988. Trace element and isotopic variations in Kerguelen and Heard Island basalts[J]. Chemical Geology, 70(1): 57-57.

SU B X, QIN K Z, SUN H, et al., 2012. Subduction-induced mantle heterogeneity beneath Eastern Tianshan and Beishan: Insights from Nd-Sr-Hf-O isotopic mapping of Late Paleozoic mafic-ultramafic complexes[J]. Lithos(134/135): 41-51.

WANG B, CLUZEL D, JAHN B-M, et al., 2014. Late Paleozoic pre-and syn-kinematic plutons of the Kangguer-Huangshan Shear zone: inference on the tectonic evolution of the eastern Chinese North Tianshan[J]. American journal of science, 314(1): 43-79.

WANG F T, FENG J, HU J W, et al., 2001. Characteristics and significance of the Tuwu porphyry copper deposit, Xinjiang[J]. Geology in China, 28(1): 36-39.

WANG Y, LI J Y, SUN G H, et al., 2008. Postcollisional eastward extrusion and tectonic exhumation along the Eastern Tianshan Orogen, Central Asia: constraints from dextral strike-Slip motion and $^{40}Ar/^{39}Ar$ Geochronological Evidence[J]. The Journal of Geology, 116(6): 599-618.

WILHEM C, WINDLEY B F, STAMPFLI G M, et al., 2012. The Altaids of Central Asia: a tectonic and evolutionary innovative review[J]. Earth-Science Reviews, 113(3/4): 303-341.

WINDLEY B F, ALEXEIEV D, XIAO W, et al., 2007. Tectonic models for accretion of the Central Asian Orogenic Belt[J]. Journal of the Geological Society, London, 164: 31-47.

WINDLEY B F, ALLEN M B, ZHANG C, et al., 1990. Paleozoic accretion and Cenozoic redeformation of the Chinese Tien Shan Range, central Asia[J]. Geology, 18(2): 128.

WINDLEY F B, ALEXEIEV D, XIAO W, et al., 2007. Tectonic models for accretion of the Central Asian Orogenic Belt[J]. Journal of the Geological Society, 164(1): 31-47.

WU C, COOKE R D, BAKER J M, et al., 2024. Using pyrite composition to track the multi-stage fluids superimposed on a porphyry Cu system[J]. American Mineralogist, 109(5): 827-845.

XIAO W J, HAN C M, YUAN C, et al., 2008. Middle Cambrian to Permian subduction-related accretionary orogenesis of Northern Xinjiang, NW China: implications for the tectonic evolution of central Asia[J]. Journal of Asian Earth Sciences, 32(2/4): 102-117.

XIAO W J, WINDLEY B F, HUANG B C, et al., 2009. End-Permian to mid-Triassic termination of the accretionary processes of the southern Altaids: implications for the geodynamic evolution, Phanerozoic continental growth, and metallogeny of Central Asia[J]. International Journal of Earth Sciences, 98(6): 1189-1217.

XIAO W J, WINDLEY B F, SUN S, et al., 2015. A tale of amalgamation of three Permo-Triassic collage systems in Central Asia: oroclines, sutures, and terminal accretion[J]. Annual Review of Earth and Planetary Sciences, 43: 477-507.

XIAO W J, ZHANG L C, QIN K Z, et al., 2004. Paleozoic accretionary and collisional tectonics of the Eastern Tianshan (China): implications for the continental growth of central Asia[J]. American Journal of Science, 304(4): 370-395.

XIAO W J, WINDLEY B F, ALLEN M D, 2013. Paleozoic multiple accretionary and collisional tectonics of the Chinese Tianshan Orogenic collage[J]. Gondwana Research, 23(4): 1316-1341.

XU J F, CASTILLO P R, CHEN F R, et al., 2003. Geochemistry of late Paleozoic mafic igneous rocks from the Kuerti area, Xinjiang, northwest China: implications for backarc mantle evolution[J].

Chemical Geology,193(1/2):137-154.

YAKUBCHUK A,2004. Architecture and mineral deposit settings of the Altaid orogenic collage: a revised model[J]. Journal of Asian Earth Sciences,23(5):761-779.

YANG T N,LI J Y,WANG Y,et al.,2009. Late Early Permian(266 Ma) N-S compressional deformation of the Turfan basin,NW China:the cause of the change in basin pattern[J]. International Journal of Earth Sciences,98(6):1311-1324.

YU Y,YUN Z,CHUNJI X,et al.,2022. Magma evolution and mineralization of the Baixintan magmatic Ni-Cu sulfide deposit in Eastern Tianshan,Northwestern China[J]. International Journal of Earth Sciences,111(8):2823-2843.

ZHANG L C,QIN K Z,XIAO W J,2008. Multiple mineralization events in the eastern Tianshan district,NW China: isotopic geochronology and geological significance[J]. Journal of Asian Earth Sciences,32:236-246.

ZHANG L,AI Y,LI X,et al.,2007. Triassic collision of western Tianshan orogenic belt,China: evidence from SHRIMP U-Pb dating of zircon from HP/UHP eclogitic rocks[J]. Lithos,96(1/2):266-280.

ZHANG W,PEASE V,WU T R,et al.,2012. Discovery of an adakite-like pluton near Dongqiyishan(Beishan,NWChina)-its age and tectonic significance[J]. Lithos,142:148-160.

ZHANG X,KLEMD R,GAO J,2015. Metallogenesis of the Zhibo and Chagangnuoer volcanic iron oxide deposits in the awulale iron metallogenic belt,Western Tianshan Orogen,China[J]. Journal of Asian Earth Sciences,113:151-172.

ZHAO Y,LIU S A,XUE C J,2024. Metasomatized mantle facilitates the genesis of magmatic nickel-copper sulfide deposits in orogenic belts: a copper isotope perspective[J]. Geochimica et Cosmochimica Acta,366,128-140.

ZHAO Y,XUE C J,ZHAO X B,2016. Variable mineralization processes during the formation of the Permian Hulu Ni-Cu sulfide deposit,Xinjiang,Northwestern China[J]. Journal of Asian Earth Sciences,126:1-13.

ZHENG R G,XIAO W,LI J,et al.,2018. A Silurian-early Devonian slabwindow in the southern Central Asian Orogenic Belt: evidence from high-Mg diorites,adakites and granitoids in the western Central Beishan region,NW China[J]. Journal of Asian Earth Sciences,153:75-99.

ZHOU M F,LESHER C M,YANG Z X,et al.,2004. Geochemistry and petrogenesis of 270 Ma Ni-Cu-(PGE) sulfide-bearing mafic intrusions in the Huangshan district,eastern Xinjiang,northwest China:implications for the tectonic evolution of the Central Asian Orogenic Belt[J]. Chemical Geology (209):233-257.

ZHOU T,PHILIPPE A,GAO J,et al.,2017. P-T-time-isotopic evolution of coesite-bearing eclogites:implications for exhumation processes in SW Tianshan[J]. Lithos,(278/281):1-25.

ZHAN X,YUE J,CHEN C,et al.,2018. Granite zircon U-Pb geochronology and geochemistry and the geological significance of the Saibo copper deposit in the western Tianshan Mountains,Xinjiang Province,China[J]. Ore Geology Reviews(99):58-74.

ZHOU X H,SUN M,ZHANG G H,et al.,2002. Continental crust and lithospheric mantle interaction beneath North China:isotopic evidence from granulite xenoliths in Hannuoba,Sino-Korean craton[J]. Lithos,62:111-124.

ZHU Y F,2011. Zircon U-Pb and muscovite $^{40}Ar/^{39}Ar$ geochronology of the gold-bearing Tianger mylonitized granite, granite, Xinjiang, Northwest China: implications for radiometric dating of mylonitized magmatic rocks[J]. Ore Geology Reviews(40):108-121.